高等教育国家级教学成果二等奖

清华大学计算机基础教育课程系列教材

Java语言与面向对象程序设计（第2版）

印　旻　编著　王行言　审校

清華大學出版社
北　京

内 容 简 介

本书是《Java语言与面向对象程序设计》的第2版，它系统介绍了Java语言与面向对象程序设计的概念、方法与基本技术。

书中首先介绍了面向对象软件开发和Java语言的基础知识，然后阐述了面向对象程序设计的基本原则与特点，并借助于Java把这些原则与特点融入具体的程序中，帮助读者逐步理解和掌握面向对象程序设计的主要技术与编程思路。本书的后半部分从应用出发，讲述Java编程的几个重要专题，其中包括系统类库、常用算法、图形用户界面设计、异常处理及多线程、输入输出、网络编程，以及数据库访问接口等。本书最后一章介绍了Java编程环境，并重点介绍了业界广泛使用的集成开发环境Eclipse。

本书讲解条理清楚，内容深浅适中，并特别注重提高读者运用Java语言和面向对象技术解决问题的能力。书中给出了大量经过调试运行的实例，便于初学者入门。本书还有配套的习题解答和上机实验指导。

本书可作为高等学校Java程序设计课程的教材，也可作为读者的自学用书。

本书封面贴有清华大学出版社防伪标签，无标签者不得销售。
版权所有，侵权必究。举报：010-62782989，beiqinquan@tup.tsinghua.edu.cn。

图书在版编目(CIP)数据

Java语言与面向对象程序设计 / 印旻，王行言编著. —2版. —北京：清华大学出版社，2007.11 (2024.1重印)
(清华大学计算机基础教育课程系列教材)
ISBN 978-7-302-15836-3

Ⅰ. J… Ⅱ. ①印… ②王… Ⅲ. ①JAVA语言－程序设计－高等学校－教材 ②面向对象语言－程序设计－高等学校－教材 Ⅳ. TP312

中国版本图书馆CIP数据核字(2007)第115433号

责任编辑：焦 虹 王冰飞
责任校对：白 蕾
责任印制：曹婉颖

出版发行：清华大学出版社
网 址：https://www.tup.com.cn，https://www.wqxuetang.com
地 址：北京清华大学学研大厦A座 邮 编：100084
社 总 机：010-83470000 邮 购：010-62786544
投稿与读者服务：010-62776969，c-service@tup.tsinghua.edu.cn
质量反馈：010-62772015，zhiliang@tup.tsinghua.edu.cn
课件下载：https://www.tup.com.cn，010-83470236
印 装 者：三河市人民印务有限公司
经 销：全国新华书店
开 本：185mm×260mm **印 张**：26 **字 数**：611千字
版 次：2005年6月第1版 2007年11月第2版 **印 次**：2024年1月第21次印刷
定 价：68.00元

产品编号：026802-05

序

计算机科学技术的发展不仅极大地促进了整个科学技术的发展，而且明显地加快了经济信息化和社会信息化的进程。因此，计算机教育在各国倍受重视，计算机知识与能力已成为21世纪人才素质的基本要素之一。

清华大学自1990年开始将计算机教学纳入基础课的范畴，作为校重点课程进行建设和管理，并按照“计算机文化基础”、“计算机技术基础”和“计算机应用基础”三个层次的课程体系组织教学：

第一层次“计算机文化基础”的教学目的是培养学生掌握在未来信息化社会里更好地学习、工作和生活所必须具备的计算机基础知识和基本操作技能，并进行计算机文化道德规范教育。

第二层次“计算机技术基础”是讲授计算机软硬件的基础知识、基本技术与方法，从而为学生进一步学习计算机的后续课程，并利用计算机解决本专业及相关领域中的问题打下必要的基础。

第三层次“计算机应用基础”则是讲解计算机应用中带有基础性、普遍性的知识，讲解计算机应用与开发中的基本技术、工具与环境。

以上述课程体系为依据，设计了计算机基础教育系列课程。随着计算机技术的飞速发展，计算机教学的内容与方法也在不断更新。近几年来，清华大学不断丰富和完善教学内容，在有关课程中先后引入了面向对象技术、多媒体技术、Internet与互联网技术等。与此同时，在教材与CAI课件建设、网络化的教学环境建设等方面也正在大力开展工作，并积极探索适应21世纪人才培养的教学模式。

为进一步加强计算机基础教学工作，适应高校正在开展的课程体系与教学内容的改革，及时反映清华大学计算机基础教学的成果，加强与兄弟院校的交流，清华大学在原有工作的基础上，重新规划了“清华大学计算机基础教育课程系列教材”。

该系列教材有如下几个特色：

1. 自成体系：该系列教材覆盖了计算机基础教学三个层次的教学内容。其中既包括所有大学生都必须掌握的计算机文化基础，也包括适用于各专业的软、硬件基础知识；既包括基本概念、方法与规范，也包括计算机应用开发的工具与环境。

2. 内容先进：该系列教材注重将计算机技术的最新发展适当地引入教学中来，保持了教学内容的先进性。例如，系列教材中包括了面向对象与可视化编程、多媒体技术与应用、Internet与互联网技术、大型数据库技术等。

3. 适应面广：该系列教材照顾了理、工、文等各种类型专业的教学要求。

4. 立体配套：为适应教学模式、教学方法和手段的改革，该系列教材中多数都配有习题集和实验指导、多媒体电子教案，有的还配有 CAI 课件以及相应的网络教学资源。

本系列教材源于清华大学计算机基础教育的教学实践，凝聚了工作在第一线的任课教师的教学经验与科研成果。我希望本系列教材不断完善，不断更新，为我国高校计算机基础教育做出新的贡献。

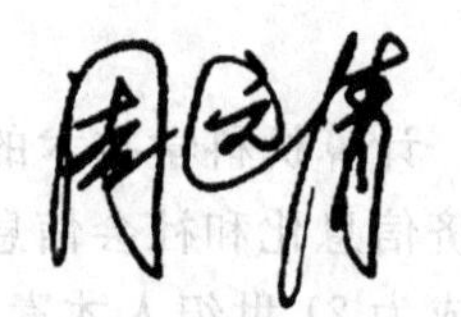

前　言

面向对象技术被称为是程序设计方法学的一场革命，它已经逐步替代了面向过程的程序设计技术，成为计算机应用开发领域的主流技术。面向对象技术比较符合人们观察世界和处理问题的思维模式，而将数据与处理数据的操作封装在一起的机制也符合现代大规模软件开发的要求，并易于实现软件的复用。

Java 语言是面向对象技术成功应用的典范。诞生于 1995 年的 Java 语言在短短的几年间便席卷全球，以 20 世纪末网络科技和网络经济所特有的令人瞠目结舌的速度迅速发展。

进入 21 世纪，社会信息化的进程明显加快，电子政务、电子商务等术语对大家来说已不陌生，基于 Web 的应用系统得到广泛应用。就大家所熟悉的大学校园来说，教务管理系统、选课系统、网络教学系统等在学校教学活动中发挥了重要作用。而开发这些信息系统的主流技术就是 Java。

由于 Java 语言所具有的简洁性、纯面向对象等特征，也使得它非常适合于大学中面向对象程序设计的教学。从教材建设的特点出发，本书对内容的编排、剪裁和例题选择都作了严格的控制，确保了全书深度和广度适中，并遵循由浅入深、循序渐进的组织原则。本书可以作为大专院校的公共课教材，也可以作为读者的自学用书。学习本书之前应该对计算机操作有一定的认识，但不必具有编程经验。

下面简要介绍本书的主要内容与教学安排。

第 1 章 面向对象软件开发概述：讲述面向对象技术的基本思想，包括面向对象问题求解的提出、类与对象的概念，以及面向对象软件开发的一般过程，是学习面向对象程序设计的基础知识。

第 2 章 Java 概述：介绍 Java 的基本开发环境，并通过几个简单示例，使读者对 Java 程序有一个感性认识，是 Java 的入门介绍。

第 3 章 Java 语言基础：系统介绍 Java 语言的语法特征，并依次介绍了 Java 的数据类型、表达式和流程控制语句，为学习后面章节提供了语言编程基础。

第 4 章 抽象、封装与类和第 5 章 继承与多态：属本书核心内容。以 Java 的面向对象编程为主线，详细讨论了面向对象技术的四大特征：封装、抽象、继承和多态的概念及实现方法，以及接口、包等重要内容。通过这两章的学习，读者可以对面向对象技术和 Java 的面向对象编程有较为深入的理解和掌握。

要掌握好 Java 语言并具有利用它解决实际问题的能力，仅仅学习语法规则是不够的，还需要掌握 Java 的应用程序编程接口，即 Java 的类库。本书从第 6 章开始介绍 Java 的常用标准类库及一些重要的编程技术。

第 6 章 工具类与算法：首先介绍 Java 语言基础类库及 Applet 类，然后以较大篇幅介绍了基于面向对象思想与方法的数据结构与算法。本章依次介绍了数组、向量和字符串的使用,查找、排序、递归等常用算法,以及链表、队列、堆栈、树等常见数据结构的实现及应用。

第7章 图形用户界面的设计与实现:介绍Java图形界面的设计与编程接口,其中包括常用组件的使用与事件处理机制。

第8章 Java高级编程:介绍Java编程中的几个重要专题,其中包括异常处理、多线程编程、输入输出以及网络编程等。

第9章 Java数据库编程接口:首先介绍数据库的基础知识及SQL语言,然后介绍Java数据库编程接口——JDBC,这是编写数据库应用程序的基础。

第10章 Java开发环境与工具:本章介绍了基于命令行方式的JDK开发工具和当前最为流行的集成开发环境Eclipse。后者为Java程序员提供了理想的开发平台。读者可结合本章介绍的环境上机练习各章的例题与习题。建议读者先使用JDK编程,在Java编程有了一定基础后,再尝试使用Eclipse。

程序设计课程是一门实践性很强的课程。读者只有在学习书本内容的同时辅以相应的实际练习和实验环节,才能真正掌握书中介绍的知识和技能。为此本书中引入了大量的例题,还配有习题解答和上机实验指导书。只要读者能够按照书中的要求边学边练,就一定能很快登堂入室,享受在Java语言和面向对象技术所构造的无限畅想空间中遨游的乐趣。

最后感谢读者选择使用本书。由于作者水平所限,书中难免疏漏,欢迎各位同行和广大读者对本书提出修改意见和建议。

作者

目 录

第1章

面向对象软件开发概述

面向对象的软件开发和相应的面向对象的问题求解是当今计算机技术发展的重要成果和趋势之一。本章将集中介绍面向对象软件开发和面向对象程序设计中的基本概念和基本方法，使读者对面向对象软件开发方法的体系、原则、基本思想和特点有一定的了解。

1.1 面向对象问题求解的提出

早期计算机中运行的程序大都是为特定的硬件系统专门设计的，称为面向机器的程序。这类程序的运行速度和效率都很高，但是可读性和可移植性很差，随着软件开发规模的扩大，这类面向机器的程序逐渐被以FORTRAN、C等为代表的面向过程的程序所取代。

面向过程的程序遵循面向过程的问题求解方法。其中心思想是用计算机能够理解的逻辑来描述和表达待解决的问题及其具体的解决过程。数据结构、算法是面向过程问题求解的核心组成。其中数据结构利用计算机的离散逻辑来量化表达需要解决的问题，而算法则研究如何快捷、高效地组织解决问题的具体过程。面向过程的问题求解可以精确、完备地描述具体的求解过程(这里的过程通常是指操作)，但却不足以把一个包含了多个相互关联的过程的复杂系统表述清楚，而面向对象的问题求解则可以胜任这件工作。面向对象问题求解关心的不仅仅是孤立的单个过程，而是孕育所有这些过程的母体系统，它能够使计算机逻辑来模拟描述系统本身，包括系统的组成，系统的各种可能状态，以及系统中可能产生的各种过程与过程引起的系统状态切换。

面向对象技术代表了一种全新的程序设计思路和观察、表述、处理问题的方法，与传统的面向过程的开发方法不同，面向对象的程序设计和问题求解力求符合人们日常自然的思维习惯，降低、分解问题的难度和复杂性，提高整个求解过程的可控制性、可监测性和可维护性，从而达到以较小的代价和较高的效率获得较满意效果的目的。

最早的面向对象的软件是1966年推出的Simula Ⅰ，它首次提出模拟人类的思维方法，把数据和相关的操作集成在一起的思想。但是由于当时硬件条件的局限和方法本身不够成熟，这种技术没有得到推广和使用。随着软件危机的出现和过程化开发方法固有局限性的暴露，人们把目光重新转回到面向对象的方法上来。1980年提出的Smalltalk 80语言已经是一种比较成熟、有效的面向对象的工具了，利用Smalltalk 80也确实实现了一些面向对象的应用，但是这个语言更重要的作用是提出了一种新的思想观念和解决问题的新思路和新方法，它向人们展示了面向对象这个虽然稚嫩，但却充满希望的发展方向。其后,先后产生了 Lisp、Clascal、Object Pascal 和 C ++ 等多种面向对象的语言,这中间最有影响,也是对面向对象技术的普及推动最大的当属 C ++ 。

C ++ 语言在兼容原有最流行的 C 语言的基础之上,加入了面向对象的有关内容和规则。由于它的很多语法规则与 C 语言相近,所以很容易为广大的 C 程序员所接受;同时 C ++ 所具有的面向对象功能简化了应用软件的开发、设计和维护,为开发大型软件提供了很大的方便。C ++ 的广泛推广和成功应用证明了新兴的面向对象技术的实力和前景,C ++ 也正在取代 C 而成为主流编程语言。

Java 是 20 世纪 90 年代新出现的面向对象的编程语言。相对于 C ++ 、Java 去除了其中为了兼容 C 语言而保留的非面向对象的内容,使程序更加严谨、可靠、易懂。尤其是 Java 所特有的“一次编写、多次使用”的跨平台优点,使得它特别适合在网络应用开发中使用,成为面向对象开发工具中极具潜力的一员。

面向对象的程序设计方法的出现和广泛应用是计算机软件技术发展中的一个重大变革和飞跃。相对于之前的程序设计方法,面向对象技术能够更好地适应当今软件开发在规模、复杂性、可靠性和质量、效率上的种种需求,因而被越来越多地推广和使用,其方法本身也在这诸多实践的检验和磨炼中日趋成熟、标准化和体系化,逐渐成为目前公认的主流程序设计方法。

1.2 面向对象问题求解概述

不同于面向过程的程序设计中以具体的解题过程为研究和实现的主体,面向对象的程序设计是以需解决的问题中所涉及到的各种对象为主要矛盾。

在面向对象的方法学中,“对象”是现实世界的实体或概念在计算机逻辑中的抽象表示。具体地,对象是具有唯一对象名和固定对外接口的一组属性和操作的集合,用来模拟组成或影响现实世界问题的一个或一组因素。其中对象名是区别于其他对象的标志;对外接口是对象在约定好的运行框架和消息传递机制中与外界通信的通道;对象的属性表示了它所处于的状态;而对象的操作则用来改变对象的状态达到特定的功能。对象的最主要特点是以数据为中心,它是一个集成了数据和其上操作的独立、自恰的逻辑单位。

面向对象的问题求解就是力图从实际问题中抽象出这些封装了数据和操作的对象,通过定义属性和操作来表述它们的特征和功能,通过定义接口来描述它们的地位及与其他对象的关系,最终形成一个广泛联系的可理解、可扩充、可维护、更接近于问题本来面目的动态对象模型系统。

面向对象的程序设计将在面向对象的问题求解所形成的对象模型基础之上,选择一种面向对象的高级语言来具体实现这个模型。相对于传统的面向过程的程序设计方法,面向对象的程序设计具有如下的优点:

(1) 对象的数据封装特性彻底消除了传统结构方法中数据与操作分离所带来的种种问题,提高了程序的可复用性和可维护性,降低了程序员保持数据与操作相容的负担。

(2) 对象的数据封装特性还可以把对象的私有数据和公共数据分离开,保护了私有数据,减少了可能的模块间干扰,达到降低程序复杂性、提高可控性的目的。

(3) 对象作为独立的整体具有良好的自恰性,即它可以通过自身定义的操作来管理自己。一个对象的操作可以完成两类功能,一是修改自身的状态,二是向外界发布消息。当一个对象欲影响其他的对象时,它需要调用其他对象自身的方法,而不是直接去改变那个对象。对象的这种自恰性能使得所有修改对象的操作都以对象自身的一部分的形式存在于对象整体之中,维护了对象的完整性,有利于对象在不同环境下的复用、扩充和维护。

(4) 在具有自恰性的同时,对象通过一定的接口和相应的消息机制与外界相联系。这个特性与对象的封装性结合在一起,较好地实现了信息的隐藏。即对象成为一只使用方便的“黑匣子”,其中隐藏了私有数据和细节内容。使用对象时只需要了解其接口提供的功能操作即可,而不必了解对象内部的数据描述和具体的功能实现。

(5) 继承是面向对象方法中除封装外的另一个重要特性,通过继承可以很方便地实现应用的扩展和已有代码的重复使用,在保证质量的前提下提高了开发效率,使得面向对象的开发方法与软件工程的新兴方法——快速原型法很好地结合在一起。

综上所述,面向对象程序设计是将数据及数据的操作封装在一起,成为一个不可分割的整体,同时将具有相同特征的对象抽象成为一种新的数据类型——类。通过对象间的消息传递使整个系统运转。通过对象类的继承提供代码重用的有效途径。

在面向对象程序设计方法中,其程序结构是一个类的集合和各类之间以继承关系联系起来的结构,有一个主程序,在主程序中定义各对象并规定它们之间传递消息的规律。从程序执行这一角度来看,可以归结为各对象和它们之间的消息通信。面向对象程序设计最主要的特征是各对象之间的消息传递和各类之间的继承。

实际上,面向对象的程序设计只是面向对象方法学的一个组成部分。完整地看,面向对象的问题求解还应该包括面向对象的分析和面向对象的设计。作为基础教程,本书将结合 Java 语言主要内容,着重介绍面向对象的程序设计方法。

1.3　对象、类与实体

对象的概念是面向对象技术的核心所在。以面向对象的观点看来,所有的面向对象的程序都是由对象来组成的,这些对象首先是自治、自恰的,同时它们还可以互相通信、协调和配合,从而共同完成整个程序的任务和功能。

更确切地讲,面向对象技术中的对象就是现实世界中某个具体的物理实体在计算机逻辑中的映射和体现。比如,电视机是一个具体存在的,拥有外形、尺寸、颜色等外部特性,以及具有开、关、频道转换等实在功能的实体;而这样一个实体,在面向对象的程序中,就可以表达成一个计算机可理解、可操纵,具有一定属性和行为的对象。

类也是面向对象技术中一个非常重要的概念。简单地说,类是同种对象的集合与抽象。例如,日常接触的电视机有很多,如小张的便携电视机、老王的彩色电视机等都属于电视机的范畴,这些实体在面向对象的程序中将被映射成不同的对象。不难看出,这些代表不同的电视机实体的对象之间存在着很多实质性的共同点。例如,都可以接收并播放电视信号,都可以调节画面效果、音量……因此,为了处理问题的方便,在面向对象的程序设计中定义了类的概念来表述同种对象的公共属性和特点。从这个意义上来说,类是一种抽象的数据类型，它是所有具有一定共性的对象的抽象，而属于类的某一个对象则被称为是类的一个实例，是类的一次实例化的结果。面向对象技术中类和对象的这种关系在现实世界中也很容易理解。如果类是抽象的概念，如“电视机”，那么对象就是某一个具体的电视机，如“老王家那台2006年出产的长虹牌彩色电视机”。

图1-1表示了类、对象、实体的相互关系和面向对象的问题求解的思维方式。在用面向对象的软件方法解决现实世界的问题时，首先将物理存在的实体抽象成概念世界的抽象数据类型，这个抽象数据类型里面包括了实体中与需要解决的问题相关的数据和属性；然后再用面向对象的工具，如Java语言，将这个抽象数据类型用计算机逻辑表达出来，即构造计算机能够理解和处理的类；最后将类实例化就得到了现实世界实体的面向对象的映射——对象，在程序中对对象进行操作，就可以模拟现实世界中的实体上的问题并解决之。

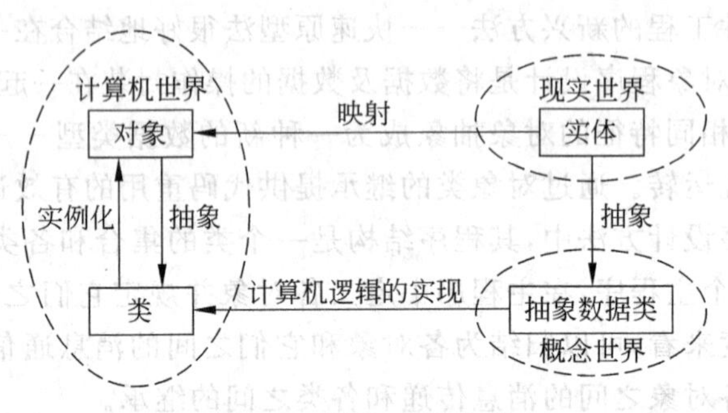

图1-1　对象、实体与类

实质上，面向对象技术的一个关键的设计思想就是要让计算机逻辑来模拟现实世界的物理存在，即让计算机世界向现实世界靠拢。这一点与传统的程序设计中把现实世界的问题抽象成计算机可以理解和处理的数据结构的思路，即使现实世界向计算机世界靠拢的思路是完全不同的。面向对象技术提出的这种新的解决问题的思路，使得我们可以用更接近于人类自然思维模式和更接近于现实问题本来面目的方法来设计解题模型。这样，无论是当时的设计实现本身，还是日后的维护、修改和扩充，都可以比较顺利、容易地在已有工作的基础之上完成，避免了用面向过程方法实现时需要面对的种种困难。

1.4　对象的属性与相互关系

1.4.1　对象的属性

状态和行为是对象的主要属性。

对象的状态又称为对象的静态属性，主要指对象内部所包含的各种信息，也就是变量。每个对象个体都具有自己专有的内部变量，这些变量的值标明了对象所处的状态。当对象经过某种操作和行为而发生状态改变时，具体地就体现为它的属性变量的内容的改变。通过检查对象属性变量的内容，就可以了解这个对象当前所处于的状态。仍然以电视机为例。每一台电视机都具有以下这些状态信息：种类、品牌、外观、大小、颜色、是否开启和所在频道等。这些状态在计算机中都可以用变量来表示。

行为是对象的第二个属性，又称为对象的操作。它主要表述对象的动态属性，操作的作用是设置或改变对象的状态。比如一个电视机可以有打开、关闭、调整音量、调节亮度、改变频道等行为或操作。对象的操作一般都基于对象内部的变量，并试图改变这些变量（即改变对象的状态）。如"打开"的操作只对处于关闭状态的电视机有效，而执行了"打开"操作之后，电视机原有的关闭状态将改变。对象的状态在计算机内部是用变量来表示，而对象的行为在计算机内部是用方法来表示的。方法实际上类似于面向过程中的函数，对象的行为或操作定义在其方法的内部。

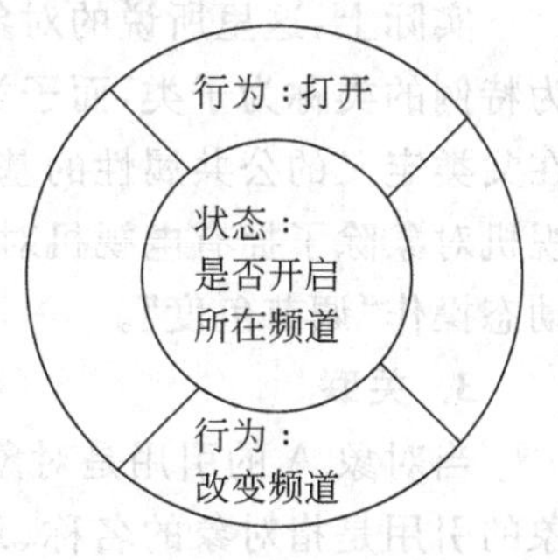

图1-2　对象的属性

从图1-2中可以看出，对象的方法一方面把对象的内部变量包裹、封装和保护起来，使得只有对象自己的方法才能操作这些内部变量；另一方面，对象的方法还是对象与外部环境和其他对象交互、通信的接口，对象的环境和其他对象可以通过这个接口来调用对象的方法，操纵对象的行为和改变对象的状态。

在面向对象的方法学中，"对象"是现实世界的实体或概念在计算机逻辑中的抽象表示。具体地，对象是具有唯一对象名和固定对外接口的一组属性和操作的集合，是用来模拟组成或影响现实世界问题的一个或一组因素。其中对象名是区别于其他对象的标志；对外接口是对象在约定好的运行框架和消息传递机制中与外界通信的通道；对象的静态属性表示了它所处的状态；而对象的操作则用来改变对象的状态以达到特定的功能。对象最主要的特点是以数据为中心，它是一个集成了数据和其上操作的独立、自恰的逻辑单位。

面向对象的问题求解就是力图从实际问题中抽象出这些封装了数据和操作的对象，通过定义属性变量和操作来表述它们的特征和功能，通过定义接口来描述它们的地位及与其他对象的关系，最终形成一个广泛联系的可理解、可扩充、可维护，更接近于问题本来面目的动态对象模型系统。

1.4.2　对象的关系

一个复杂的系统必然包括多个对象，这些对象间可能存在的关系有三种：包含、继承和关联。

1. 包含

当对象A是对象B的属性时，称对象B包含对象A。例如，每台电视机都包括一个显像管。当把显像管抽象成一个计算机逻辑中的对象时，它与电视机对象之间就是包含的关系。

当一个对象包含另一个对象时，它将在自己的内存空间中为这个被包含对象留出专门的空间，即被包含对象将被保存在包含它的对象内部，就像显像管被包含在电视机之中一样，这与它是电视机组成部分的地位是非常吻合的。

2. 继承

当对象A是对象B的特例时,称对象A继承了对象B。例如,黑白电视机是电视机的一种特例,彩色电视机是电视机的另一种特例。如果分别为黑白电视机和彩色电视机抽象出黑白电视机对象和彩色电视机对象,则这两种对象与电视机对象之间都是继承的关系。

实际上,这里所说的对象间的继承关系就是后面要详细介绍的类间的继承关系。作为特例的类称为子类,而子类所继承的类称为父类。父类是子类公共关系的集合,子类将在父类定义的公共属性的基础上,根据自己的特殊性特别定义自己的属性。例如彩色电视机对象除了拥有电视机对象的所有属性之外,还特别定义了静态属性"色度"和相应的动态操作"调节色度"。

3. 关联

当对象A的引用是对象B的属性时,称对象A和对象B之间是关联关系。所谓对象的引用是指对象的名称、地址、句柄等可以获取或操纵该对象的途径。相对于对象本身,对象的引用所占用的内存空间要少得多,它只是找到对象的一条线索。通过它,程序可以找到真正的对象,并访问这个对象的数据,调用这个对象的方法。

例如,每台电视机都对应一个生产厂商,如果把生产厂商抽象成厂商对象,则电视机对象应该记录自己的生产厂商是谁,此时电视机对象和厂商对象之间就是关联的关系。

关联与包含是两种不同的关系。厂商并不是电视机的组成部分,所以电视机对象里不需要也不可能保存整个厂商对象,而只需要保存一个厂商对象的引用,例如厂商的名称。这样,当需要厂商对象时,如当需要从厂商那里购买一个零件时,只需要根据电视机对象中保存的厂商的名字就可以方便地找到这个厂商对象。

1.5 面向对象的软件开发过程

面向对象的软件开发过程可以大体划分为面向对象的分析(Object Oriented Analysis,OOA)、面向对象的设计(Object Oriented Design,OOD)和面向对象的实现(Object Oriented Programming,OOP)三个阶段。

1.5.1 面向对象的分析

面向对象的分析的主要作用是明确用户的需求,并用标准化的面向对象的模型规范地表述这一需求,最后将形成面向对象的分析模型,即OOA模型。分析阶段的工作应该由用户和开发人员共同协作完成。

面向对象的分析首先应该明确用户的需求,包括对用户需求的全面理解和分析、筛选,明确所要开发的软件系统的职责界限,并进行各种可行性研究和制订资源、进度预算等;然后再将这些需求以标准化模型的形式规范地表述出来,即将用户和开发人员头脑中形成的需求以准确的文字、图表等形式表述出来,形成双方都认可的文件。

在传统的面向过程的开发方法中,这个步骤较多是借助于结构化分析方法中的数据流图和数据字典等工具来完成的,这种分析方法的优点是可以帮助开发人员了解和掌握系统中数据流的运动情况，对软件系统的各种工作状态和这些状态之间的切换有清晰的认识和控制，为后期工作的顺利完成铺平了道路。但是这种分析方法的缺点是过于烦琐，不够灵活，一旦因某种原因需要改变需求时，很多原有的工作不能得到继承，从而造成各方面资源的浪费。

面向对象的软件开发过程所采用的需求分析方法虽然不止一种，但是作用却是相同的：都是要抽取存在于用户需求中的各对象实体，分析、明确这些对象实体的静态数据属性和动态操作属性以及它们之间的相互关系；更重要地，要能够反映出由多个对象组成的系统的整体功能和状态，包括各种状态间的变迁以及对象在这些变迁中的作用、在整个系统中的位置等。需求模型化方法是面向对象的分析中常用的方法。这种方法通过对需要解决的实际问题建立模型来抽取、描述对象实体，最后形成 OOA 模型，将用户的需求准确地表达出来。OOA 模型有很多种设计和表达方法，这里将介绍使用较为广泛的 Coad & Yourdon 的 OOA 模型。

这种 OOA 模型包含 5 个层次，每个层次描述需求模型的一个方面。

1. 对象—类层

这个层次将捕捉要开发的应用软件所对应的各个现实世界的实体，并从中抽象出对象和类。这里需要注意，并不是每一个现实世界的实体都会在模型中对应一个对象，这是因为模型将只为需要解决的问题服务，对于问题领域之外的实体将不予涉及；另一方面，也不是任何一个对象—类层次中的类都对应着现实世界中的一个或多个实体。例如后面章节中将要介绍的抽象类，它仅仅作为其所有子类的公共属性的集合存在，并不对应任何实际的实体。

2. 静态属性层

静态属性层将为对象—类层中抽取出来的各个类和对象设计静态属性（状态）和它们之间的约束关系（称为实例连接）。静态属性是类或对象所包含的各种状态和信息，实例连接则体现了对象之间因特定的事物规则和限定条件而存在的约束关系。例如电视机对象中的厂商属性所指向的必须是确实存在的生产厂商对象。

3. 服务层

服务层定义了对象和类的动态属性以及对象之间的消息通信。对象和类的动态属性就是它们的行为或方法（又称为"服务"），它规定了对象和类的作用和功能，当对象在执行这些功能的时候，它们之间将引发消息通信。

4. 结构层

结构层将定义系统中所有对象和类之间的层次结构关系。如前所述，对象间有包含、继承和关联三种关系，其中包含和继承属于结构层需要表达的层次结构关系。继承将在对象间建立"一般—特殊"的结构关系；包含将在对象间建立"整体—部分"的结构关系。例如电视机和彩色电视机之间是"一般—特殊"的继承关系，电视机和显像管之间是"整体—部分"的包含关系。

5. 主题层

当面临的系统非常复杂、庞大时，将它拆解为若干个相对独立的子系统就变得非常必要了。主题层将定义若干个主题，把有关的对象分别划归不同的主题，每个主题成为一个子系统。

设计完上述5个层次,就得到了完整的OOA模型。需要指出的是,OOA模型的严格定义和具体抽取方法都比较复杂,这里就不详细介绍了,感兴趣的读者可以参考相关的资料。

1.5.2 面向对象的设计

如果说分析阶段应该明确所要开发的软件系统“干什么”,那么设计阶段将明确这个软件系统“怎么做”。面向对象的设计将对OOA模型加以扩展并得到面向对象的设计阶段的最终结果——OOD模型。

面向对象的设计将在OOA模型的基础上引入界面管理、任务管理和数据管理三部分的内容,进一步扩充OOA模型。其中界面管理负责整个系统的人机界面的设计;任务管理负责处理并行操作之类的系统资源管理功能的工作;数据管理则负责设计系统与数据库的接口。这三部分再加上OOA模型代表的“问题逻辑”部分,就构成了最初的OOD模型。将OOD模型划分为上述的问题逻辑、界面管理、任务管理和数据管理4个部分,其优点是实现了技术实现上的透明性,即一个部分的具体技术细节与实现方法相对于所有其他部分是不可见的,从而使系统的可重用性大大提高。例如,如果希望改变系统的数据库系统结构,从客户机/服务器模式过渡到浏览器/服务器模式,那么只需要改写OOD模型的“数据管理”部分,而其他的所有部分则都可以不加改动地重用到新的系统中。

面向对象的设计还需要对最初的OOD模型做进一步的细化分析、设计和验证。在“问题逻辑”部分,细化设计包括对类静态数据属性的确定,对类方法(即操作)的参数、返回值、功能和功能的实现的明确规定等;细化验证主要指对各对象类公式间的相容性和一致性的验证,对各个类、类内成员的访问权限的严格合理性的验证,也包括验证对象类的功能是否符合用户的需求。

在使用详细设计明确各对象类的功能和组成时,一个很重要的工作是充分利用已存在的、可获得的对象类或部件。这些可利用的对象类或部件可能是以前开发工作的结果,也可能是从网络上免费下载或从有关软件厂商购买到的产品,还可能是由同一开发小组的其他开发人员设计实现供大家共享的模块。使用已存在的、并已验证为正确有效的对象类或部件的优点是可以大大提高开发效率和可靠性,降低开发成本。现成的对象类或部件使用得越多,这个优势就越明显。如果暂时没有可以引用的现成的对象类或部件,在详细设计中还可以分析所要开发的软件系统中哪些类或哪些功能是可以重用的,把这些可重用的部件交给专人优先开发。这样,不但开发人员的工作负担大大减轻,而且保证了质量和效率,提高了软件开发过程的标准化程度。在比较大型的开发项目中,可以设置专人专门负责管理所有的可重用资源,将这些资源组织成类库或其他的可重用结构,这些资源对整个开发任务将是非常关键的。

1.5.3 面向对象的实现

面向对象的实现就是具体的编码阶段,其主要任务包括:

(1) 选择一种合适的面向对象的编程语言,如C++、Object Pascal和Java等。

(2) 用选定的语言编码实现详细设计步骤所得的公式、图表、说明和规则等对软件系统各对象类的详尽描述。

(3) 将编写好的各个类代码模块根据类的相互关系集成。

(4) 利用开发人员提供的测试样例和用户提供的测试样例分别检验编码完成的各个模块和整个软件系统。在面向对象的开发过程中，测试工作不是在最后各个模块都做好之后才完成的，相反，它可以随着整个实现阶段编码工作的深入同步完成。因为在面向对象的开发过程中，每个模块(类实现)完成之后可以立即加入到整个系统框架中，模块的修改和细化也可以在框架内部完成。

实现阶段完成后，最终可运行的应用软件系统就全部完成了。实际上，面向对象的软件开发还包括面向对象的测试和维护。它们在整个软件的生命周期中也占据了很大的分量，是非常复杂、烦琐的一件工作。但是，在面向对象的软件开发中，由于采用了对象这个灵活、可扩展的概念，维护阶段的工作将被大大简化。

综上所述，面向对象的软件开发可概括为如下的过程：分析用户需求，从问题中抽取对象模型；将模型细化，设计类，包括类的属性和类间相互关系，同时考察是否有可以直接引用的已有类或部件；选定一种面向对象的编程语言，具体编码实现上一阶段类的设计，并在开发过程中引入测试，完善整个解决方案。

由于对象的概念能够以更接近实际问题的原貌和实质的方式来表述和处理这些问题，所以面向对象的软件开发方法比以往面向过程的方法有更好的灵活性、可重用性和可扩展性，使得上述"分析—设计—实现"的开发过程也更加高效、快捷。即使出现因前期工作不彻底、用户需求改动等需要反馈并修改前面步骤的情况，也能够在以前工作的基础之上从容地完成，而不会陷入传统方法中不得不推翻原有设计，重新考虑数据结构和程序结构的尴尬境地。

1.6 面向对象程序设计方法的优点

与传统的方法相比，面向对象的问题求解具有更好的可重用性、可扩展性和可管理性。本节将简要介绍使用面向对象的程序设计方法的优点和这种方法的适用场合。

1.6.1 可重用性

可重用性是面向对象软件开发的一个核心思路，面向对象程序设计的抽象、封装、继承和多态的四大特点都无一例外，或多或少地围绕着可重用性这个核心并为之服务。我们知道，应用软件是由模块组成的。可重用性就是指一个软件项目中所开发的模块，能够不仅限于在这个项目中使用，而且可以重复地使用在其他项目中，从而在多个不同的系统中发挥作用。

采用可重用模块来构建程序，其优点是显而易见的。首先，它提高了开发效率，缩短了开发周期，降低了开发成本。在项目开发初期让专人开发一些公用的模块供大家利用就是要发挥这种优势。其次，由于采用了已经被证明为正确、有效的模块，程序的质量能够得到保证，维护工作量也相应减少；最后，采用可重用模块来构建程序，能提高程序的标准化程度,符合现代大规模软件开发的需求。

可见,开发可重用模块是现代软件开发中重要的一环。那么对于可重用的模块都有哪些要求呢?首先,可重用模块必须是结构完整、逻辑严谨、功能明确的独立软件结构;其次,可重用模块必须具有良好的可移植性,可以使用在各种不同的软硬件环境和不同的程序框架里。

最后,可重用模块应该具有与外界交互、通信的功能,它应该可以与它所工作的环境交换信息,接受命令,提供结果,它还应该能与其他的可重用模块协同工作。这样的可重用模块,在面向对象的程序设计中,就是类和对象。严格地说,是类定义了可重用模块的模板,而对象则是由这一模板制造出来的可以在各种场合、环境中重复利用的模块。

面向对象程序设计具有抽象、封装、继承和多态4大特点。其中抽象的特点使得类能够抓住事物的实质特征,因而具有普遍性,可以使用在不同的问题中;封装的特点使得类能够建立起严格的内部结构,保护好内部数据,减少外界的干扰和影响,以保证类保持自身的独立性,可工作在不同环境中;继承的特点使得一个类可以借鉴、利用已经存在的类和已经完成的工作,而不必一切从头开始,这本身就是一种可重用性的体现;至于多态性,如前所述,它可以提高程序的抽象程度,使得一个类在使用其他类的功能、操作时,不必了解这个类内部的细节情况,而只需明确它所提供的外部接口即可,这种机制为类模块的重复使用和类间的相互调用、合作提供了有利条件。可见,面向对象技术的4个主要特点和面向对象技术以对象为核心的内涵实质,保证了它的类和对象成为软件开发中十分重要的可重用的模块,在各种开发工作中,不断地发挥着作用。

正是由于面向对象软件开发具有这种良好的可重用性,它才能适应现代应用软件开发规模扩大、复杂性增加和标准化程度日益提高的要求,逐渐成为人们承认、依赖和喜爱的主流开发技术。可重用性是面向对象软件开发方法相对于传统开发方法的最大优势,在使用面向对象技术开发应用软件时,应该充分发挥这个优势,即一方面充分利用已有的类和对象减小工作强度,另一方面尽量使开发出来的类和对象具有较好的可重用性。

1.6.2 可扩展性

可扩展性是对现代应用软件提出的又一个重要要求,即要求应用软件能够很方便、容易地进行扩充和修改,这种扩充和修改的范围不但涉及到软件的内容,也涉及到软件的形式和工作机制。现代应用软件的修改更新频率越来越快,究其原因,既有用户业务发展、更迭引起的相应的软件内容的修改和扩充,也有因计算机技术本身发展造成的软件的升级换代。例如,现在要求很迫切的把原客户机/服务器模式下的应用移植到因特网上的工作,就是这样一种软件升级。

使用面向对象技术开发的应用程序,具有较好的可扩展性。面向对象技术的可扩展性,首先体现在它特别适合于在快速原型的软件开发方法中使用。快速原型法是研究软件生命周期的研究人员提出的一种开发方法,相对于传统的瀑布式的开发方法,它在某些程度上来说更加灵活和实用。快速原型法的开发过程是这样的(如图1-3所示):首先在了解了用户的需求之后,开发人员利用开发工具先做出一个系统的雏形,称为原型,这个原型尽管粗糙,但却应该是完整的、可工作的;开发人员带着这个原型征求用户的意见,再根据用户的改进意见在第一个原型的基础上修改和进一步开发，形成第二个原型；再带着第二个原型去征求用户的意见……如此循环往复，不断地在已有工作的基础上修改、细化和完善，直到把最初粗陋的雏形精雕细琢成最终的功能完整、结构严谨的应用系统。

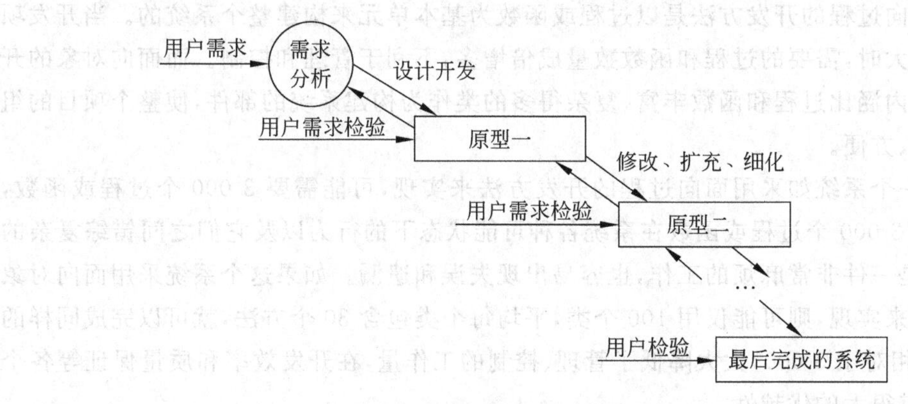

图 1-3　快速原型法的开发过程

用面向对象的程序设计方法来实现快速原型这种先搭框架，再填入内容的开发思路是非常合适的，因为面向对象程序的基本和主要组成部分——类，就是抽象出现实实体的主要矛盾而形成的结构。在开发过程的初期，类里面可以仅包含一些最基本的属性和操作，只完成一些最基本的功能；随着开发的深入，再逐步向类里面加入复杂的属性，并派生子类，和定义更复杂的关系……实际上这就是快速原型的开发思路，也是面向对象编程常用的方法。本书后面章节引用的例子，就是采用了这种设计和实现思路。

同样道理，面向对象技术的这种可扩展性使得系统的维护——从另一个角度上来说就是把原有系统作为一个原型而进行的延伸开发——变得更加简单和容易，即只需在原来系统框架的基础上对类做扩充和修改，维护的工作量和开销自然大大降低。这是面向对象方法相对于传统方法的另一个巨大优势。

面向对象开发方法的可扩展性还体现在它对模块化技术的更有效的支持。如前所述，模块化是软件设计和程序开发中经常使用、非常有效的一种方法。采用模块可以将大的任务划分为较小的单元，交给不同的开发人员各个击破、并行完成；同时模块机制将模块内部的实现过程隐蔽起来，避免了交叉干扰。用传统的面向过程方法来实现模块化技术时，一个很大的障碍是无法实现同一模块的多次同时运行。例如，假设一个完成银行日常业务的系统，其中有一个小模块专门用来实现队列的功能，包括一些与队列有关的基本操作，如插入一个事物，删除一个事物，检测队列是否已满等。由于队列是一种常用的数据结构，在系统中可能会有多处要同时使用，如未划转业务队列、未确认业务队列等。这些队列虽然有相同的操作，遵循相同的规则，但却是相互独立的。这样的要求用面向过程方法实现的模块是无法满足的。相反，用面向对象技术中的类来实现模块，用类的实例化——对象来实现模块在系统中的多次、同时应用，则是再自然不过的安排。同样的例子中，队列模块用队列类来实现，类中包含了队列的各种操作。以这个队列类为模板，可以产生多个队列对象。每个对象都有相同的方法，但却可以独立地同时运行，应用于系统的不同场合,从而方便地解决了这个面向过程开发中颇为棘手的问题。

1.6.3 可管理性

以往面向过程的开发方法是以过程或函数为基本单元来构建整个系统的。当开发项目的规模变大时,需要的过程和函数数量成倍增多,不利于管理和控制。而面向对象的开发方法采用内涵比过程和函数丰富、复杂得多的类作为构建系统的部件,使整个项目的组织更加合理、方便。

例如,一个系统如采用面向过程的开发方法来实现,可能需要 3 000 个过程或函数,要管理好这 3 000 个过程或函数在系统各种可能状态下的行为以及它们之间错综复杂的关系,显然是一件非常麻烦的工作,也容易出现失误和遗漏。如果这个系统采用面向对象的开发方法来实现,则可能仅用 100 个类,平均每个类包含 30 个方法,就可以完成同样的功能。100 相对于 3 000,大大降低了管理、控制的工作量,在开发效率和质量保证等各个方面,都具有很大的优越性。

另外,在面向对象开发方法中,把数据和其上的操作封装在一起,使得仅有该类的有限个方法才可以操纵、改变这些数据。这样,仍以上面的例子为例,当出现数据的错误时,只需要检查与该数据相关的在同一个类中的 30 个方法即可。而在面向过程开发方法中处理相同的问题,则可能需要把所有的 3 000 个过程或函数统统检查一遍,两者在工作量、效率和难易程度方面的差别是不言而喻的。

1.7 小结

本章概述了面向对象软件开发的基础知识,包括面向对象问题求解的提出和面向对象问题求解的基本过程。通过本章的学习,读者应该了解对象的概念以及对象、类与实体的关系,掌握对象的状态与行为,了解对象间的关联、包含、继承关系。本章还介绍了面向对象的软件开发的一般过程,包含面向对象的分析、面向对象的设计和面向对象的编程,读者应该对 OOA 模型和 OOD 模型有所了解。本章最后介绍了面向对象的程序设计方法具有的可重用、可扩展、可管理的优点。

习　题

1-1　简述面向过程问题求解和面向对象问题求解的异同。试列举出面向对象和面向过程的编程语言各两种。

1-2　简述对象、类和实体及它们之间的相互关系。尝试从日常接触到的人或物中抽象出对象的概念。

1-3　对象有哪些属性？什么是状态？什么是行为？二者之间有何关系？设有对象“学生”,试为这个对象设计状态与行为。

1-4　对象间有哪三种关系？对象“班级”与对象“学生”是什么关系？对象“学生”与对象“大学生”是什么关系？

1-5　有人说“大学”和“清华大学”之间是继承的关系。这种说法是否正确？为什么？

1-6　面向对象的软件开发包括哪些过程？OOA 模型包括哪 5 个层次？OOD 模型在 OOA 模型的基础上引入了哪些工作？

1-7　面向对象程序设计方法有哪些优点？

第 2 章

Java 概述

本章从介绍和分析两个最简单的 Java 程序例子出发，详述开发 Java 程序的基本步骤、Java 程序的构成、基本输入输出编程以及 Java 语言的主要特点。

2.1 Java 开发环境

1. Java 平台的分类

Java 的发明者 Sun 公司免费发行了 Java 基本开发工具(或称 Java 平台)，这些软件可以很方便地从 Sun 的站点(http://www.sun.com)中获取。目前 Java 产品有三个主要系列：

(1) Java SE——Standard Edition

Java SE 是 Java 平台的标准版本(也称之为 Java 2 Platform)。该版本包括两个主要产品，即 Java 运行环境 JRE(Java Runtime Environment)和 Java 开发工具 JDK(Java Development Kit)。

JRE 提供了库(Java 虚拟机)和其他用于运行 Java 程序(包括 Applet 程序和 Application 程序)的组件。Java 虚拟机提供了独立于硬件及操作系统的 Java SE 平台。此外，JRE 也为其他工具提供了基础环境，如 J2EE(下面介绍)以及最后一章介绍的 Eclipse 集成开发环境。

JDK 是 JRE 的超集，它不但包括了 JRE，而且提供了编译、运行、调试 Java 程序所需要的基本命令。所以，读者只要安装了 JDK 工具，就完成了 Java 基本环境的安装。

此外，Java SE 类库也是 Java SE 平台的组成部分。

(2) Java EE——Enterprise Edition

Java EE 企业版主要用于开发服务器端的 Java 应用程序。

(3) Java ME——Micro Edition

Java ME 主要用于移动设备上嵌入式系统的应用开发，如移动电话、PDA、电视机顶盒以及打印机等。Java ME 平台为应用程序提供了稳定的运行环境。

2. JDK 命令

JDK 命令采用终端命令方式，简洁易用。本书中的所有程序都使用 JDK 1.5 版本编译运行通过。在本书各章的例子中大都给出了 JDK 的实际使用过程。

JDK 有以下几个常用命令。

(1) javac：Java 语言的编译器，将 java 源程序编译为字节码。其输入为.java 文件，输出为.class 文件。该命令格式为：

javac [编译选项] 源文件名

(2) java：Java 语言的解释器，解释运行 java 的字节码程序。该命令格式为：

java 类文件名

(3) appletviewer：Java applet 浏览器，使用该命令(而不用一般的浏览器)可以运行及调试 applet 小程序。该命令的格式为：

appletviewer HTML 文件(其中指定了要执行的 applet 程序)

(4) jar：Java 类文件归档压缩命令，可将多个.class 文件合并为单个 jar 文件。该命令的格式为：

jar [选项] 归档文件名 类文件名 1 类文件名 2 …

3. Java 集成开发环境

Java 的集成开发环境为程序员提供了更为方便的交互式开发平台，它将 Java 程序的编辑、编译、运行与调试乃至项目管理等一系列工具集成到一个界面，而且是基于图形用户界面。

NetBeans 是 Sun 公司鼎力支持的开放源代码的 Java 集成开发环境，可从 http://www.netbeans.info/downloads 网址下载。

但当前最为流行的集成开发环境是 Eclipse，为 IBM 开发。该软件广泛应用于各种 Java 程序的开发(但不限于 Java)，而且也是开放源代码，任何人都可以免费下载。本书最后一章将专门介绍 Eclipse 的使用。

读者在上机练习时(特别是刚开始)，主要应采用命令方式下的 JDK 命令(javac、java、appletviewer 等)。熟悉该环境后，读者可尝试在 Eclipse 环境中编程。

2.2 第一个 Java Application 程序

Java 语言是当今流行的新兴网络编程语言，它的面向对象、跨平台、分布应用等特点给编程人员带来了一种崭新的计算概念，使 WWW 从最初的单纯提供静态信息发展到现在的提供各种各样的动态服务，发生了巨大的变化。Java 不仅能够编写小应用程序实现嵌入网页的声音和动画功能，而且还能够应用于独立的大中型应用程序，其强大的网络功能能够把整个 Internet 作为一个统一的运行平台，极大地拓展了传统单机或 Client/Server 模式应用程序的外延和内涵。自从 1995 年正式问世以来，Java 已经逐步从一种单纯的计算机高级编程语言发展为一种重要的 Internet 平台，并进而引发、带动了 Java 产业的发展和壮大，成为当今计算机业界不可忽视的力量和重要的发展潮流与方向。

根据结构组成和运行环境的不同，Java 程序可以分为两类：Java Application 和 Java Applet。简单地说，Java Application 是完整的程序，需要独立的解释器来解释运行；而 Java Applet 则是嵌在 HTML 编写的 Web 页面中的非独立程序，由 Web 浏览器内部包含的 Java 解释器来解释运行。Java Application 和 Java Applet 各自使用的场合也不相同,本节和下一节将分别介绍一个最简单的 Java Application 和 Java Applet 的例子。

一般高级语言编程需要经过源程序编辑、目标程序编译生成和可执行程序运行几个过程,Java 编程也不例外,一般可以分为编辑源程序、编译生成字节码和解释运行字节码几个步骤,下面以一个最简单的 Java Application 程序为例来分别介绍这三个过程。

2.2.1 源程序编辑

Java 源程序是以.java 为后缀的简单的文本文件,可以用各种 Java 集成开发环境中的源代码编辑器来编写,也可以用其他文本编辑工具,如 Windows 中的记事本(notepad)。下面是一个最简单的 Java Application 的例子。

例 2-1　MyJavaApplication.java 源代码

```
1: import java.io.*;
2: public class MyJavaApplication
3: {
4:        public static void main(String args[ ])
5:        {
6:              System.out.println("Hello, Java World!");
7:        }//行注释: end of main method
8: }//end of class
```

在例 2-1 中(包括后面介绍的所有例子),我们在每一行的前面都加了行号,主要是为了方便语句的解释。当然,这些行号并不是 Java 程序的内容。在 Eclipse 环境中,我们可以指定在编辑器窗口中显示行号,以便于查看错误信息。

在上述程序的第 1 行中利用 import 语句加载已定义好的类或包在本程序中使用,大体类似于在 C 程序中用#include 语句加载库函数。第 2 行中的关键字 class 说明一个类定义的开始。类定义由类头部分(第 2 行)和类体部分(第 3 行～第 8 行)组成。类体部分的内容由一对大括号括起,在类体内部不能再定义其他的类。任何一个 Java 程序都是由若干个这样的类定义组成的,就好像任何一个 C 程序都是由若干个函数组成一样。需要指出的是 Java 是区分大小写的语言,class、Class 与 CLASS 在 Java 里面代表不同的含义,定义类必须使用关键字 class 作为标志。在上面的 Java 源程序中只定义了一个类,其类名为 MyJavaApplication。

在类体中通常有两种组成成分,一种是域,包括变量、常量、对象数组等独立的实体;另一种是方法,是类似于函数的代码单元块,这两种组成成分通称为类的成员。在上面的例子中,类 MyJavaApplication 中只有一个类成员,即方法 main。上例中的第 4 行定义了这个 main 方法的方法头,第 5～7 行是 main 方法的方法体部分。用来标志方法头的是一对小括号,在小括号前面并紧靠左括号的是方法名称,如 main、run、handleEvent 等;小括号里面是该方法使用的形式参数,方法名前面是用来说明这个方法属性的修饰符,其具体语法规定将在后面介绍。方法体部分由若干以分号结尾的语句组成并由一对大括号括起,在方法体内部不能再定义其他的方法。

上面例子中的 main 方法是一个特殊的方法，它是所有的 Java Application 程序执行的入口点，所以任何一个 Java Application 类型的程序必须有且只能有一个 main 方法，而且这个 main 方法的方法头必须按照下面的格式书写：

```
public static void main( String args [ ] )
```

当执行 Java Application 时，整个程序将从这个 main 方法的方法体的第一个语句开始执行。在上面的例子中，main 方法只有一个语句：

```
System. out. println("Hello, Java World!");
```

这个语句将把字符串"Hello, Java World!"输出到系统的标准输出上，例如系统屏幕。其中 System 是系统内部定义的一个系统对象；out 是 System 对象中的一个域，也是一个对象；println 是 out 对象的一个方法，其作用是向系统的标准输出输出其形参指定的字符串，并回车换行。

利用文本编辑器将上述例子中的所有语句输入计算机，并保存为一个名为 MyJavaApplication. java 的源文件，就可以进入下一步——编译源代码。

2.2.2 字节码的编译生成

高级语言程序从源代码到目标代码的生成过程称为编译。在 Java 程序中源代码经编译所得的目标码称为字节码。包含字节码的目标文件是二进制的文件，编程人员无法直接读懂，由 Java 语言的解释器来解释执行字节码。

由 Java 源程序编译出字节码需要使用专用的 Java 编译器，在集成化的 Java 开发环境(如本书最后一章介绍的 Eclipse)中，只要选择一个菜单命令或单击某一个按钮就可以完成这个编译过程；而在 JDK 这样的命令行开发工具中则需要运行独立的编译程序，通过调用 Java 编译器对源程序进行编译并生成字节码文件。

例如，要根据例 2-1 中的源程序生成字节码，就可以使用下面的命令：

```
javac MyJavaApplication. java
```

该命令的作用是调用 JDK 软件包中的 Java 编译器程序 javac. exe，检查源代码文件 MyJavaApplication. java 中是否有语法错误并生成相应的字节码文件。需要注意的是 Java 源程序文件名要完整给出并保证大小写的准确，否则可能引发编译错误。如果类似的或其他的编译错误被编译器在编译过程中发现，编译器就会在屏幕上输出这些错误所在的源代码行号和错误的主要信息；否则编译成功并生成字节码文件。

在 C 语言等其他高级语言的编译过程中，通常都是一个源代码文件生成一个目标码文件，而 Java 程序的编译则是对应源代码文件中定义的每个类，生成一个以这个类名字命名，以. class 为后缀的字节码文件，源代码中定义了几个类，编译结果就生成几个字节码文件。例如，例 2-1 中源代码文件 MyJavaApplication. java 中只定义了一个类 MyJavaApplication，所以编译的结果将生成一个名为 MyJavaApplication. class 的字节码文件。下面再来看一个定义了两个类的 Java 程序例子。

例 2-2　MyApplication2. java

```
1: import java.io.*;
2: public class MyApplication2{
3:     public static void main(String args[]) {
4:         System.out.println(UserClass.m_sMessage);
5:     }
6: }
7: class UserClass {
8:     static String m_sMessage = "Message from User Defined Class";
9: }
```

这个例子中定义了两个类，一个是含有 main 方法的主类 MyApplication2，另一个是含有一个域 m_sMessage 的类 UserClass。m_sMessage 是一个字符串对象，在定义类时已经给出了它的初值，主类 MyApplication2 中的 main 方法使用了这个字符串对象，直接将其初值输出到屏幕。需要注意的是一个 Java 源代码文件中可以定义多个类，但是其中只能有一个类含有 main 方法，因为 main 方法是程序执行的入口点，而一个 Java Application 程序只能有一个入口点。这个含有 main 方法的类就称为主类，按惯例这个类名就是 Java 源文件名。

现执行下面的命令编译例 2-2 中的源代码：

```
javac MyApplication2.java
```

上述命令执行完就可以得到两个字节码文件(即类文件)MyApplication2.class 和 UserClass.class。

2.2.3　字节码的解释与运行

如图 2-1 所示，高级编程语言按照执行模式可以划分为编译型和解释型两种。编译型的高级语言，如 C、Pascal 等，生成的目标代码经链接后就成为计算机可以直接执行的可执行代码；而解释型语言，如 BASIC、Java 等，其程序不能直接在操作系统级运行，需要有一个专门的解释器程序来解释执行。

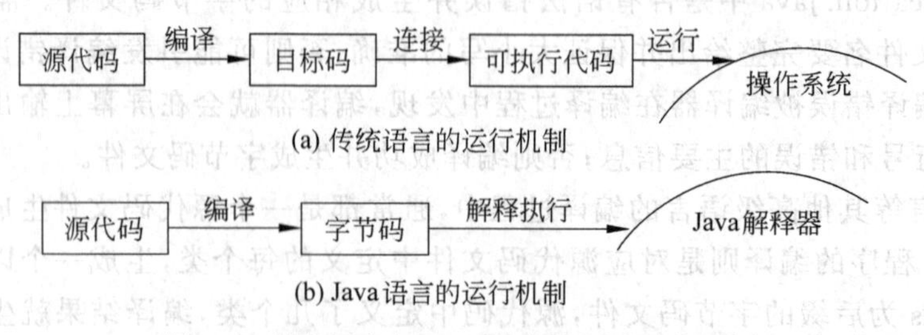

图 2-1　传统语言与 Java 语言的不同运行机制

一般说来，解释型的语言比较简单，执行速度也较慢，但是在网络应用平台中，解释型语言却有着一个重要的优势。由于编译型语言是直接作用于操作系统的，所以对运行它的软硬件平台有着较强的依赖性，在一个平台上可以正常运行的编译语言程序在另一个平台上可能完全不能工作，而必须在这个特定平台上将源代码重新编译，从而生成适合这个特定平台的可执行代码。这种可移植性上的不足对于以网络为支撑平台的应用程序将是很大的麻烦，因为网络是由不同软硬件平台的计算机组成的，为了使这些机器都能够顺利运行编译型应用程序，就必须专门为各种不同的平台开发出不同版本的应用程序，同时对于版本升级和维护的工作量也将非常大。

解释型语言为解决这个问题提供了一个全新的思路，Java 就是遵循这个思路设计而成的。由 Java 源代码编译生成的字节码不能直接运行在一般的操作系统平台上，而必须运行在一个称为"Java 虚拟机"的在操作系统之外的软件平台上。在运行 Java 程序时，首先应该启动这个虚拟机，然后由它来负责解释执行 Java 的字节码。这样，利用 Java 虚拟机就可以把 Java 字节码程序跟具体的软硬件平台分隔开来，只要在不同的计算机上安装针对其特定具体平台特点的 Java 虚拟机，就可以把这种不同软硬件平台的具体差别隐藏起来，使得 Java 字节码程序在不同的计算机上能够面对相同的 Java 虚拟机，而不必考虑具体的平台差别，从而实现了真正的二进制代码级的跨平台可移植性。

如前所述，Java 程序可以分为 Java Application 和 Java Applet 两类，这两类程序的运行方式有很大的差别。Java Application 是由独立的解释器程序来运行的，在 JDK 软件包中，用来解释执行 Java Application 字节码的解释器程序称为 java. exe。运行例 2-1 生成的 MyJavaApplication. class 程序可以使用如下的命令：

```
java MyJavaApplication
```

其运行结果是在屏幕上显示：

```
Hello, Java World!
```

同理运行例 2-2 中的程序，可以使用如下的命令：

```
java MyApplication2
```

在这里，源程序经编译产生了两个字节码文件，由于 MyApplication2 是包含 main 方法的主类，所以将其作为解释器的运行参数。当运行过程中需要用到第二个类 UserClass 时，由于它与主类 MyApplication2 在同一个源代码文件中，所以系统会自动识别并调用这个类的有关成员，保证程序的正常运行。在这个例子中，程序运行的结果是在屏幕上显示：

```
Message from User Defined Class
```

综上所述，Java Application 是由若干个类定义组成的独立的解释型程序，其中必须有一个包含 main 方法的主类；执行 Java Application 时，需使用独立的 Java 解释器来解释执行这个主类的字节码文件。

最后我们给出在命令行方式下执行例 2-2 的实际过程，如图 2-2 所示。

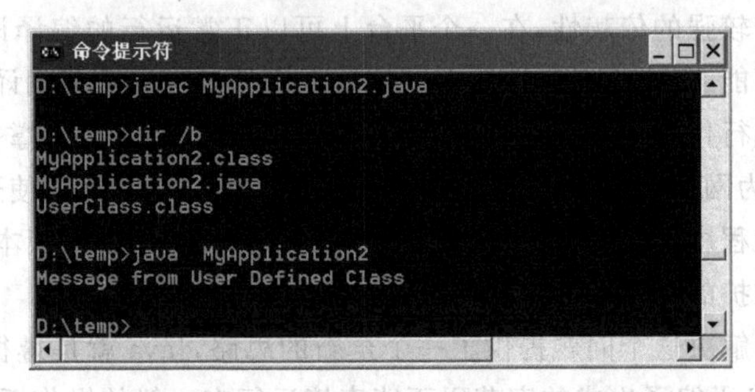

图 2-2　Java Application 程序上机过程

2.3　第一个 Java Applet 程序

Java Applet 是另一类非常重要的 Java 程序，虽然它的源代码编辑与字节码的编译生成过程与 Java Application 相同，但它却不是一类可以独立运行的程序，相反，它的字节码文件必须嵌入到另一种语言 HTML 的文件中并由负责解释 HTML 文件的 WWW 浏览器充当其解释器，来解释执行 Java Applet 的字节码程序。

HTML 是 Internet 上最广泛应用的信息服务形式 WWW 中使用的通用语言，它可以将网络上不同地点的多媒体信息有组织地呈现在 WWW 浏览器中，而 Java Applet 的作用正是进一步丰富 HTML 中的信息内容和表达方式，其中最关键的是在 WWW 中引入动态交互的内容，使得它不仅仅能提供静态的信息，而且可以提供可靠的服务，从而使网络更广泛地渗入到社会生活的方方面面。在 Java 语言诞生的初期，最使人们着迷的，正是 Java Applet。

2.3.1　源程序的编辑与编译

首先看一个最简单的 Java Applet 程序。

例 2-3　MyJavaApplet. java

```
1: import java.awt.Graphics; //将 java.awt 包中的系统类 Graphics 引入本程序
2: import java.applet.Applet; //将 java.applet 包中的系统类 Applet 引入本程序
3: public class MyJavaApplet extends Applet
4: {
5:          public void paint(Graphics g)
6:          {
7:                 g.drawString("Hello, Java Applet World!", 10 , 20);
8:          }//end of paint method
9: }//end of class
```

在这个程序里使用了多处行注释，在 Java 程序中，两道斜线(//)代表行注释的开始，跟在它后面的所有内容都将被编译器和解释器忽略而作为提高程序可读性的注释部分。

首先，程序的第 1、2 行利用 import 关键字引入了程序需要用到的两个系统类

Graphics 和 Applet。这两个系统类分别位于不同的系统包中，所以引用时需要指明它们所在的包名。包(package)是 Java 系统用来组织系统类的组织，功能作用和来源相关的系统类通常放在同一个包中。例 2-1 中的第 1 行：

```
import java.io.*;
```

其作用是将系统包 java.io 中的所有类都引入到当前程序中以便使用，是 Java 程序中常用的引入系统类的方法。

例 2-3 中的第 3 行声明了一个名为 MyJavaApplet 的用户自定义类。与 Java Application 相同，Java Applet 程序也是由若干个类定义组成的，而且这些类定义也都是由 class 关键字标志的。但是 Java Applet 中不需要有 main 方法，它的要求是程序中有且必须有一个类是系统类 Applet 的子类，也就是必须有一个类的类头部分以 extends Applet 结尾，就像在例 2-3 的第 3 行中定义的那样。extends 是实现类继承的关键字，extends 左边的类(子类)继承了 extends 右边的类(父类)。父类可以是系统类，也可以是其他已存在的用户自定义类。当一个类被定义成是另一个已存在类的子类时，它将从其父类中继承一些成员，包括域和方法，这样子类就可以利用父类已实现的功能而不必重复书写语句了。关于继承的详细概念和使用方法将在后面的章节具体介绍。

所有的 Java Applet 程序中都必须有一个系统类 Applet 的子类，因为系统类 Applet 中已经定义了很多的成员域和成员方法，它们规定了 Applet 如何与执行它的解释器——WWW 浏览器配合工作，所以当用户程序使用 Applet 的子类时，因为继承的功能，这个子类将自动拥有父类的有关成员，从而使 WWW 浏览器顺利地执行并实现用户程序定义的功能。

例 2-3 的第 4～9 行是类 MyJavaApplet 的类体部分，其中只定义了一个方法 paint。实际上，paint 方法是系统类 Applet 中已经定义好的成员方法，它与其他的一些 Applet 中的方法一样，能够被 WWW 浏览器识别和在恰当的时刻自动调用，所以用户程序定义的 Applet 子类只需继承这些方法并按具体需要改写其内容(这个过程称为“重载”，将在后面的章节介绍)，就可以使 WWW 浏览器在解释 Java Applet 程序时通过自动执行用户改写过的成员方法，例如 paint 方法，来实现用户程序预期的功能。

具体到 paint 方法，它将在 WWW 所显示的 Web 页面需要重画时(例如浏览器窗口在屏幕上移动或放大、缩小等)被浏览器自动调用并执行，其作用一般是说明并画出 Java Applet 程序在浏览器中的外观。我们知道，WWW 浏览器可以显示 HTML 文件规定的 Web 页面，当把一个 Java Applet 程序嵌入 HTML 文件时，HTML 文件会在其 Web 页面中划定一块区域作为此 Applet 程序的显示界面，当 Java Applet 程序希望在这块自己的区域中显示图形、文字或其他程序需要的信息时，它只需要把用来完成这些显示功能的具体语句放在 paint 方法里即可。当浏览器浏览这个 Applet 程序所在的 HTML 文件时，会在合适的时刻自动执行此 paint 方法，从而在屏幕上显示出程序中欲显示的信息。

在例 2-3 中，paint 方法只有一条如下的语句：

```
g.drawString("Hello, Java Applet World!", 10 , 20);
```

其功能是在屏幕的特定位置输出一个字符串“Hello, Java Applet World!”。这个语句实际上调用了 paint 方法的形式参数 g 的一个成员方法 drawString 来完成上述功能。g 是系统类 Graphics 的一个对象(g 是 Graphics 类的一个对象,类似于 a 是整型数据类型 int 的一个变量,其详细概念将在面向对象的章节中具体介绍)。它代表了 Web 页面上 Applet 程序的界面区域的背景,调用 g 的方法来显示字符串,就是在当前 Applet 程序的界面区域的背景上显示字符串。

上面对于 Java Applet 程序的解释牵扯到了许多新的概念和知识,如果读者现在不能理解也没有关系,这些会在本书后面的相关章节详加介绍。

虽然 Java Application 和 Java Applet 在运行方式上有很大的不同,但是它们遵循相同的 Java 语言的语法规则,所以编译时也使用完全相同的编译工具。若用 JDK 工具包中的编译器编译例 2-3,则可使用如下的语句:

```
javac MyJavaApplet.java
```

编译的结果在当前目录下将生成一个以源代码中的类名 MyJavaApplet 命名的字节码文件 MyJavaApplet.class。

2.3.2 代码嵌入

运行 Java Applet 时必须将其字节码嵌入到 HTML 文件中,以例 2-3 中的 Java Applet 程序为例,它可以嵌在如下的 HTML 文件中。

例 2-4　AppletInclude.html

```
1: <HTML>
2: <BODY>
3: <APPLET CODE="MyJavaApplet.class" HEIGHT=200 WIDTH=300>
4: </APPLET>
5: </BODY>
6: </HTML>
```

HTML 是一种简单的排版描述语言,称为“超文本标记语言”,它通过各种各样的标记来编排超文本信息。例如＜HTML＞和＜/HTML＞这一对标记标志着 HTML 文件的开始和结束。在 HTML 文件中嵌入 Java Applet 同样需要通过使用一组约定好的特殊标记:

＜APPLET＞和＜/APPLET＞

其中＜APPLET＞标记还必须包含三个参数。

(1) CODE: 指明嵌入 HTML 文件中的 Java Applet 字节码文件的文件名。

(2) HEIGHT: 指明 Java Applet 程序在 HTML 文件所对应的 Web 页面中占用区域的高度。

(3) WIDTH: 指明 Java Applet 程序在 HTML 文件所对应的 Web 页面中占用区域的宽度。

可以看出,所谓把 Java Applet 字节码嵌入 HTML 文件,实际上只是把字节码文件的文件名嵌入 HTML 文件,而真正的字节码文件本身则通常独立地保存在与 HTML 文件相同的路径中，由 WWW 浏览器根据 HTML 文件中嵌入的名字自动去查找和执行这个字节码文件。

HTML 文件可以用普通的文本编辑工具编写，并保存在 Web 服务器的合适的位置。关于 HTML 语言的具体规则和使用方法本书就不再介绍了，感兴趣的读者可以查看有关的参考书目或相关网址。

2.3.3 Applet 的运行

Applet 的运行过程可以用图 2-3 来表示。首先将编译好的字节码文件和编写好的 HTML 文件(其中包含了字节码文件名)保存在 Web 服务器的合适路径下；当 WWW 浏览器下载此 HTML 文件并显示时，它会自动下载此 HTML 中指定的 Java Applet 字节码，然后调用内置在浏览器中 Java 解释器来解释执行下载到本机的字节码程序。

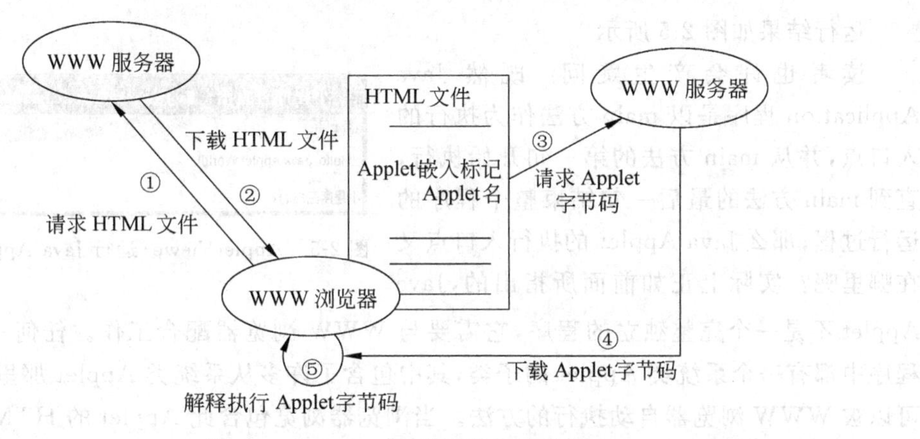

图 2-3 Java Applet 的下载执行过程

从这个过程中可以看出，Java Applet 的字节码程序最早是保存在 Web 服务器上的，而它的运行过程则是在下载到本地后在本地机上完成的，这实际上就是网络应用程序的发布过程。当 Applet 程序需要修改或维护时只要改动服务器一处的程序即可，而不必修改每一台将要运行此 Applet 程序的计算机。当然，这样做的前提条件是 Applet 的字节码程序可以在网络上的任何一台机器上顺利地运行，而这种跨平台的要求，根据前面的介绍，已由 Java 的解释器机制加以保证和实现。

选择一种内置 Java 解释器的 Web 浏览器，例如 3.0 版本以上的 IE 或 Netscape Navigator，打开例 2-4 的 AppletInclude.html 文件，可以看到 Java Applet 的运行结果。如图 2-4 所示，浏览器中一块 300 像素(宽)×200 像素(高)的区域被划定为 Applet 的界面，根据 AppletInclude.html 中所嵌入的 MyJavaApplet 程序的代码，在这个区域的指定位置显示了一行指定的字符串。

另外，JDK 软件包中还提供了一个模拟 WWW 浏览器运行 Applet 的应用程序 AppletViewer.exe，使用它调试程序就不必反复调用庞大的浏览器了。例如运行例 2-3 中的 Java Applet，可以使用如下的命令查看包含它的 HTML 文件。

```
AppletViewer AppletInclude.html
```

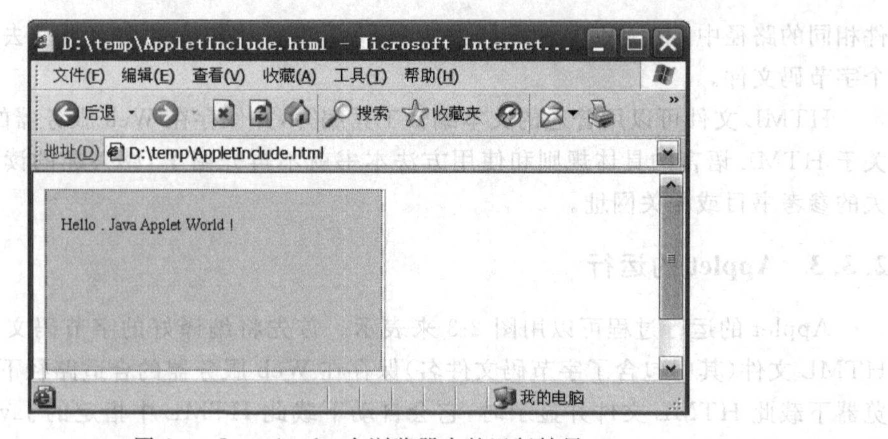

图 2-4 Java Applet 在浏览器中的运行结果

运行结果如图 2-5 所示。

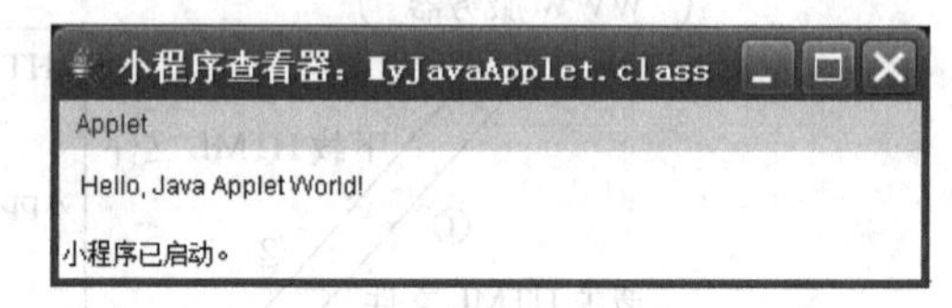

图 2-5 AppletViewer 运行 Java Applet 的结果

读者也许会产生疑问：既然 Java Application 程序是以 main 方法作为执行的入口点，并从 main 方法的第一句开始执行，直到 main 方法的最后一句结束整个程序的运行过程；那么 Java Applet 的执行入口点又在哪里呢？实际上正如前面所指出的，Java Applet 不是一个完整独立的程序，它需要与 WWW 浏览器配合工作。任何一个 Applet 程序中都有一个系统类 Applet 的子类，其中包含了许多从系统类 Applet 那里继承来的，可以被 WWW 浏览器自动执行的方法。当浏览器浏览包含此 Applet 的 HTML 文件时，该 Applet 被载入内存并由浏览器自动调用其中的方法，当浏览器被关闭时 Applet 的运行也就终止了。

综上所述，Java Applet 是由若干个类定义组成的解释型程序，其中必须有一个类是系统类 Applet 的子类；执行 Java Applet 时，需先将编译生成的字节码文件嵌入 HTML 文件，并使用内置 Java 解释器的浏览器来解释执行这个字节码文件。

最后我们给出命令行方式执行例 2-3 Applet 程序的实际过程，如图 2-6 所示。

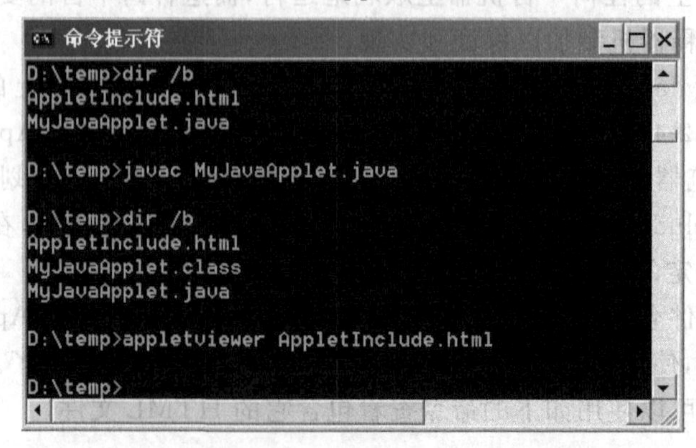

图 2-6 Java Applet 程序上机过程

2.4 图形界面的输入输出

输入输出是程序的基本功能，本节和下节将介绍如何编写具有基本输入输出功能的 Java 程序，本节首先学习图形界面的输入输出。图形用户界面(Graphics User Interface)简称 GUI，是目前大多数应用程序使用的输入输出界面。它在图形模式下工作，具有操作简便、美观易懂等优点。具有图形界面输入输出功能的应用程序需要工作在支持图形界面的操作系统中，Java Applet 程序和 Java Application 程序都可以在图形界面中工作。

2.4.1 Java Applet 图形界面输入输出

Java Applet 程序需要在 WWW 浏览器中运行，而浏览器本身是图形界面的环境，所以 Java Applet 程序可以且只能在图形界面下工作。

例 2-5　AppletInOut.java

```
1: import java.applet.*;
2: import java.awt.*;
3: import java.awt.event.*;
4: public class AppletInOut extends Applet implements ActionListener
5: {
6:          Label prompt;
7:          TextField input,output;
8:
9:          public void init()
10:         {
11:                 prompt = new Label("请输入您的名字：");
12:                 input = new TextField(6);
13:                 output = new TextField(20);
14:                 add(prompt);
15:                 add(input);
16:                 add(output);
17:                 input.addActionListener(this);
18:         }
19:         public void actionPerformed(ActionEvent e)
20:         {
21:                 output.setText(input.getText()+",欢迎你!");
22:         }
23: }
```

例 2-5 的功能是接收用户输入的名字字符串，当用户输入完毕并按回车时，程序获得这个字符串并组合出一个新的字符串输出，如图 2-7 所示。

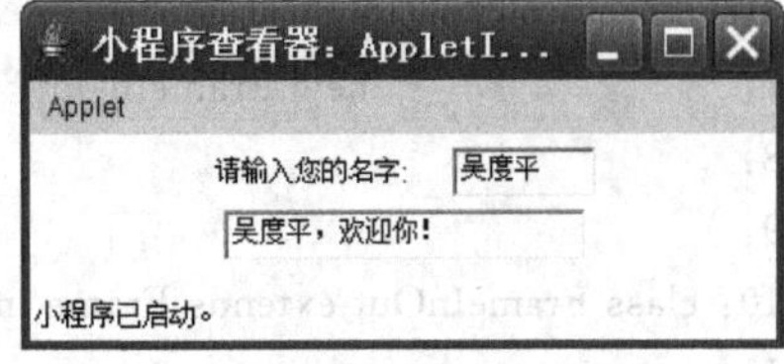

图 2-7　Java Applet 程序图形界面的输入输出

程序的前三行分别加载了 Java 类库中的三个包中的类：java. applet. * 、java. awt. * 和 java. awt. event. * 。其中凡是 Java Applet 程序，必须加载 java. applet 包；凡是使用图形界面，必须加载 java. awt 包；凡是使用图形界面的事件处理，必须加载 java. awt. event 包。

第 4 行定义了程序中唯一的类 AppletInOut。根据 Java Applet 程序的规定，这个类必须是 Applet 类的子类，用 extends Applet 来说明。implements ActionListener 说明这个类同时还是动作事件(ActionEvent)的监听者。

第 6、7 两行定义了一个标签(Label)对象 prompt 和两个文本框(TextField)对象 input 和 output。其中 prompt 用于输出提示信息，input 用于接收用户输入的信息，output 用于输出程序处理的结果信息。

第 9～18 行定义了 AppletInOut 类中的一个方法 init( )，public 和 void 都是 init( ) 方法的修饰符。init( )方法在浏览器调用 Java Applet 程序时自动执行，在例 2-5 中它的功能是创建第 6、7 行定义的对象(第 10～13 行)并加入到 Applet 程序的图形界面中(第 14～16 行)。第 17 行的作用是把 input 对象注册给 Action 事件的监听者，否则程序将不能响应用户在 input 中按回车键的操作。

第 19～22 行定义了 AppletInOut 类的另一个方法 actionPerformed( )，动作事件的监听者使用这个方法来处理动作事件。在例 2-5 中，只有在 input 中按回车键可能引发动作事件，所以不再判断动作事件的来源，直接用 input. getText( )取得用户在 input 文本框中输入的名字字符串，用"+"与字符串"，欢迎你!"拼接在一起，并利用 output. setText( )方法把拼接后的字符串显示在 output 文本框中。

通过例 2-5 可以看出，图形界面最基本的输入输出手段是使用标签对象或文本框对象输出数据，使用文本框对象获取用户输入的数据。

2.4.2 Java Application 图形界面输入输出

与 Java Applet 程序不同，Java Application 程序没有浏览器提供的现成的图形界面可以直接使用，所以需要首先创建自己的图形界面，参看例 2-6。

例 2-6 ApplicationGraphicsInOut. java

```
1: import java.awt.*;
2: import java.awt.event.*;
3: public class ApplicationGraphicsInOut
4: {
5:         public static void main(String args[])
6:         {
7:                 new FrameInOut( );
8:         }
9: }
10: class FrameInOut extends Frame implements ActionListener
11: {
12:         Label prompt;
```

```
13:        TextField input,output;
14:
15:        FrameInOut( )
16:        {
17:                super("图形界面的 Java Application 程序");
18:                prompt = new Label("请输入您的名字:");
19:                input = new TextField(6);
20:                output = new TextField(20);
21:                setLayout(new FlowLayout( ));
22:                add(prompt);
23:                add(input);
24:                add(output);
25:                input.addActionListener(this);
26:                setSize(300,200);
27:                setVisible(true);
28:        }
29:        public void actionPerformed(ActionEvent e)
30:        {
31:                output.setText(input.getText( )+",欢迎你!");
32:        }
33:}
```

例 2-6 中定义了两个类,FrameInOut 类是 java.awt 包中的窗框类 Frame 的子类,用于建立和使用图形界面;ApplicationGraphicsInOut 类是主类,它在 main( )方法中创建了一个 FrameInOut 类的对象,即创建了一个图形界面的窗框。例 2-6 的功能与例 2-5 完全相同,只是图形界面的有关工作都在 FrameInOut 类中完成。与例 2-5 中的 init( )方法相似,FrameInOut 类中的方法 FrameInOut( )也在创建 FrameInOut 对象时自动调用执行,其中创建几个标签和文本框对象,并加入到 FrameInOut 所建立的图形界面的窗框中。第 17 行用来说明所创建窗框的标题。第 21 行用来设定标签、文本框等对象在窗框中位置安排的布局策略。第 26 行将窗框的大小设为 300 像素(宽)×200 像素(高)。第 27 行把窗框显示出来。

这样,通过使用窗框对象,Java Application 程序不必借助于浏览器也可以实现图形界面下的输入输出功能。不过例 2-6 中的程序使用起来还有一点不方便,因为没有编写用来关闭窗框的代码。例 2-7 针对这一点作了修改。

例 2-7　ApplicationGraphicsInOut2.java

```
1: import java.awt.*;
2: import java.awt.event.*;
3: public class ApplicationGraphicsInOut2
4: {
5:        public static void main(String args[ ])
6:        {
7:                new FrameInOut();
```

```
8：        }
9：}
10：class FrameInOut extends Frame implements ActionListener
11：{
12：        Label prompt;
13：        TextField input,output;
14：        Button btn;
15：
16：        FrameInOut( )
17：        {
18：                super("图形界面的 Java Application 程序");
19：                prompt = new Label("请输入您的名字：");
20：                input = new TextField(6);
21：                output = new TextField(20);
22：                btn = new Button("关闭");
23：                setLayout(new FlowLayout( ));
24：                add(prompt);
25：                add(input);
26：                add(output);
27：                add(btn);
28：                input.addActionListener(this);
29：                btn.addActionListener(this);
30：                setSize(300,200);
31：                setVisible(true);
32：        }
33：        public void actionPerformed(ActionEvent e)
34：        {
35：                if(e.getSource( )==input)
36：                  output.setText(input.getText( )+",欢迎你!");
37：                else
38：                {
39：                        dispose( );
40：                        System.exit(0);
41：                }
42：        }
43：}
```

例 2-7 在第 14 行增加了一个按钮(Button)对象 btn。第 22 行创建了这个按钮,定义其标签为"关闭"。第 27 行把这个按钮添加到 Application 程序的图形界面中。第 29 行将按钮 btn 注册给动作事件的监听者。这样例 2-7 中除了文本框 input 之外,按钮 btn 也可以引发动作事件,所以在处理动作事件的方法 actionPerformed( )中,首先判断是谁引发了动作事件。如果是文本框 input,则获取输入并拼接字符串输出;否则说明用户点击了按钮 btn,关闭窗框并结束整个程序。其中第 40 行的语句用于退出 Java 虚拟机 JVM 并回到运行 JVM 的操作系统。结果如图 2-8 所示。

图 2-8　Java Application 程序图形界面输入输出

本节仅仅介绍了 Java 程序图形界面输入输出的大体使用方法,因为涉及到许多后面才会详细介绍的内容,有许多细节、因由没有解释清楚,读者可以暂时“不求甚解”,上机练习上面的几个例子,体会图形界面输入输出的用法。例如可以把例 2-7 第 20 行中的数字 6 换成数字 3,把第 36 行中的“欢迎你!”换成“你好!”,再观察程序运行结果,以领会通过图形界面的组件输入输出数据的方法。

2.5　字符界面的输入输出

所谓字符界面是指字符模式的用户界面。在字符界面中,用户用字符串向程序发出命令传送数据,程序运行的结果也用字符的形式表达。虽然图形用户界面已经非常普及,但是在某些情况下仍然需要用到字符界面的应用程序,例如字符界面的操作系统,或者仅仅支持字符界面的终端等。所以本节将介绍 Java 程序在字符界面中输入输出的基本操作。

所有的 Java Applet 程序都是在图形界面的浏览器中运行的,所以只有 Java Application 程序可以实现字符界面中的输入输出,参看例 2-8。

例 2-8　ApplicationCharInOut. java

```
1: import java.io.*;
2:
3: public class ApplicationCharInOut
4: {
5:         public static void main(String args[] )
6:         {
7:                 char c=' ';
8:                 System.out.print("Enter a character please: ");
9:                 try {
10:                        c=(char)System.in.read( );
11:                }catch(IOException e){};
12:                System.out.println("You've entered character "+c);
13:        }
14: }
```

例 2-8 首先提示用户通过键盘输入一个字符,然后把这个字符回显给用户。第 7 行创建了一个字符类型(char)的变量 c 并把空格字符' '赋给它作为初始值。第 8 行在屏幕上输出一段提示信息。第 9～11 行接收用户输入的字符,其中用到的异常及其处理将在后面的章节介绍。执行第 10 行的 System. in. read( )方法将使程序处于阻塞状态,等到用户输入了一个字符并按回车键后才把用户所输入的字符保存在字符变量 c 中，并继续向下执行。第 12 行将 c 中保存的字符输出在屏幕上。例 2-8 的运行结果如图 2-9 所示。

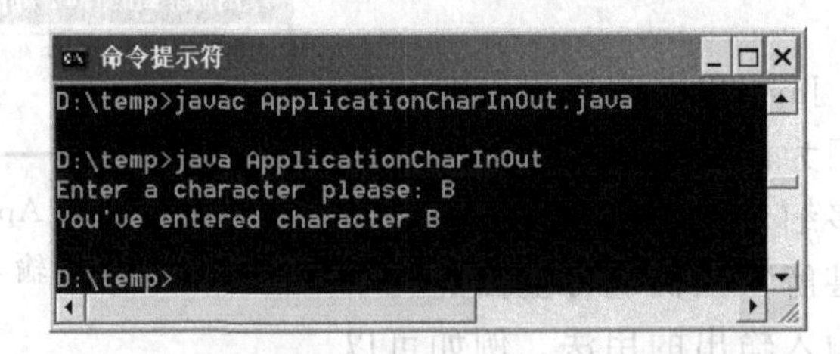

图 2-9　字符界面下 Java Application 程序的输入输出

例 2-8 中的程序只能接收用户输入的一个字符，如果希望接收用户输入的多个字符(即字符串)，则可以将程序修改为如例 2-9 的形式。

例 2-9　ApplicationLineIn.java

```
1: import java.io.*;
2: public class ApplicationLineIn {
3:   public static void main(String args[]) {
4:     String s="";
5:     System.out.print("please enter a string:");
6:     try {
7:         BufferedReader in =
8:                new BufferedReader(new InputStreamReader(System.in));
9:       s = in.readLine();
10:    }catch( IOException e){ }
11:    System.out.println("You've entered string: " + s);
12:  }
13: }
```

例 2-9 使用了 java.io 包中两个关于输入输出的类 BufferedReader 和 InputStreamReader。第 8 行中的 System.in 代表了系统默认的标准输入(即键盘)，首先把它转换成 InputStreamReader 类的对象，然后转换成 BufferedReader 类的对象 in，使原来的比特输入变成缓冲字符输入。第 9 行利用 readLine()方法读取用户从键盘输入的一行字符并赋值给字符串对象 s。第 11 行把这个字符串回显在屏幕上。图 2-10 是例 2-9 的运行结果。

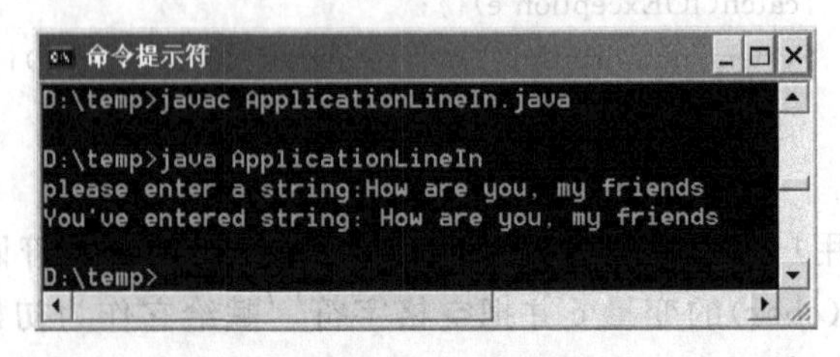

图 2-10　例 2-9 的运行结果

2.6 Java 语言的特点

通过前面几节中的多个例子，可以总结出 Java 语言的一些特点。简单地说，Java 是定位于网络计算的计算机语言，它几乎所有的特点都围绕着这一中心展开并为之服务，这些特点使得 Java 语言特别适合于用来开发网络上的应用程序；另外，作为一种面世较晚的语言，Java 也集中体现和充分利用了若干当代软件技术新成果，如面向对象、多线程等，这些也都在它的特点中有所反映。

1. 平台无关性

如前所述，Java 语言独特的运行机制使得它具有良好的二进制级的可移植性，利用 Java，开发人员可以编写出与具体平台无关、普遍适用的应用程序，大大降低了开发、维护和管理的开销。

2. 面向对象

Java 是面向对象的编程语言。面向对象技术较好地适应了当今软件开发过程中新出现的种种传统面向过程语言所不能处理的问题，包括软件开发的规模扩大、升级加快、维护量增大以及开发分工日趋细化、专业化和标准化等，是一种迅速成熟、推广的软件开发方法。面向对象技术的核心是以更接近于人类思维的方式建立计算机逻辑模型，它利用类和对象的机制将数据与其上的操作封装在一起，并通过统一的接口与外界交互，使反映现实世界实体的各个类在程序中能够独立、自治、继承；这种方法非常有利于提高程序的可维护性和可重用性，大大提高了开发效率和程序的可管理性，使得面向过程语言难于操纵的大规模软件可以很方便的创建、使用和维护。C++ 也是面向对象的语言，但是为了与 C 语言兼容，其中还包含了一些面向过程的成分；Java 去除了 C++ 中非面向过程的部分，其程序编写过程就是设计、实现类，定义其属性、行为的过程。

3. 安全稳定

对网络上应用程序的另一个需求是较高的安全可靠性。用户通过网络获取并在本地运行的应用程序必须是可信赖的，不会充当病毒或其他恶意操作的传播者而攻击用户本地的资源；同时它还应该是稳定的，轻易不会产生死机等错误，使得用户乐于使用。Java 特有的“沙箱”机制是其安全性的保障，同时它去除了 C++ 中易造成错误的指针，增加了自动内存管理等措施，保证了 Java 程序运行的可靠性。

4. 支持多线程

多线程是当今软件技术的又一重要成果，已成功应用在操作系统、应用开发等多个领域。多线程技术允许同一个程序有两个执行线索，即同时做两件事情，满足了一些复杂软件的需求。Java 不但内置多线程功能，而且提供语言级的多线程支持，即定义了一些用于建立、管理多线程的类和方法，使得开发具有多线程功能的程序变得简单、容易和有效。

5. 简单易学

如前所述，衍生自 C++ 的 Java 语言，出于安全稳定性的考虑，去除了 C++ 中不容易理解和掌握的部分，如最典型的指针操作等，降低了学习的难度；同时 Java 还有一个特点就是它的基本语法部分与 C 语言几乎一模一样。这样，无论是学过 Java 再学 C，还是已经掌握了 C 语言再来学 Java,都会感到易于入门。

Java 的上述种种特性不但能适应网络应用开发的需求,而且还体现了当今软件开发方法的若干新成果和新趋势。在以后的章节里,将结合对 Java 语言的讲解,分别介绍这些软件开发方法。

2.7 小结

本章概述了 Java 语言的基础知识,2.2 节从一个最简单的 Java Application 程序入手,介绍了 Java 程序开发从源程序编辑到字节码编译生成和运行的整个过程。2.3 节从一个最简单的 Java Applet 程序入手,介绍了 Applet 小程序的开发和运行过程。2.4 节和 2.5 节分别介绍了图形用户界面和字符界面下 Java 程序的基本输入输出方法。2.6 节介绍了 Java 语言的基本特点。

习 题

2-1 下载并安装 JDK 软件包,尝试查看其中的 JDK 文档。

2-2 编写一个 Java Application,利用 JDK 软件包中的工具编译并运行这个程序,在屏幕上输出“Welcome to Java World!”。

2-3 编写一个 Java Applet,使之能够在浏览器中显示“Welcome to Java Applet World!”的字符串信息。

2-4 编写一个 HTML 文件,将 2-3 题中生成的 Applet 字节码嵌入其中,并用 WWW 浏览器观看这个 HTML 文件规定的 Web 页面。

2-5 参考例 2-5,编写一个 Applet,包括一个标签对象 myLabel,利用这个标签对象输出信息“Java 是面向对象的语言”。

2-6 参考例 2-9,编写一个 Application,接收用户输入的一行字符串,然后将输入的字符串重复输出三行。

2-7 Java 语言有哪些主要特点?

第 3 章

Java 语言基础

本章主要介绍编写 Java 程序必须了解的若干语言基础知识，包括 Java 程序的结构、数据类型、变量、常量、表达式和流程控制语句等。掌握这些基础知识，是书写正确的 Java 程序的前提条件。

从本章开始，读者可以尝试利用 JDK 命令和 Eclipse 环境上机编程，后者对于较复杂程序的编写、查看和调试更加方便。具体上机方法请参考最后一章的内容。

从上一章，读者可初步了解到 Java 程序的结构。由于围绕一个程序的文件较多(源程序外交、字节码文件和 HTML 文件等)，所以读者在上机时，可将一个程序的所有相关文件存放在一个文件夹内，以便于管理。在 Eclipse 环境中，系统提出了“项目”(Java Project)的概念，把一个程序的相关文件组织到一个项目中，并记载了项目的描述信息。系统实际上也是利用文件夹存储一个项目的所有文件。

3.1 Java 程序的构成

上一章已经介绍了几个简单的 Java 程序的例子，通过它们可以了解 Java 程序的一般构成规则。下面仍以例 2-5 中的程序为例，介绍 Java 程序的构成。

```
1: import java.applet.*;
2: import java.awt.*;
3: import java.awt.event.*;
4: public class AppletInOut extends Applet implements ActionListener      主类类头
5: {                                         父类
6:      Label prompt;                        } 静态属性
7:      TextField input,output;
8:
9:      public void init( )
10:     {
11:       prompt = new Label("请输入您的名字：");                  主类类体
12:       input = new TextField(6);
13:       output = new TextField(20);                   方法 1
14:       add(prompt);
15:       add(input);
16:       add(output);
17:       input.addActionListener(this);
```

```
18:   }
19:   public void actionPerformed(ActionEvent e)      ┐
20:   {                                                │
21:       output.setText(input.getText()+",欢迎你!");  ├方法 2 ├主类类体
22:   }                                                ┘
23: }
```

Java 源程序是由类定义组成的,每个程序中可以定义若干个类,但是只有一个类是主类。在 Java Application 中,这个主类是指包含 main 方法的类;在 Java Applet 里,这个主类是一个系统类 Applet 的子类。主类是 Java 程序执行的入口点。同一个 Java 程序中定义的若干类之间没有严格的逻辑关系要求,但它们通常是在一起协同工作的,每一个类都可能需要使用其他类中定义的静态属性或方法。

Java 程序中定义类使用关键字 class,每个类的定义由类头定义和类体定义两部分组成。类体部分用来定义静态属性和方法这两种类的成员,其中方法类似于其他高级语言中的函数,而静态属性则类似于变量。类头部分除了声明类名之外,还可以说明类的继承特性。当一个类被定义为是另一个已经存在的类(称为这个类的父类)的子类时,它就可以从其父类中继承一些已定义好的类成员而不必自己重复编码。

同其他高级语言一样,语句是构成 Java 程序的基本单位之一。每一条 Java 语句都由分号";"结束,其构成应该符合 Java 的语法规则。类和方法中的所有代码应该用一对大括号括起。Java 程序是由类定义组成的,每个类内部包括类的静态属性声明和类的方法两部分,所以除了静态属性声明语句之外,其他的执行具体操作的语句只能存在于类方法的大括号之中,而不能跳出方法孤立地直接书写在类中。例如,例 2-5 中第 11～17 行、第 21 行,这些语句都不能写在方法的外面。

比语句更小的语言单位是表达式、变量、常量和关键字等,Java 的语句就是由它们构成的。其中变量与常量关键字是 Java 语言语法规定的保留字,用户程序定义的常量和变量的取名不能与保留字相同。

3.2 数据类型、变量与常量

3.2.1 数据类型

表 3-1 列出了 Java 中定义的所有数据类型。从中可以看出 Java 的数据类型的设置与 C 语言相近。其不同之处在于:首先,Java 的各种数据类型占用固定的内存长度,与具体的软硬件平台环境无关;其次,Java 的每种数据类型都对应一个默认的数值,使得这种数据类型的变量的取值总是确定的。这两点分别体现了 Java 的跨平台特性和安全稳定性。

boolean 是用来表示布尔型数据的数据类型。boolean 型的变量或常量的取值只有 true 和 false 两个。其中,true 代表"真",false 代表"假"。

byte 是用来处理未经加工的二进制数据的数据类型,每个 byte 型的常量或变量中包含 8 位(bit)的二进制信息。

表 3-1　Java 的基本数据类型

数据类型	关键字	占用位数	默认数值	取值范围
布尔型	boolean	8	false	true, false
字节型	byte	8	0	－128～127
字符型	char	16	'\u 0000'	'\u 0000 '～' \u FFFF'
短整型	short	16	0	－32768～32767
整型	int	32	0	－2147483648 ～ 2147483647
长整型	long	64	0	－9223372036854775808 ～9223372036854775807
浮点型	float	32	0.0F	(1.40129846432481707e－45)～(3.40282346638528860e＋38)
双精度型	double	64	0.0D	(4.94065645841246544e－324)～(1.79769313486231570e＋308d)

Java 的字符数据类型 char 与其他语言相比有较大的改进。C 语言等的字符类型是采用 ASCII 编码，每个数据占用 8 比特位的长度，总共可以表示 256 个不同的字符，如字符'A'对应的 ASCII 码是 65。ASCII 编码是国际标准的编码方式，在计算机、通信等领域中应用很广。但是 ASCII 码也有其一定的局限性，最典型的体现在处理以汉字为代表的东方文字方面。汉字的字符集大，仅用 8 位编码是不够的，所以传统的处理方法是用两个 8 位的字符数据来表示一个汉字，这样在字符的表达、处理、转换等方面都带来了诸多麻烦。为了简化问题，Java 的字符类型采用了一种新的国际标准编码方案——Unicode 编码。每个 Unicode 码占用 16 个比特位，包含的信息量比 ASCII 码多了一倍，无论东方字符还是西方字符，都可以统一用一个字符表达。由于采用 Unicode 编码方案，Java 处理多语种的能力大大加强，为 Java 程序在基于不同语言的平台间实现平滑移植铺平了道路。

需要特别补充的一点是，上面所介绍的数据类型都是基本数据类型，Java 中还存在着一种引用数据类型(reference)，包括类和接口等。比如，对应基本的 double 类型，还存在着一个 Double 类；对应基本的 char 类型，还存在着一个 Character 类。这些类在包含基本数据类型所表示的一定范围、一定格式的数值的同时，还包含了一些特定的方法，可以实现对数值的专门操作，如把字符串转换成双精度型数值等。为什么存在两种数据类型呢？实际上，一种严格的面向对象的语言，它的所有成分都应该是与类或对象有关的引用数据类型，即严格的面向对象语言中不应该有基本数据类型存在，但事实上这些简单数据类型应用得太广太多了，为了简化编程，Java 中就定义了与面向过程语言相似的与类无关的基本数据类型。从这个意义上来说，Java 仍继承了面向过程的一些东西，并不是严格意义上的完全面向对象的语言。

3.2.2　标识符

任何一个变量、常量、方法、对象和类都需要有一个名字标志它的存在，这个名字就是

标识符。标识符可以由编程者自由指定,但是需要遵循一定的语法规定。Java 对于标识符的定义有如下的规定:

(1) 标识符可以由字母、数字和两个特殊字符(下划线"_"及美元符号"$")组合而成。

(2) 标识符必须以字母、下划线或美元符号开头。

(3) Java 是大小写敏感的语言,class 和 Class、System 和 system 分别代表不同的标识符,在定义和使用时要特别注意这一点。

(4) 应该使标识符尽量反映它所表示的变量、常量、对象或类的意义(有意义的标识符可以增加程序的可读性)。

表 3-2 列出了一些合法与不合法的标识符,读者可以分析不合法的标识符错在何处。

表 3-2　合法与不合法的标识符的例子

合法标识符	不合法标识符	合法标识符	不合法标识符
FirstJavaApplet	1FirstJavaApplication	－$ theLastOne	Java Builder
MySalary12	Tree&Glasses	HelloWorld	273.15
_isTrue	－isTrue		

下面是定义 Java 标识符的一些约定俗成的准则:

(1) 类名、接口名

采用名词,首字母大写,内含的单词首字母大写。例如:AppletInOut。

(2) 方法名

采用动词,首字母小写,内含的单词首字母大写。例如:actionPerformed。

(3) 变量名

采用名词,首字母小写,内含的单词首字母大写。例如:prompt、connectNumber。

(4) 常量名

全部大写,单词间用下划线分开。例如:HEAD_COUNT。

3.2.3　常量

常量一经建立,在程序运行的整个过程中都不会改变。Java 中常用的常量有布尔常量、整型常量、字符常量、字符串常量和浮点常量。

1. 布尔常量

布尔常量包括 true 和 false,分别代表真和假。

2. 整型常量

整型常量可以用来给整型变量赋值,整型常量可以采用十进制、八进制和十六进制表示。十进制的整型常量用非 0 开头的数值表示,如 100,－50;八进制的整型常量用以 0 开头的数字表示,如 017 代表十进制的数字 15;十六进制的整型常量用 0x 开头的数值表示,如 0x2F 代表十进制的数字 47。

整型常量按照所占用的内存长度,又可分为一般整型常量和长整型常量,其中一般整型常量占用 32 位，长整型常量占用 64 位。长整型常量的尾部有一个大写的 L 或小写的 l，如－386L，017777l。

3. 浮点常量

浮点常量表示的是可以含有小数部分的数值常量。根据占用内存长度的不同，可以分为一般浮点常量和双精度浮点常量两种。一般浮点常量占用 32 位内存，用 F、f 表示，如 19.4F，3.0513E3，8701.52f；双精度浮点常量占用 64 位内存，用带 D 或 d 或不加后缀的数值表示，如 2.433E－5D，700041.273d，3.1415。与其他高级语言类似，浮点常量还有一般表示法和指数表示法两种不同的表示方法，这里不再赘述。

4. 字符常量

字符常量用一对单引号括起的单个字符表示，这个字符可以直接是 Latin 字母表中的字符，如'a'，'Z'，'8'，'#'，也可以是转义符，还可以是要表示的字符所对应的八进制数或 Unicode 码。

转义符是一些有特殊含义，很难用一般方式表达的字符，如回车、换行等。为了表达清楚这些特殊字符，Java 中引入了一些特别的定义。所有的转义符都用反斜线(\)开头，后面跟着一个字符来表示某个特定的转义符，如表 3-3 所示。

表 3-3　转义符

引用方法	对应 Unicode 码	意　义
'\b'	'\u0008'	退格
'\t'	'\u0009'	水平制表符 tab
'\n'	'\u000a'	换行
'\f'	'\u000c'	表格符
'\r'	'\u000d'	回车
'\"'	'\u0022'	双引号
'\''	'\u0027'	单引号
'\\'	'\u005c'	反斜线

表 3-3 中间一列表示的是一个字符的 Unicode 码，还可以用八进制表示一个字符常量。如'\101'就是用八进制表示一个字符常量，它与'\u0047'和'A'表示的是同一个字符，作为常量它们是相同的。需要补充说明的是，八进制表示法只能表示'\000'～'\377'范围内的字符，即不能表示全部的 Unicode 字符，而只能表示其中 ASCII 字符集的部分。

5. 字符串常量

字符串常量是用双引号括起的一串若干个字符(可以是 0 个)。字符串中可以包括转义符，标志字符串开始和结束的双引号必须在源代码的同一行上。下面是几个字符串常量的例子：

```
"Hello"   "My\nJava"    "How are you? 1234"   ""
```

在 Java 中可以使用连接操作符"＋"把两个或更多的字符串常量串接在一起，组成一个更长的字符串。例如，"How do you do?" ＋ "\n" 的结果是"How do you do? \n"。

3.2.4 变量

变量是在程序的运行过程中数值可变的数据，通常用来记录运算中间结果或保存数据。Java 中的变量必须先声明后使用，声明变量包括指明变量的数据类型和变量的名称，必要时还可以指定变量的初始数值。如下面的语句：

```
Boolean m_bFlag = true;
```

声明了一个布尔类型的简单变量，名字为 m_bFlag，该变量的初值是逻辑真。由于声明变量的语句也是 Java 程序中的一个完整的语句，所以它与其他 Java 语句一样需要用分号结束。下面是其他几个变量声明的例子：

```
char   myCharacter = 'B';
long   MyLong = -375;
int m_iCount = 65536;
double   m_dScroe;
```

声明变量又称为创建变量，执行变量声明语句时系统根据变量的数据类型在内存中开辟相应的空间并登记变量名称、初始值等信息。Java 的变量有一定的生存期和有效范围，与 C 语言一样，Java 用大括号将若干语句组成语句块，变量的有效范围就是声明它的语句所在的语句块，一旦程序的执行离开了这个语句块，变量就变得没有意义，不能再使用了。

例 3-1　UseVariable.java

```
1: public class   UseVariable
2: {
3:         public static void main(String args[])
4:         {
5:                 boolean b = true;
6:                 short si = 128;
7:                 int i = -99;
8:                 long l = 123456789L;
9:                 char ch = 'J';
10:                float f = 3.1415925F;
11:                double d = -1.04E-5;
12:                String s = "你好!";
13:                System.out.println("布尔型变量   b= " + b);
14:                System.out.println("短整型变量 si= " + si);
15:                System.out.println("整型变量       i= " + i);
16:                System.out.println("长整型变量    l= " + l);
17:                System.out.println("字符型变量 ch= " + ch);
18:                System.out.println("浮点型变量    f= " + f);
19:                System.out.println("双精度型变量 d= " + d);
20:                System.out.println("字符型对象    s= " + s);
```

```
21:     }
22: }
```

图 3-1 是例 3-1 的运行结果。

```
命令提示符
D:\temp>javac UseVariable.java

D:\temp>java UseVariable
布尔型变量  b= true
短整型变量 si= 128
整型变量    i= -99
长整型变量  l= 123456789
字符型变量 ch= J
浮点型变量  f= 3.1415925
双精度型变量d= -1.04E-5
字符型对象  s= 你好!

D:\temp>
```

图 3-1 例 3-1 的运行结果

例 3-1 是一个字符界面的 Java Application 程序,其中定义了若干个变量并用相应类型的常量为它们赋初始值。其中第 10 行中特别使用了浮点常量 3.1415925F(有兴趣的读者可以去掉常量后面的字符'F',再尝试编译看能得到什么结果)。第 11 行中的双精度常量使用科学计数法表示。第 12 行定义了一个字符串对象,String 不是基本数据类型,而是一个系统定义的类名,每一个字符串变量实际上都是一个字符串对象。但是由于字符串是十分常用的对象,它的声明和创建可以简化成第 12 行那样的形式。

第 13～20 行使用 System.out.println( )这个系统已经定义好的方法来输出前面所定义的所有变量的数值。每个语句首先利用一个字符串常量作为解释性信息,然后把各种数据类型的数据转化成字符串的形式,用"+"拼接在前面的字符串常量的后面,共同输出。输出完毕后这个方法将把光标换到下一行,准备下一次输出。

例 3-2 getNumber.java

```
1: import java.io.*;
2:
3: public class getNumber
4: {
5:     public static void main(String args[])
6:     {
7:         int i = 0;
8:         String s;
9:
10:        try{
11:            System.out.print("请输入一个整型数:");
12:            BufferedReader br =
13:            new BufferedReader(new InputStreamReader(System.in));
14:            s = br.readLine( );
15:            i = Integer.parseInt(s);
16:        } catch(IOException e) { }
```

```
17:           System.out.print("你输入了数字:" + i);
18:           System.out.println("\t,对吗?");
19:       }
20: }
```

图 3-2 是例 3-2 的运行结果。

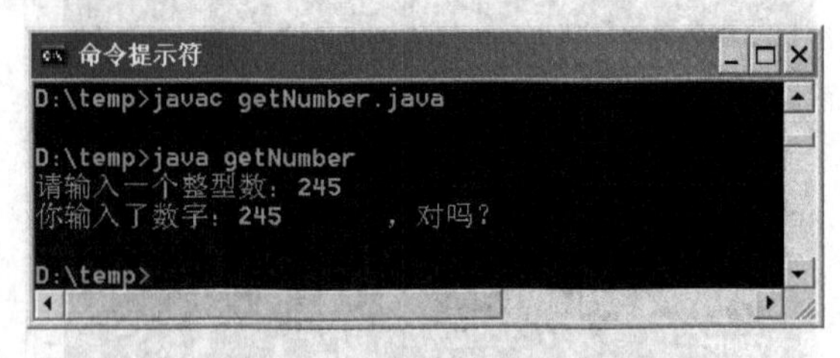

图 3-2 例 3-2 的运行结果

例 3-2 接受用户从键盘输入的一个字符串,然后把它转化成整型数据并输出。例如在图 3-2 中用户输入了字符串"245",利用例 3-2 第 15 行中系统定义的方法 Integer.parseInt( )就可以把它转化成数字 245。其中 Integer 是系统定义的一个类,对应基本数据类型 int,parseInt( )是 Integer 类的一个方法,可以把数字字符组成的字符串转化成真正的整型数字。

另外,第 11~17 行还使用了一个新的输出方法 System.out.print( )。这个方法的用法和作用与 System.out.println( )基本相同,唯一的区别是输出了数据后并不回车。第 18 行使用转义符'\t'将输出数据与字符串常量拉开距离。

例 3-3 getDouble.java

```
1: import java.applet.*;
2: import java.awt.*;
3: import java.awt.event.*;
4:
5: public class getDouble extends Applet implements ActionListener
6: {
7:         Label prompt;
8:         TextField input;
9:         double d = 0.0;
10:
11:        public void init( )
12:        {
13:                prompt = new Label("请输入一个浮点数:");
14:                input = new TextField(10);
15:                add(prompt);
16:                add(input);
17:                input.addActionListener(this);
18:        }
19:        public void paint(Graphics g)
```

```
20:        {
21:            g.drawString("你输入了数据:" + d,10,50);
22:        }
23:        public void actionPerformed(ActionEvent e)
24:        {
25:            d = Double.valueOf(input.getText( )).doubleValue( );
26:            repaint( );
27:        }
28: }
```

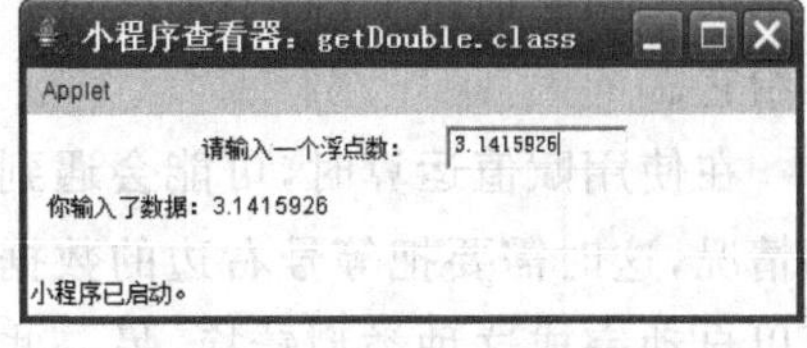

图 3-3　例 3-3 的运行结果

图 3-3 是例 3-3 的运行结果。

例 3-3 是一个图形界面下的 Java Applet 程序,通过这个例子可以了解如何在图形界面下输入数值数据。用户在文本框对象 input 中输入字符串并回车后,程序接受用户输入的这个字符串(在图 3-3 中是 3.1415926),利用第 25 行中的方法 Double.valueOf( ).doubleValue( ) 将这个字符串转化成真正的浮点数据赋值给双精度变量 d(在图 3-3 中是 3.1415926)。第 26 行调用 Applet 类中系统定义好的方法 repaint( ),这个方法将调用第 19～22 行的方法 paint( ),把变量 d 中的数据显示出来。

为体会图形界面输入数据的方法,读者可以针对例 3-3 做如下实验:

(1) 删除第 15 行,编译并运行,观察界面的变化。

(2) 恢复第 15 行,删除第 16 行,编译并运行,观察界面的变化。

(3) 恢复第 16 行,删除第 17 行,编译并运行,观察界面的变化。

(4) 恢复第 17 行,删除第 26 行,编译并运行,观察界面的变化。

3.3　表达式

表达式是由变量、常量、对象、方法调用和操作符组成的式子。符合语法规则的表达式可以被编译系统理解、执行或计算,表达式的值就是对它运算后所得的结果。

组成表达式的 Java 操作符有很多种,代表了多种操作运算,包括赋值运算、算术运算、关系运算和逻辑运算等。

3.3.1　赋值与强制类型转换

赋值运算符对应赋值运算,即赋予程序里的变量或对象一定的内容。简单的赋值运算是把一个表达式的值直接赋给一个变量或对象,使用的赋值运算符是"=",其格式如下:

```
变量或对象=表达式;
```

其中赋值号右边的表达式可以是常量、另一个变量或对象以及方法的返回值。下面是一些简单赋值运算的例子:

```
i = 0;
```

```
j = i;
k = i+j * 5;
MyFirstString = MyDouble.toString( );
MySecondString = MyFirstString;
```

需要注意的是,当赋值号的左边是一个对象名时,赋值运算符将把右边表达式所得的对象的引用赋值给它,而不是为这个对象开辟新的内存空间并把右边对象的所有内容赋值给它。

在使用赋值运算时,可能会遇到等号左边的数据类型和等号右边的数据类型不一致的情况,这时需要把等号右边的数据类型转化成等号左边的数据类型。某些情况下,系统可以自动完成这种类型转换,另一些情况下就要用到强制类型转换。

Java 的类型转换有较严格的规定：凡是将变量从占用内存较少的短数据类型转化成占用内存较多的长数据类型时,可以不做显式的类型转换声明;而将变量从较长的数据类型转换成较短的数据类型时,则必须做强制类型转换。例如下面的例子中分别定义了 16 位的字节类型变量 MyByte 和 32 位的整数类型变量 MyInteger:

```
byte MyByte = 10 ;
int MyInteger = -1;
```

如果把 MyByte 的值赋给 MyInteger,则可以直接写成:

```
MyInteger = MyByte;
```

而把 MyInteger 的值赋给 MyByte,则必须写成:

```
MyByte = ( byte ) MyInteger;
```

该赋值语句的功能是先把变量 MyInteger 中保存的数值的数据类型从 int 变成 byte 后,才能赋给 MyByte,其中,(byte) 就是在做强制类型转换。其一般格式是:

(数据类型)变量名或表达式

3.3.2 字符串连接

用于字符串连接的运算符是“+”,它是将两个字符串拼接成一个字符串。参与拼接的字符串可以是字符串常量,也可以是字符串变量。

在前面的例子中,我们已多次使用过字符串的连接。如在例 3-1 中,有如下语句片段:

```
String s = "你好!";
System.out.println("字符型对象 s= " + s);            //输出: 字符型对象 s= 你好!
```

在上述语句中就包含了字符串的连接操作("字符型对象 s= " + s),它将一个字符串常量("字符型对象 s= ")和一个字符串变量(s)的值拼成一个字符串并作为输出的内容。

在例 3-1 中,还有如下语句片段:

```
int i = -99;
System.out.println("整型变量 i= " + i);                //输出：整型变量 i= -99
```

在该语句 println 方法的参数里，是一个字符串常量和一个整数(整数变量)用“+”号连接起来，系统会根据语法规则首先排除加法运算的可能性，然后将整数转换为对应的字符串形式，再做字符串的连接。

在例 3-1 中，还有如下几个语句：

```
boolean b = true;
float f = 3.1415925F;
System.out.println("布尔型变量 b= " + b);             //输出：布尔型变量 b= true
System.out.println("浮点型变量 f= " + f);             //输出：浮点型变量 f= 3.1415925
```

在上述语句中，系统在确定为字符串连接操作之后，都是先把其中一个非字符串数据转换为字符串形式，然后再与另一个字符串进行拼接。

下面再举几个类似的例子，请读者从中理解字符串连接以及其中的类型转换问题。

```
System.out.println("===" + 100 + 200 + "===");     // 输出：===100200===
System.out.println("===" + (100+200) + "===");     // 输出：===300===
System.out.println("===" + 100 + 200);             //输出：===100200
System.out.println(100 + 200 + "===");             //输出：300===
```

3.3.3　算术运算

算术运算是针对数值类型操作数进行的运算，算术运算符根据需要的操作数个数的不同，可以分为双目运算符和单目运算符两种。

1. 双目运算符(见表 3-4)

表 3-4　双目算术运算符

运算符	运　算	例	功　能
+	加	a + b	求 a 与 b 相加的和
-	减	a - b	求 a 与 b 相减的差
*	乘	a * b	求 a 与 b 相乘的积
/	除	a / b	求 a 除以 b 的商
%	取余	a % b	求 a 除以 b 所得的余数

这里有两个需要注意的问题：

(1) 只有整数类型(int，long，short)的数据才能够进行取余运算，float 和 double 不能取余。

(2) 两个整数类型的数据做除法时，结果是截取商数的整数部分，而小数部分被截断。如果希望保留小数部分，则应该对除法运算的操作数做强制类型转换。例如 1/2 的结果是 0，而((float)1)/2 的结果是 0.5。

2. 单目运算符(见表 3-5)

单目运算符的操作数只有一个，算术运算中有三个单目运算符。

表 3-5　单目运算符

运算符	运　算	例	功能等价
++	自增	a++或++a	a=a+1
--	自减	a--或--a	a=a-1
-	求相反数	-a	a=-a

单目运算符中的自增和自减,其运算符的位置可以在操作数的前面,也可以在操作数的后面;当进行单目运算的表达式位于一个更复杂的表达式内部时,单目运算符的位置将决定单目运算与复杂表达式二者执行的先后顺序。如下面的例子里,单目运算符在操作数变量的前面,则先执行单目运算,修改变量的值后用这个新值参与复杂表达式的运算。

```
int  x = 2 ;
int  y = ( ++ x ) * 3;
```

运算执行的结果是 x = 3, y = 9。

而在下面的例子里,由于单目运算符放在操作数变量的后面,则先计算复杂表达式的值,最后再修改变量的取值。

```
int x = 2 ;
int y = (x ++) * 3;
```

运算执行的结果是 x = 3, y = 6。

可见,单目运算符的位置不同,虽然对操作数变量没有影响,但却会改变整个表达式的值。

例 3-4　UseArithmetic.java

```
1: import java.applet.* ;
2: import java.awt.* ;
3: import java.awt.event.* ;
4:
5: public class UseArithmetic extends Applet implements ActionListener
6: {
7:         Label prompt;
8:         TextField input1,input2;
9:         Button btn;
10:        int a=0,b=1;
11:
12:        public void init( )
13:        {
14:                prompt = new Label("请输入两个整型数据: ");
15:                input1 = new TextField(5);
16:                input2 = new TextField(5);
17:                btn = new Button("计算");
18:                add(prompt);
```

```
19:            add(input1);
20:            add(input2);
21:            add(btn);
22:            btn.addActionListener(this);
23:        }
24:        public void paint(Graphics g)
25:        {
26:            g.drawString(a + " + " + b + " = " + (a+b),10,50);
27:            g.drawString(a + " - " + b + " = " + (a-b),10,70);
28:            g.drawString(a + " * " + b + " = " + (a*b),10,90);
29:            g.drawString(a + "/" + b + " = " + (a/b),10,110);
30:            g.drawString(a + " % " + b + " = " + (a%b),10,130);
31:        }
32:        public void actionPerformed(ActionEvent e)
33:        {
34:            a = Integer.parseInt(input1.getText( ));
35:            b = Integer.parseInt(input2.getText( ));
36:            repaint( );
37:        }
38: }
```

例3-4是图形界面中的Java Applet程序，它利用两个文本框对象input1和input2接受用户输入的两个数据。当用户单击按钮“计算”时，程序将把这两个字符串转化为整型数据赋值给同类的两个变量a和b，然后通过repaint( )方法调用第24～31行的paint( )方法，以a和b为操作数，计算它们四则运算的结果并输出。图3-4是例3-4运行结果。

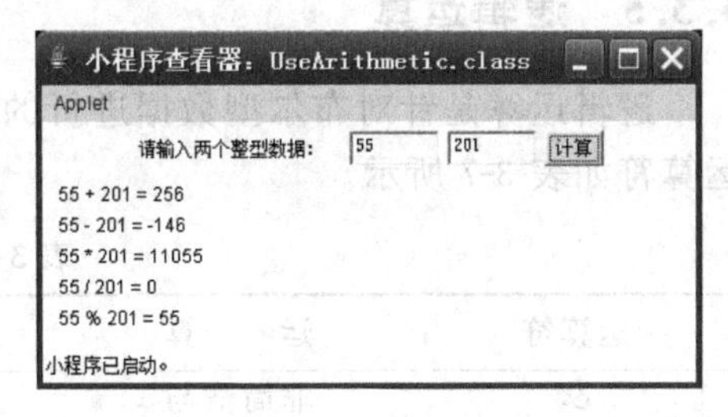

图3-4 例3-4的运行结果

3.3.4 关系运算

关系运算是比较两个数据大小的运算，常用的关系运算如表3-6所示。

表3-6 关系运算符

运算符	运 算	运算符	运 算
==	等于	<	小于
!=	不等于	>=	大于等于
>	大于	<=	小于等于

关系运算的结果是布尔型的量，即“真”或“假”。例如：

```
int x = 5, y = 7;
boolean b = ( x == y );
```

则 b 的初始值是 false。另外，在表达式中要注意区分等于号和赋值号，不要混淆。

例 3-5　UseRelation.java

本例是在例 3-4 的基础上修改了第 24～31 行的 paint( )方法，下面只列出修改的部分。

```
24: public void paint(Graphics g)
25: {
26:         g.drawString(a + ">" + b + "=" + (a>b),10,50);
27:         g.drawString(a + "<" + b + "=" + (a<b),10,70);
28:         g.drawString(a + ">=" + b + "="
            + (a>=b),10,90);
29:         g.drawString(a + "<=" + b + "="
            + (a<=b),10,110);
30:         g.drawString(a + "==" + b + "="
            + (a==b),10,130);
31:         g.drawString(a + "!=" + b + "="
            + (a!=b),10,150);
32: }
```

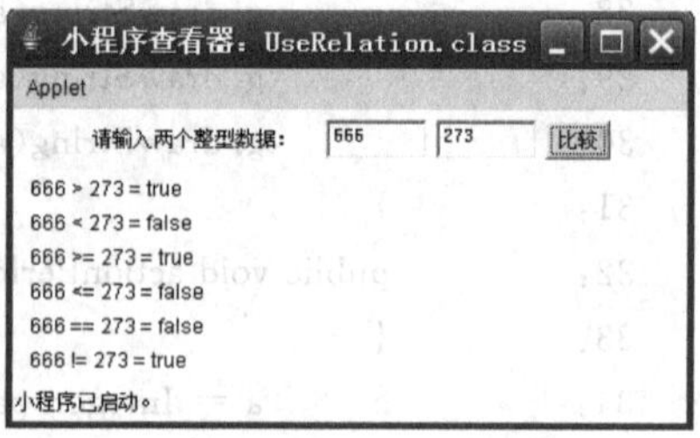

图 3-5　例 3-5 的运行结果

例 3-5 比较用户输入的两个整数，并将比较的结果(真假值)输出，如图 3-5 所示。

3.3.5　逻辑运算

逻辑运算是针对布尔型数据进行的运算，运算的结果仍然是布尔型量。常用的逻辑运算符如表 3-7 所示。

表 3-7　逻辑运算符

运算符	运　算	例	运算规则
&	非简洁与	x & y	x,y 都真时结果才为真
|	非简洁或	x | y	x,y 都假时结果才为假
!	取反	! x	x 真时为假，x 假时为真
^	异或	x ^ y	x,y 同真假时结果为假
&&	简洁与	x && y	x,y 都真时结果才为真
||	简洁或	x || y	x,y 都假时结果才为假

“&”和“|”被称为非简洁运算符，因为在利用它们做与、或运算时，运算符左右两边的表达式总会被运算执行，然后再对两表达式的结果进行与、或运算；而在利用“&&”和“||”做简洁运算时，运算符右边的表达式有可能被忽略而不加执行。如在下面的例子里：

```
int x = 3, y = 5;
boolean b = x > y && x++ == y--;
```

在计算布尔型的变量 b 的取值时，先计算 && 左边的关系表达式 x > y，得结果为假，根据逻辑与运算的规则，只有参加与运算的两个表达式都为真时，最后的结果才为真，所以不论 && 右边的表达式结果如何，整个式子的值都为假，右边的表达式就不予计算执行了。最后三个变量的取值分别是：x 为 3，y 为 5，b 为 false。

如果把上题中的简洁与（&&）换为非简洁与（&），则与号两边的两个表达式都会被运算，最后三个变量的取值分别是：x 为 4，y 为 4，b 为 false。

同理，对于简洁或（||），若左边的表达式的运算结果为真，则整个或运算的结果一定为真，右边的表达式就不会再运算执行了。

例 3-6 UseLogical.java

```
...
10:   boolean a=true, b=false;
...
24:   public void paint(Graphics g)
25:   {
26:        g.drawString(a + " & " + b + " = " + (a&b),10,50);
27:        g.drawString(a + " && " + b + " = " + (a&&b),10,70);
28:        g.drawString(a + " | " + b + " = " + (a|b),10,90);
29:        g.drawString(a + " || " + b + " = " + (a || b),10,110);
30:        g.drawString(a + " ^ " + b + " = " + (a^b),10,130);
31:        g.drawString(" ! " + b + " = " + (! b),10,150);
32:   }
33:   public void actionPerformed(ActionEvent e)
34:   {
35:        a = Boolean.valueOf(input1.getText( )).booleanValue( );
36:        b = Boolean.valueOf(input2.getText( )).booleanValue( );
37:        repaint( );
38:   }
...
```

图 3-6 是例 3-6 的运行结果。例 3-6 在例 3-4 的基础上修改了第 10 行，使 a，b 两个变量可以接受布尔型数据；修改了第 33～38 行的事件处理方法，利用系统定义的方法 Boolean.valueOf( ).booleanValue( )将用户输入的字符串转化成布尔型数据；修改了第 24～32 行的 paint( )方法，使之显示两个布尔型量逻辑运算的结果。

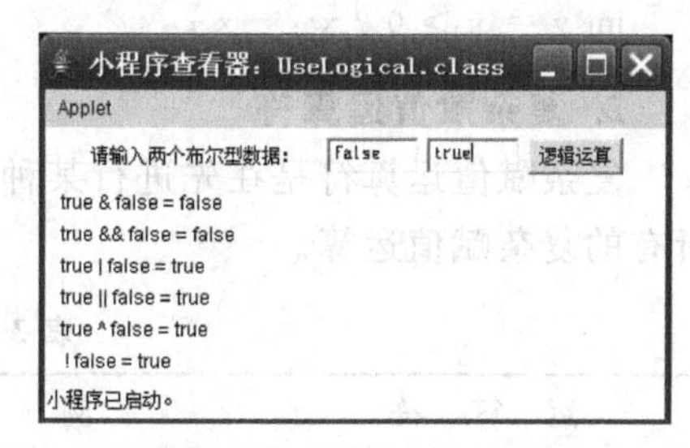

图 3-6 例 3-6 的运行结果

3.3.6 位运算

位运算是对操作数以二进制比特位为单位进行的操作和运算，位运算的操作数和结果都是整型量。几种位运算符和相应的运算规则列于表 3-8 中。

移位运算是将某一变量所包含的各比特位按指定的方向移动指定的位数，表 3-9 是三个移位运算符的例子。

表 3-8　位运算符

运算符	运算	例	运算规则
～	位反	～x	将 x 按比特位取反
>>	右移	x >> n	x 各比特位右移 n 位
<<	左移	x << n	x 各比特位左移 n 位
>>>	不带符号的右移	x >>> n	x 各比特位右移 n 位左边的空位一律填零

表 3-9　移位运算

x(十进制表示)	二进制补码表示	x << 2	x >> 2	x >>> 2
30	00011110	01111000	00000111	00000111
−17	11101111	10111100	11111011	00111011

从表 3-9 可以看出，在带符号的右移中，右移后左边的留下空位中填入的是复制的原数的符号位，即正数为 0，负数为 1。在不带符号的右移中，右移后左边的空位一律填 0。

3.3.7　其他运算符

1. 三目条件运算符 ?:

Java 中的三目条件运算符与 C 语言完全相同，使用形式是：

```
x ? y : z
```

其规则是，先计算表达式 x 的值，若 x 为真，则整个三目运算的结果为表达式 y 的值；若 x 为假，则整个运算结果为表达式 z 的值。请参看下面的例子：

```
int x = 5, y = 8, z = 2;
int k = x < 3 ? y : z;                // x < 3 为假，所以 k 取 z 的值，结果为 2
int y = x > 0 ? x : -x;               // y 为 x 的绝对值
```

2. 复杂赋值运算符

复杂赋值运算符是在先进行某种运算之后，再把运算的结果做赋值。表 3-10 列出了所有的复杂赋值运算。

表 3-10　复杂赋值运算符

运　算　符	例　　子	等　价　于
+=	x += a	x = x + a
−=	x −= a	x = x − a
*=	x *= a	x = x * a
/=	x /= a	x = x / a
%=	x %= a	x = x % a
&=	x &= a	x = x & a
|=	x |= a	x = x | a
^=	x ^= a	x = x ^ a

续表

运 算 符	例 子	等 价 于
<<=	x <<= a	x = x << a
>>=	x >>= a	x = x >> a
>>>=	x>>>= a	x = x >>> a

3. 括号与方括号

括号运算符()在某些情况下起到改变表达式运算先后顺序的作用;在另一些情况下代表方法或函数的调用。它的优先级在所有的运算符中是最高的。

方括号运算符 [ ] 是数组运算符,它的优先级也很高,其具体使用方法将在后面介绍。

4. 对象运算符

对象运算符 instanceof 用来测定一个对象是否属于某一个指定类或其子类的实例,如果是则返回 true,否则返回 false。例如:

```
booleanb = MyObject instanceof TextField;
```

3.3.8 运算符的优先级与结合性

运算符的优先级决定了表达式中不同运算执行的先后顺序。如关系运算符的优先级高于逻辑运算符,x > y && ! z 相当于(x > y) && (! z)。运算符的结合性决定了并列的相同运算的先后执行顺序。如对于左结合的"+",x + y + z 等价于 (x + y) + z,对于右结合的"!",! ! x 等价于 ! (! x)。

表 3-11 列出了 Java 主要运算符的优先级和结合性。

表 3-11 Java 运算符的优先级与结合性

优先级	描 述	运 算 符	结 合 性
1	最高优先级	. [ ] ( )	左/右
2	单目运算	- ~ ! ++ -- 强制类型转换符	右
3	算术乘除运算	* / %	左
4	算术加减运算	+ -	左
5	移位运算	>> << >>>	左
6	大小关系运算	< <= > >=	左
7	相等关系运算	== !=	左
8	按位与、非简洁与	&	左
9	按位异或运算	^	左
10	按位或、非简洁或	|	左
11	简洁与	&&	左
12	简洁或	‖	左
13	三目条件运算	? :	右
14	简单、复杂赋值	= 运算符=	右

3.3.9 注释

注释是程序中不可缺少的部分。Java 的注释符有两种。一种是行注释符“//”,以“//”开头到本行末的所有字符被系统理解为注释,不予编译。如:

```
// This a test program of what is to be done
```

另一种注释符是块注释符“/ * ”和“ * /”,其中“/ * ”标志着注释块的开始,“ * /”标志着注释块的结束。“/ * ”和“ * /”可以括起若干个注释行。如:

```
/ * 程序名:
项目名:
编写时间:
功能:
输入/输出: * /
```

3.4 流程控制语句

流程控制语句是用来控制程序中各语句执行顺序的语句,是程序中非常关键和基本的部分。流程控制语句可以把单个的语句组合成有意义的,能完成一定功能的小逻辑模块,能否熟练地运用流程控制语句往往很大程度上影响所编写程序的质量。最主要的流程控制方式是结构化程序设计中规定的三种基本流程结构。

3.4.1 结构化程序设计的三种基本流程

结构化程序设计原则是公认的面向过程编程应遵循的原则,它使得程序段的逻辑结构清晰、层次分明,有效地改善了局部程序段的可读性和可靠性,保证了质量,提高了开发效率。

结构化程序设计的最基本的原则是:任何程序都可以且只能由三种基本流程结构构成,即顺序结构、分支结构和循环结构。这三种结构的构成如图 3-7 所示。

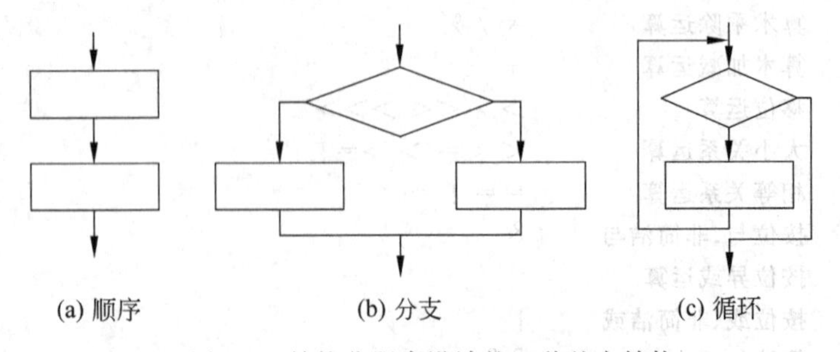

图 3-7 结构化程序设计的三种基本结构

顺序结构是三种结构中最简单的一种,即语句按照书写的顺序依次执行;分支结构又称为选择结构,它将根据计算所得的表达式的值来判断应选择执行哪一个流程的分支;循环结构则是在一定条件下反复执行一段语句的流程结构。这三种结构构成了程序局部模块的基本框架。

Java 语言虽然是面向对象的语言,但是在局部的语句块内部,仍然需要借助于结构化程序设计的基本流程结构来组织语句,完成相应的逻辑功能。Java 的语句块是由一对大括号括起的若干语句的集合。Java 中,有专门负责实现分支结构的条件分支语句和负责实现循环结构的循环语句。

3.4.2　分支语句

Java 中的分支语句有两个,一个是负责实现双分支的 if 语句,另一个是负责实现多分支的开关语句 switch。

1. if 语句

if 语句的一般形式是:

```
if ( 条件表达式 )
    语句块;          // if 分支
else
    语句块;          // else 分支
```

其中条件表达式用来选择程序的流程走向。在程序的实际执行过程中,如果条件表达式的取值为真,则执行 if 分支的语句块,否则执行 else 分支的语句块。在编写程序时,也可以不书写 else 分支,此时若条件表达式的取值为假,则绕过 if 分支直接执行 if 语句后面的其他语句。语法格式如下:

```
if ( 条件表达式 )
    语句块;// if 分支
其他语句;
```

下面是一个 if 语句的简单例子,是实现求某数的绝对值功能的程序片段。

```
if(x<=0)
    x=-x;
```

例 3-7　FindMax. java

```
1: import java.applet.*;
2: import java.awt.*;
3: import java.awt.event.*;
4:
5: public class FindMax extends Applet implements ActionListener
6: {
7:     Label result;
8:     TextField in1,in2,in3;
9:     Button btn;
10:    int a=0,b=0,c=0,max;
11:
```

```
12: public void init( )
13: {
14:         result = new Label("请先输入三个待比较的整数");
15:         in1 = new TextField(5);
16:         in2 = new TextField(5);
17:         in3 = new TextField(5);
18:         btn = new Button("比较");
19:         add(in1);
20:         add(in2);
21:         add(in3);
22:         add(btn);
23:         add(result);
24:         btn.addActionListener(this);
25: }
26: public void actionPerformed(ActionEvent e)
27: {
28:         a = Integer.parseInt(in1.getText( ));
29:         b = Integer.parseInt(in2.getText( ));
30:         c = Integer.parseInt(in3.getText( ));
31:         if(a>b)
32:                 if(a>c)
33:                         max = a;
34:                 else
35:                         max = c;
36:         else
37:                 if(b>c)
38:                         max = b;
39:                 else
40:                         max = c;
41:         result.setText("三数中最大值是: "+ max );
42:   }
43: }
```

例 3-7 中的程序接受用户输入的三个整数，在用户单击“比较”按钮后程序调用方法 actionPerformed( )比较并输出其中的最大值。第 31～40 行使用 if 语句的嵌套比较并得到三数中的最大值。第 41 行中使用了 Label 类对象 result 的一个系统定义好的方法 setText( )把原来显示的提示信息变换成输出信息。图 3-8 是例 3-7 程序运行的结果。

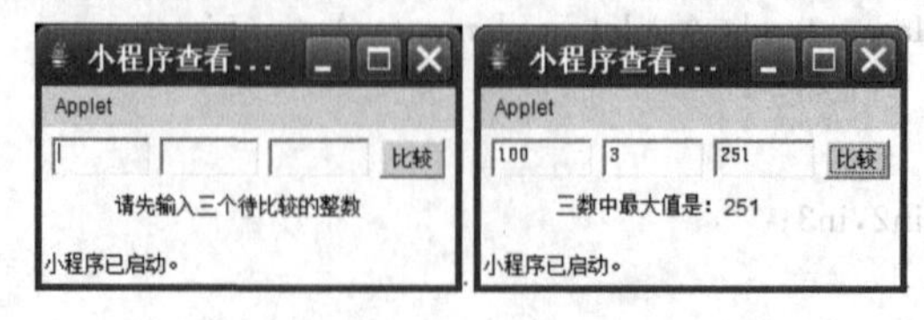

图 3-8　例 3-7 的运行结果

2. switch 语句

switch 语句是多分支的开关语句，它的一般格式如下：

```
switch（表达式）
{    case 判断值 1：        语句块 1        //分支 1
     case 判断值 2：        语句块 2        //分支 2
     ⋮
     case 判断值 n：        语句块 n        //分支 n
     default：              语句块 n+1      //分支 n+1
}
```

switch 语句在执行时，首先计算表达式的值，这个值必须是整型或字符型，同时应与各个 case 分支的判断值的类型相一致。计算出表达式的值之后，将它先与第一个 case 分支的判断值相比较，若相同，则程序的流程转入第一个 case 分支的语句块，否则，再将表达式的值与第二个 case 分支相比较，依此类推。如果表达式的值与任何一个 case 分支都不相同，则转而执行最后的 default 分支；在 default 分支不存在的情况下，则跳出整个 switch 语句。

需要注意的是，switch 语句的每一个 case 判断，都只负责指明流程分支的入口点，而不负责指定分支的出口点，分支的出口点需要编程人员用相应的跳转语句来标明。看下面的例子：

```
switch (MyGrade)
{ case 'A' :          MyScore = 5;
  case 'B' :          MyScore = 4;
  case 'C' :          MyScore = 3;
  default :           MyScore = 0;
}
```

假设变量 MyGrade 的值为 A，执行完 switch 语句后，变量 MyScore 的值被赋成什么呢？是 0，而不是 5，为什么？因为 case 判断只负责指明分支的入口点，表达式的值与第一个 case 分支的判断值相匹配后，程序的流程进入第一个分支，将 MyScore 的值置为 5。由于没有专门的分支出口，所以流程将继续沿着下面的分支逐个执行，MyScore 的值被依次置为 4、3，最后变成 0。如果希望程序的逻辑结构正常完成分支的选择，则需要为每一个分支另外编写退出语句。修改后的例子如下：

```
switch (MyGrade)
{    case 'A' :        MyScore =5;
                       break ;

     case 'B' :        MyScore = 4;
                       break ;
     case 'C' :        MyScore = 3;
                       break ;
     default :         MyScore = 0;
}
```

break 是流程跳转语句,它的具体使用方法会在后面介绍。通过引入 break 语句,定义了各分支的出口,多分支开关语句的结构就完整了。在某些情况下,switch 语句的这个只有分支入口、没有出口的功能也有它独特的适用场合。如在若干判断值共享同一个分支时,就可以实现由不同的判断语句流入相同的分支。下面的例子是该例的进一步修改,仅划分及格与不及格。

```
switch (MyGrade)
{   case 'A' :
    case 'B' :
    case 'C':          MyScore=1;          //及格
                       break ;
    default :          MyScore=0;          //不及格
}
```

3.4.3　循环语句

循环结构是在一定条件下,反复执行某段程序的流程结构,被反复执行的程序称为循环体。循环结构是程序中非常重要和基本的一种结构,它是由循环语句来实现的。Java 的循环语句共有三种:while 语句、do-while 语句和 for 语句。它们的结构如图 3-9 所示。

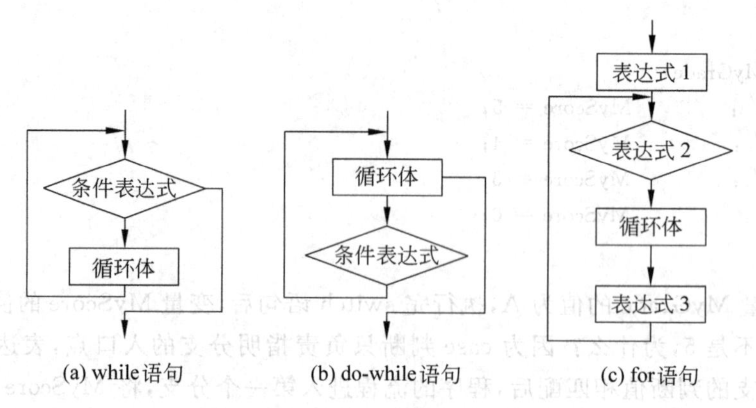

图 3-9　Java 的三种循环语句流程

1. while 语句

while 语句的一般语法格式如下:

```
while ( 条件表达式 )
    循环体
```

其中条件表达式的返回值为布尔型,循环体可以是单个语句,也可以是复合语句块。

while 语句的执行过程是先判断条件表达式的值,若为真,则执行循环体,循环体执行完之后再无条件转向条件表达式再做计算与判断;当计算出条件表达式为假时,跳过循环体执行 while 语句后面的语句。下面是一个使用 while 语句的例子。

例 3-8 Narcissus. java

```
1: public class Narcissus
2: {
3:    public static void main(String args[])
4:     {
5:          int i, j, k, n=100, m=1;
6:
7:          while(n<1000)
8:          {
9:               i = n/100;
10:              j = (n-i*100)/10;
11:              k = n%10;
12:              if((Math.pow(i,3) + Math.pow(j,3) + Math.pow(k,3)) == n)
13:                   System.out.println("找到第"+ m++ + "个水仙花数：" + n);
14:              n++;
15:          }
16:     }
17: }
```

例 3-8 是一个字符界面的 Java Application 程序，其功能是找出所有的水仙花数并输出。水仙花数是三位数，它的各位数字的立方和等于这个三位数本身，例如 $371=3^3+7^3+1^3$，371 就是一个水仙花数。第 7～15 行定义了一个 while 循环，每轮循环检查 100～999 中的一个三位数 n，取出 n 的个位、十位和百位数分别存入 k,j,i 三个整型变量；第 12 行利用系统定义好的方法 Math. pow( )计算 i,j,k 的三次方并相加，若所得的和等于 n，则输出这个水仙花数，否则 n 加 1 检查下一个三位数。循环结束时所有的三位数都将被检查到。图3-10 是例 3-8 的运行结果。

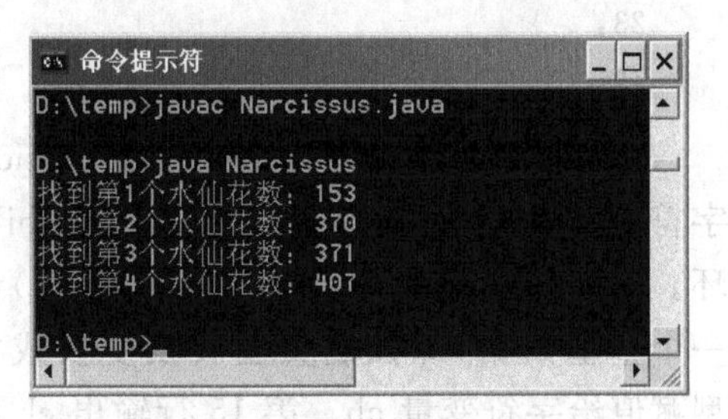

图 3-10 例 3-8 的运行结果

2. do-while 语句

do-while 语句的一般语法结构如下：

```
do
    循环体
while(条件表达式)；
```

do-while 语句的使用与 while 语句很类似，不同的是它不像 while 语句是先计算条件表达式的值，而是无条件地先执行一遍循环体，再来判断条件表达式。若表达式的值为真，则再运行循环体，否则跳出 do-while 循环，执行下面的语句。可以看出，do-while 语句的特点是它的循环体将至少被执行一次。下面是使用 do-while 语句的例子。

例 3-9 showCharValue. java

```
1: import java.io.*;
2:
3: public class showCharValue
4: {
5:   public static void main(String args[])
6:   {
7:       char ch;
8:
9:       try
10:      {
11:          System.out.println("请输入一个字符,以'#'结束");
12:          do
13:          {
14:              ch = (char)System.in.read();
15:              System.out.println("字符"+ch+"的整数值为"+(int)ch);
16:              System.in.skip(2);         //跳过回车键
17:          }while(ch!='#');
18:      }
19:      catch(IOException e)
20:      {
21:          System.err.println(e.toString());
22:      }
23:   }
24: }
```

例 3-9 是字符界面的 Java Application 程序,它接受用户输入的一个字符后输出这个字符整型数值。第 12～17 行是 do-while 循环。第 14 行从系统标准输入(即键盘)读入一个整型数据,经强制类型转换变换成字符型赋值给字符变量 ch。第 15 行输出 ch 和其整型值。第 16 行略过用户输入字符后键入的回车键。第 17 行检查用户输入的字符是否是“#”,是则结束循环,否则跳回第 14 行继续接受用户的输入。图 3-11 是例 3-9 的一次运行结果。

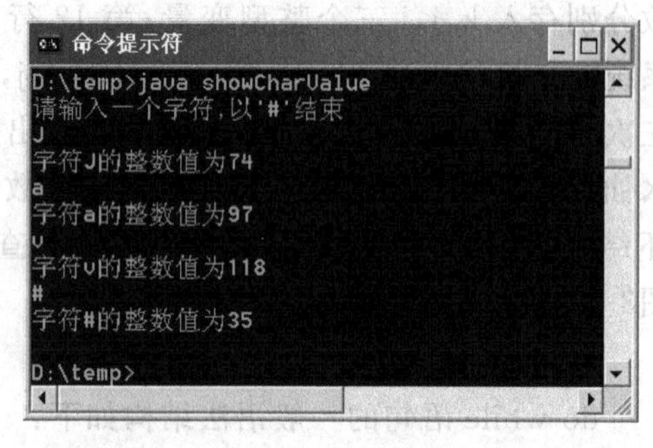

图 3-11　例 3-9 的运行结果

3. for 语句

for 语句是 Java 语言三个循环语句中功能较强,使用较广泛的一个,它的流程结构可参看图 3-9(c)。for 语句的一般语法格式如下:

```
for (表达式 1;表达式 2;表达式 3)
    循环体
```

其中表达式 2 是返回布尔值的条件表达式,用来判断循环是否继续;表达式 2 完成初始化循环变量和其他变量的工作;表达式 3 用来修整循环变量,改变循环条件,三个表达式之间用分号隔开。

for 语句的执行过程是这样的：首先计算表达式 1，完成必要的初始化工作；再判断表达式 2 的值，若为真，则执行循环体，执行完循环体后再返回表达式 3，计算并修改循环条件，这样一轮循环就结束了。第二轮循环从计算并判断表达式 2 开始，若表达式的值仍为真，则继续循环，否则跳出整个 for 语句执行下面的句子。for 语句的三个表达式都可以为空，但若表达式 2 也为空，则表示当前循环是一个无限循环，需要在循环体中书写另外的跳转语句终止循环。

例 3-10　PerfectNum.java

```
1: public class PerfectNum
2: {
3:   public static void main(String args[])
4:   {
5:       int count=1;
6:       for(int i =1;i<10000;i++)
7:       {
8:           int y=0;
9:
10:          for(int j=1;j<i;j++)
11:             if(i%j==0)
12:                 y+=j;
13:          if(y == i)
14:          {
15:              System.out.print(i+String.valueOf('\t'));
16:                count++;
17:                if(count%3==0)
18:                   System.out.println( );
19:          }
20:      }
21:   }
22: }
```

例 3-10 是字符界面的 Java Application 程序，其功能是输出 10000 之内的所有完全数。完全数是指等于其所有因子和(包括 1 但不包括这个数本身)的数。例如 6=1×2×3，6=1+2+3，则 6 是一个完全数。第 6～20 行定义了一个 for 循环，检查 1～9999 之间的所有整数是否是完全数。每轮循环检查一个数 i 是否是完全数。第 10～12 行是嵌套在大循环中的小循环，用来求出数 i 的因子和。如果 i 等于这个因子和，则 i 为完全数，在第 15 行输出它。变量 count 用来计算所求得的完全数个数。第 17～18 行使得每输出两个完全数后加入一个换行。图 3-12 是例 3-10 的运行结果。

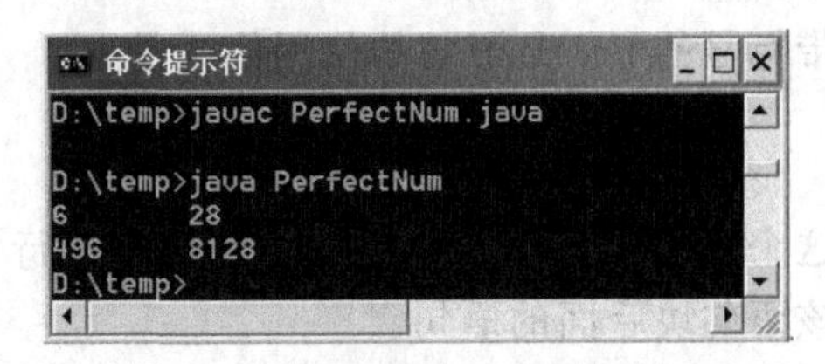

图 3-12　例 3-10 的运行结果

3.4.4　跳转语句

跳转语句用来实现程序执行过程中流程的转移。前面在 switch 语句中使用过的 break 语句就是一种跳转语句。为了提高程序的可靠性和可读性,Java 语言不支持无条件跳转的 goto 语句。Java 的跳转语句有三个:continue 语句、break 语句和 return 语句。

1. continue 语句

continue 语句必须用于循环结构中,它有两种使用形式。

一种是不代标号的 continue 语句,它的作用是终止当前这一轮的循环,跳过本轮剩余的语句,直接进入当前循环的下一轮。在 while 或 do-while 循环中,不带标号的 continue 语句会使流程直接跳转至条件表达式。在 for 循环中,不带标号的 continue 语句会跳转至表达式 3,计算修改循环变量后再判断循环条件。

另一种是带标号的 continue 语句,其格式是:

```
continue 标号名;
```

这个标号名应该定义在程序中外层循环语句的前面,用来标志这个循环结构。标号的命名应该符合 Java 标识符的规定。带标号的 continue 语句使程序的流程直接转入标号标明的循环层次。下面查找 1～100 之间的素数的例子中使用了带标号的 continue 语句。如果找到整数 i 的一个因子 j,则说明这个 i 不是素数。程序将跳过本轮循环剩余的语句直接进入下一轮循环,检查下一个数是否是素数。

```
First-Loop:
for ( int   i = 1 ; i < 100 ; i ++ )
{
     for ( int j = 2 ; j < i ; j ++ )
     {
          if ( i%j == 0 )
               continue   First-Loop;
     }
     System.out.println ( i );      //屏幕标准输出
}
```

2. break 语句

break 语句的作用是使程序的流程从一个语句块内部跳转出来,如从 switch 语句的分支中跳出,或从循环体内部跳出。break 语句同样分为带标号和不带标号两种形式。带标号的 break 语句的使用格式是:

```
break 标号名;
```

这个标号应该标志某一个语句块。执行 break 语句就从这个语句块中跳出来,流程进入该语句块后面的语句。

不带标号的 break 语句从它所在的 switch 分支或最内层的循环体中跳转出来,执行分支或循环体后面的语句。

3. return 语句

return 语句的一般格式是：

```
return 表达式；
```

return 语句用来使程序流程从方法调用中返回，表达式的值就是调用方法的返回值。如果方法没有返回值，则 return 语句中的表达式可以省略。

3.5　小结

本章详细介绍了 Java 语言的基础知识，包括 Java 程序的构成、Java 的基本数据类型、变量和常量的定义与使用、表达式和各种运算符的使用以及 Java 的流程控制语句，其中数据类型、变量和运算符是 Java 编程的基础，if/else、switch、while、do-while 和 for 等流程控制语句是本章的重点。通过本章的学习，读者应该能够编写较为简单的 Java 程序，完成一些面向过程的基本操作。

习　题

3-1　简述 Java 程序的构成。如何判断主类？下面的程序有几处错误？如何改正？这个程序的源代码应该保存为什么名字的文件？

```
public class MyJavaClass
{
    public static void main( )
    {
      System.out.println("Am I wrong?");
    }
    System.out.println("程序结束。");
}
```

3-2　Java 有哪些基本数据类型？写出 int 型所能表达的最大、最小数据。

3-3　Java 的字符采用何种编码方案？有何特点？写出 5 个常见的转义符。

3-4　Java 对标识符命名有什么规定，下面这些标识符哪些是对的？哪些是错的？错在哪里？

(1) MyGame　(2) -isHers　(3) 2JavaProgram

(4) Java-Visual-Machine　(5) －$abc

3-5　什么是常量？什么是变量？字符变量与字符串常量有何不同？

3-6　什么是强制类型转换？在什么情况下需要用到强制类型转换？

3-7　Java 有哪些算术运算符、关系运算符、逻辑运算符、位运算符和赋值运算符？试列举单目和三目运算符。

3-8　写出下面表达式的运算结果，设 a＝3，b＝－5，f＝true：

(1) --a % b++　(2) (a>=1 && a<=12 ? a : b)

(3) f ^ (a > b)　(4) (--a)<<a

3-9　编写一个字符界面的Java Application程序,接受用户输入的一个浮点数,把它的整数部分和小数部分分别输出。

3-10　编写一个字符界面的Java Application程序,接受用户输入的10个整数,比较并输出其中的最大值和最小值。

3-11　编写一个字符界面的Java Application程序,接受用户输入的字符,以“#”标志输入的结束;比较并输出按字典序最小的字符。

3-12　结构化程序设计有哪三种基本流程?分别对应Java中的哪些语句?

3-13　改写例3-7,求出三个整数的最小值。

3-14　编写一个Java程序,接受用户输入的一个1~12之间的整数(如果输入的数据不满足这个条件,则要求用户重新输入),利用switch语句输出对应月份的天数。

3-15　在一个循环中使用break、continue和return语句有什么不同的效果?

3-16　编写图形界面下的Java Applet程序,接受用户输入的两个数据为上、下限,然后输出上、下限之间的所有素数。

3-17　编写程序输出用户指定数据的所有素数因子。

第 4 章

抽象、封装与类

第 4 章、第 5 章是本书的核心内容，围绕类的定义和对象的使用，讲述 Java 面向对象程序设计的基本技术与方法。

本章首先讨论抽象与封装这两个面向对象程序设计的重要特点，然后介绍这两个特点在 Java 编程中的体现，介绍 Java 中定义并使用类与对象的最基本的原则，包括修饰符、构造函数的具体使用规则。

4.1 抽象与封装

4.1.1 抽象

抽象是科学研究中经常使用的一种方法，即去除掉被研究对象中与主旨无关的次要部分，或是暂时不予考虑的部分，而仅仅抽取出与研究工作有关的实质性的内容加以考察。在计算机技术的软件开发方法中所使用的抽象有两类：一类是过程抽象，另一类是数据抽象。

过程抽象将整个系统的功能划分为若干部分，强调功能完成的过程和步骤。面向过程的软件开发方法采用的就是这种抽象方法。使用过程抽象有利于控制、降低整个程序的复杂度，但是这种方法本身自由度较大，难于规范化和标准化，操作起来有一定难度，在质量上不易保证。

数据抽象是与过程抽象不同的抽象方法，它把系统中需要处理的数据和这些数据上的操作结合在一起，根据功能、性质和作用等因素抽象成不同的抽象数据类型。每个抽象数据类型既包含了数据，也包含了针对这些数据的授权操作，是相对于过程抽象更为严格、也更为合理的抽象方法。

面向对象的软件开发方法的主要特点之一，就是采用了数据抽象的方法来构建程序的类、对象和方法。实际上，第 1 章所讲的面向对象软件开发过程中的面向对象的分析，就是对实际问题进行抽象，从而建立物理模型的过程。在面向对象技术中使用这种数据抽象方法，一方面可以去除掉与核心问题无关的细枝末节，使开发工作可以集中在比较关键、主要的部分；另一方面，在数据抽象过程中对数据和操作的分析、辨别和定义可以帮助开发人员对整个问题有更深入、准确的认识。最后抽象形成的抽象数据类型，则是进一步设计、编程的基础和依据。

比如，要处理一个有关银行日常业务的问题，最核心的问题就是所有的资金、账目往来。根据与此核心问题有关的操作，包括存款、取款、贷款、还款和这些操作所处理的数据，如金额、账号、日期等，就可以建立一个表示账户的抽象数据类型，作为考察的重点。而银行的其他业务和日常工作，如对内部员工的考勤、监督、安全警戒、方便储户的服务项目，则不在此列。相反，如果面对的是一个旨在提高银行服务水平和工作效率的综合管理系统，那么上述几项被第一个系统忽略的工作就应该成为第二个系统的抽象数据类型中的一部分。

抽象可以帮助人们明确工作的重点，理清问题的脉络。面向对象的软件开发方法能够游刃有余地处理大规模、高复杂度的系统，也离不开这个特性发挥的重要作用。

4.1.2 封装

面向对象方法的封装特性是一个与其抽象特性密切相关的特性。具体地，封装就是指利用抽象数据类型将数据和基于数据的操作封装在一起，数据被保护在抽象数据类型的内部，系统的其他部分只有通过包裹在数据外面的被授权的操作，才能够与这个抽象数据类型交流和交互。

在面向对象的程序设计中，抽象数据类型是用“类”这种面向对象工具可理解和操纵的结构来代表的，每个类里都封装了相关的数据和操作。在实际的开发过程中，类多用来构建系统内部的模块，由于封装特性把类内的数据保护得很严密，模块与模块间仅通过严格控制的界面进行交互，使它们之间耦合和交叉大大减少，从而降低了开发过程的复杂性，提高了效率和质量，减少了可能的错误，同时也保证了程序中数据的完整性和安全性。

例如，在银行日常业务模拟系统中，账户这个抽象数据类型把账户金额和交易情况封装在类的内部，系统的其他部分没有办法直接获取或改变这些关键数据，只有通过调用类内的方法才能做到。如调用查看余额的方法来获知账户的金额，调用存取款的方法来改变金额。只要给这些方法设置严格的访问权限，就可以保证只有被授权的其他抽象数据类型才可以执行这些操作，影响当前类的状态。这样，就保证了数据的安全和系统的严密。

面向对象技术的这种封装特性还有另一个重要意义，就是使抽象数据类型，即类或模块的可重用性大为提高。封装使得抽象数据类型对内成为一个结构完整、可自我管理、自我平衡、高度集中的整体；对外则是一个功能明确、接口单一、可在各种合适的环境下都能独立工作的有机的单元。这样的有机单元特别有利于构建、开发大型标准化的应用软件系统，可以大幅度地提高生产效率，缩短开发周期和降低各种费用。例如，在“银行日常业务系统”中使用的抽象数据类型“账户”，如果设计合理的话，就可以直接应用在业务性质相似的“保险公司投保理赔管理系统”或“邮政储蓄业务系统”中。封装特性的这个优点目前已经越来越为广大的开发人员所重视。

4.2 Java的类

如前所述，抽象和封装这两个面向对象程序设计的重要特点主要体现在类的定义与使用上，本节将讨论如何定义Java中的类。

4.2.1 系统定义的类

Java 程序设计就是定义类的过程,但是 Java 程序中定义的类的数目和功能都是有限的,编程时还需要用到大量的系统定义好的类,即 Java 类库中的类。

类库是 Java 语言的重要组成部分。Java 语言由语法规则和类库两部分组成,语法规则确定 Java 程序的书写规范;类库(或称为运行时库) 则提供了 Java 程序与运行它的系统软件(Java 虚拟机)之间的接口。Java 类库是一组由其他开发人员或软件供应商编写好的 Java 程序模块,每个模块通常对应一种特定的基本功能和任务,这样当自己编写的 Java 程序需要完成其中某一功能的时候,就可以直接利用这些现成的类库,而不需要一切从头编写。

所以,学习 Java 语言程序设计,也相应地要把注意力集中在两个方面: 一是学习其语法规则,例如第 2 章、第 3 章中的基本数据类型、基本运算和基本语句等,这是编写 Java 程序的基本功;另一个是学习使用类库,这是提高编程效率和质量的必由之路,甚至从一定程度上来说,是否能熟练自如地掌握尽可能多的 Java 类库,决定了一个 Java 程序员编程能力的高低。

这些系统定义好的类根据实现的功能不同,可以划分成不同的集合。每个集合是一个包,合称为类库。Java 的类库是系统提供的已实现的标准类的集合,是 Java 编程的 API(Application Program Interface),它可以帮助开发者方便、快捷地开发 Java 程序。

Java 的类库大部分是由它的发明者 SUN 公司提供的。这些类库称为基础类库(JFC),也有少量是由其他软件开发商以商品形式提供的。随着 Java 应用日益扩展,Java 的类库也在不断地拓展和完善,功能也越来越强。读者在编程时可以查看新版 Java 类库的联机手册。

根据功能的不同,Java 的类库被划分为若干个不同的包,每个包中都有一些围绕某个主题类和接口。下面列出了一些经常使用的包。

1. java. lang 包

java. lang 包是 Java 语言的核心类库,包含了运行 Java 程序必不可少的系统类,如基本数据类型、基本数学函数、字符串处理、线程和异常处理类等。每个 Java 程序运行时,系统都会自动地引入 java. lang 包,所以这个包的加载是默认的。

2. java. io 包

java. io 包是 Java 语言的标准输入/输出类库,包含了实现 Java 程序与操作系统、用户界面以及其他 Java 程序做数据交换所使用的类,如基本输入/输出流、文件输入/输出流、过滤输入/输出流、管道输入/输出流和随机输入/输出流等。凡是需要完成与操作系统有关的较底层的输入输出操作的 Java 程序,都要用到 java. io 包。

3. java. util 包

java. util 包包括了 Java 语言中的一些低级的实用工具,如处理时间的 Date 类,处理变长数组的 Vector 类,实现栈和杂凑表的 Stack 类和 HashTable 类等,使用它们开发者可以更方便快捷地编程。

4. java.util.zip 包

java.util.zip 包用来实现文件压缩功能。

5. java.awt 包

java.awt 包是 Java 语言用来构建图形用户界面(GUI)的类库,它包括了许多界面元素和资源,主要在三个方面提供界面设计支持:低级绘图操作,如 Graphics 类等;图形界面组件和布局管理,如 Checkbox 类、Container 类和 LayoutManager 接口等;以及界面用户交互控制和事件响应,如 Event 类。利用 java.awt 包,开发人员可以很方便地编写出美观、方便、标准化的应用程序界面。

6. java.math 包

java.math 包提供了实现整数算术运算及十进制算术运算的类。

7. java.text 包

提供所有处理文本或日期格式的类,如实现按一定格式产生日期的字符串表示。

8. java.applet 包

java.applet 包是用来实现运行于 Internet 浏览器中的 Java Applet 的工具类库,它仅包含少量几个接口和一个非常有用的类:java . applet . Applet。

9. java.net 包

java.net 包是 Java 语言用来实现网络功能的类库。由于 Java 语言还在不停地发展和扩充,它的功能,尤其是网络功能,也在不断地扩充。目前已经实现的 Java 网络功能主要有:底层的网络通信,如实现套接字通信的 Socket 类、ServerSocket 类;编写用户自己的 Telnet、FTP 和邮件服务等实现网上通信的类;用于访问 Internet 上资源和进行 CGI 网关调用的类,如 URL 等。利用 java.net 包中的类,开发者可以编写自己的具有网络功能的程序。

10. java.rmi 包、java.rmi.registry 包和 java.rmi.server 包

这三个包用来实现 RMI(Remote Method Invocation,远程方法调用)功能。利用 RMI 功能,用户程序可以在远程计算机(服务器)上创建对象,并在本地计算机(客户机)上使用这个对象。

11. java.security 包、java.security.acl 包和 java.security.interfaces 包

这三个包提供了更完善的 Java 程序安全性控制和管理,利用它们可以对 Java 程序加密,也可以把特定的 Java Applet 标记为“可信赖的”,使它能够具有与 Java Application 相近的安全权限。

12. java.awt.datatransfer 包

java.awt.datatransfer 包提供了处理数据传输的工具类,包括剪贴板、字符串发送器等。

13. java.awt.event 包

java.awt.event 包是对 JDK 1.0 版本中原有的 Event 类的一个扩充,它使得程序可以用不同的方式来处理不同类型的事件,并使每个图形界面的元素本身可以拥有处理它上面事件的能力。

14. java.sql 包

java.sql 包是实现 JDBC(Java database connection)的类库。利用这个包可以使 Java 程序具有访问不同种类的数据库的功能，如 Oracle、Sybase、DB2 和 SQLServer 等。只要安装了合适的驱动程序，同一个 Java 程序不需修改就可以存取、修改这些不同数据库中的数据。JDBC 的这种功能，再加上 Java 程序本身具有的平台无关性，大大拓宽了 Java 程序的应用范围，尤其是商业应用的适用领域。

此外，Java 类库还有一个扩展包 javax，它主要涉及到图形、多媒体、事务处理及远程调用等方面的类库。例如 javax.swing 包就是有关图形界面应用的类，其中定义的 GUI 组件比 java.awt 的 GUI 组件又增加了很多新的功能。

使用类库中系统定义好的类有三种方式：第一种是继承系统类，在用户程序里创建系统类的子类，例如每个 Java Applet 的主类都是 java.applet 包中的 Applet 类的子类；第二种是创建系统类的对象，例如图形界面的程序中要接受用户的输入时，就可以创建一个系统类 TextField 类的对象来完成这个任务；最后一种是直接使用系统类，例如在字符界面向系统标准输出(显示器)输出字符串时，使用的方法 System.out.println( )就是系统类 System 的静态属性 out 的方法。

无论采用哪种方式，使用系统类的前提条件是这个系统类应该是用户程序可见的类。为此用户程序需要用 import 语句引入它所用到的系统类或系统类所在的包。例如使用图形用户界面的程序，应该用语句：

```
import java.awt.*;
import java.awt.event.*;
```

引入 java.awt 包和 java.awt.event 包。类库包中的程序都是字节码形式的程序，利用 import 语句将一个包引入到程序里，就相当于在编译过程中将该包中所有系统类的字节码加入到用户的 Java 程序中，这样用户 Java 程序就可以使用这些系统类及其中的各种功能。

有了类库中的系统类，编写 Java 程序时就不必一切从头做起，避免了代码的重复和可能的错误(系统标准类总是正确有效的)，也提高了编程的效率。一个用户程序中系统标准类使用得越多、越全面、越准确，这个程序的质量就越高；相反，离开了系统标准类和类库，Java 程序几乎寸步难行。所以，要想掌握好 Java 的面向对象编程，编写出高质量的程序，必须对 Java 的类库有足够的了解。有理由认为，在清楚地掌握基本概念的基础上，开发者 Java 编程能力的强弱相当大程度上取决于对 Java 类库的熟悉和掌握程度。从这个意义上来说，面向对象编程中的系统标准类和类库类似于面向过程编程中的库函数，都是一种应用程序编程接口，它是开发编程人员所必须了解和掌握的。

4.2.2　用户程序自定义类

系统定义的类虽然实现了许多常见的功能，但是用户程序仍然需要针对特定问题的特定逻辑来定义自己的类。用户程序定义自己的类有定义类头和定义类体两个步骤，其中类体又由属性(域)和方法组成。下面的程序片断定义了一个电话卡类。

例 4-1 定义一个电话卡类。

```
1: class PhoneCard
2: {
3:     long  cardNumber;
4:     private  int  password;
5:     double   balance;
6:     String  connectNumber;
7:     boolean   connected;
8:
9:     boolean performConnection(long cn,int pw)
10:    {
11:        if(cn == cardNumber && pw == password )
12:        {
13:            connected=true;
14:            return true;
15:        }
16:        else
17:        {
18:            connected=false;
19:            return false;
20:        }
21:    }
22:    double getBalance( )
23:    {
24:        if(connected)
25:            return balance;
26:        else
27:            return -1;
28:    }
29:    void performDial( )
30:    {
31:        if(connected)
32:            balance -= 0.5;
33:    }
34: }
```

例 4-1 的程序片断定义了一个用户类 PhoneCard,第 1 行定义了类头,第 2～34 行定义了类体。

类头使用关键字 class 标志类定义的开始,class 关键字后面跟着用户定义的类的类名。类名的命名应符合 Java 对标识符命名的要求。PhoneCard 表示这个类是从电话卡中抽象出的类。

类体用一对大括号括起,包括域和方法两大部分。其中域对应类的静态属性,方法对应类的行为和操作。一个类中可以定义多个域和方法。例 4-1 为 PhoneCard 类定义了 5

个域和三个方法。其中cardNumber域是长整型变量，代表电话卡的卡号；password域是整型变量，代表电话卡的密码；balance是双精度型变量，代表电话卡中剩余的金额；connectNumber域是字符串对象，代表电话卡的接入电话号码(例如200电话卡的接入号码是200，校园201电话卡的接入号码是201)；connected域是布尔型变量，代表电话是否接通。performConnection( )方法实现接入电话的操作，如果用户所拨的卡号和密码与电话卡内保存的卡号与密码一致，则电话接通。getBalance( )方法首先检查电话是否接通，接通则返回当前卡内剩余的金额；否则返回一个错误代码－1(表示未接通)。performDial( )方法也是先检查电话是否接通，接通则扣除一次通话的费用0.5元。

4.2.3　创建对象与定义构造函数

1. 创建对象

Java程序定义类的最终目的是使用它，像使用系统类一样，程序也可以继承用户自定义类或创建并使用自定义类的对象。本节讨论如何创建类的对象。

在前面的例子中，为了完成图形界面的输入输出功能，曾创建了若干系统类的对象。如语句：

```
TextField  input = new  TextField(6);
```

将创建一个java.awt包中的系统类TextField的对象，名为input。同理，创建例4-1中定义的PhoneCard类的对象可以使用如下的语句：

```
PhoneCard  myCard = new  PhoneCard( );
```

从这两个例子中可以总结出创建对象的一般格式为：

```
类名  新建对象名=new  构造函数( );
```

创建对象与声明基本数据类型的变量类似，首先说明新建对象所属的类名，然后说明新建对象的名字，赋值号右边的new是为新建对象开辟内存空间的算符。

如同声明变量需要为变量开辟内存空间保存数据一样，创建对象也需要为对象开辟内存空间保存域和方法。与变量相比，对象占用的内存空间要大得多，对象是以类为模板创建的具体实例。以PhoneCard类为例，其中定义了5个域三个方法，则每个具体的PhoneCard类的对象(例如上面语句中的myCard对象)的内存空间中都保存有自己的5个域和三个方法。myCard对象的域和方法分别是：myCard.cardNumber，myCard.password，myCard.balance，myCard.connectNumber，myCard.connected，myCard.performConnection( )，myCard.getBalance( )，myCard.performDial( )。这些域和方法保存在一块内存中，这块内存就是myCard对象占用的内存。如果创建另一个PhoneCard类的对象newCard，则newCard对象将在内存中拥有自己的与其他PhoneCard对象无关的域和方法，并由自己的方法来操纵自己的域，这就是面向对象的封装特性的体现。

要访问或调用一个对象的域或方法需要首先访问这个对象，然后用算符“.”连接这个对象的某个域或方法。例如，将myCard对象的balance域设置为50.0可以使用如下的语句：

```
myCard.balance = 50.0;
```

2. 构造函数

创建对象与声明变量的另一个不同之处在于，创建对象的同时将调用这个对象的构造函数完成对象的初始化工作。声明变量时可以用赋值语句为它赋初值，而一个对象可能包括若干个域，需要若干个赋值语句，把若干个赋初值的语句组合成一个方法在创建对象时一次性同时执行，这个方法就是构造函数。构造函数是与类同名的方法，创建对象的语句用 new 算符开辟了新建对象的内存空间之后，将调用构造函数初始化这个新建对象。

构造函数是类的一种特殊方法，它的特殊性主要体现在如下的几个方面：

(1) 构造函数的方法名与类名相同。

(2) 构造函数没有返回类型。

(3) 构造函数的主要作用是完成对类对象的初始化工作。

(4) 构造函数一般不能由编程人员显式地直接调用。

(5) 在创建一个类的新对象的同时，系统会自动调用该类的构造函数为新对象初始化。

例如，可以为 PhoneCard 类定义如下的构造函数，初始化它的几个域。

```
PhoneCard(long cn, int pw, double b,String s)
{
    cardNumber = cn;
    password = pw;
    balance = b;
    connectNumber = s;
    connected = false;
}
```

这里的各个域是特指当前新建对象的域，所以不必再使用对象名前缀。定义了构造函数之后，就可以用如下的语句创建并初始化 PhoneCard 对象：

```
PhoneCard newCard = new PhoneCard(12345678,1234,50.0,"300");
```

这个对象的卡号是 12345678，密码是 1234，金额是 50.0，电话卡的接入号码是字符串"300"。

可见构造函数定义了几个形式参数，创建对象的语句在调用构造函数时就应该提供几个类型、顺序一致的实际参数，指明新建对象各域的初始值。利用这种机制就可以创建不同初始特性的同类对象。前面创建 TextField 对象 input 的语句中的数字 6 就是构造函数的实际参数，指明新建的文本框的长度。

构造函数还可以完成赋值之外的其他一些复杂操作。例如下面改写后的 PhoneCard 方法的构造函数将检查实际参数提供的金额是否大于零，若是则正常赋值，否则说明是非法数据，调用 System.exit( )方法退出操作。

```
PhoneCard(long cn, int pw, double b, String s)
{
    cardNumber = cn;
    password = pw;
    if ( b > 0 )
      balance = b;
    else
      System.exit(1);
    connectNumber = s;
    connected = false;
}
```

如果用户的自定义类中未定义类的构造函数，系统将为这个类默认定义一个空构造函数，没有形式参数，也没有任何具体语句，不完成任何操作。在本小节开始处创建 myCard 对象时就调用了这样的空构造函数。

例 4-2 是使用 PhoneCard 类的一个完整例子。

例 4-2　UsePhoneCard.java

```
1: public class UsePhoneCard
2: {
3:     public static void main(String args[])
4:     {
5:         PhoneCard myCard = new PhoneCard(12345678,1234,50.0,"300");
6:         System.out.println(myCard.toString( ));
7:     }
8: }
9:  class PhoneCard
10: {
11:         long  cardNumber;
12:         private  int  password;
13:         double  balance;
14:         String  connectNumber;
15:         boolean  connected;
16:
17:         PhoneCard(long cn, int pw, double b,String s)
18:         {
19:                 cardNumber = cn;
20:                 password = pw;
21:                 if ( b > 0 )
22:                         balance = b;
23:                 else
24:                         System.exit(1);
25:                 connectNumber = s;
26:                 connected = false;
```

```
27:         }
28:         boolean performConnection(long cn,int pw)
29:         {
30:                 if(cn == cardNumber && pw == password )
31:                 {
32:                         connected = true;
33:                         return true;
34:                 }
35:                 else
36:                 {
37:                         connected = false;
38:                         return false;
39:                 }
40:         }
41:         double getBalance( )
42:         {
43:                 if(connected)
44:                         return balance;
45:                 else
46:                         return -1;
47:         }
48:         void performDial( )
49:         {
50:                 if(connected)
51:                         balance -= 0.5;
52:         }
53:         public String toString( )
54:         {
55:                 String s = "电话卡接入号码:"+connectNumber
56:                         +"\n电话卡卡号:"+cardNumber
57:                         +"\n电话卡密码:"+password
58:                         +"\n剩余金额:"+balance;
59:                 if(connected)
60:                         return (s + "\n电话已接通。");
61:                 else
62:                         return (s + "\n电话未接通。");
63:         }
64: }
```

图 4-1 是例 4-2 的运行结果。

例 4-2 的第 5 行创建了一个 PhoneCard 的对象 myCard,第 6 行调用了 myCard 的方法 toString( ),把 myCard 中的各个域数据组合成一段信息在屏幕上输出。

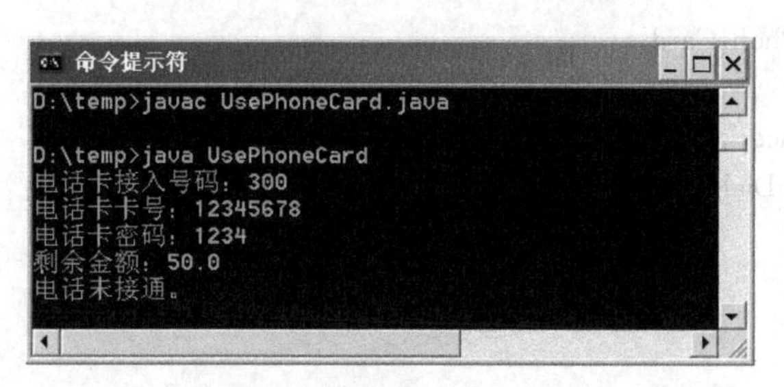

图 4-1 例 4-2 的运行结果

4.3 类的修饰符

Java 程序在定义类时，除了使用 class 关键字标识之外，还可以在 class 之前增加若干类的修饰符来修饰限定所定义的类的特性。类的修饰符分为访问控制符和非访问控制符两大类，有些类的修饰符也可以用来修饰类中的域或方法，本节讨论类的非访问控制符。

4.3.1 抽象类

凡是用 abstract 修饰符修饰的类被称为抽象类。抽象类就是没有具体对象的概念类。假设"鸟"是一个类，它可以派生出若干个子类如"鸽子"、"燕子"、"麻雀"、"天鹅"等，那么是否存在一只实实在在的鸟，它既不是鸽子，也不是燕子或麻雀，更不是天鹅，它不是任何一种具体种类的鸟，而仅仅是一只抽象的"鸟"呢？答案很明显，没有。"鸟"仅仅作为一个抽象的概念存在着，它代表了所有鸟的共同属性，任何一只具体的鸟儿都同时是由"鸟"经过特殊化形成的某个子类的对象。这样的类就是 Java 中的 abstract 类。

既然抽象类没有具体的对象，定义它又有什么作用呢？仍然以"鸟"的概念为例。假设需要向别人描述"天鹅"是什么，通常都会这样说："天鹅是一种脖子长长，姿态优美的候鸟"；若是描述"燕子"，可能会说："燕子是一种长着剪刀似的尾巴，喜在屋檐下筑窝的鸟"；可见定义是建筑在假设对方已经知道了什么是"鸟"的前提之上，只有在被进一步问及"鸟"是什么时，才会具体解释说："鸟是一种长着翅膀和羽毛的卵生动物"，而不会在一开始就把"天鹅"描述成"是一种脖子长长，姿态优美，长着翅膀和羽毛的卵生动物"。这实际是一种经过优化了的概念组织方式：把所有鸟的共同特点抽象出来，概括形成"鸟"的概念；其后在描述和处理某一种具体的鸟时，就只需要简单地描述出它与其他鸟类所不同的特殊之处，而不必再重复它与其他鸟类相同的特点。这种组织方式使得所有的概念层次分明，简洁洗练，非常符合人们日常的思维习惯。

Java 中定义抽象类是出于相同的考虑。比如电话卡有很多类型，磁卡、IC 卡、IP 卡、200 卡、300 卡、校园 201 卡。不同种类的电话卡有各自的特点，例如磁卡和 IC 卡没有卡号和密码；使用 200 卡每次通话要多扣除 0.1 元的附加费等。同时它们也拥有一些共同的特点，如每张电话卡都有剩余的金额，都有通话的功能。为此，可以定义一种集合了所有种类的电话卡的公共特点的抽象电话卡如下：

```
abstract  class  PhoneCard
{
    double  balance;
    void  performDial( )
    {
      …
    }
}
```

由于抽象类是它的所有子类的公共属性的集合,所以使用抽象类的一大优点就是可以充分利用这些公共属性来提高开发和维护程序的效率。比如 PhoneCard 类,performDial( )方法的返回值是 void,表示调用这个方法时没有返回的数值。假设现在需要修改所有电话卡类的这个方法,把返回类型改为 boolean,用这个布尔型的值来说明通话操作是否成功地执行,则只需要在抽象类 PhoneCard 中做相应的修改,而不需改动每个具体的电话卡类。这种把各类的公共属性从它们各自的类定义中抽取出来形成一个抽象类的组织方法显然比把公共属性保留在具体类中要方便得多。

前面已经阐述过,面向对象技术是要用更接近于人类思维方式的方法来处理实际问题,抽象类的设立就是这种思想的具体体现之一,它是模仿人类的思维模式的产物。

4.3.2 最终类

如果一个类被 final 修饰符所修饰和限定,说明这个类不能再有子类。如果把一个应用中有继承关系的类组织成一棵倒置的树,所有类的父类是树根,每一个子类是一个分支,那么声明为 final 的类就只能是这棵树上的叶结点,即它的下面不可能再有分支子类。图 4-2 显示的是电话卡的层次关系树。这里 IC 卡、200 卡等都是叶结点。所以,final 类一定是没有子类的叶结点。但要注意,叶结点不一定是 final 类,只是目前还没有子类。

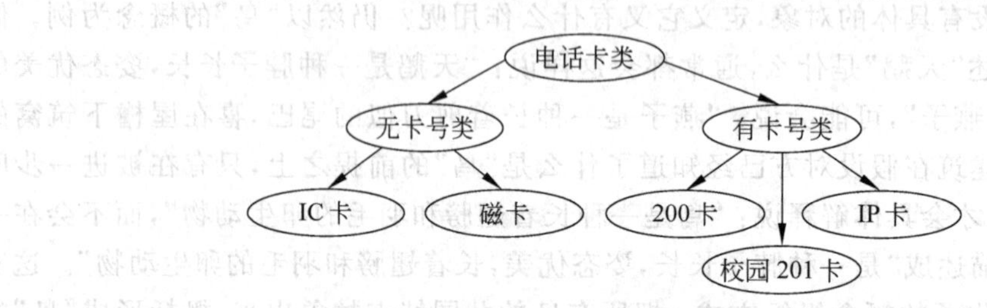

图 4-2　电话卡及其子类的层次关系树

被定义为 final 的类通常是一些有固定作用、用来完成某种标准功能的类。如 Java 系统定义好的用来实现网络功能的 InetAddress、Socket 等类都是 final 类。在 Java 程序中,当通过类名引用一个类或其对象时,实际真正引用的既可能是这个类或其对象本身,也可能是这个类的某个子类及子类的对象,即具有一定的不确定性。将一个类定义为 final 则可以将它的内容、属性和功能固定下来,与它的类名形成稳定的映射关系,从而保证引用这个类时所实现的功能的正确无误。

abstract 和 final 修饰符不能同时修饰一个类,因为 abstract 类自身没有具体对象,需要派生出子类后再创建子类的对象;而 final 类不可能有子类,这样 abstract final 类就无法使用,也就没有意义了。

但是 abstract 和 final 可以各自与其他的修饰符合用。例如一个类可以是 public abstract 的,也可以是 public final 的。这里的 public 是访问控制符,当一个以上的修饰符修饰类或类中的域、方法时,这些修饰符之间以空格分开,写在 class 关键字之前,修饰符之间的先后排列次序对类的性质没有任何影响。

4.4　域

4.4.1　域的定义

在定义一个类时,需要定义一组称之为"域"或"属性"的变量,保存类或对象的数据。

如无特殊说明(无 static 修饰符),这些变量也称之为"实例变量",它们在类定义中被声明,但在创建类的对象时才分配空间(位于对象空间中),并保存一个对象的数据。实例变量的生命周期与对象存在的时间相同。

域的类型可以是 java 任意的数据类型,其中包括简单类型、类、接口和数组等。在一个类中域名应该是唯一的。

下面看一个域定义的例子。

例 4-3　TestField. java

```
1: public class TestField {                                   //测试类
2:     public static void main(String args[]) {
3:         MyDate md = new MyDate(2007,3,21) ;
4:         Employee emp = new Employee("张立", 23, 1500f, md) ;
5:         emp. print();
6:     }
7: }
8:
9: class Employee {
10:    String name;                                           //Employee类的域定义
11:    int age;
12:    float salary;
13:    MyDate hiredate;                                       //用户自定义的类作为域的类型
14:    Employee(String n ,int a , float s , MyDate h) {        //构造函数
15:        name = n;
16:        if(a>=18 && a<=60)                                 //构造函数中的合法性检查—年龄限制
17:            age = a;
18:        else
19:        {   System. out. println("年龄超过规定!");
20:            System. exit(1);
21:        }
22:        salary = s;
```

```
23:     hiredate = h;
24:   }
25:   void print() {
26:     String s_hiredate;
27:     s_hiredate = hiredate.year +  "年" + hiredate.month + "月"  ;
28:     System.out.println("姓名:" + name  + "年龄:" +  age +
29:                         "工资:" + salary + "雇用年月:" + s_hiredate);
30:   }
31: }
32:
33: class MyDate {
34:   int year, month, day;                              //MyDate类的域定义
35:   MyDate(int y, int m , int d) {
36:     year = y;
37:     month = m;
38:     day = d;
39:   }
40: }
```

程序第9行定义了一个类Employee,第10~13行定义了Employee类的4个域,域的数据类型分别为String、int、float和MyDate,其中MyDate类是在程序的第33行定义的。

注意:在程序的第26行定义了一个变量s_hiredate,这是方法中定义的变量,用于保存方法执行过程中的一些数据,但这不是对象的域。域的定义要在方法之外,域定义和方法定义构成了类定义的两大部分。

在上述程序的第20行,调用了System类的exit()方法,它的作用是结束当前程序的运行,并返回错误代码1。

在类定义中,除了可定义最常用的一般域(实例变量)外,还可以根据需要定义某些特殊类型的域,如静态域和最终域,下面就分别加以介绍。

4.4.2 静态域

用static修饰符修饰的域是仅属于类的静态域。静态域最主要的特点是:它们是类的域,不属于任何一个类的具体对象。它不保存在某个对象的内存区间中,而是保存在类的内存区域的公共存储单元。换句话说,对于该类的任何一个具体对象而言,静态域是一个公共的存储单元,任何一个类的对象访问它时,取到的都是相同的数值;同样任何一个类的对象去修改它时,也都是在对同一个内存单元进行操作。下面的程序片断中定义了两个静态域。

```
class PhoneCard200
{
    static  String  connectNumber = "200";
    static  double  additoryFee;
```

```
    long   cardNumber ;
    int   password;
    boolean connected;
    double   balance;
    ...
}
```

上面程序定义了对应 200 电话卡的类 PhoneCard200。由于所有的 200 电话卡的接入号码都是“200”，所以定义类的静态域 connectNumber 标志所有 PhoneCard200 对象共有的接入号码；同时使用 200 电话卡通话的附加费对每张电话卡也是一致的，所以定义类的静态域 additoryFee。下面的程序将验证静态域是类中每个对象共享的域。

例 4-4 TestStaticField. java

```
1: public class TestStaticField
2: {
3:     public static void main(String args[ ])
4:     {
5:         PhoneCard200   my200_1 = new PhoneCard200( );
6:         PhoneCard200   my200_2 = new PhoneCard200( );
7:         my200_1. additoryFee = 0. 1;
8:         System. out. println("第二张 200 卡的附加费："+ my200_2. additoryFee);
9:         System. out. println("200 卡类的附加费："+ PhoneCard200. additoryFee);
10:    }
11: }
12: class PhoneCard200
13: {
14:        static   String   connectNumber = "200";
15:        static   double   additoryFee;
16:        long   cardNumber;
17:        int   password;
18:        boolean connected;
19:        double   balance;
20: }
```

图 4-3 例 4-4 的运行结果

图 4-3 是例 4-4 的运行结果。

例 4-4 中定义了两个类：PhoneCard200 和主类 TestStaticField。第 5、6 两行创建了两个 PhoneCard200 类的对象 my200_1 和 my200_2。第 7 行通过对象 my200_1 访问类静态域 additoryFee，将其赋值为 0. 1。第 8、9 两行分别通过另一个对象 my200_2 和类 PhoneCard200 自身来访问静态域 additoryFee，其数值都是为对象 my200_1 修改后的结果，可见它们访问的是同一个数据。

由此可见，类的静态域可以成为该类各个对象共享的变量，便于实现一个类不同对象之间的通信。

4.4.3 静态初始化器

静态初始化器是由关键字 static 引导的一对大括号括起的语句组,它的作用与类的构造函数有些相似,都是用来完成初始化的工作,但是静态初始化器在以下几点与构造函数有根本的不同:

(1) 构造函数是对每个新创建的对象初始化,而静态初始化器是对类自身进行初始化。

(2) 构造函数是在用 new 运算符产生新对象时由系统自动执行,而静态初始化器则是在它所属的类加载入内存时由系统调用执行。

(3) 不同于构造函数,静态初始化器不是方法,没有方法名、返回值和参数列表。

下面的例 4-5 中使用了静态初始化器在加载类时初始化类的静态域。

例 4-5 TestStatic. java

```
1: public class TestStatic
2: {
3:     public static void main(String args[])
4:     {
5:         PhoneCard200   my200_1 = new PhoneCard200( );
6:         PhoneCard200   my200_2 = new PhoneCard200( );
7:         System.out.println("第一张 200 卡的卡号: "+ my200_1.cardNumber);
8:         System.out.println("第二张 200 卡的卡号: "+ my200_2.cardNumber);
9:     }
10: }
11: class PhoneCard200
12: {
13:     static  long   nextCardNumber;
14:     static  String  connectNumber = "200";
15:     static  double  additoryFee;
16:     long  cardNumber ;
17:     int  password;
18:     boolean connected;
19:     double  balance;
20:
21:     static
22:     {
23:         nextCardNumber = 2001800001;
24:     }
25:     PhoneCard200( )
26:     {
27:         cardNumber = nextCardNumber++;
28:     }
29: }
```

图 4-4 是例 4-5 的运行结果。

图 4-4 例 4-5 的运行结果

程序的第 13 行定义了一个静态域 nextCardNumber，配合第 21～24 行的静态初始化器和第 26～28 行的构造函数，可以完成为新建 PhoneCard200 对象自动输出不重复的卡号的功能。当类 PhoneCard200 加载入内存时，系统自动调用静态初始化器把类的静态域 nextCardNumber 初始化成 2001800001。当第 5 行创建 PhoneCard200 类的对象 my200_1 时，系统调用 PhoneCard200 的构造函数，将 my200_1 的卡号 cardNumber 设置成 nextCardNumber 的当前数值，然后把 nextCardNumber 的数值自增 1。当第 6 行创建 PhoneCard200 的另一个对象 my200_2 时，系统再度调用构造函数，这时 nextCardNumber 的数值已经变成 2001800002，并在赋值后再次加 1。这样就保证了不同的 PhoneCard200 对象的卡号顺序生成，没有重复。

有兴趣的读者可以做一个实验，把静态初始化器中的第 23 行移到 PhoneCard 的构造函数的第一行中，看看运行一下会得到什么结果，为什么？从中进一步体会静态初始化器与构造函数的区别。

4.4.4 最终域

程序中经常需要定义各种类型的常量，如 0.1，"300"等，并为它们取一个类似于变量名的标识符名字，这样就可以在程序中用这个名字来引用常量，而不是直接使用常量数值。

final 就是用来修饰常量的修饰符，一个类的域如果被声明为 final，那么它的值在程序的整个执行过程中都不能改变。

例如 PhoneCard200 类中的接入号码，对于 200 电话卡是固定的字符串"200"，根据问题的实际情况，这个数据不需要也不应该被改变，所以可以把它定义为最终域。

```
static final String connectNumber = "200";
```

用 final 修饰符说明常量时，需要注意以下几点：

(1) 需要说明常量的数据类型。

(2) 需要同时指出常量的具体取值。

(3) 因为所有类对象的常量成员，其数值都固定一致，为了节省空间，常量通常声明为 static。

最终域的使用在系统类中也很常见。例如在 java.lang 包中，有一个 Integer 类，它的两个域定义如下：

```
public static final int MAX_VALUE
public static final int MIN_VALUE
```

从上述定义可以看出：它们都是最终域(常量)，而且也都是静态域。MAX_VALUE 域和 MIN_VALUE 域分别存储 int 类型数据的最大值(2147483647)和最小值(−2147483648)。Integer 正是利用这两个域为我们提供了 int 类型的数据的范围。显然,这两个域与 Integer 的具体对象无关。

除静态域和最终域之外,域还有其他类型,例如易失域。如果一个域被 volatile 修饰符所修饰,说明这个域可能同时被几个线程所控制和修改,即这个域不仅仅被当前程序所掌握,在运行过程中可能存在其他未知的程序操作来影响和改变该域的取值。在使用当中应该特别留意这些影响因素。通常,volatile 用来修饰接受外部输入的域。如表示当前时间的变量将由系统的后台线程随时修改,以保证程序中取到的总是最新的当前的系统时间,所以可以把它定义为易失域。

4.5 方法

4.5.1 方法的定义

方法是类的动态属性,标志了类所具有的功能和操作。Java 的方法与其他语言中的函数或过程类似,是一段用来完成某种操作的程序片断。方法由方法头和方法体组成,其一般格式如下:

```
修饰符1  修饰符2  … 返回值类型  方法名(形式参数列表) throw [异常列表]
{
    方法体各语句;
}
```

其中形式参数列表的格式为:

```
形式参数类型1  形式参数名1, 形式参数类型2  形式参数名2,…
```

在方法的定义中,方法名后的小括号是方法的标志,程序使用方法名来调用方法。形式参数是方法从调用它的环境输入的数据。按照方法是否有返回值划分,方法有两种,即函数方法(有返回值)和过程方法(无返回值)。返回值是方法在操作完成后返还给调用它的环境的数据。

函数方法的定义格式为:

```
修饰符  返回值类型  方法名(…)
```

过程方法的定义格式为:

```
修饰符  void 方法名(…)
```

定义方法的目的是定义具有相对独立和常用功能的模块,使程序结构清晰,也利于模块在不同场合的重复利用。例如下面的例 4-6,它把例 3-10 用来实现求完全数功能的程序写成一个方法 isPerfect( ),并在主类的 main( )方法中调用。

例 4-6　PerfectNum.java

```
1: public class PerfectNum
2: {
3:    public static void main(String args[])
```

```
4:  {
5:      int count=1;
6:      PerfectNum pn = new PerfectNum() ;
7:      for(int i =1;i<10000;i++)
8:      {
9:          if(pn.isPerfect(i))
10:         {
11:             System.out.print(i+String.valueOf('\t'));
12:             count++;
13:             if(count%3==3) System.out.println( );
14:         }
15:     }
16: }
17:}
18:class PerfectNum
19:{
20:    boolean isPerfect(int x)
21:    {
22:      int y=0;
23:      for(int i=1;i<x;i++)
24:          if(x%i==0) y+=i;
25:      if(y== x)
26:          return true;
27:      else
28:          return false;
29:  }
30:}
```

在程序中，我们为 PerfectNum 类定义了一个方法 isPerfect( )，它的返回值为布尔型，如果实际参数传入的整数是完全数，则返回真值，否则返回假值。在测试程序的第6行，我们创建了一个 PerfectNum 类的对象 pn，由于它具有判断完全数的功能（体现在 isPerfect 方法上），所以只要将需要判断的数交给 pn 的方法就可以了。

类或对象具有了方法，也就是具有了功能。这样，程序中一些功能的实现就可以通过调用对象或类的方法来实现。调用方法的格式是：

对象名.方法名　或　类名.方法名

我们把调用对象的方法称之为“向对象发消息”，相当于命令对象去完成某件事情。在代码中，“对象名.方法名”就是向对象发消息（发出命令）。

方法的修饰符也分为访问控制符和非访问控制符两大类，常用的非访问控制符把方法分成若干种，下面介绍几种用于特定场合的方法。

4.5.2 抽象方法

修饰符 abstract 修饰的抽象方法是一种仅有方法头，而没有具体的方法体和操作实现的方法。例如,下面的拨打电话的方法 performDial( )就是抽象类 PhoneCard 中定义的一个抽象方法。

```
abstract  void  performDial ( );
```

可见,abstract 方法只有方法头的声明,后面没有大括号包含的方法体。那么为什么不定义方法体呢？如图 4-2 所示,其中电话卡类是从所有电话卡中抽象出来的公共特性的集合,每种电话卡都有"拨打电话"的功能,但是每种电话卡的"拨打电话"的功能的具体实现(具体操作)都不相同。例如 IC 卡只要还有余款,插入 IC 卡电话机就可以通话;而 200 卡则需要在双音频电话中先输入正确的卡号和密码。所以 PhoneCard 的不同子类的 performDial( )方法虽然有相同的目的,但其方法体是各不相同的。

针对这种情况为 PhoneCard 类定义一个没有方法体的抽象方法 performDial( ),至于方法体的具体实现,则留到当前类的不同子类在它们各自的类定义中完成。也就是说,各子类在继承了父类的抽象方法之后,再分别用不同的语句和方法体来重新定义它,形成若干个名字相同,返回值相同,参数列表也相同,目的一致但是具体实现有一定差别的方法。

使用抽象方法的目的是使所有的 PhoneCard 类的所有子类对外都呈现一个相同名字的方法,是一个统一的接口。事实上,为 abstract 方法书写方法体是没有意义的,因为 abstract 方法所依附的 abstract 类没有自己的对象,只有它的子类才存在具体的对象,而它的不同子类对这个 abstract 方法有互不相同的实现方法,除了参数列表和返回值之外,抽取不出其他的公共点。所以就只能把 abstract 方法作为一个共同的接口,表明当前抽象类的所有子类都使用(遵循)这个接口来完成"拨打电话"的功能。

当然,定义 abstract 方法也有特别的优点,就是可以隐藏具体的细节信息,使调用该方法的程序不必过分关注类及其子类内部的具体状况。由于所有的子类使用的都是相同的方法头,而方法头实际包含了调用该方法的全部信息,所以一个希望完成"拨打电话"操作的语句,可以不必知道它调用的是哪个电话卡子类的 performDial ( )方法,而仅仅使用 PhoneCard 类的 performDial ( )方法就足够了。

需要特别注意的是,所有的抽象方法,都必须存在于抽象类之中。一个非抽象类中出现抽象方法是非法的。也就是说,一个抽象类的子类如果不是抽象类,则它必须为父类中的所有抽象方法书写方法体。不过抽象类不一定只能拥有抽象方法,它可以包含非抽象的方法。

下面的例 4-7 里把电话卡类定义为抽象类,并派生出 IC 卡和 200 卡两个子类分别为 performDial( )方法书写方法体。

例 4-7　TestAbstract. java

```
1: public class TestAbstract
2: {
3:     public static void main(String args[])
4:     {
5:     PhoneCard200  my200 = new PhoneCard200(50.0);
```

```
6:          IC_Card   myIC = new IC_Card(50.0);
7:          System.out.println("200 卡可以拨打" + my200.TimeLeft( ) + "次电话。");
8;         System.out.println("IC 卡可以拨打 " + myIC.TimeLeft( ) + "次电话。");
9:     }
10: }
11: abstract class PhoneCard
12: {
13:       double balance;
14:       abstract void performDial( );
15:       double TimeLeft( )
16:       {
17:           double current = balance;
18:           int times = 0;
19:           do
20:           {
21:               performDial( );
22:               times++;
23:           } while(balance>=0);
24:           balance = current;
25:           return times-1;
26:       }
27: }
28: class PhoneCard200 extends PhoneCard
29: {
30:       static  long  nextCardNumber;
31:       static  final String  connectNumber = "200";
32:       static  double  additoryFee;
33:       long  cardNumber ;
34:       int  password;
35:       boolean connected;
36:
37:       static
38:       {
39:           nextCardNumber = 2001800001;
40:           additoryFee = 0.1;
41:       }
42:       PhoneCard200(double ib)
43:       {
44:           cardNumber = nextCardNumber++;
45:           balance = ib;
46:       }
47:       void performDial( )
48:       {
49:           balance -= 0.5+additoryFee;
```

```
50:     }
51: }
52: class IC_Card extends PhoneCard
53: {
54:     IC_Card(double ib)
55:     {
56:         balance = ib;
57:     }
58:     void performDial( )
59:     {
60:         balance -= 0.9;
61:     }
62: }
```

图 4-5 是例 4-7 的运行结果。

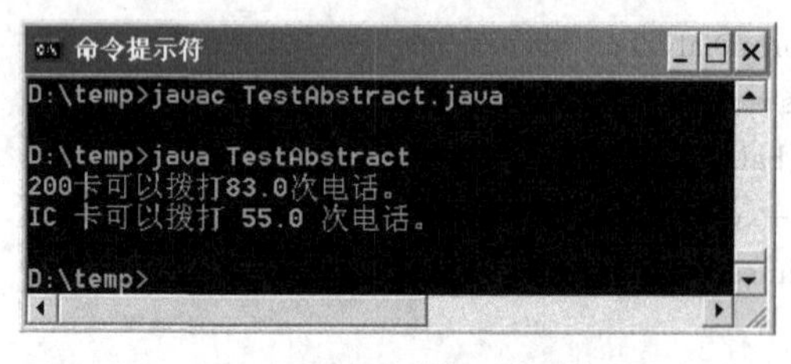

图 4-5 例 4-7 的运行结果

例 4-7 中共定义了 4 个类,除了主类之外还有抽象类 PhoneCard 和它的两个子类 PhoneCard200 和 IC_Card。

PhoneCard 定义了一个域 balance 和两个方法,其中第 14 行定义了抽象方法 performDial( ),为其子类规定了该方法的标准样式。第 15～26 行定义了一个测试电话卡中的余款还可以拨打多少次电话的方法 TimeLeft( ),该方法被它的两个子类所继承。TimeLeft( )方法首先保留当前的余款,再模拟反复拨打电话直至余款小于零,然后再恢复余款,最后返回还可以拨打的电话次数。

第 28～51 行定义了 PhoneCard 的第一个子类 PhoneCard200,其中第 40 行在静态初始化器中将附加费设置为 0.1,第 42～46 行的构造函数增加了指定新电话卡金额的功能。第 47～50 行重新定义了父类中的抽象方法 performDial( ),根据 200 卡的特点扣除 0.5 元的通话费用和附加费。

第 52～62 行定义了 PhoneCard 的第二个子类 IC_Card,其中第 54～57 行的构造函数指定新 IC 卡的金额;第 58～61 行重新定义了父类中的抽象方法,成为 IC_Card 版本的 performDial( )方法,它为每次通话从 balance 中扣除 0.9 元的费用。

在第 3～9 行的主类 main( )方法中,首先分别创建了 PhoneCard 类和 IC_Card 类的对象各一个,然后通过调用 TimeLeft( )方法分别测试它们还可以拨打多少次电话。回顾第 21 行,我们编写的 TimeLeft( )方法中调用了 performDial( )方法,它并不关心是哪个子类的 performDial( )方法,它需要提供的只是这个方法的名称,运行系统会根据具体的对象自动判断应该调用哪个类的 performDial( )方法。例如当执行 my200.TimeLeft( )方法时，该方法中调用的就是 my200.performDial( )方法。

4.5.3 静态方法

用 static 修饰符修饰的方法，是属于整个类的类方法；而不用 static 修饰符限定的方法，是属于某个具体类对象或实例的方法(可称之为对象方法)。

声明一个方法为 static 至少有三重含义：

(1) 调用这个方法时，应该使用类名做前缀，而不是某一个具体的对象名。

(2) 非 static 的方法是属于某个对象的方法，在这个对象创建时对象的方法在内存中拥有自己专用的代码段；而 static 的方法是属于整个类的，它在内存中的代码段将随着类的定义而分配和装载，不被任何一个对象专有。

(3) 由于 static 方法是属于整个类的，所以它不能操纵和处理属于某个对象的成员变量，而只能处理属于整个类的成员变量，也即，static 方法只能处理 static 域。

例如，在 PhoneCard200 中如果需要修改附加费，可以定义一个静态方法

```
setAdditory( ):
static void  setAdditory (double newAdd)
{
    if(newAdd > 0)
        additoryFee = newAdd;          //additoryFee 为静态域
}
```

读者可以查看以往的例子，其中多次使用的 main 方法就是静态方法，这是为了系统在没有任何实例化对象之前就可以运行一个应用程序。

在类定义中，凡涉及针对一个具体对象的方法必须是非静态的，调用方法时要采用"对象名.方法名"；而不涉及到具体对象的方法必须是静态的，调用方法时应采用"类名.方法名"。

静态方法应用的例子很多。让我们再以 java.lang 包中 Integer 类为例，它的方法都是围绕整数进行的，但其中有些属静态方法，而有些则不是。读者可以从中体会两种方法的不同用途和不同调用形式。

下面是 Integer 类的几个静态方法：

(1) public static String toString(int i)

该方法是将参数(一个整数)转换为一个字符串，并作为方法的返回值。

(2) public static int parseInt(String s)

该方法是将参数(字符串表示的整数)转换为一个整数，并作为方法的返回值。

(3) public static Integer valueOf(String s)

该方法返回一个 Integer 类型的对象，并用方法的参数(字符串表示的一个整数)进行初始化。在方法执行过程中，字符串型的参数首先被转换为对应的整数。

上述这些方法都不涉及到具体的对象，而是提供了一些整数处理的功能。

在面向对象程序设计语言中，一切都离不开类和对象。系统正是利用 Integer 类的

静态方法为我们提供了一些常用的功能(如同系统函数一样)。

Integer 类的一个对象封装了一个整数,并提供了若干对象方法,实现对该对象的处理:

(1) public int intValue()

该方法返回当前 Integer 对象所封装的整数值。

(2) public float floatValue()

该方法将当前 Integer 对象中的整数转换为浮点数,并作为方法的返回值。

(3) public String toString()

该方法将当前 Integer 对象中的整数转换为浮点数,并作为方法的返回值。

从上述方法可以看出,它们都是围绕当前对象做处理。所以在调用这些方法之前,必须先生成一个 Integer 对象,否则这些方法将无的放矢。

下面通过例 4-8 说明静态方法、静态域以及对象方法的使用。

例 4-8　TestStatic.java

```
1: public class TestStatic {
2:   public static void main(String args[]) {
3:     Integer I = new Integer(25);
4:
5:     System.out.println(i.intValue() * 2);          //输出: 50
6:     System.out.println(i.floatValue());            //输出: 25.0
7:     System.out.println("i="+ i.toString());        //输出: i= 25
8:
9:     System.out.println(Integer.parseInt("100") * 2);      //输出: 200
10:    System.out.println("100 * 2= " + Integer.toString(100 * 2));  //输出: 100 * 2=200
11:    System.out.println(Integer.valueOf("100").intValue() * 2);   //输出: 200
12:
13:    System.out.println(Integer.MAX_VALUE);      //输出: 2147483647
14:    System.out.println(Integer.MIN_VALUE);      //输出: -2147483648
15:  }
16: }
```

在上述程序中,第 3 行创建了一个 Integer 类的对象 i,对象 i 中整数的初始值为 25。第 5~7 行利用对象 i 依次调用了 3 个方法(对象方法),分别实现了取对象中的整数值、将对象中的整数值取出并转为浮点数及字符串。

第 9~11 行是静态方法的测试。第 9 行是将作为方法参数的字符串"100"转换为整数 100;第 10 行是将作为方法参数的整数 200(100×2)转换为字符串"200";第 11 行首先调用类方法 valueOf 返回一个 Integer 对象(内含整数 100),然后再调用对象方法 intValue 返回该对象所封装的整数值,并乘以 2 以验证它的数据类型。

程序的第 13、14 行输出 Integer 类的两个静态域的值。

4.5.4　其他方法

1. 最终方法

在类定义中,凡是 final 修饰符所修饰的方法,是功能和内部语句不能被更改的最终方法，即是不能被当前类的子类重新定义的方法。在面向对象的程序设计中，子类可以把从父类那里继承来的某个方法改写并重新定义，形成同父类方法同名，解决的问题也相似，但具体实现和功能却不尽一致的新的类方法，这个过程称为重载。如果类的某个方法被 final 修饰符所限定，则该类的子类就不能再重新定义与此方法同名的自己的方法，而仅能使用从父类继承来的方法。这样，就固定了这个方法所对应的具体操作，可以防止子类对父类关键方法的错误的重定义，保证了程序的安全性和正确性。

需要注意的是：所有已被 private 修饰符限定为私有的方法（private 修饰符将在后面介绍），以及所有包含在 final 类中的方法，都被默认地认为是最终方法。因为这些方法要么不可能被子类所继承，要么根本没有子类，所以都不可能被重载，自然都是最终方法。

2. 本地方法

native 修饰符一般用来声明用其他语言书写方法体并具体实现方法功能的特殊的方法，这里的其他语言包括 C、C ++、FORTRAN 和汇编等。由于 native 的方法的方法体使用其他语言在程序外部写成，所以所有的 native 方法都没有方法体，而用一个分号代替。

在 Java 程序里使用其他语言编写的模块作为类方法，其目的主要有两个：充分利用已经存在的程序功能模块和避免重复工作。

由于 Java 是解释型的语言，它的运行速度比较慢。在未经任何优化处理时，Java 程序的运行速度几乎是 C 程序的 1/20～1/15。这样，在某些实时性比较强或执行效率要求比较高的场合，仅仅使用 Java 程序不能满足需要时，就可以利用 native 方法来求助于其他运行速度较高的语言。

但是，在 Java 程序中使用 native 方法时应该特别注意。由于 native 方法对应其他语言书写的模块是以非 Java 字节码的二进制代码形式嵌入 Java 程序的，而这种二进制代码通常只能运行在编译生成它的平台之上，所以整个 Java 程序的跨平台性能将受到限制或破坏，除非保证 native 方法引入的代码也是跨不同平台的（可以通过特别设计在有限范围内实现）。因此，使用这类方法时应特别谨慎。

3. 同步方法

如果 synchronized 修饰的方法是一个类方法（即 static 的方法），那么在该方法被调用执行前，将把系统类 Class 中对应当前类的对象加锁；如果 synchronized 修饰的是一个对象的方法（未用 static 修饰的方法），则这个方法在被调用执行前，将把当前对象加锁。

synchronized 修饰符主要用于多线程共存的程序中的协调和同步。详细的内容将在后面的线程同步中介绍。

4.6 访问控制符

访问控制符是一组限定类、属性或方法是否可以被程序中的其他部分访问和调用的修饰符，这里的其他部分是指程序里这个类之外的其他类。无论修饰符如何定义，一个类总能够访问和调用它自己的域和方法，但是这个类之外的其他部分能否访问这个域或方法，就要看该域和方法以及它所属的类的访问控制符如何定义了。

4.6.1 类的访问控制

Java 中类的访问控制符只有一个：public，即公共的。一个类被声明为公共类，表明它可以被所有的其他类访问和引用，这里的访问和引用是指这个类作为整体是可见和可用的，程序的其他部分可以创建这个类的对象、访问这个类内部可见的成员变量和调用它的可见的方法。

假如一个类没有访问控制符 public 说明，它就具有默认的访问控制特性。这种默认的访问控制权规定该类只能被同一个包中的类访问和引用，而不可以被其他包中的类使用，这种访问特性又称为包访问性。

Java 的类是通过包的概念来组织的，包是类的一种松散的集合。处于同一个包中的类可以不需任何说明(默认情况)而方便地互相访问和引用，因而把常在一起协同工作的类放在一个包里也是很自然的。而对于在不同包中的类，一般说来，它们相互之间是不可见的，当然也不可能互相引用。但是，当一个类被声明为 public 时，它就具有了被其他包中的类访问的可能性，只要这些其他包中的类在程序中使用 import 语句引入这种 public 类，就可以访问和引用。

表 4-1 说明了类的访问控制符如何对类的访问进行限定。

表 4-1 类的访问控制符与类的访问控制

	默认(无访问控制符)	公共类(有 public 修饰符)
同一包中的类	可以访问	可以访问
不同包中的类	不可访问	可以访问

合理地利用类的访问控制符可以使整个程序结构清晰、严谨，减少可能产生的类间干扰和错误。

4.6.2 类成员的访问控制

类成员就是指类的域和方法。一个类作为整体对程序的其他部分可见，并不能代表类内的所有域和方法也同时对程序的其他部分可见，前者只是后者的必要条件，类的域和方法能否为所有其他类所访问，还要看这些域和方法自己的访问控制符是如何定义的。

表 4-2 列出了类成员的访问控制符及其作用，表中的字母含义如图 4-6 所示。从图 4-6 中可以看出，区域 A 代表所有的类；区域 B 代表当前类所在的包(也包括当前类)；区域 C 代表当前类的所有子类，但可能有些子类与当前类在同一个包中，有些子类与当前类不在同一个包中；区域 D 代表当前类本身；区域 E 代表位于同一包中当前类的子类。

表 4-2 类成员的访问控制符及其作用

	公共类(public)				默 认 类			
类成员访问控制符	public	protected	默认	private	public	protected	默认	private
可以访问类成员的区域	A	B+C	B	D	B	B	B	D

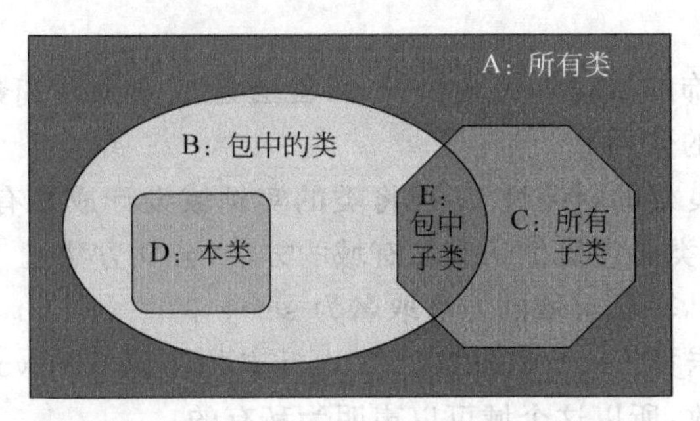

图 4-6　程序中的访问控制区域

我们先看一下公共类的成员访问控制。由于从类的角度看没有限制(好比是敞开大门)，所以成员的访问控制完全取决于成员自己的访问控制符。下面依次说明：

(1) private 私有访问控制符

用 private 修饰的域和方法只能被同一个类中的成员方法所访问，而不能被任何其他类(包括该类的子类)访问。它们也被称之为私有域和私有方法。

需要注意的是，同一个类的不同对象是可以访问对方的 private 域或 private 方法。这是因为访问保护是控制在类的级别上，而不是在对象的级别上。

private 访问控制符提供了最高的类成员保护级别。凡是限定在类内部使用的域和方法就应该用 private 修饰，使它们不为其他类所见，体现了类的封装和信息隐藏。

(2) 默认访问控制符

如果在类定义中，域和方法前没有指定访问控制符，则域和方法具有包访问性，即可以被处于同一个包中的所有类(的方法)所访问。它们也被称之为"包有元"成员。

(3) protected 保护访问控制符

类中限定为 protected 的成员可以被这个类本身(不言而喻)、它的子类(包括同一个包及不同包中的子类)以及同一个包中的所有其他类来访问。

该访问控制符较之默认访问控制又放宽了一些，主要是允许它的子类都可以访问(即使是在不同的包中)。

(4) public 公共访问控制符

类中限定为 public 的成员可以被所有的类访问。

对于默认类(没有 public 修饰)，因为类本身就被限定在包内可见，所以即使包成员被定义为 protected 甚至是 public，这样的包成员也只能在包内被访问，当然这样定义也不合适。

因此，访问控制符通常的定义方式是：

- 类和类成员都采用默认访问控制(包内访问)。
- 类比成员的访问范围宽。成员在类的范围内，根据各自的用途设置不同的访问控制。

如果一个类中定义了常用的操作，希望能作为公共工具供其他的类和程序使用，则应该把类本身和这些方法都定义成 public，最典型的例子莫过于 Java 类库中的那些公共类和它们的公共方法了。另外，每个 Java 程序的主类都必须是 public 类，也是基于相同的原因。

由于用 public 修饰的域对外完全公开,可能会造成安全性和数据封装性下降,所以一般应减少 public 域的使用。

为了使对象具有良好的封装性,一般将类的实例域设计成私有。为了使其他类或对象能够访问私有域,本类必须提供访问私有域的方法(公共方法)。而且按照惯例,读私有域的方法取名为 get…,写私有域的方法取名为 set… 。

例如在 200 电话卡类 PhoneCard200 中,电话卡的密码 password 不能允许其他的类或对象随意查看或修改,所以这个域可以声明为私有的:

```
private int password;
```

当其他类希望访问该电话卡的密码时,需要借助于类的方法来实现,例如可以在类 PhoneCard 中定义方法 getPassword( )来获得密码;定义方法 setPassword( )来修改密码,从而把 password 完全包裹保护起来,类外部只知道类内保存有密码数据,至于这个数据保存在哪个变量里,变量的名字是什么,就不可能知道了。同时,为保证只有具备一定权限才能查看或修改密码,可以在 getPassword( )方法和 setPassword( )方法中做必要的安全性检查,满足了一定的条件才可以获得或修改变量 password 的数值,从而保证了私有数据的私有性。

下面通过一个例子说明本节讲授的内容。

例 4-9 AccessControl. java

```
1: import java.applet.Applet;
2: import java.awt.*;
3:
4: public class AccessControl extends Applet          //定义主类,在浏览器中显示信息
5: {
6:    ClassBeAccessed c=new ClassBeAccessed( );      //创建被访问类的对象(区域 D)
7:    subClass sc=new subClass( );                   //创建被访问类子类的对象(区域 C)
8:    PackageClass ic=new PackageClass( );           //创建被访问类同一包中类的对象(区域 B)
9:
10:    public void paint(Graphics g)                 //显示可访问信息
11:    {
12:       g.drawString("Self Accessible:",10,20);    //类可以访问自己的所有域和方法
13:       g.drawString(c.toString( ),20,35);
14:       g.drawString("Sub Accessible:",10,55);     //子类可以直接访问父类的属性
15:       g.drawString(sc.AccessDirectly( ),20,70);
16:       g.drawString("Package Accessible:",10,90);//同包中的类可以访问哪些属性
17:       g.drawString(ic.AccessDirectly( ),20,105);
18:       g.drawString("Access using public method:",10,125);    //通过调用被访问类的
19:       g.drawString(sc.AccessCls( ),20,140);      //公共方法来访问它的
20:       g.drawString(ic.AccessCls( ),20,155);      //所有性质的属性
21:    }
22: }
```

```
23：class ClassBeAccessed                 //类的默认访问控制，同一包中的其他类都可访问
24：{
25：    public String m_PublicProperty；          //公共属性
26：    String m_FriendlyProperty；               //默认属性(又称为友元)
27：    protected String m_ProtectedProperty；    //保护属性
28：    private String m_PrivateProperty；        //私有属性
29：
30：    ClassBeAccessed( )                        //构造函数，为各属性赋初值
31：    {
32：        m_PublicProperty=new String("Public")；
33：        m_FriendlyProperty=new String("Friendly")；
34：        m_ProtectedProperty=new String("Protected")；
35：        m_PrivateProperty=new String("Private")；
36：    }
37：    public String toString( )                 //公共方法，连接各属性的字符串并显示
38：    {
39：        return(  m_PublicProperty + "；" +
40：                 m_FriendlyProperty + "；" +
41：                 m_ProtectedProperty + "；" +
42：                 m_PrivateProperty + "；"   )；
43：    }
44：}
45：class subClass extends ClassBeAccessed        //定义被访问类的子类
46：{
47：    ClassBeAccessed c=new ClassBeAccessed( )；//创建被访问类的对象
48：
49：    String AccessDirectly( )                  //直接访问 ClassBeAccessed 类的可访问的
                                                  //属性：
50：    {
51：        return(c.m_PublicProperty + "；" +     //公共属性
52：               c.m_FriendlyProperty + "；" +   //默认属性
53：               c.m_ProtectedProperty + "；")；  //保护属性
54：    }
55：    String AccessCls( )                  //通过调用被访问类的公共方法，可访问它的各种属性
56：    {
57：        return(c.toString( ))；          //调用类的公共方法，可访问它的各种性质的属性
58：    }
59：}
60：class PackageClass                      //定义与被访问类在同一个包中的类
61：{
62：    ClassBeAccessed c=new ClassBeAccessed( )；        //创建被访问类的对象
63：
64：    String AccessDirectly( )            //直接调用被访问类的属性，可调用的有：
65：    {
```

```
66：      return( c.m_PublicProperty + "; " +          //公共属性
67：                    c.m_FriendlyProperty + "; " +   //默认属性
68：                    c.m_ProtectedProperty + "; ");  //保护属性
69：    }
70：    String AccessCls( )
71：    {
72：        return(c.toString( )); //调用类的公共方法,可访问它的各种性质的属性
73：    }
74：}
```

例 4-9 程序运行的结果如图 4-7 所示。从图 4-7 可以清楚地看到访问控制符对访问控制权限的限定作用。

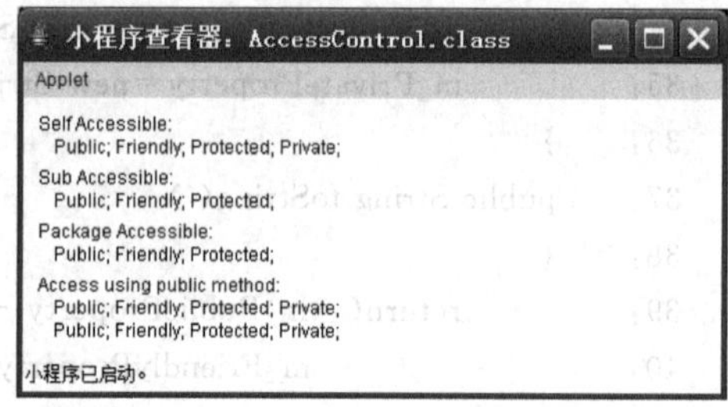

图 4-7 例 4-9 的运行结果

大多数情况下,修饰符是可以混合使用的。例如类的三个修饰符 public、final 和 abstract 之间并不完全互斥,一个公共类可以是抽象的:

```
public abstract class transportmeans…
```

一个公共类也可以是 final 的,例如:

```
public final class Socket …
```

但需要注意有些修饰符不能同时使用,下面是一些修饰符混用时需要注意的问题。

(1) abstract 不能与 final 并列修饰同一个类。

(2) abstract 不能与 private、static、final 或 native 并列修饰同一个方法。

(3) abstract 类中不能有 private 的成员(包括域和方法)。

(4) abstract 方法必须在 abstract 类中。

(5) static 方法中不能处理非 static 的属性。

4.7 类的设计

在面向对象的程序设计中,一切都是围绕着类与对象展开的。Java 程序编写过程实质上是定义类和使用类的过程。具体来说,就是定义一些类,利用这些类(也包括系统提供的类)创建对象和操纵对象,通过各对象的相互作用来实现程序的功能。

前面已经介绍了类定义的基本方法,下面通过一个实例,着重说明设计类的主要思路及原则。

该例子是将电梯抽象为一个类,我们先给出一个不好的例子。

例 4-10 TestBadElevator.java

```
1：public class TestBadElevator{
2：    public static void main(String args[]) {
3：        BadElevator e1 = new BadElevator();
```

```
4:      e1.floor=3;                       // 到第3层
5:      e1.floor++                        //电梯上升一层
6:      e1.doorOpen=true;                 // 开门,住户上下电梯。
7:      e1.doorOpen=false;                // 关门(没有考虑超重)
8:      e1.floor=7;                       // 超出最高层
9:      e1.doorOpen=true;                 // 门开,住户上下电梯。
10:     e1.floor=1;                       //门还没关,电梯就开了
11:     e1.floor--;                       // 电梯已在1层,不能再降(没有地下一层)
12:   }
13:}
14:class BadElevator{
15:   boolean  doorOpen=false;            //表示电梯门的开(true)和关(false)
16:   int floor = 1;                      //表示电梯所在层数
17:   final int TOP_FLOOR=5;              //常量,电梯的最高停靠层为5层
18:   final int BOTTOM_FLOOR=1;           //常量,电梯的最低停靠层为1层
19:}
```

在上述程序中,定义了一个电梯类BadElevator,其中只定义了4个属性,但没有定义方法(没有功能),所以在测试程序中,只能通过改变BadElevator类的属性实现对电梯的操作。在程序第3行,生成了一个电梯对象,第4～7行执行了对电梯的控制(还勉强可以),但第8～11行的控制就出现严重问题了。

之所以出现上述情况,缘于BadElevator类的设计不好,没有体现出信息的隐藏,而且也没有编写实现电梯操作的方法,而恰恰是这些方法体现了电梯的很多内在功能,体现了电梯设计中的很多保护措施,例如电梯超重不能关门及启动等。

下面看一个好的电梯类设计的例子,它体现了将数据及处理数据的代码封装在一起,保护了内部数据,为用户操作电梯提供了可靠的接口,就如同现实世界中的电梯一样有很多保护功能。

例4-11 TestGoodElevator.java

```
1: public class TestGoodElevator {
2:    public static void main(String args[])  {        //电梯测试程序
3:       GoodElevator e2 = new GoodElevator();
4:       e2.openDoor();
5:       e2.closeDoor();
6:       e2.goUp();
7:       e2.goUp();
8:       System.out.println("电梯在第" + e2.getFloor()+"层");
9:       e2.openDoor();
10:      e2.closeDoor();
11:      e2.goDown();
12:      e2.openDoor();
13:      e2.closeDoor();
14:      e2.goDown();
```

```
15:     e2.goDown();
16:     if (e2.getFloor()!=5 && !e2.isOpen())
17:         e2.setFloor(5);
18:     e2.openDoor();
19:     e2.closeDoor();
20:     e2.setFloor(10);
21:     System.out.println("-------电梯测试结束-------");
22: }
23: }
24:
25: class GoodElevator
26: {
27:     private boolean doorOpen=false;          //为真表示电梯门开,为假表示门关
28:     private int floor =1;                    //代表电梯当前位置(层数)
29:     private int weight = 0;                  //代表电梯当前乘客总重量
30:     final int CAPACITY=1000;                 //常量——电梯最大承重量
31:     final int TOP_FLOOR=5;                   //常量——最高层数
32:     final int BOTTOM_FLOOR=1;                //常量——最底层数
33:
34:     public void openDoor() {                 //开门方法
35:       doorOpen=true;
36:     }
37:
38:     public void closeDoor() {                //关门方法
39:       checkWeightSensors();                  //调用检测当前乘客总重量的方法
40:       if (weight<=CAPACITY)
41:           doorOpen=false;
42:       else
43:           System.out.println("超重,门不能关!");
44:     }
45:
46:     private void checkWeightSensors() {      //内部方法,检测当前乘客总重量
47:       weight=(int)(Math.random()*1500);
48:       System.out.println("当前乘客总重量是:" + weight+"公斤");
49:     }
50:
51:     public void goUp() {                     //电梯上升方法
52:       if(! doorOpen) {
53:         if(floor<TOP_FLOOR) {
54:           floor++;
55:           System.out.println("电梯已上到第" + floor +"层");
56:         }
57:         else
```

```
58:         System.out.println("电梯已在顶层,不能再上升");
59:       }
60:     else
61:       System.out.println("电梯门未关,不能上升!");
62:   }
63:
64:   public void goDown() {                          //电梯下降方法
65:     if(! doorOpen) {
66:       if(floor>BOTTOM_FLOOR) {
67:         floor-- ;
68:         System.out.println("电梯已下到第" + floor +"层") ;
69:       }
70:       else
71:         System.out.println("电梯已在最底层,不能再下降");
72:     }
73:     else
74:       System.out.println("电梯门未关,不能下降!");
75:   }
76:
77:   public void setFloor(int goal) {                //指定停靠层的方法
78:     if(goal>=BOTTOM_FLOOR && goal <=TOP_FLOOR) {
79:         while(floor! =goal) {
80:             if(floor<goal)
81:                 goUp();
82:             else
83:                 goDown();
84:         }
85:         System.out.println("电梯按要求停在第:" + floor + "层");
86:     }
87:     else
88:       System.out.println("没有第" + goal +"层");
89:   }
90:
91:   public int getFloor() {                         //获取电梯当前停靠层的方法
92:     return floor;
93:   }
94:
95:   public boolean isOpen() {                       //判断电梯门当前的开关状态的方法
96:     return doorOpen;
97:   }
98: }
```

图 4-8 是例 4-11 的一次执行结果,每次执行结果会由于上下电梯乘客不定而有所不

同。请读者对照程序查看并分析程序的输出结果。读者还可以反复运行该程序,分析不同的输出结果。

图 4-8 例 4-11 的一次执行结果

在例 4-11 中,我们定义了一个 GoodElevator 类,它有三个属性,其含义分别如下:

- doorOpen:电梯门当前的开关状态。
- floor:电梯当前停靠层数。
- weight:电梯当前乘客总重量。

这三个属性值的变化模拟了电梯门的开关、电梯的升降及电梯乘客的进出(重量改变)。根据类的封装机制及面向对象程序设计的基本原则,我们将这三个属性全部定义为私有属性(private),即不能从对象外部通过改变电梯属性来达到操作电梯的目的。为了操作电梯,我们为电梯类定义了若干方法,而且都是 public 方法。下面列举几个方法的功能:

(1) public void closeDoor()

代码 38～44 行定义了关闭电梯门的方法。该方法首先调用一个内部方法 checkWeightSensors()检测当前乘客总重量,然后判断是否超重(上电梯人数是否过多)。如果没有超重就执行关门动作,否则不能关门。

在方法 checkWeightSensors()中,实际上是利用 Math 类的方法 random()生成一个随机数,代表乘客总重量,模拟电梯当前乘客情况。并返回该值。

在每次调用电梯对象的 closeDoor()方法时,我们要理解为是在向对象发消息,命令它执行关门操作,它执行方法的过程就是在实现电梯所具有的某项功能。这也就是模拟现实世界中按电梯关门键的操作。

(2) public void goUp()

代码 51～62 行定义了启动电梯上升一层的方法。该方法控制电梯上升一层,即将表示电梯停靠层数的 floor 域值加 1。

该方法提供了两项保护措施,一是门没关上时不能启动,二是电梯已在最高层时不能再升。

(3) public void setFloor(int goal)

代码77～89行定义了一个指定电梯停靠层的方法(模拟电梯内的层数按键操作)。该方法首先判断指定的层数(方法的参数)是否合法。如果指定层数合法,则根据当前层及需要到达的层,操作电梯上升或下降若干层。

setFloor方法控制电梯升降是通过调用电梯的goUp()和goDown()方法完成的。

4.8 小结

本章介绍了面向对象程序设计中的核心内容——类的定义与对象的使用。这些概念将在后面的章节中反复应用和深化。

现实世界中的对象有自己的状态和行为,在面向对象的程序设计中,对象的状态用属性(变量)表示,对象的行为用方法(代码)实现。“对象”就像是一台小“计算机”,它有自己的数据,有你要求它执行的操作。

面向对象的核心思想是将数据及处理数据的操作封装在一起。“封装”是一种组织软件的方法,其基本思想是把客观世界中联系紧密的元素及相关操作组织在一起,使其相互关系隐藏在内部,而对外仅仅表现为与其他封装体间的接口,从而构造出具有独立含义的软件实现。封装并不是一个新的概念,但在面向对象的程序设计中提出了一种全新的封装方法——类。

本章结合Java程序中类的定义与对象的创建,介绍面向对象的封装与抽象。4.1节首先介绍了抽象与封装的基本概念。4.2节介绍了如何在Java程序中定义类与创建对象,Java的类有系统已经定义好的类和用户自定义类两种。4.3节介绍了Java类的各种修饰符。4.4节介绍Java类的域定义。4.5节介绍了Java类中的方法定义,定义类就是定义类中的域和方法的过程。4.6节介绍了类、域和方法都会使用到的访问控制符。

习 题

4-1 什么是抽象?什么是过程抽象?什么是数据抽象?面向对象软件开发如何实现抽象?

4-2 什么是封装?面向对象程序设计中如何实现封装?

4-3 使用抽象和封装有哪些好处?

4-4 Java程序中使用的类分为哪两种?什么是系统定义的类?什么是用户自定义类?

4-5 什么是类库?为什么学习Java编程需要熟练掌握类库?试列举5个常用类库的包。

4-6 使用已经存在的类(包括类库中的系统类和已存在的用户类)有哪三种主要方式?如何在程序中引入已经存在的类?

4-7 编写一个Java程序片断,定义一个表示学生的类student,包括域“学号”、“班号”、“姓名”、“性别”、“年龄”;方法“获得学号”、“获得班号”、“获得性别”、“获得姓名”、“获得年龄”、“修改年龄”。

4-8 在 4-7 题的基础上编写 Java Application 程序创建 student 类的对象。

4-9 为 student 类定义构造函数初始化所有的域,增加一个方法 public String toString( )把 student 类对象的所有域信息组合成一个字符串。编写 Application 程序检验新增的功能。

4-10 简述构造函数的功能和特点。下面的程序片断是某同学为 student 类编写的构造函数,请问有几处错误?

```
void Student(int sno,String sname)
{
    studentNo=sno;
    studentName=sname;
    return sno;
}
```

4-11 改写例 4-2 成为图形界面的 Applet 程序,接受用户输入的卡号、密码、金额和接入号码,创建 PhoneCard 类的对象并输出这张电话卡的有关信息。

4-12 什么是修饰符? 它有什么作用? 为什么要定义抽象类? 如何定义? 试举一个抽象类的例子。

4-13 什么是最终类,如何定义最终类? 试列举一个最终类的例子。

4-14 如何定义静态域? 静态域有什么特点? 如何访问和修改静态域的数据?

4-15 什么是静态初始化器? 它有什么特点? 它与构造函数有什么不同?

4-16 最终域和易失域各自有何特点? 如何定义它们?

4-17 如何定义方法? 在面向对象程序设计中方法有什么作用?

4-18 什么是抽象方法? 它有何特点? 如何定义抽象方法? 如何使用抽象方法?

4-19 如何定义静态方法? 静态方法有何特点? 静态方法处理的域有什么要求?

4-20 简述最终方法、本地方法和同步方法的定义方法和使用场合。

4-21 什么是访问控制符? 有哪些访问控制符? 哪些可以用来修饰类? 哪些可以用来修饰域和方法? 试述不同访问控制符的作用。

4-22 修饰符是否可以混合使用? 混合使用时需要注意什么问题?

第 5 章

继承与多态

本章讨论面向对象程序设计的另外两个重要特点：继承和多态。继承是面向对象程序设计方法中的一种重要手段，通过继承可以更有效地组织程序结构，明确类间关系，并充分利用已有的类来完成更复杂、深入的开发。多态则可以提高类的抽象度和封闭性，统一一个或多个相关类对外的接口。本章最后还将讨论包和接口。

5.1 继承的基本概念

在面向对象技术的各个特点中，继承是最具有特色，也是与传统方法最不相同的一个。继承实际上是存在于面向对象程序中的两个类之间的一种关系。当一个类获取另一个类中所有非私有的数据和操作的定义作为自己的部分或全部成分时，就称这两个类之间具有继承关系。被继承的类称为父类或超类，继承了父类或超类的所有数据和操作的类称为子类。

一个父类可以同时拥有多个子类，这时这个父类实际上是所有子类的公共域和公共方法的集合，而每一个子类则是父类的特殊化，是对公共域和方法在功能、内涵方面的扩展和延伸。现仍以电话卡为例，图 5-1 列举了各种电话卡类的层次结构、域和方法。

从图 5-1 中可以看出，面向对象的这种继承关系实际上很符合人们的日常思维模式。电话卡分为无卡号、有卡号两大类，无卡号的电话卡可以细分为磁卡和 IC 卡等，有卡号的电话卡可分为 IP 电话卡和 200 电话卡等。其中，电话卡这个抽象概念对应的电话卡类是所有其他类的父类，它是所有电话卡的公共属性的集合。这些公共属性包括卡中剩余金额等静态的数据属性，以及拨打电话、查询余额等动态的行为属性。将电话卡具体化、特殊化，就分别派生出两个子类：无卡号电话卡和有卡号电话卡。这两个子类一方面继承了父类电话卡的所有属性(包括域与方法)，即它们也拥有剩余金额、拨打电话、查询余额等数据和操作；另一方面它们又根据自己对原有的父类概念的明确和限定，专门定义了适用于本类特殊需要的特殊属性，如，对于所有的有卡号电话卡，应该有卡号、密码、接入号码等域和登录交换机的行为，这些属性对无卡号电话卡是不适合的。从有卡号电话卡到 IP 电话卡和 200 电话卡的继承遵循完全相同的原则。

使用继承的主要优点是，使得程序结构清晰，降低编码和维护的工作量。仍以图 5-1 为例。剩余金额是所有电话卡共有的属性，第一种实现方案是为每一个电话卡类中都定义自己的剩余金额域；第二种实现方案是仅在抽象的电话卡父类中定义剩余金额域，其他类则从它那里继承。因此第一种方案相对于第二种方案，代码量要多出若干倍。同时，当

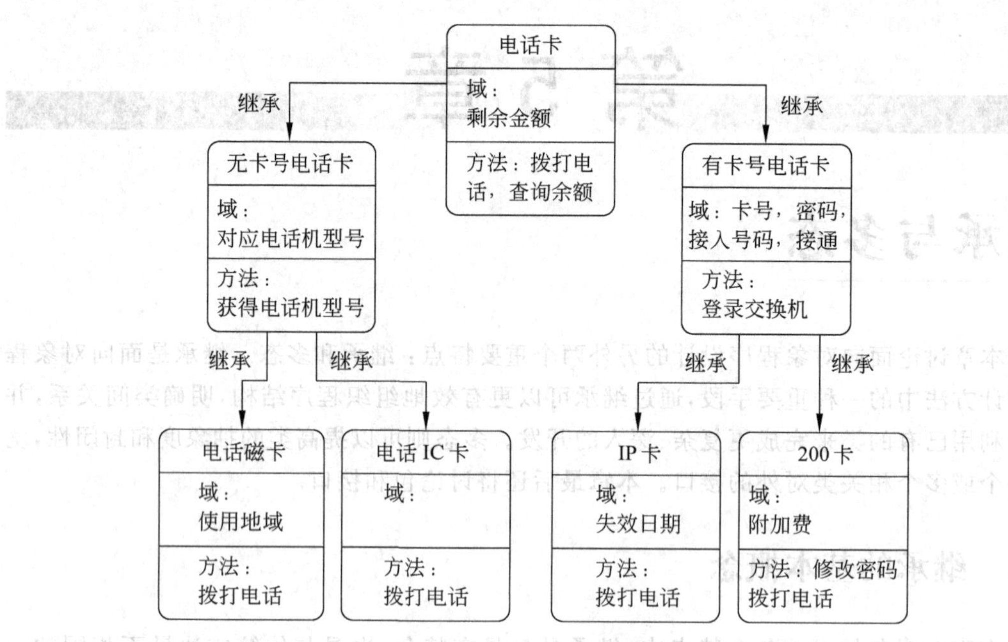

图 5-1　各种电话卡类及其间的继承关系

公共属性发生修改时，第一种方案需要在每个类中做相应的修改，而第二种方案只需要在父类中修改一次即可，不但维护的工作量大大减少，而且也避免了在第一种方案中可能出现的修改遗漏。

在面向对象的继承特性中，还有一个关于单重继承和多重继承的概念。所谓单重继承，是指任何一个类都只有一个单一的父类；而多重继承是指一个类可以有一个以上的父类，它的静态的数据属性和操作从所有这些父类中继承。采用单重继承的程序结构比较简单，如图 5-1 所示的是单纯的树状结构，掌握、控制起来相对容易；而支持多重继承的程序，其结构则是复杂的网状，设计、实现都比较复杂。但是现实世界的实际问题，它们的内部结构多为复杂的网状，用多重继承的程序模拟起来比较自然，而单重继承的程序要解决这些问题，则需要其他的一些辅助措施。C++ 是开发人员熟悉的支持多重继承的面向对象的编程语言，而本书中介绍的 Java 语言，出于安全、可靠性的考虑，仅支持单重继承。

综上所述，在面向对象的程序设计中，采用继承的机制来组织、设计系统中的类，可以提高程序的抽象程度，使之更接近于人类的思维方式，同时也可以提高程序开发效率，降低维护的工作量。

5.2　类的继承

5.2.1　派生子类

Java 中的继承是通过 extends 关键字来实现的，在定义类时使用 extends 关键字指明新定义类的父类，就在两个类之间建立了继承关系。新定义的类称为子类，它可以从父类那里继承所有非 private 的属性和方法作为自己的成员。

例 5-1 实现图 5-1 中电话卡类的继承结构。

```
0: import   java.util.Date ;
1: abstract   class   PhoneCard
2: {
3:          double balance;
4:
5:          abstract boolean performDial( );
6:          double getBalance( )
7:          {
8:                 return balance;
9:          }
10: }
11: abstract   class   None_Number_PhoneCard extends PhoneCard
12: {
13:          String phoneSetType;
14:
15:          String getSetType( )
16:          {
17:                 return phoneSetType;
18:          }
19: }
20: abstract   class   Number_PhoneCard extends PhoneCard
21: {
22:          long   cardNumber;
23:          int   password;
24:          String   connectNumber;
25:          boolean connected;
26:
27:          boolean performConnection(long cn,int pw)
28:          {
29:                 if(cn == cardNumber && pw == password)
30:                 {
31:                        connected = true;
32:                        return true;
33:                 }
34:                 else
35:                        return false;
36:          }
37: }
38: class   magCard extends None_Number_PhoneCard
39: {
40:          String   usefulArea;
41:
```

```
42:         boolean performDial( )
43:         {
44:                 if( balance > 0.9)
45:                 {
46:                         balance -= 0.9;
47:                         return true;
48:                 }
49:                 else
50:                         return false;
51:         }
52: }
53: class  IC_Card extends None_Number_PhoneCard
54: {
55:         boolean performDial( )
56:         {
57:                 if( balance > 0.5)
58:                 {
59:                         balance -= 0.9;
60:                         return true;
61:                 }
62:                 else
63:                         return false;
64:         }
65: }
66: class  IP_Card extends Number_PhoneCard
67: {
68:         Date  expireDate;
69:         boolean performDial( )
70:         {
71:                 if( balance > 0.3 && expireDate.after(new Date( )))
72:                 {
73:                         balance -= 0.3;
74:                         return true;
75:                 }
76:                 else
77:                         return false;
78:         }
79: }
80: class  D200_Card extends Number_PhoneCard
81: {
82:         double  additoryFee;
83:
84:         boolean performDial( )
85:         {
```

```
86:             if( balance > (0.5 + additoryFee ))
87:             {
88:                 balance -= (0.5 + additoryFee);
89:                 return true;
90:             }
91:             else
92:                 return false;
93:         }
94: }
```

例 5-1 定义了 PhoneCard、None_Number_PhoneCard、Number_PhoneCard、magCard、IC_Card、IP_Card、D200_Card 共 7 个类，其中：

- None_Number_PhoneCard 类和 Number_PhoneCard 类是 PhoneCard 类派生出的子类。
- magCard 类和 IC_Card 类是 None_Number_PhoneCard 类派生出的子类。
- IP_Card 类和 D200_Card 类是 Number_PhoneCard 类派生出的子类。

从程序中可以看到，例 5-1 的程序中只有在第 3 行(PhoneCard 类中)定义了域 balance，但是在第 44～46 行(magCard 类中)，第 57～59 行(IC_Card 类中)，第 71～73 行(IP_Card 类中)，第 86～88 行(D200_Card 类中)语句中都使用了 balance 域，它们自身并未定义 balance 域，使用的 balance 都是从父类 PhoneCard 那里继承来的。

另外，PhoneCard 类在第 5 行定义了一个抽象方法 performDial()，它的两个子类也是抽象类，可以不实现这个抽象方法，分别派生出来的 4 个电话卡类不是抽象类，故而分别定义了针对自己具体情况的 performDial()方法。例如磁卡电话通话时没有优惠时段，平均话费较高；200 卡的话费较低，但是有额外的附加费；IP 卡的话费最低，但是必须在失效日期之前拨打电话。最后，第 68 行使用一个 java.util 包中的 Java 系统类 Date，每个 Date 类的对象代表一个具体的日期。第 71 行中 new Date( )表达式的作用是创建一个包含当前日期的 Date 类的对象，after()方法是 Date 类的方法，在失效日期比当前日期晚时，expireDate.after(new Date( ))返回 true，否则返回 false。

5.2.2 域的继承与隐藏

1. 域的继承

子类可以继承父类的所有非私有域。例如各类电话卡类所包含的域分别为：

```
PhoneCard 类：
    double balance;
None_Number_PhoneCard 类：
    double balance;                    //继承自父类 PhoneCard
    String phoneSetType;
Number_PhoneCard 类：
    double balance;                    //继承自父类 PhoneCard
    long cardNumber;
```

```
        int password;
        String connectNumber;
        boolean connect;
    magCard 类:
        double balance;                //继承自父类 None_Number_PhoneCard
        String phoneSetType;           //继承自父类 None_Number_PhoneCard
        String usefulArea;
    IC_Card 类:
        double balance;                //继承自父类 None_Number_PhoneCard
        String phoneSetType;           //继承自父类 None_Number_PhoneCard
    IP_Card 类:
        double balance;                //继承自父类 Number_PhoneCard
        long cardNumber;               //继承自父类 Number_PhoneCard
        int password;                  //继承自父类 Number_PhoneCard
        String connectNumber;          //继承自父类 Number_PhoneCard
        boolean connect;               //继承自父类 Number_PhoneCard
        Date expireDate;
    D200_Card 类:
        double balance;                //继承自父类 Number_PhoneCard
        long cardNumber;               //继承自父类 Number_PhoneCard
        int password;                  //继承自父类 Number_PhoneCard
        String connectNumber;          //继承自父类 Number_PhoneCard
        boolean connect;               //继承自父类 Number_PhoneCard
        double additoryFee;
```

可见父类的所有非私有域实际是各子类都拥有的域的集合。子类从父类继承域而不是把父类域的定义部分复制一遍,这样做的好处是减少程序维护的工作量。

2. 域的隐藏

在子类中可以重新定义一个与从父类那里继承来的域变量完全相同的变量,而这样做会导致在子类中有两个同名的变量。一般情况下,子类的方法所操作的是子类自己定义的变量,而从父类继承的变量变为不可见,即被子类的同名变量隐藏掉了,这称为域的隐藏。

例如,如果把例 5-1 中第 80～94 行的 D200_Card 类定义改写为:

```
80: class  D200_Card extends Number_PhoneCard
81: {
82:         double   additoryFee;
83:         double   balance;
84:         boolean performDial( )
85:         {
86:                 if( balance > (0.5 + additoryFee ))
87:                 {
88:                         balance -= (0.5 + additoryFee);
89:                         return true;
```

```
90:                }
91:                else
92:                    return false;
93:        }
94: }
```

在第 83 行增加定义了一个与从父类那里继承来的 balance 变量完全相同的变量。这样修改后,D200_Card 类中的域变为:

```
D200_Card 类:
double balance;              //继承自父类 Number_PhoneCard
double balance;              //D200_Card 类自己定义的域
long cardNumber;             //继承自父类 Number_PhoneCard
int password;                //继承自父类 Number_PhoneCard
String connectNumber;        //继承自父类 Number_PhoneCard
boolean connect;             //继承自父类 Number_PhoneCard
double additoryFee;
```

这时,子类中定义了与父类同名的属性变量,即出现了子类变量对同名父类变量的隐藏。这里所谓隐藏是指子类拥有了两个相同名字的变量,一个继承自父类,另一个由自己定义;当子类执行继承自父类的操作时,处理的是继承自父类的变量,而当子类执行它自己定义的方法时,所操作的就是它自己定义的变量,而把继承自父类的变量“隐藏”起来。参看下面的例 5-2。

例 5-2 TestHiddenField.java

```
1: public class TestHiddenField
2: {
3:     public static void main(String args[])
4:     {
5:         D200_Card my200 = new D200_Card();
6:         my200.balance = 50.0;
7:         System.out.println("父类被隐藏的金额为:"+my200.getBalance());
8:         if( my200.performDial() )
9:           System.out.println("子类的剩余金额为:"+my200.balance);
10:    }
11: }
12: abstract  class  PhoneCard
13: {
14:     double balance;
15: 
16:     abstract boolean performDial();
17:     double getBalance()
18:     {
19:           return balance;
20:     }
```

```
21: }
22: abstract   class   Number_PhoneCard extends PhoneCard
23: {
24:     long   cardNumber;
25:     int   password;
26:     String   connectNumber;
27:     boolean connected;
28:
29:     boolean performConnection(long cn,int pw)
30:     {
31:         if(cn == cardNumber && pw == password)
32:         {
33:             connected = true;
34:             return true;
35:         }
36:         else
37:             return false;
38:     }
39: }
40: class   D200_Card extends Number_PhoneCard
41: {
42:     double   additoryFee;
43:     double   balance;
44:
45:     boolean performDial( )
46:     {
47:         if( balance > (0.5 + additoryFee ))
48:         {
49:             balance -= (0.5 + additoryFee);
50:             return true;
51:         }
52:         else
53:             return false;
54:     }
55: }
```

图 5-2 是例 5-2 的运行结果。

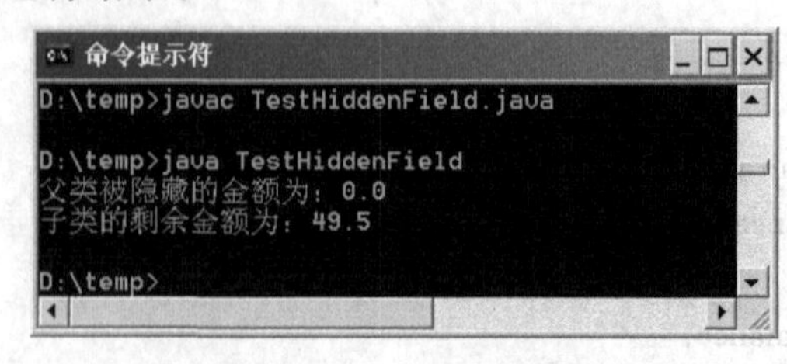

图 5-2　例 5-2 的运行结果

在例 5-2 中，第 5 行创建了一个 D200_Card 类的对象 my200，这个对象有两个 balance 变量，一个继承自父类 Number_PhoneCard（该域又是 Number_PhoneCard 从它的父类 PhoneCard 继承而来），另一个是在第 43 行中重新定义的自身的 balance 变量。第 6 行为 my200 对象的 balance 变量赋值，根据域隐藏的原则，这里是为 my200 自身的 balance 变量赋值。第 7 行输出 my200 对象的 getBalance( )方法的返回值，这里的 getBalance( )方法是在父类 PhoneCard 中定义的，它返回的是 my200 对象继承自父类 PhoneCard 的 balance 变量的数值，这个 balance 没有被赋值，其数值是默认的 0.0。第 8 行调用 my200 对象的 performDial( )方法拨打电话，修改 my200 对象自身的 balance 变量。第 9 行输出的是拨打电话之后 my200 对象的 balance 变量的数值。

5.2.3 方法的继承与覆盖

1. 方法的继承

父类的非私有方法作为类的非私有成员，也可以被子类所继承。如例 5-2 中第 7 行调用的 my200 对象的 getBalance( )方法就继承自父类 PhoneCard 类。根据方法的继承关系，列举各种电话卡所包含方法（仅列出方法头）如下：

```
PhoneCard 类：
    abstract boolean performDial( );
    double getBalance( )
None_Number_PhoneCard 类：
    abstract boolean performDial( );              //继承自父类 PhoneCard
    double getBalance( )                          //继承自父类 PhoneCard
    String getSetType( )
Number_PhoneCard 类：
    abstract boolean performDial( );              //继承自父类 PhoneCard
    double getBalance( )                          //继承自父类 PhoneCard
    boolean performConnection(long cn,int pw)
magCard 类：
    double getBalance( )                          //继承自父类 None_Number_PhoneCard
    String getSetType( )                          //继承自父类 None_Number_PhoneCard
    boolean performDial( )
IC_Card 类：
    double getBalance( )                          //继承自父类 None_Number_PhoneCard
    String getSetType( )                          //继承自父类 None_Number_PhoneCard
    boolean performDial( )
IP_Card 类：
    double getBalance( )                          //继承自父类 Number_PhoneCard
    boolean performConnection(long cn,int pw)     //继承自父类 Number_PhoneCard
    boolean performDial( )
D200_Card 类：
    double getBalance( )                          //继承自父类 Number_PhoneCard
    boolean performConnection(long cn,int pw)     //继承自父类 Number_PhoneCard
```

```
boolean performDial( )
```

各类的对象可以自由使用从父类那里继承来的方法。

2. 方法的覆盖

正像子类可以定义与父类同名的域,实现对父类域变量的隐藏一样;子类也可以重新定义与父类同名的方法,实现对父类方法的覆盖(Overload)。方法的覆盖与域的隐藏的不同之处在于:子类隐藏父类的域只是使之不可见,父类的同名域在子类对象中仍然占有自己的独立的内存空间;而子类方法对父类同名方法的覆盖将清除父类方法占用的内存,从而使父类方法在子类对象中不复存在。

例如上面列出的各电话卡类的方法中,magCard、IC_Card、IP_Card 和 D200_Card 4 个类都定义了自己的 performDial( )方法,所以它们从父类那里继承来的抽象的 performDial( )就不存在了。

如果在例 5-2 的 D200_Card 类中增加定义一个与从父类那里继承来的 getBalance( )方法同名的方法(覆盖了父类的同名方法),得到例 5-3 的代码,其运行结果如图 5-3 所示。可见此时调用子类对象 my200 自己的 getBalance( )方法,返回的是 my200 对象自己的 balance 域,而不是被隐藏的从父类继承的 balance 域。

例 5-3 TestOverLoad. java

```
1: public class TestOverLoad
2: {
3:         public static void main(String args[])
4:         {
5:               D200_Card   my200 = new D200_Card( );
6:               my200. balance = 50. 0;
7:               System. out. println("子类自己的金额为: " + my200. getBalance( ));
8:               if(my200. performDial( ))
9:                  System. out. println("子类的剩余金额为: "+my200. balance);
10:        }
11: }
12: abstract  class  PhoneCard
13: {
14:        double balance;
15:
16:        abstract boolean performDial( );
17:        double getBalance( )
18:        {
19:               return balance;
20:        }
21: }
22: abstract  class  Number_PhoneCard extends PhoneCard
23: {
24:         long  cardNumber;
```

```
25:        int  password;
26:        String  connectNumber;
27:        boolean connected;
28:
29:        boolean performConnection(long cn, int pw)
30:        {
31:            if(cn == cardNumber && pw == password)
32:            {
33:                connected = true;
34:                return true;
35:            }
36:            else
37:                return false;
38:        }
39: }
40: class  D200_Card extends Number_PhoneCard
41: {
42:        double  additoryFee;
43:        double  balance;
44:
45:        boolean performDial( )
46:        {
47:            if( balance > (0.5 + additoryFee ))
48:            {
49:                balance -= (0.5 + additoryFee);
50:                return true;
51:            }
52:            else
53:                return false;
54:        }
55:        double getBalance( )
56:        {
57:            return balance;
58:        }
59: }
```

方法的覆盖中需要注意的问题是：子类在重新定义父类已有的方法时，应保持与父类完全相同的方法头声明，即应与父类有完全相同的方法名、返回值和参数列表。否则就不是方法的覆盖，而是子类定义自己的与父类无关的方法，父类的方法未被覆盖，所以仍然存在。

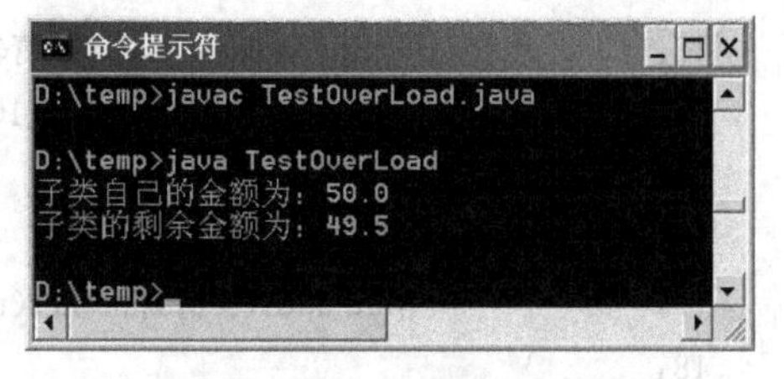

图 5-3 例 5-3 的运行结果

5.2.4　this 与 super

在 Java 中,this 用来引用当前对象,super 用来引用当前对象的父类。this 和 super 与继承有密切关系,Java 通过 super 实现对父类成员的访问。

1. this

this 表示的是当前对象本身,更准确地说,this 代表了当前对象的一个引用。对象的引用可以理解为对象的另一个名字,通过引用可以顺利地访问到对象,包括访问、修改对象的域、调用对象的方法。这一点有点像 C/C++ 语言中的指针,但是对象的引用与内存地址无关,它仅仅是对象的另一个名字。

一个对象可以有若干个引用,this 就是其中之一。利用 this 可以调用当前对象的方法或使用当前对象的域。例如,在 D200_Card 类中的 getBalance ( )方法需要访问同一个对象的域 balance,可以利用 this 写成:

```
double getBalance( )
{
    return this.balance;
}
```

表示返回的是当前同一个对象的 balance 域,当然在这种情况下 this 也可以不加。更多的情况下,this 用来把当前对象的引用作为参数传递给其他的对象或方法。

在下面的例 5-4 程序中,可以看到 this 的应用。

例 5-4　GetDouble.java

```
1: import java.applet.*;
2: import java.awt.*;
3: import java.awt.event.*;
4:
5: public class GetDouble extends Applet implements ActionListener
6: {
7:         Label prompt;
8:         TextField input;
9:         double d = 0.0;
10:
11:        public void init( )
12:        {
13:                prompt = new Label("请输入一个浮点数:");
14:                input = new TextField(10);
15:                add(prompt);
16:                add(input);
17:                input.addActionListener(this);
18:        }
19:        public void paint(Graphics g)
```

```
20：{
21：        g.drawString("你输入了数据：" + d,10,50)；
22：    }
23：    public void actionPerformed(ActionEvent e)
24：    {
25：        d = Double.valueOf(input.getText( )).doubleValue( )；
26：        repaint( )；
27：    }
28：}
```

在例 5-4 中，第 17 行调用的 addActionListener( )方法是系统类 TextField 的方法，调用这个方法要求提供一个实现了 ActionListener 接口的对象作为实际参数。由于在第 5 行中定义的用户类 GetDouble 利用 implements 关键字(接口及其实现将在本章后面介绍)实现了 ActionListener 接口，所以就使用 this 将当前 GetDouble 类的对象指定为调用 addActionListener( )方法的实际参数。

再看一个有关 this 用法的例子。在下面的例 5-5 中，其中一个函数方法是将当前对象作为方法返回值。

例 5-5　TestThis.java

```
1：public class TestThis {
2：    public static void main(String args[]) {
3：        Leaf   myLeaf = new Leaf()；
4：        myLeaf = myLeaf.increment().increment().increment()；
5：        myLeaf.print()；
6：    }
7：}
8：class Leaf {
9：    private int i = 0；
10：    Leaf increment()   {
11：        i = i + 1 ；
12：        return this；
13：    }
14：    void print()   {
15：        System.out.println("i = " + i)；
16：    }
17：}
```

在例 5-5 中定义了一个 Leaf(树叶)类，其中在第 9 行定义了一个私有域(i)表示叶子数，初始值为 0。

Leaf 类还定义了两个方法：

(1) 第 10～13 行定义了返回值为 Leaf 对象的函数方法 increment。该方法是将当前 Leaf 对象的叶子数增 1，并返回又长了一片新叶子的 Leaf 对象。请读者注意第 12 行的返回语句，该语句利用 this 将当前对象作为方法的返回值。

(2) 第 14～16 行定义了显示对象叶子数的 print()方法,该方法在终端上显示代表叶子数的 i 值。

在 main()方法中,第 3 行创建了一个 Leaf 对象 myLeaf,其叶子数为 0(初始值)。由于 Leaf 对象的 increment()方法的返回值仍是 Leaf 对象,所以在第 4 行通过连续 3 次调用 Leaf 对象的 increment()方法,最终返回一个包含 3 片树叶的 Leaf 对象。第 5 行通过调用 Leaf 对象的 print()方法显示最后所得到的 Leaf 对象的叶子数(本例输出结果为 3)。

2. super

super 用于在一个类中引用它的父类,即引用父类的成员,包括父类的属性及方法。

注意：super 代表的父类是指"直接父类"。假设类 A 派生出子类 B,B 类又派生出自己的子类 C,则 B 是 C 的直接父类,而 A 是 C 的祖先类。例如,Number_PhoneCard 类是 D200_Card 类的直接父类,PhoneCard 类是 D200_Card 类的祖先类。

下面看一个 super 应用的例子。

例 5-6 TestSuper. java

```
1: public class TestSuper
2: {
3:     public static void main(String args[])
4:     {
5:         D200_Card my200 = new D200_Card( );
6:         my200. balance = 50.0;
7:         System. out. println("父类被隐藏的金额为：" + my200. getBalance( ));
8:         if(my200. performDial( ))
9:             System. out. println("子类的剩余金额为：" + my200. balance);
10:    }
11: }
12: abstract  class  PhoneCard
13: {
14:     double balance;
15:
16:     abstract boolean performDial( );
17:     double getBalance( )
18:     {
19:         return balance;
20:     }
21: }
22: abstract  class  Number_PhoneCard extends PhoneCard
23: {
24:     long  cardNumber;
25:     int  password;
26:     String  connectNumber;
```

```
27:        boolean connected;
28:
29:        boolean performConnection(long cn,int pw)
30:        {
31:            if(cn == cardNumber && pw == password)
32:            {
33:                connected = true;
34:                return true;
35:            }
36:            else
37:                return false;
38:        }
39: }
40: class  D200_Card extends Number_PhoneCard
41: {
42:        double   additoryFee;
43:        double   balance;
44:
45:        boolean performDial( )
46:        {
47:            if( balance > (0.5 + additoryFee ))
48:            {
49:                balance -= (0.5 + additoryFee);
50:                return true;
51:            }
52:            else
53:                return false;
54:        }
55:        double getBalance( )
56:        {
57:            return super.balance;
58:        }
59: }
```

```
命令提示符
D:\temp>javac TestSuper.java

D:\temp>java TestSuper
父类被隐藏的金额为: 0.0
子类的剩余金额为: 49.5

D:\temp>_
```

图 5-4　例 5-6 的运行结果

图 5-4 是例 5-6 的运行结果。

在例 5-6 中，第 55～58 行定义的 getBalance( )方法是在 D200_Card 类中定义的方法。如果方法中返回的是 balance 值，那返回的是 D200_Card 类定义的域值，即返回当前对象的 balance 值。但现在 getBalance( )方法中返回的是 super.balance 值，即返回当前对象的直接父类(Number_PhoneCard)的 balance 值。所以在例 5-6 的第 7 行中，即使调用子类的 getBalance( )方法，返回的仍是没有赋值的父类的 balance 变量值(0.0)。

除了用来指代当前对象或父类对象的引用外，this 和 super 还有一个重要的用法，就是调用当前对象或父类对象的构造函数。这部分内容将在下一节介绍。

5.3 多态

5.3.1 多态概念

多态性是由封装和继承所引出来的面向对象程序设计的另一特征。我们已经知道,利用面向过程的语言编程,主要工作是编写一个个过程或函数。这些过程和函数各自对应一定的功能,它们之间是不能重名的,否则在用名字调用时,就会产生歧异和错误。

而在面向对象的程序设计中,有时却需要利用这样的“重名”现象来提高程序的抽象度和简洁性。考察图 5-1 中的电话卡结构树,“拨打电话”是所有电话卡都具有的操作,但是不同的电话卡“拨打电话”操作的具体实现是不同的。如磁卡的“拨打电话”是“找到磁卡电话机直接拨号”,200 卡的“拨打电话”是“找到双音频电话机,先输入卡号、密码后再拨号”。如果不允许这些目标和最终功能相同的程序用同样的名字,就必须分别定义“磁卡拨打电话”、“200 卡拨打电话”等多个方法。这样一来,继承的优势就荡然无存了。在面向对象的程序设计中,为了解决这个问题,引入了多态的概念。

所谓多态,一般是指一个程序中同名的不同方法共存的情况。但在面向对象的程序中,多态可以表现在很多方面,例如可以通过子类对父类方法的覆盖实现多态,也可以通过一个类中方法的重载实现多态,还可以将子类的对象作为父类的对象实现多态。

5.3.2 方法覆盖实现的多态

首先考察第一种多态,仍以各类电话卡为例。PhoneCard 类有一个各子类共有的方法——performDial( ),代表拨打电话的功能。根据继承的特点,PhoneCard 类的每一个子类都将继承这个方法。但是,这个方法代表的相同功能在不同种类的电话卡中,其具体实现是不同的。

为了体现这一点,不同的子类可以重新定义、编写 performDial( )方法的内容,以满足本类的特殊需要,实现这个具体电话卡的特定拨打电话的方法。例如,磁卡类可以重新定义“拨打电话”方法,用“找到磁卡电话机直接拨号”来实现它;200 卡类也可以重新定义继承自 PhoneCard 的“拨打电话”方法,“找到双音频电话机,先输入卡号、密码后再拨号”是它的具体内容。

在所有的 PhoneCard 类的子类中,凡是实现拨打电话这种功能的方法,虽然内容不同,但却共享相同的名字——performDial()。这种子类对继承父类的方法的重新定义,就称为方法的覆盖(overload),这是一种很重要的多态的形式。

多态情况下进行方法调用时,如何区分这些同名的不同方法呢?在覆盖多态中,由于同名的不同方法是存在于不同的类(如磁卡、IP 卡和 200 卡等)中的,所以只需在调用方法时指明调用的是哪个类的方法,就可以很容易地把它们区分开来。例如:

```
MymagCard.performDial( )    调用的是 magCard 类的方法
my200.performDial( )        调用的是 D200_Card 类的方法
```

这种多态的应用是很常见的。例如某业务员需要向总部汇报一条消息,总部指示他通过打电话汇报。至于业务员使用何种电话卡，具体如何拨打电话这些细节则不需要总部了解，系统会自动分辨所使用的电话卡是哪种类型的电话卡，并调用相应的拨打电话的具体方法。

5.3.3 方法重载实现的多态

第二种多态的情况称为重载(override)，是在一个类中定义同名方法的情况。同样地，这些方法同名的原因，是它们的最终功能和目的都相同，但是由于在完成同一功能时，可能遇到不同的具体情况，所以需要定义含不同具体内容的方法，来代表多种具体实现形式。例如，一个类需要具有打印的功能，而打印是一个很广泛的概念，对应的具体情况和操作有多种，如实数打印、整数打印、字符打印和分行打印等。为了使打印功能完整，在这个类中就可以定义若干个名字都叫 print 的方法，每个方法用来完成一种不同于其他方法的具体打印操作，处理一种具体的打印情况。

重载中如何区分同名的不同方法呢？由于重载发生在同一个类里，不能再用类名来区分不同的方法了，所以一般采用不同的形式参数列表，包括形式参数的个数、类型和顺序的不同，来区分重载的方法。如打印实数的 print 方法的形式参数是一个实数和打印格式串，而打印整数的 print 方法的形式参数是一个整数和打印格式串……。这样，当其他类要利用这个类的打印功能时，它只需简单地调用 print 方法并把一个参数传递给 print 方法，由系统根据这个参数的类型来判断应该调用哪一个 print 方法。在实际应用中，这个被传递的参数很可能是来自另一个操作的结果，它在不同的情况下可能是不同类型的数据，即是动态变化的，而调用 print 方法的类可以对这一切一无所知，它所关心的仅仅是打印功能被完成了，至于具体打印了什么，如何打印的，可以统统不予细究。

在 Java 类库中，这种方法重载的例子很多。例如前面例子中使用的输出语句：

```
System.out.println("子类的剩余金额为：" + my200.balance);
```

在该语句中，out 是 System 类的一个静态域，代表标准输出（终端），其类型为 PrintStream。而 println 就是 PrintStream 类的一个输出方法。

PrintStream 类的输出方法很多，不同的方法可以输出不同类型的数据，但方法名都是一个，下面是 PrintStream 类的一些方法定义：

```
public void println()                    // 输出一个换行符以结束当前行
public void println(boolean x)           // 输出一个布尔型的数据
public void println(char x)              // 输出一个字符型数据
public void println(int x)               // 输出一个整型数据
public void println(float x)             // 输出一个浮点型数据
public void println(String x)            // 输出一个字符串
```

这些方法虽然同名，但参数的类型不同，实际的动作也不同。具体调用哪个方法，是由实际参数值的类型来决定的。

至于如何在一个类中实现方法的重载，将在 5.4 节中做进一步的介绍。

5.3.4　对象引用的多态

我们说一个对象只有一种形式,没有什么不确定性,这是由构造函数所明确决定的。但对象的引用型变量具有多态性,因为一个引用型变量可以指向不同形式的对象,这主要是基于一个事实:子类对象可以作为父类对象来使用。

例如,在一个单位中,有职工(Employee);而职工中有少数人承担各层管理干部工作,我们统称他们为管理者(Manager);在管理者中,又有个别人是单位领导。

如果李宏是管理者(Manager 类的对象),李宏也可以被视为是 Employee 类的一个对象,即李宏也是一名职工,具有职工的一切特征。这就是子类对象作为父类对象看待的含义。

如果我们对单位的人员进行抽象,形成职工类、管理者类和领导类,这三个类的继承关系如下:

```
class Employee { … }
class Manager extends Employee{ … }
class Director extends Manager{ … }
```

针对这几个类,对象引用变量的多态性可以举例如下:

```
Employee emp = new Employee() ;      //emp 指向职工对象
Employee emp = new Manager() ;       //emp 指向管理者对象
Employee emp = new Director() ;      //emp 指向领导对象
```

上述情况说明,对 Employee 类的变量 emp,不但可以表示 Employee 类的对象,还可以表示 Manager 类和 Director 类型的对象。所以在程序中,虽然定义 emp 的类型是 Employee,但它所表示的对象却可以有一定的灵活性。

但要注意,父类对象不能被当作是子类的对象,这也很好理解。例如,李四是一名职工(Employee 类的对象),但李四不能被视为管理者(Manager 类的对象),因为不是所有的职工都是管理者。

例如,下面的代码就是错误的:

```
Manager mgr = new Employee();
```

在编译时,给出该语句的错误是:不兼容的类型。

对象变量的多态性可以应用在一些场合。例如,一个方法的形式参数定义的是父类对象,那么当调用这个方法时,方法可以接受子类对象作为实际参数。又如,定义一个 Employee 类型的对象数组(下一章将介绍数组类型),即数组的每一个元素存储一个 Employee 类型的对象。该数组定义如下:

```
Employee[ ]  staff =new Employee[100];
```

当向该数组赋值时,不但可以是 Employee 类的对象,还可以是 Manager 和 Director 类的对象,这样数组就有了一定的兼容性。例如:

```
staff[0] = new Employee();
staff[0] = new Manager();
staff[1] = new Director();
```

由于子类继承了父类中的所有非私有的成员(包括属性和方法),父类成员也就是子类的成员,所以任何对 Employee 来说是合法的操作,对 Manager(或 Director)来说也是合法的。由此我们总是可以通过父类变量(emp)让一个子类的对象(管理者或领导)做父类对象(职工)可以做的全部事情。

下面看一个完整的例子。

例 5-7　TestPolymorphism1.java

```
1: public class TestPolymorphism1 {
2:     public static void main(String args[]){
3:         Employee emp1 = new Employee("王欣",23,1000f);
4:         System.out.println(emp1.getInfo());
5:         Employee emp2 = new Manager("李宏",54,3000f,500f);
6:         System.out.println(emp2.getInfo());
7:     }
8: }
9:
10: class Employee {
11:     String name;                                   // 姓名
12:     int age;                                       //年龄
13:     float salary;                                  //工资
14:     Employee(){ }                                  //构造函数 1
15:     Employee(String name, int age, float sal ){    //构造函数 2
16:         this.name = name;
17:         this.age = age;
18:         this.salary = sal;
19:     }
20:     String getInfo(){                              //取职工信息的方法
21:         return "职工姓名:"+name +" 年龄:"+age+" 工资:"+salary;
22:     }
23: }
24:
25: class Manager extends Employee{
26:     float allowance;                               //津贴(子类自己定义的域)
27:     Manager(String name,int age,float sal,float aa){ //构造函数
28:         this.name = name;
29:         this.age = age;
30:         salary = sal;
31:         allowance = aa;
32:     }
33: }
```

在例 5-7 中,第 10～23 行是 Employee 的类定义,其中定义了三个域,分别表示职工的姓名、年龄及工资;定义了一个方法 getInfo(),其功能是返回职工的基本信息。在类定义中,还定义了两个构造函数,其中一个为没有参数(也没有实际内容)的构造函数,另一个是有三个参数的构造函数。利用带参数的构造函数,我们可以建立一个具体的职工对象。至于为什么要定义一个无参数的构造函数,在 5.5 节中还要做专门介绍。

第 25～33 行定义了 Employee 类的子类 Manager。第 26 行定义了一个域 allowance(津贴),这是管理者特有的域,因为一般职工没有津贴。考虑到继承关系,Manager 类共有 4 个域(姓名、年龄、工资及津贴),还有一个继承的方法 getInfo()。另外,Manager 类还定义了一个含有 4 个参数的构造函数。

在测试类的 main()方法中,第 3～4 行创建了一个职工对象王欣,并通过调用对象方法 emp1. getInfo()显示了该职工的信息。第 5 行创建了一个管理者对象李宏,并将该对象的引用赋值给 Employee 类变量 emp2,这相当于将李宏作为职工看待;第 6 行是通过 emp2. getInfo()方法的调用,返回职工李宏的信息(此处是将李宏作为职工看待)。

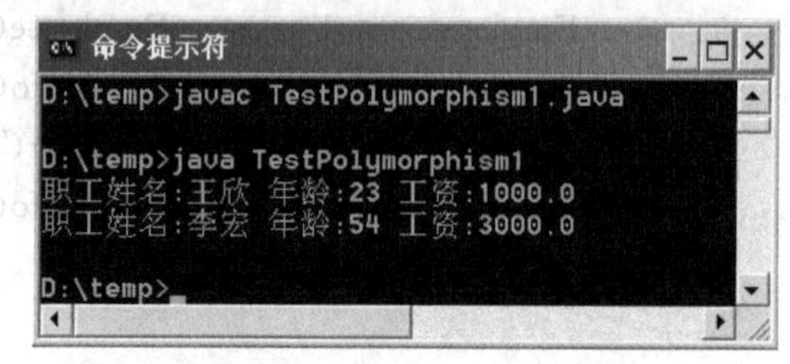

图 5-5 例 5-7 执行结果

图 5-5 是例 5-7 程序的执行结果。

在例 5-7 中,子类对象虽然可以做父类对象的事(getInfo),但由于父类对象没有津贴一项,所以子类对象如果完全按照父类的方法做,就无法显示自己特有的津贴信息。因此,我们在例 5-8 的例子中,为子类重新编写自己的 getInfo 方法,覆盖父类的同名方法。

例 5-8 TestPolymorphism2. java

```
1: public class TestPolymorphism2 {
2:     public static void main(String args[]){
3:       Employee emp1 = new Employee("王欣",23,1000f) ;
4:       System.out.println(emp1.getInfo()) ;
5:       Employee emp2 = new Manager("李宏",54,3000f,500f) ;
6:       System.out.println(emp2.getInfo()) ;
7:     }
8: }
9:
10: class Employee {
11:     String name;
12:     int age;
13:     float salary;
14:     Employee(){ }
15:     Employee(String name, int age, float sal ){
16:         this.name = name;
17:         this.age = age;
18:         this.salary = sal;
19:     }
```

```
20:    String getInfo(){
21:        return "职工姓名:"+name +" 年龄:"+age+" 工资:"+salary;
22:    }
23: }
24:
25: class Manager extends Employee{
26:    float allowance;
27:    Manager(String name,int age,float sal,float aa){
28:        this.name = name;
29:        this.age = age;
30:        salary = sal;
31:        allowance = aa;
32:    }
33:    String getInfo(){            //定义子类自己的 getInfo 方法
34:        return "职工姓名:"+name +" 年龄:"+age+" 工资:"+salary
35:              + " 津贴:" + allowance;
36:    }
37: }
```

与例 5-7 相比,我们在例 5-8 中增加了一段代码,即第 33～36 行定义了 Manager 类自己的 getInfo 方法,并覆盖了父类的同名方法。这个方法将返回管理者对象的 4 个域的信息。

让我们将关注点放在第 5～6 行的代码上。第 5 行仍然是生成一个管理者对象,并将其引用赋值给 Employee 类变量 emp2。第 7 行 emp2. getInfo()从形式上来说是父类合法的操作(这是必要的前提,否则编译都无法通过),但程序运行时调用的是父类方法、还是子类方法呢?当 Java 程序运行时,系统会分析出 emp2 实际指向的是 Manager 类的对象,所以调用的是子类的 getInfo 方法。这从程序的结果可以得到验证,如图 5-6 所示。

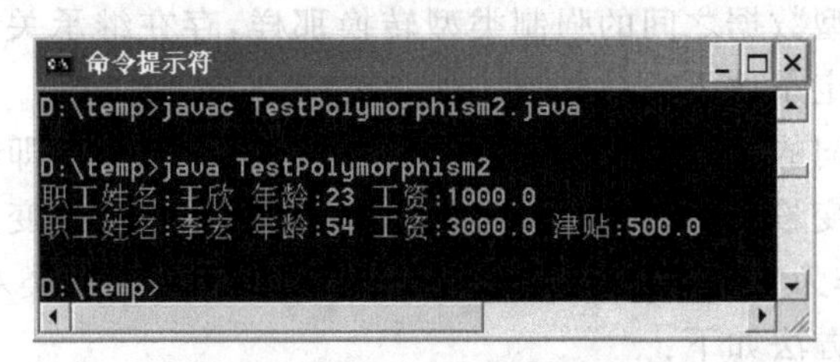

图 5-6　例 5-8 执行结果

用这种方式我们可以实现运行时的多态。例如我们可以为 Employee 增加几个子类,并都定义了自己的 getInfo 方法(但必须采用由父类的 getInfo 方法确定的统一接口),那么利用 emp. getInfo()就可以分别调用多个子类不同的 getInfo 方法,且只需分别创建不同子类的对象即可。注意:这里的 emp 表示的是 Employee 类变量。

在上面的例子中,我们一再强调通过父类变量(emp)可以让一个子类的对象做父类对象可以做的事情。也就是说,通过父类的变量(emp)不能让子类对象做父类对象不能做的事情,即使子类对象有这样的功能。

为了说明问题,我们再为 Manager 类定义一个父类没有的方法 getTotal,它是返回管理者工资加津贴的总和。该方法定义如下:

```
float getTotal(){
    return salary + allowance;
}
```

下面我们将例 5-8 的 main 方法代码改写如下:

```
1: public class TestPolymorphism3 {
2:     public static void main(String args[]){
3:         Employee emp1 = new Employee("王欣",23,1000f);
4:         System.out.println(emp1.name);
5:         Employee emp2 = new Manager("李宏",54,3000f,500f);
6:         System.out.println(emp2.name);
7:         System.out.println(emp2.allowance);
8:         System.out.println(emp2.getTotal());
9:     }
10: }
```

请读者思考一下,上述程序能否正确执行?

实际上程序在编译时就会出错,错在第 7、8 行的语句上,系统给出的错误信息是:在 Employee 类中,找不到 allowance 域和 getTotal 方法。道理也很简单:在上述程序中,既然管理者(李宏)是作为职工对待,对职工对象就不能访问管理者特有的 allowance 域和 getTotal 方法。而程序的第 6 行没错,这正是因为职工有 name 域。

但在上述程序中,李宏实际上是一个管理者对象,他有自己的 allowance 域,有自己的 getTotal 方法。能否将 emp2 指向的职工对象(李宏)重新作为管理者对待呢(恢复本来面目)? 这就涉及到对象类型的转换。

如同基本数据类型数据之间的强制类型转换那样,存在继承关系的父类对象和子类对象之间也可以在一定条件下进行转换。

如果父类变量指向的实际是一个子类对象(如上面的例子),即早先曾将子类对象的引用赋值给这个父类变量,那么可以用强制类型转换将这个父类变量引用转换为子类对象的引用,也就是将作为父类对象看待的子类对象转变为作为子类对象看待。

对象类型转换的方法如下:

```
Employee emp = new Manager(…) ;          //父类引用变量指向子类对象
Manager mgr;
mgr = (Manager)emp ;                     //将父类对象引用强制类型转换成子类对象引用
```

最后的结果相当于:

```
Manager mgr = new Manager(…)
```

但要注意,下面的类型转换是不正确的:

```
Employee emp = new Employee(…) ;         //该语句没问题
```

```
Manager mgr;
mgr = (Manager)emp ;                              // 编译可以通过,但执行时出错!
```

这是因为 emp 本来指向的就不是管理者对象,所以转换的前提不成立。

既然在程序中 emp(Employee 类变量)可以是父类的引用,也可以是子类的引用,即 emp 具有多态性,那么在程序中能否判断出它究竟是哪类对象的引用呢?这可以通过关系运算符 instanceof 实现。例如:

```
Employee emp = new Employee(…);
emp  instanceof  Employee    表达式结果为真
emp  instanceof  Manager     表达式结果为假
```

又如:

```
Employee emp = new Manager(…);
emp  instanceof  Employee    表达式结果为假
emp  instanceof  Manager     表达式结果为真
```

利用对象的强制类型转换,我们将例 5-8 的代码改写如下:

例 5-9 TestPolymorphism3. java

```
1: public class TestPolymorphism3 {
2:     public static void main(String args[]){
3:       Employee emp1 = new Employee("王欣",23,1000f) ;
4:       System. out. println(emp1. name) ;
5:       Employee emp2 = new Manager("李宏",54,3000f,500f) ;
6:       if (emp2 instanceof Manager) {
7:           Manager mgr = (Manager)emp2;
8:           System. out. println(mgr. name) ;
9:           System. out. println(mgr. allowance) ;
10:          System. out. println(mgr. getTotal()) ;
11:      }
12:  }
13: }
14:
15: class Employee {
16:     String name;
17:     int age;
18:     float salary;
19:     Employee(){ }
20:     Employee(String name ,int age , float sal ){
21:         this. name = name;
22:         this. age = age;
23:         this. salary = sal;
24:     }
25:     String getInfo(){
```

```
26:         return "职工姓名:"+name +" 年龄:"+age+" 工资:"+salary;
27:     }
28: }
29:
30: class Manager extends Employee{
31:     float allowance;
32:     Manager(String name,int age,float sal,float aa){
33:         this.name = name;
34:         this.age = age;
35:         salary = sal;
36:         allowance = aa;
37:     }
38:    String getInfo(){
39:         return "职工姓名:"+name +" 年龄:"+age+" 工资:"+salary
40:                 + " 津贴:" + allowance;
41:     }
42:     float getTotal(){
43:         return salary + allowance;
44:     }
45: }
```

例 5-9 在前面例子的基础上,在第 42～44 行为 Manager 类增加了一个方法 getTotal,该方法返回管理员的工资加津贴。这是子类自己定义的方法。

程序的第 3 行创建了一个职工对象,主要是和下面的管理者对象有所对比。第 4 行打印输出职工对象的 name 属性。

程序的第 5 行创建了一个管理者对象(李宏),但将对象引用赋值给 emp2(Employee 类型对象)。第 6 行是判断 emp2 是否指向 Manager 类的对象,如果是(此处当然是),就将 emp2 强制类型转换为一个 Manager 类的对象引用,并赋值给 mgr。这样,从 mgr 看李宏这个对象,就是个管理者了。所以第 8～10 行的语句访问管理者的属性 allowance 及方法 getTotal 就没问题。

例 5-9 程序执行结果如图 5-7 所示。

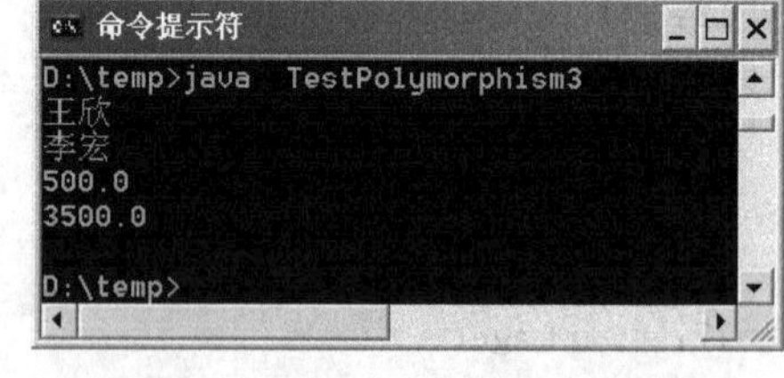

图 5-7 例 5-9 程序执行结果

前面曾讲过,如果一个方法的参数为 Employee 类型的变量,调用该方法时实参可以是职工对象、管理者对象或领导对象。而在方法的代码中,可以通过判断对象的实际类型让不同的对象做不同的事情,代码示意如下:

```
方法名(Employee emp){
    if( emp instanceof Manager) {
        Manager mgr = (Manager)emp ;
        通过变量 mgr 做有关 Manager 对象的处理
    }
    else if (emp instanceof Director) {
```

```
            Director dir = (Director)emp;
            通过变量 dir 做有关 Director 对象的处理
        }
        else {
            通过变量 emp 做有关 Employee 对象的处理
        }
    }
```

总之，多态的特点大大提高了程序的抽象程度、简洁性和兼容性，它最大限度地降低了类和程序模块之间的耦合性，提高了类模块的封闭性，使得它们不需了解对方的具体细节，就可以很好地共同工作。

5.4 方法的重载

方法的重载是实现多态技术的重要手段。与方法的覆盖不同，重载不是子类对父类同名方法的重新定义，而是类对自身已有的同名方法的重新定义。

例如，在 D200_Card 卡类中，我们定义两个同名的拨打电话的方法，方法名都是 performDial，但一个方法需要参数(卡号和密码)，该方法的功能是先进行连接，然后再实现拨打电话功能；而另一个方法没有参数，该方法不进行连接操作，而只是在已连接的情况下完成拨打电话功能。

例 5-10　TestOverride. java

```
1: public class TestOverride
2: {
3:     public static void main(String args[])
4:     {
5:         D200_Card my200 = new D200_Card(12345678,1234,50.0,"200");
6:         if( my200.performDial(12345678,1234) )  //调用第一个方法(有参数)
7:            System.out.println("拨打电话后剩余金额为: "+my200.getBalance( ));
8:         if( my200.performDial( ) )                //调用第二个方法(无参数)
9:            System.out.println("拨打电话后剩余金额为: "+my200.getBalance( ));
10:    }
11: }
12: abstract  class  PhoneCard
13: {
14:        double balance;
15:
16:        abstract boolean performDial( );
17:        double getBalance( )
18:        {
19:            return balance;
20:        }
21: }
```

```
22: abstract  class  Number_PhoneCard extends PhoneCard
23: {
24:         long  cardNumber;
25:         int  password;
26:         String  connectNumber;
27:         boolean connected;
28:
29:         boolean performConnection(long cn,int pw)
30:         {
31:             if(cn == cardNumber && pw == password)
32:             {
33:                 connected = true;
34:                 return true;
35:             }
36:             else
37:                 return false;
38:         }
39: }
40: class  D200_Card extends Number_PhoneCard
41: {
42:         double  additoryFee;
43:
44:         D200_Card(long cn,int pw,double b,String c)
45:         {
46:             cardNumber = cn;
47:             password = pw;
48:             balance = b;
49:             connectNumber = c;
50:         }
51:         boolean performDial( )
52:         {
53:             if(! connected)
54:                 return false;
55:             if( balance > (0.5 + additoryFee ))
56:             {
57:                 balance -= (0.5 + additoryFee);
58:                 return true;
59:             }
60:             else
61:                 return false;
62:         }
63:         boolean performDial(long cn,int pass)
64:         {
65:             if(performConnection(cn,pass))
```

```
66:             return performDial( );
67:         else
68:             return false;
69:     }
70:     double getBalance( )
71:     {
72:         if(connected)
73:             return balance;
74:         else
75:             return -1;
76:     }
77: }
```

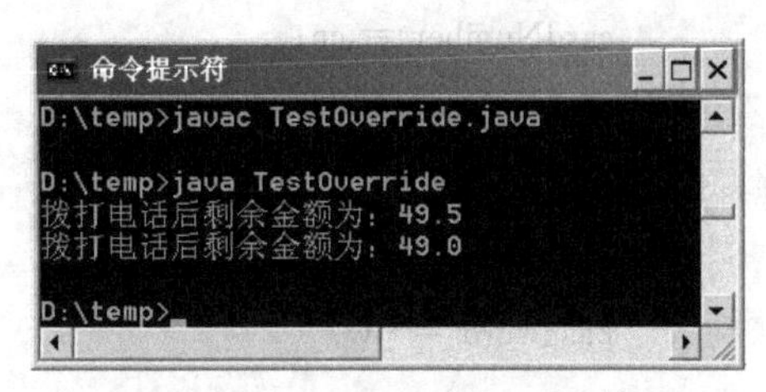

图 5-8　例 5-10 的运行结果

图 5-8 是例 5-10 的运行结果。

在上述程序中,第 51～62 行定义了 D200_Card 类的第一个 performDial( )方法,这个方法没有形式参数,方法中首先检查是否已经建立了连接,若是则从 balance 中扣除通话费用,否则操作失败,返回 false。

第 63～69 行定义了 D200_Card 类的第二个 performDial( )方法。这个方法有长整型和整型两个形式参数,分别代表用户输入的卡号和密码。这个方法首先调用从 Number_PhoneCard 类那里继承来的方法 performConnection( )进行连接,如果连接成功则调用第一个 performDial( )方法扣除通话费用,并将连接标志 connect 设置为 true,否则操作失败并返回 false。

在第 70～76 行的 getBalance 方法中也增加了是否连接的验证,只有电话卡的合法用户才能查询电话卡的剩余金额。

程序的第 5 行创建了一个 D200_Card 类的对象 my200。第 6 行调用它的第二个 performDial( )方法拨打电话。第 7 行输出通话后的剩余金额。由于此时已经连接成功,第 8 行调用第一个 performDial( )方法拨打第二个电话。第 9 行输出第二次拨打电话后的剩余金额。

5.5　构造函数的重载

构造函数是类的一种特殊函数,其功能是在创建类的对象时进行初始化工作。构造函数不但可以为对象的属性赋初值,还可以在对象初始化过程中进行必要的检查和处理。在类定义中,可以根据需要定义多个构造函数。因此,在创建这个类的对象时,就可以根据不同的情况选择不同的构造函数,这无疑提高了编程的灵活性。

5.5.1　构造函数的重载

由于构造函数的名字必须与类名相同,所以当需要定义几个不同的构造函数时,自然要用到重载技术。

构造函数的重载是指同一个类中存在着若干个具有不同参数列表的构造函数。

例如,D200_Card 类可以同时定义若干个构造函数,用来完成不同情况下的初始化工作。

```
D200_Card( )                                    //没有形式参数的构造函数,不完成任何操作
{
}
D200_Card(long cn)                              // 一个参数的构造函数,初始化电话卡号
{
    cardNumber = cn;
}
D200_Card(long cn, int pw)                      //两个参数的构造函数,初始化电话卡号和密码
{
    cardNumber = cn;
    password = pw;
}
D200_Card(long cn, int pw, double b)            //三个参数的构造函数
{
    cardNumber = cn;                            //初始化卡号
    password = pw;                              //初始化密码
    balance = b;                                //初始化金额
}
D200_Card(long cn, int pw, double b, String c) //4 个参数的构造函数
{
    cardNumber = cn;                            //初始化卡号
    password = pw;                              //初始化密码
    balance = b;                                //初始化金额
    connectNumber = c;                          //初始化接入号码
}
```

当一个类定义了若干个构造函数时,创建该类对象的语句会自动根据给出的实际参数的数目、类型和顺序来确定调用哪个构造函数来完成对新对象的初始化工作。

例如,下面三个语句分别利用三个不同的构造函数来创建 D200_Card 类的对象:

```
D200_Card  my200 = new D200_Card ( );                      // 调用没有参数的构造函数
D200_Card  my200 = new D200_Card ( 12345678,1234);         // 调用两个参数的构造函数
D200_Card  my200 = new D200_Card ( 12345678,1234,50.0);    // 调用三个参数的构造函数
```

为了在一个构造函数中充分利用其他构造函数的功能,一个类的不同构造函数之间可以相互调用。当一个构造函数需要调用另一个构造函数时,应使用关键字 this,同时这个调用语句应该是整个构造函数的第一个可执行语句。当使用 this 并给它一个参数列表时,this 显式调用参数匹配的另一个构造方法。

例如,上面 D200_Card 类的后几个构造函数可以改写为:

```
D200_Card(long cn)                        //一个参数的构造函数,初始化电话卡号
```

```
{
    this( );                                  //调用 D200_Card ( )
    cardNumber = cn;
}
D200_Card(long cn , int pw)                   //两个参数的构造函数,初始化电话卡号和密码
{
    this(cn);                                 //调用 D200_Card(cn)
    password = pw;
}
D200_Card(long cn,int pw,double b)            //三个参数的构造函数,初始化卡号、密码和金额
{
    this(cn,pw);                              //调用 D200_Card(cn, pw)
    balance = b;
}
D200_Card(long cn,int pw,double b,String c)//4 个参数的构造函数
{
    this(cn,pw,b);                            //调用 D200_Card(cn, pw, b)
    connectNumber = c;
}
```

使用 this 来调用同类的其他构造函数,可以最大限度地提高对已有代码的利用程度,提高程序的抽象、封装程度,以及减少程序维护的工作量。

注意:在一个构造方法中,不能像调用一般方法那样调用另一个构造方法。构造方法不是用来调用的,而是 new 算符的参数。

5.5.2 调用父类的构造函数

严格来说,子类并不继承父类的构造函数。但子类构造函数与父类构造函数存在着一定的关系,并遵循以下的原则。

(1) 如果子类自己没有定义任何构造函数,那么在创建子类对象时将调用父类无参数的构造函数。

(2) 如果子类自己定义了构造函数,则在创建子类对象时,系统将首先隐含执行父类无参数的构造函数,然后再执行子类自己的构造函数。

(3) 如果在子类自己定义的构造函数中,利用 super 关键字显式地调用父类的构造函数,系统将不再隐含调用父类的无参数的构造函数。注意:super 的显式调用语句必须是子类构造函数的第一个可执行语句。

下面的例 5-11 是为了说明上述原则的一个测试程序。

例 5-11 TestCons. java

```
1: public class TestCons {
2:     public static void main(String args[] ) {
3:         System. out. println(" ----子类没有定义构造函数---- ");
4:         Manager1 mgr1 = new Manager1() ;
```

```
5:      System.out.println(" ----子类自己的构造函数(无参数)---- ");
6:      Manager2 mgr2_1 = new Manager2() ;
7:      System.out.println(" ----子类自己的构造函数(1个参数),
                                显式调用父类构造函数" );
8:      Manager2 mgr2_2 = new Manager2(3000);
9:      System.out.println(" ----子类自己的构造函数(两个参数)---- ");
10:     Manager2 mgr2_3 = new Manager2(3000f,500f);
11:   }
12: }
13:
14: class Employee {                          //定义父类 Employee
15:     float salary;
16:     Employee() {                          //无参数的构造函数
17:       System.out.println(" 使用了 Employee() ");
18:     }
19:     Employee(float sal){                  //一个参数的构造函数
20:       System.out.println(" 使用了 Employee(sal) ");
21:     }
22: }
23:
24: class Manager1 extends Employee{          //定义子类 Manager1
25:     float allowance;                      //无任何构造函数
26: }
27:
28: class Manager2 extends Employee{          //定义子类 Manager2
29:     float allowance;
30:     Manager2() {                          //自定义构造函数(无参数)
31:       System.out.println(" 使用了 Manager2()");
32:     }
33:     Manager2(float sal){                  //构造函数中显式调用父类构造函数
34:       super(sal);                         //显式调用父类构造函数,即 Employee(sal)
35:       System.out.println(" 使用了 Manager2(sal) ");
36:     }
37:     Manager2(float sal, float aa) {       //自定义构造函数
38:       System.out.println(" 使用了 Manager2(sal,aa)");
39:     }
40: }
```

图5-9是例5-11程序的执行结果。

在上述程序中,每一个构造函数都包含一个输出语句,以便跟踪构造函数的调用情况。读者可以对照程序及输出结果,体会上面介绍讲述的三条原则。

从上例可以看出,只要子类构造函数中不是显式调用父类的构造函数,在创建子类对象时,系统总是首先隐含调用父类的无参数的构造函数,这是从创建对象的安全性考虑。但需要注意的是:如果父类没有无参数的构造函数,而在创建子类对象时又需要调用父

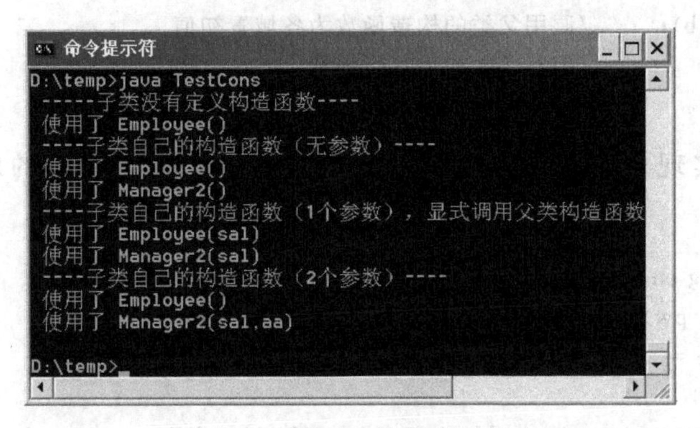

图 5-9 例 5-11 的执行结果

类的无参数构造函数，编译时就会出错。

下面再看一下电话卡的例子，假设父类 Number_PhoneCard 有 5 个构造函数。

```
Number_PhoneCard( ) {                                    //无参数
}
Number_PhoneCard(long cn) {                              //1 个参数
    cardNumber = cn;
}
Number_PhoneCard(long cn,int pw) {                       //2 个参数
    cardNumber = cn;
    password = pw;
}
Number_PhoneCard(long cn,int pw,double b) {              //3 个参数
    cardNumber = cn;
    password = pw;
    balance = b;
}
Number_PhoneCard(long cn,int pw,double b,String c) {     //4 个参数
    cardNumber = cn;
    password = pw;
    balance = b;
    connectNumber = c;
}
```

在考虑到利用父类构造函数的情况下，子类 D200_Card 的构造函数可以有如下几种设计方法：

(1) 不专门定义自己的构造函数。在这种情况下，每当创建 200 电话卡对象时，系统自动调用父类 Number_PhoneCard 的无参数的构造函数。

(2) 定义自己的构造函数并调用父类的含参数构造函数。在这种情况下，子类在父类构造函数定义的初始化操作的基础之上，定义子类自己的初始化操作。例如：

```
D200_Card ( long cn,int pass,double b,double a )  {
```

```
super (cn,pass,b);      //调用父类的构造函数为各域置初值
additoryFee=a;          //用新参数初始化附加费
}
```

(3) 在子类实现构造函数的重载。这种情况可满足多层次的对象初始化需要。例如:

```
D200_Card (long cn, int pw, double a ) {
    super ( cn, pw);          // 调用父类的构造函数置初值
    additoryFee = a;          //用新参数初始化附加费
}
D200_Card (long cn, int pw, double d, String c, double a ) {
    super ( cn,pw,d,c) ;  // 调用父类的构造函数置初值
    additoryFee = a;          //用新参数初始化附加费
}
```

下面的例5-12将把构造函数的重载及调用父类函数的规则综合在一起使用。

例 5-12　ConstructorOverride. java

```
1: public class ConstructorOverride
2: {
3:      public static void main(String args[])
4:      {
5:          D200_Card my200=new D200_Card(12345678,1234,50.0,"200",0.1);
6:          System. out. println(my200. toString( ));
7:      }
8: }
9: abstract   class   PhoneCard
10: {
11:      double balance;
12:
13:      abstract boolean performDial( );
14:      double getBalance( )
15:      {
16:          return balance;
17:      }
18: }
19: abstract   class   Number_PhoneCard extends PhoneCard
20: {
21:      long   cardNumber;
22:      int  password;
23:      String   connectNumber;
24:      boolean connected;
25:
26:      Number_PhoneCard( )
27:      {
```

```
28:     }
29:     Number_PhoneCard(long cn)
30:     {
31:         this( );
32:         cardNumber = cn;
33:     }
34:     Number_PhoneCard(long cn,int pw)
35:     {
36:         this(cn);
37:         password = pw;
38:     }
39:     Number_PhoneCard(long cn,int pw,double b)
40:     {
41:         this(cn,pw);
42:         balance = b;
43:     }
44:     Number_PhoneCard(long cn,int pw,double b,String c)
45:     {
46:         this(cn,pw,b);
47:         connectNumber = c;
48:     }
49:     boolean performConnection(long cn,int pw)
50:     {
51:         if(cn == cardNumber && pw == password)
52:         {
53:                 connected = true;
54:                 return true;
55:         }
56:         else
57:                 return false;
58:     }
59: }
60: class   D200_Card extends Number_PhoneCard
61: {
62:     double   additoryFee;
63:
64:     D200_Card(long cn,int pw,double a)
65:     {
66:         super(cn,pw);
67:         additoryFee = a;
68:     }
69:     D200_Card(long cn,int pw,double b,double a)
70:     {
71:         super(cn,pw,b);
```

```
72:         additoryFee = a;
73:     }
74:     D200_Card(long cn,int pw,double b,String c,double a)
75:     {
76:         super(cn,pw,b,c);
77:         additoryFee = a;
78:     }
79:     boolean performDial( )
80:     {
81:         if(! connected)
82:             return false;
83:         if( balance > (0.5 + additoryFee ))
84:         {
85:             balance -= (0.5 + additoryFee);
86:             return true;
87:         }
88:         else
89:             return false;
90:     }
91:     boolean performDial(long cn,int pass)
92:     {
93:         if(performConnection(cn,pass))
94:             return performDial( );
95:         else
96:             return false;
97:     }
98:     double getBalance( )
99:     {
100:         if(connected)
101:             return balance;
102:         else
103:             return -1;
104:     }
105:     public String toString( )
106:     {
107:         return("电话卡接入号码：" + connectNumber
108:             + "\n电话卡卡号：" + cardNumber
109:             + "\n电话卡密码：" + password
110:             + "\n卡中的金额：" + balance
111:             + "\n通话附加费：" + additoryFee);
112:     }
113: }
```

图 5-10 是例 5-12 的运行结果。

第 26～48 行使用重载技术定义了 Number_PhoneCard 类的 5 个构造函数。第 64～78 行使用重载技术及调用父类构造函数(super)定义了 D200_Card 类的三个构造函数。第 5 行创建 D200_Card 类的对象 my200 时使用了其中的最后一个构造函数,对所有的域都进行初始化。请读者分析一下构造函数的执行过程。

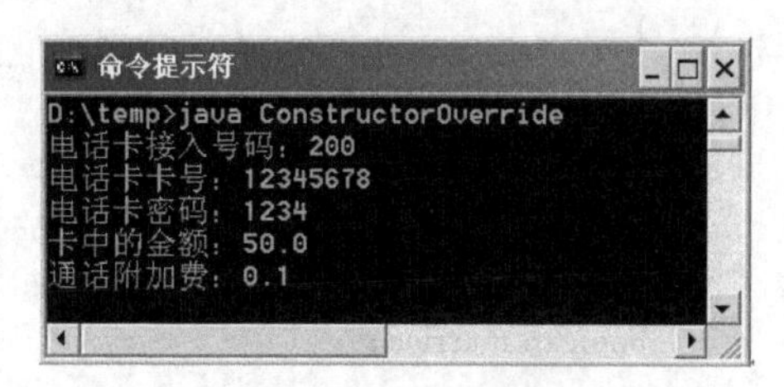

图 5-10 例 5-12 的运行结果

5.5.3 对象初始化的过程

在上一小节,我们介绍了构造函数的调用规则,包括子类的构造函数、父类的构造函数以及构造函数的重载等情况。

本小节归纳一下对象初始化的过程,即最终对象属性的值是如果确定的。

对象初始化过程分为三步。

(1) 当为对象分配内存空间后,首先将属性单元初始化。

数值型:0

逻辑型:false

引用型:null

这样在对象建立后,就确保有明确的状态,每个属性都有值。

(2) 执行显式初始化

在类定义中,属性的定义除说明类型外,还可以赋予一个初值,这就是所谓的显式初始化。

例如:

```
class Employee {
    String name;
    int age;
    float salary =500;    //显式初始化
}
```

(3) 执行构造方法中的初始化

这既包括类自己的构造方法,也包括以显式或隐含调用的父类的构造方法。

下面看几个验证的例子。

例 5-13 TestInit1. java

```
public class TestInit1 {
   public static void main(String args[]){
     Employee emp = new Employee() ;
     System.out.println(emp.name) ;         //输出:null
     System.out.println(emp.salary) ;       //输出:0.0
     System.out.println(emp.married) ;      //输出:false
```

```
    }
}
class Employee {
    String name;
    float salary;
    boolean married;
}
```

例 5-13 在创建 emp 对象时没有为其属性指定初始值,系统采用隐含的初始值。

例 5-14　TestInit2.java

```
public class TestInit2 {
    public static void main(String args[]){
      Employee emp = new Employee() ;
      System.out.println(emp.name) ;            //输出:张三
      System.out.println(emp.salary) ;          //输出:500.0
      System.out.println(emp.married) ;         //输出:true
    }
}
class Employee {
    String name ="张三";
    float salary = 500 ;
    boolean married =true;
}
```

例 5-14 在定义 Employee 类的属性时,也进行了属性的初始化。所以在创建 emp 对象时,由于没有指定属性值,emp 对象就采用了类定义中的初始化值。

例 5-15　TestInit3.java

```
public class TestInit3 {
    public static void main(String args[]){
      Manager mgr = new Manager("王欣",200f) ;
      System.out.println(mgr.name) ;            //输出:王欣
      System.out.println(mgr.salary) ;          //输出:500.0
      System.out.println(mgr.married) ;         //输出:false
      System.out.println(mgr.allowance) ;       //输出:200.0
    }
}
class Employee {
    String name;
    float salary;
    boolean married;
    Employee(){
        salary = 500;
    }
```

```
}
class Manager extends Employee{
    float allowance;
    Manager(String n, float aa){
        name=n;
        allowance=aa;
    }
}
```

在例 5-15 中，当创建 mgr 对象时，系统首先按隐含值初始化对象的 4 个属性（name 为 null，salary 为 0.0，married 为 false，allowance 为 0.0）；然后执行父类（Employee）无参数的构造函数，将 salary 属性置为 500；最后执行 Manager 类自己的构造函数，name 为“王欣”，allowance 为 200。

5.6 包及其使用

5.6.1 包的基本概念

在 Java 应用开发中，程序员会定义自己的类，也会用到系统类及他人开发的类。因此，在 Java 环境中会存在大量的类，而如何管理这些类就成为一个必须解决的问题。

在操作系统中，系统是采用目录结构（文件夹）来组织和管理文件的，系统文件、用户文件被分门别类地存放在不同的目录中。目录结构为用户使用文件提供了很多便利条件，例如，目录划分了文件的名字空间，在一个目录中文件不可以重名，但不同目录中的文件名可重；又如，在当前目录下，用户访问文件只需指定文件名，但要访问其他目录下的文件，则需要指定文件的路径名。为了操作方便，用户会根据使用文件的位置设置当前目录（或称之为工作目录）。

类似地，Java 是利用“包”（package）来组织和管理类。一个包中可以包含围绕某个主题的类。像文件夹中还可以有文件夹一样，包中还可以有包（子包），这样就可以形成包的层次结构。

从类的定义中可以看出，所有类成员的名字都是相互隔离的，例如类 A 中的方法 m1 与类 B 中的方法 m1 互不相干，但类名就有冲突的问题了。在一个 Java 程序运行过程中，某些类会从 internet 上自动下载，而用户并不知晓。所以在 Java 中需要名字空间的完全控制，以保证类名的唯一性。包实际上提供了一种命名机制和可见性限制机制。作为包的设计人员，可以利用包来划分名字空间以避免类名冲突。一个包中的类不能重名，但不同的包中类名可重。

包是一种松散的类的集合，一般不要求处于同一个包中的类有明确的相互关系，如包含、继承等。由于同一包中的类在默认情况下可以互相访问，所以为了方便编程和管理，通常把需要在一起工作的类放在一个包里。例如，前面使用过的类 PhoneCard、Number_PhoneCard 和 D200_Card 等电话卡类就可以放在同一个包中。系统也是通过反映不同主题的包为程序员提供不同用途的类，如输入输出类，数学运算类、Applet 类等。

利用包来管理类,可实现类的共享与复用,类库就是程序员编写 Java 程序的宝贵资源,是可以直接拿来使用的“软件芯片”。

包有两种,一种是无名包,一种是有名包。使用无名包的好处是无须对包做任何说明。在前面章节的例子中,我们都是在隐含地使用这个无名包。但正因为无名包没有名字,所以其他程序也就无法访问无名包中的类,无名包适合于局部应用。而有名包就便于其他程序的访问,例如通过“包名.类名”就可以访问指定包中的类。

在 Java 中,一个 Java 源代码文件称为一个“编译单元”。Java 的编译单元具有一些特性。例如,一个编译单元中只能有一个 public 类,该类名与源文件名相同,而编译单元中的其他类是该 public 类的支撑类。又如,经过编译后,编译单元中的每个类都会产生一个后缀为.class 的字节码文件(类文件)。下面将会看到,不管你是否指定,由一个编译单元生成的所有字节码文件肯定归于一个包中,不是无名包就是有名包。

实际上,Java 是把包对应于文件系统的目录结构,而包中的类对应的就是目录下的类文件。所以下面有关包的创建与引用实际上就是要解决如何将包与目录联系起来。

5.6.2 包的创建

package 语句作为 Java 源文件的第一条语句,指明该编译单元中定义的类属于哪个包。如默认该语句,则默认为无名包。package 语句格式如下:

```
package  包名;
```

包名一般采用小写字母。一个编译单元中只允许有一个 package 语句。

下面给出包声明的一个例子。在 D200_Card.java 源文件中,定义了 PhoneCard 类、子类 Number_PhoneCard 及其子类 D200_Card (较之前的例子做了一些简化)。在源文件的第一行用 package 声明一个包,包名为 cardclasses,所以该编译单元中定义的三个类都属于 cardclasses 包。

D200_Card.java 源文件内容如下:

```
package cardclasses;                    //声明包
abstract  class  PhoneCard{
    double balance;
}
abstract  class  Number_PhoneCard extends PhoneCard{
    long  cardNumber;
}
public class  D200_Card extends Number_PhoneCard{
    public D200_Card(long cn , double b){
        cardNumber = cn;
        balance=b;
    }
    public String performDial( ){
        balance -= 0.5;
        return "卡号:" + cardNumber + "余额:" + balance ;
```

```
    }
}
```

根据包与目录的对应关系，cardclasses 包对应的目录名应该是 cardclasses，那么该目录如何创建呢，而上述编译单元生成的类文件又如何存放呢？

首先我们要确定包的位置。例如我们设计将 cardclass 包放在 d:\temp 目录下。下面是创建包的两种方法。

(1) 手工方式

① 在 Java 项目开发中，源文件与类文件应分别放在不同的目录中，因此我们在 d:\temp 目录下建立一个 d200 目录，专门存放 D200_Card.java 源文件，然后在该目录下编译源文件：

```
D:\temp\d200>  javac D200_Card.java
```

该命令执行后会在源文件所在的目录(即 d200 目录)下生成三个类文件，即 PhoneCard.class，Number_PhoneCard.class 和 D200_Card.class。

② 按包的设计要求，在 d:\temp 目录下手工建立一个与包对应的 cardclasses 目录，然后将上一步生成的三个类文件移到该 cardclasses 目录下，相当于将类添加到包中。

注意：当用 package 语句声明本编译单元中的类属于指定的包后，就必须将这些类文件放在包中，并通过包来访问这些类。

(2) 自动方式

所谓自动方式就是让编译程序在完成编译工作的同时，实现包的创建和类的加入。实现该项功能的编译命令如下：

```
D:\temp\d200>  javac -d d:\temp  D200_Card.java
```

与前面的命令相比，javac 命令多了一个选项“-d”，它的后面就是指定创建包的位置(如 d:\temp)，javac 命令会根据源文件中 package 语句声明的包，在指定位置下自动创建一个与包名同名的目录(cardclasses)，并将源文件所生成的类文件全部放到这个新建的目录中，从而完成包的创建与类的加入。

当然，如果包的目录已经存在(包已建立)，上述命令就会跳过建目录步骤，而直接将生成的字节码文件放到包目录中。如果类文件名有重复，系统会用新的类文件取代旧的类文件，即完成包中类的更新。

如果当前目录是 d:\temp，那么在当前目录下创建包的命令如下：

```
D:\temp>  javac  -d .  d200\D200_Card.java
```

在上述命令中，“.”表示当前目录。

以上介绍了 package 语句及包的创建。在 Java 源文件中，package 语句还可以按下述方式指定包名：

```
package 包名.包名.…        //包的嵌套
```

例如：

```
package cardsystem . cardclasses;
```

该语句是指定了 cardsystem 包中的 cardclasses 包。这个语句会导致创建了两个目录(如果都不存在的话):首先要在包的指定位置创建 cardsystem 目录,然后在 cardsystem 目录下创建子目录 cardclasses,当前包中的所有类就存放在 cardclasses 子目录下。

最后再强调一点,如果源文件中没有包含 package 语句,所生成的类就放在无名包中,而无名包就在当前目录下,也不需要为包创建专门的目录。

5.6.3 包的使用

将类组织成包的目的是为了更好地利用包中的类。一个类要用到其他的类,无非是访问这个类的静态成员、继承这个类或创建这个类的对象并访问对象的属性和方法。

针对上一小节建立的 cardclasses 包以及所含的 D200_Card 类,本小节讨论如何从包的外部访问它们。对于同一包中的其他类,通过类名就可以访问;而要访问其他包中的 public 类,就需要指定类所在的包。

1. 包的指定

假如在 d:\temp 目录下建立一个测试程序 TestPackage.java,代码如下所示:

```
public class TestPackage {
  public static void main(String args[])   {
   D200_Card   my200=new D200_Card(12345678,50.0);  //创建 D200_Card 类对象
   System.out.println(my200.performDial());           //调用 my200 对象的方法
  }
}
```

该程序在编译时就会出错:"找不到 D200_Card 类",这是因为 D200_Card 类并没有在当前的无名包中,程序也没有说明 D200_Card 类在什么地方。那么如何指定要访问的 cardclasses 包中的 D200_Card 类呢?可以有如下三种方式:

(1) 使用包名作为类的前缀

例如:

```
public class TestPackage {
  public static void main(String args[])   {
   cardclasses.D200_Card   my200=new cardclasses.D200_Card(12345678,50.0);
   System.out.println(my200.performDial()) ;
}
}
```

(2) 引入需要使用的类

如果使用上面的方法,每当类名 D200_Card 出现时都必须附加一个包名的前缀,编程中使用起来非常麻烦。一个解决的方法是在程序文件的开头利用 import 语句将需要使用的某个包中的类引入到当前程序中,这样在程序中需要引用这个类的地方就不再需要使用包名作前缀了。

下面是改写的测试程序：

```
import cardclasses. D200_Card;
public class TestPackage {
    public static void main(String args[])    {
        D200_Card my200=new D200_Card(12345678,50.0);
        System. out. println(my200. performDial());
    }
}
```

在上述程序中，import 语句引入了 cardclasses 包中的 D200_Card 类。

(3) 引入整个包

上面的方法利用 import 语句引入了指定包中的一个类。有些情况下可以直接利用 import 语句引入整个包，此时这个包中的所有类都会被引入当前的类名空间。与引入单个类相同，引入整个包后，凡是用这个包中的类，都不需要再使用包名前缀。

引入整个包的 import 语句如下：

```
import cardclasses. * ;                    //"*"号代表包中所有的类
public class TestPackage {
    public static void main(String args[])    {
        D200_Card my200=new D200_Card(12345678,50.0);
        System. out. println(my200. performDial()) ;
    }
}
```

注意：在一个编译单元中，import 语句不限一个，但必须出现在所有类定义之前。此外，import 语句仅仅是将指定包中的类引入当前的类名空间，即告诉编译到哪去找程序中使用的类。import 语句本身并不加载类的定义，也不会对产生的类文件产生不好的影响。

当引入的不同包中有类重名的情况时，为区分是使用哪个包中的类，在类名前还必须加上包名做前缀。

在 import 语句中，包名部分也可以包含小数点，例如：

```
import cardsystem . cardclasses . *
```

该语句的意思是引入 cardsystem 包中的 cardclasses 子包中的所有类。

又如：

```
import  java . awt . * ;
```

该语句在前面的例子中已多次使用，它的作用是把 Java 系统有关抽象窗口工具的包(系统类库)引入到当前程序中。

2. 包的定位

从上一小节包的创建可以看出，包放在哪个目录下是可以由程序员指定的。虽然在程序中可以通过多种方法指定包(如上所述)，但系统又到什么地方查找这个包呢？这就要用到环境变量 CLASSPATH。

CLASSPATH 类似于操作系统中的 PATH，它指明了查找包的路径。系统将环境变量 CLASSPATH 包含的一个或多个目录作为起始目录，查找包目录，并在找到的包目录下查找类文件。

例如我们在命令方式下设置了 CLASSPATH 变量：

```
set  CLASSPATH = .;d:\temp
```

该设置为系统查找包提供了两条路径：一是查看当前目录下是否有程序需要的包；二是查看 d 盘的 temp 目录下是否有程序需要的包。

按照前面的例子，系统会在 d:\temp 下找到包(目录)cardclasses，然后在 cardclasses 目录下找到 D200_Card. class 类文件。

5.7 接口

接口(interface)在有些资料上称为界面。接口是用来组织应用中的各类并调节它们的相互关系的一种结构。更准确地说，接口是用来实现类间多重继承功能的结构。

5.7.1 接口概述

Java 中的接口在语法上有些相似于类，它定义了若干个抽象方法和常量，形成一个属性集合，该属性集合通常对应了某一组功能，其主要作用是可以帮助实现类似于类的多重继承的功能。

所谓多重继承，是指一个子类可以有一个以上的直接父类，该子类可以继承它所有直接父类的成员。某些面向对象的语言，如 C++，提供多重继承的语法级支持，而在 Java 中，出于简化程序结构的考虑，不再支持类间的多重继承而只支持单重继承，即一个类至多只能有一个直接父类。然而在解决实际问题的过程中，仅仅依靠单重继承在很多情况下都不能将问题的复杂性表述完整，需要其他的机制作为辅助。

由于 Java 只支持单重继承，所以 Java 程序中的类层次结构是树状结构，这种树状结构在处理某些复杂问题时会显得力不从心。同时随着类结构树的生长，越是处在下层的子类，它的间接父类(间接父类是直接父类的父类，即祖先)越多，所继承的方法也会越来越多，造成子类成员的膨胀、庞杂，难以管理和掌握。

为了使 Java 程序的类层次结构更加合理，更符合实际问题的本质，编程者可以把用于完成特定功能的若干属性组织成相对独立的属性集合；凡是需要实现这种特定功能的类，都可以继承这个属性集合并在类内使用它，这种属性集合就是接口。

前面在图形界面程序中使用的 ActionListener 就是系统定义的接口，它代表了监听并处理动作事件的功能，其中包含了一个抽象方法：

```
public  void  actionPerformed(ActionEvent e);
```

所有希望能够处理动作事件(如单击按钮、在文本框中回车等)的类都必须具有 ActionListener 接口定义的功能。具体地说，就是必须实现这个接口，覆盖

actionPerformed()方法。

需要特别说明的是,Java 中一个类获取某一接口定义的功能,并不是通过直接继承这个接口中的属性和方法来实现的。因为接口中的属性都是常量,接口中的方法都是没有方法体的抽象方法。也就是说,接口定义的仅仅是实现某一特定功能的一组功能的对外接口和规范,而并没有真正地实现这个功能,这个功能的真正实现是在“继承”这个接口的各个类中完成的,要由这些类来具体定义接口中各抽象方法的方法体。因而在 Java 中,通常把对接口功能的“继承”称为“实现”。

总之,接口的应用主要有以下两点:

- 规定某些类应该实现的方法的调用接口。
- 通过定义一个能实现多个接口的类,模拟类的多重继承。

5.7.2　声明接口

Java 中声明接口的语法如下:

```
[public] interface  接口名  [extends  父接口名列表]
{  //接口体
   // 常量域声明
   [public][static][final]  域类型  域名 = 常量值;
   // 抽象方法声明
[public][abstract][native]返回值 方法名( 参数列表 )[throw 异常列表];
}
```

从上面的语法规定可以看出,定义接口与定义类非常相似。实际上完全可以把接口理解成为一种特殊的类,接口是由常量和抽象方法组成的特殊类。一个类只能有一个父类,但是它可以同时实现若干个接口。这种情况下如果把接口理解成特殊的类,那么这个类利用接口实际上就获得了多个父类,即实现了多重继承。

就像 class 是声明类的关键字一样,interface 是接口声明的关键字,它引导着所定义的接口的名字,这个名字应该符合 Java 对标识符的规定。与类定义相仿,声明接口时也需要给出访问控制符,不同的是接口的访问控制符只有 public 一个。用 public 修饰的接口是公共接口,可以被所有的类和接口使用,而没有 public 修饰符的接口则只能被同一个包中的其他类和接口利用。

与类相仿,接口也具有继承性。定义一个接口时可以通过 extends 关键字声明该新接口是某个已经存在的父接口的派生接口,它将继承父接口的所有属性和方法。与类的继承不同的是一个接口可以有一个以上的父接口,它们之间用逗号分隔,形成父接口列表。新接口将继承所有父接口中的属性和方法。

接口体的声明是定义接口的重要部分。接口体由两部分组成:一部分是对接口中属性的声明,另一部分是对接口中方法的声明。正如前面已经指出的,接口中的属性都是用 final 修饰的常量,接口中的方法都是用 abstract 修饰的抽象方法。在接口中只能给出这些抽象方法的方法名、返回值和参数列表,而不能定义方法体,即仅仅规定了一组信息交换、传输和处理的“接口”。

需要注意的是,接口中的所有属性都必须是 public static final,这是系统默认的规定,所以接口属性也可以没有任何修饰符,其效果完全相同。同样,接口中的所有方法都必须是默认的 public abstract,无论是否有修饰符显式地限定它。接口中方法的方法体可以由 Java 语言书写,也可以由其他语言书写。在后一种情况中,接口方法可以由 native 修饰符修饰。

在 Java 的系统类库里也有不少使用接口的例子。下面就是系统定义的接口 DataInput 的定义语句:

```
public   interface   java.io.DataInput
{
public abstract boolean readBoolean( );                    //读入布尔型数据
public abstract byte readByte( );                          //读入字节型数据
public abstract char readChar( );                          //读入字符型数据
public abstract double readDouble( ) ;                     //读入双精度型数据
public abstract float readFloat( );                        //读入浮点型数据
public abstract void readFully(byte b[]);                  //读入全部数据存入字节数组 b
public abstract void readFully(byte b[], int off, int len); //读入全部数据存入一定位置
public abstract int readInt( );                            //读入整型数据
public abstract String readLine( );                        //读入一行
public abstract long readLong( );                          //读入长整型数据
public abstract short readShort( );                        //读入短整型数据
public abstract int readUnsignedByte( );                   //读入无符号的字节数据
public abstract int readUnsignedShort( );                  //读入无符号的短整型数据
public abstract String readUTF( );                         //读入 UTF 数据
public abstract int skipBytes(int   n);                    //将读取位置跳过 n 个字节
}
```

在这个接口中定义了大量按数据类型读取数据的方法。Java 中的最基本的输入输出被定义为是流式输入输出,即不理解数据的真正含义和实际的数据类型,而仅仅把数据看成是一列顺序的比特流来读取或输出,显然这是非常低级的输入输出方式,需要应用程序来完成对比特流的理解和转化。为了简化编程,Java 中定义了上述的 DataInput 接口和与之相应的 DataOutput 接口(如图 5-11 所示),并在这两个接口中定义了大量按照数据类型读写数据的方法,分别代表“按数据类型输入”和“按数据类型输出”的功能。如果使有关输入输出的类来实现这两个接口,那么这些类就具有了较为高级的按数据类型读写的功能。

5.7.3　实现接口

接口的声明仅仅给出了抽象方法,相当于程序开发早期的一组协议,而具体实现接口所规定的功能,则需某个类为接口中的抽象方法书写语句并定义实在的方法体,称为实现这个接口。

一个类要实现接口时,请注意以下问题。

(1) 在类的声明部分,用 implements 关键字声明该类将要实现哪些接口。

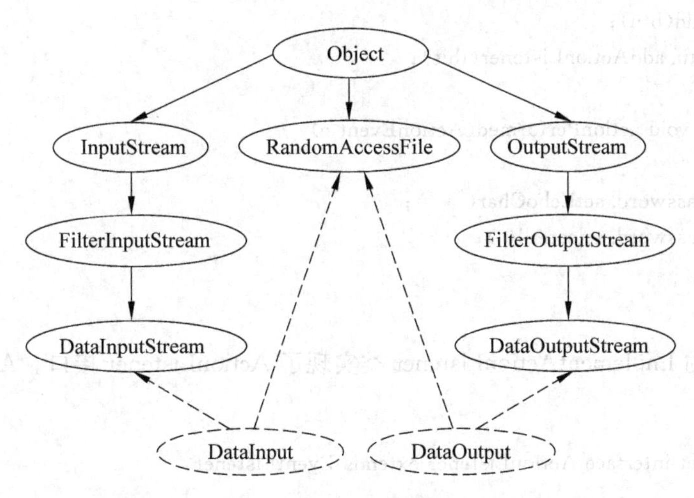

图 5-11 DataInput 和 DataOutput 接口的使用

(2) 如果实现某接口的类不是 abstract 的抽象类，则在类的定义部分必须实现指定接口的所有抽象方法，即为所有抽象方法定义方法体，而且方法头部分应该与接口中的定义完全一致，即有完全相同的返回值和参数列表。

(3) 如果实现某接口的类是 abstract 的抽象类，则它可以不实现该接口所有的方法。但是对于这个抽象类任何一个非抽象的子类而言，它们父类所实现的接口中的所有抽象方法都必须有实在的方法体。这些方法体可以来自抽象的父类，也可以来自子类自身，但是不允许存在未被实现的接口方法。这主要体现了非抽象类中不能存在抽象方法的原则。

(4) 一个类在实现某接口的抽象方法时，必须使用完全相同的方法头。如果所实现的方法与抽象方法有相同的方法名和不同的参数列表，则只是在重载一个新的方法，而不是实现已有的抽象方法。

(5) 接口的抽象方法的访问限制符都已指定为 public，所以类在实现方法时，必须显式地使用 public 修饰符，否则将被系统警告为缩小了接口中定义的方法的访问控制范围。

例 5-16 ImplementActionListener. java

```
1: import java. applet. * ;
2: import java. awt. * ;
3: import java. awt. event. * ;
4:
5: public class ImplementActionListener extends Applet implements ActionListener
6: {
7:     TextField password = new TextField("我是密码");
8:     Button btn = new Button("隐藏");
9:     public void init( )
10:    {
11:        add(password);
```

```
12:         add(btn);
13:         btn.addActionListener(this);
14:     }
15:     public void actionPerformed(ActionEvent e)
16:     {
17:         password.setEchoChar('*');
18:         password.selectAll();
19:     }
20: }
```

例 5-16 中的 ImplementActionListener 类实现了 ActionListener 接口。ActionListener 接口的定义如下:

```
public abstract interface ActionListener extends EventListener
{
    public void actionPerformed(ActionEvent e);
}
```

这里的 EventListener 是 ActionListener 的父接口,actionPerformed( )方法是默认的 abstract 方法。

图 5-12 是例 5-16 的运行结果。

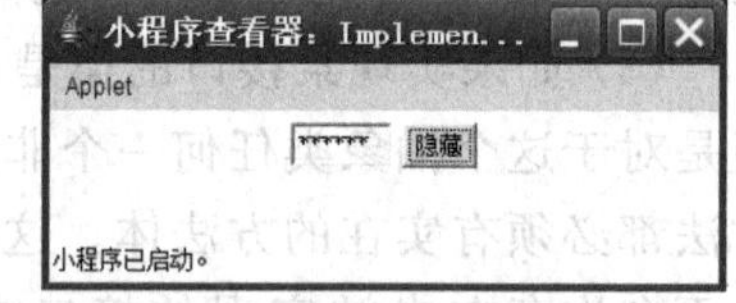

图 5-12　例 5-16 的运行结果

例 5-16 中程序的第 5 行声明主类 ImplementActionListener 将实现 ActionListener 接口。第 15～19 行重新定义了 ActionListener 接口中定义的抽象方法 actionPerformed( )。其作用是响应用户单击按钮"隐藏"的动作,把文本框 password 中的字符用"*"替代并选中其中的文字。

5.8　小结

本章围绕着继承和重载这两大特色,介绍了面向对象程序设计的一些较深入的问题。5.1 节首先介绍了继承的基本概念。5.2 节则介绍 Java 程序中继承的实现和特点,包括如何派生系统类和用户类的子类,以及继承关系带来的域的继承与隐藏和方法的继承与覆盖的问题;此外,还介绍了 this 和 super 这两个重要的关键字。5.3 节介绍了多态这个面向对象的重要特点。5.4 节介绍了 Java 程序实现多态的主要手段重载及其编程技巧。5.5 节将继承与多态结合在一起,介绍了 Java 的构造函数及重载问题。5.6 节和 5.7 节介绍的包与接口是 Java 语言中用来组织不同类的机制。

习　题

5-1　什么是继承?什么是父类?什么是子类?继承的特性可给面向对象编程带来什么好处?什么是单重继承?什么是多重继承?

5-2　如何定义继承关系？为第 4 章的 4-7 题定义的“学生”类派生出“小学生”、“中学生”、“大学生”、“研究生”4 个类，其中“大学生”类再派生出“一年级学生”、“二年级学生”、“三年级学生”、“四年级学生”4 个子类，“研究生”类再派生出“硕士生”和“博士生”两个子类。

5-3　观察下面的程序片断，指出其中的父类和子类，以及父类和子类的各个域和方法。

```
class  SuperClass
{
    int  data;
    void  setData(int newData)
    {
      data = newData;
    }
    int  getData( )
    {
      return data;
    }
}
class  SubClass  extends  SuperClass
{
    int  subData;
    void  setSubData(int newData)
    {
      subData = newData;
    }
    int  getData( )
    {
      return subData;
    }
}
```

5-4　“子类的域和方法的数目一定大于等于父类的域和方法的数目”，这种说法是否正确？为什么？

5-5　什么是域的隐藏？如果在 5-3 题的 SubClass 中再定义一个变量：

```
int data;
```

则 SubClass 类中包括哪些域？

5-6　什么是方法的覆盖？方法的覆盖与域的隐藏有何不同？与方法的重载有何不同？

5-7　在 5-3 题的 SubClass 中如何实现方法的覆盖？

5-8　解释 this 和 super 的意义和作用。

5-9　父类对象与子类对象相互转化的条件是什么？如何实现它们的相互转化？

5-10 什么是多态？面向对象程序设计为什么要引入多态的特性？使用多态有什么优点？

5-11 Java 程序如何实现多态？有哪些方式？

5-12 根据下面的要求编程实现复数类 ComplexNumber。

(1) 复数类 ComplexNumber 的属性

m_dRealPart：实部，代表复数的实数部分。

m_dImaginPart：虚部，代表复数的虚数部分。

(2) 复数类 ComplexNumber 的方法

ComplexNumber( )：构造函数，将实部、虚部都置为 0。

ComplexNumber(double r, double i)：构造函数，r 为实部的初值，i 为虚部的初值。

getRealPart( )：获得复数对象的实部。

getImaginaryPart( )：获得复数对象的虚部。

setRealPart(double d)：把当前复数对象的实部设置为给定的形参的数字。

setImaginaryPart(double d)：把当前复数对象的虚部设置为给定的形参的数字。

complexAdd(ComplexNumber c)：当前复数对象与形参复数对象相加，所得的结果也是复数值，返回给此方法的调用者。

complexAdd(double c)：当前复数对象与形参实数对象相加，所得的结果仍是复数值，返回给此方法的调用者。

complexMinus(ComplexNumber c)：当前复数对象与形参复数对象相减，所得的结果也是复数值，返回给此方法的调用者。

complexMinus(double c)：当前复数对象与形参实数对象相减，所得的结果仍是复数值，返回给此方法的调用者。

complexMulti(ComplexNumber c)：当前复数对象与形参复数对象相乘，所得的结果也是复数值，返回给此方法的调用者。

complexMulti(double c)：当前复数对象与形参实数对象相乘，所得的结果仍是复数值，返回给此方法的调用者。

complexDiv(ComplexNumber c)：当前复数对象与形参复数对象相除，所得的结果也是复数值，返回给此方法的调用者。

complexDiv(double c)：当前复数对象与形参实数对象相除，所得的结果仍是复数值，返回给此方法的调用者。

toString( )：把当前复数对象的实部、虚部组合成 a + bi 的字符串形式，其中 a 和 b 分别是实部和虚部的数据。

上面的类中使用了面向对象中的哪些技术？使用这样的技术有什么好处？

5-13 编写 Applet 程序验证、使用 5-12 题中的复数类，接收用户输入的复数的实部和虚部，计算复数与复数、复数与实数的加、减、乘、除的操作。

5-14 构造函数是否可以被重载？试举例。

5-15 什么是包？它的作用是什么？

5-16 如何创建包？在什么情况下需要在程序里创建包？

5-17　如何引用包中的某个类？如何引用整个包？如果编写 Java Applet 程序时不想把整个 java.applet 包都加载，则应该怎么做？

5-18　CLASSPATH 是有关什么的环境变量？它如何影响程序的运行？如何设置和修改这个环境变量？

5-19　什么是接口？为什么要定义接口？接口与类有何异同？

5-20　如何定义接口？使用什么关键字？

5-21　一个类如何实现接口？实现某接口的类是否一定要重载该接口中的所有抽象方法？

第 6 章

工具类与算法

本章首先介绍 Java 编程中经常要使用的结构和工具类，包括 Java 的语言基础类库、Applet 小程序、数组、向量和字符串。然后讨论一些常用算法和数据结构的面向对象的实现，包括递归算法、查找算法、排序算法、链表、堆栈、队列和二叉搜索树。这些工具将为读者的实际应用开发提供方便。

6.1 语言基础类库

6.1.1 Object 类

Object 类是 Java 程序中所有类的直接或间接父类，也是类库中所有类的父类。所有其他类都是从 Object 类派生出来的，Object 类包含了所有 Java 类的公共属性，其中较主要的有如下一些方法。

(1) protected Object clone( )：生成当前对象的一个拷贝，并返回这个复制对象。

(2) public boolean equals(Object obj)：比较两个对象是否相同，是则返回 true。

(3) public final Class getClass( )：获取当前对象所属的类信息，返回 Class 对象。

(4) protected void finalize( )：定义回收当前对象时所需完成的清理工作。

(5) public String toString( )：返回当前对象本身的有关信息，按字符串对象返回。

正因为 Object 类是所有 Java 类的父类，而且可以和任意类型的对象匹配，所以在有些场合可以使用它作为形式参数的类型。例如上面的 equals( )方法，其形式参数就是一个 Object 类型的对象，这样就保证了任意 Java 类都可以定义与自身对象直接相互比较的操作。不论何种类型的实际参数，都可以与这个形式参数 obj 的类型相匹配。使用 Object 类可以使得该方法的实际参数为任意类型的对象，从而扩大了方法的适用范围。

6.1.2 数据类型类

前面已经介绍了 Java 的基本数据类型，如 int、double、char 和 long 等。利用这些基本数据类型来定义简单的变量和属性将十分方便，但是如果需要完成一些基本数据类型量的变换和操作，如将一个字符串转化为整数或浮点数，就需要使用数据类型类的相应方法。

数据类型类与基本数据类型密切相关，每一个数据类型类都对应了一个基本数据类型，它的名字也与这个基本数据类型的名字相似(如表 6-1 所示)。不同的是数据类型类有自己的方法，这些方法主要用来操作和处理它所对应的基本数据类型量。

表 6-1　数据类型类与它所对应的基本数据类型

数据类型类	基本数据类型	数据类型类	基本数据类型
Boolean	boolean	Float	float
Character	char	Integer	int
Double	double	Long	long

下面就以 Integer 类为例，介绍其中的方法及其作用，其他数据类型类中的方法及作用与 Integer 类中的方法相近。

Integer 类中定义了 MAX_VALUE 和 MIN_VALUE 两个属性及一系列方法。

(1) MAX_VALUE 域和 MIN_VALUE 域分别规定了 int 类型量的最大值和最小值。

(2) 构造函数 public Integer(int value)和 public Integer(String s)可以分别利用一个基本数据类型 int 的量和一个字符串对象来生成一个 Integer 对象。

(3) 数据类型转换方法分别将当前对象所对应的 int 量转换成其他基本数据类型的量，并返回转换后的值。例如：

① public double doubleValue( )

将当前对象封装的 int 值转换为 double 类型值并返回。

② public long longValue( )

将当前对象封装的 int 值转换为 long 类型值并返回。

③ public int intValue( )

该方法返回当前对象封装的 int 值。

(4) 字符串与 int 量相互转化的方法。

① public String toString( )

该方法将当前 Integer 对象封装的 int 值转化成对应的字符串形式。

② public static int parseInt(String s)

该方法是类的方法(静态方法)，它无须创建 Integer 对象，就可以方便地将字符串(参数)转化成 int 量。如下面的语句把字符串"123"转化成整数 123 并赋给变量 i。

```
int  i = Integer.parseInt("123");
```

③ public static Integer valueOf(String s)

该方法也是类的方法，它将一个字符串转化成一个 Integer 对象，这个对象对应的 int 数值与字符串表示的数值一致。如下面的语句先使用 valueOf( )方法将字符串转化成 Integer 对象，再调用这个对象的 intValue( )方法返回其对应的 int 数值，其实际作用与上一个语句完全相同，但是在处理过程中会生成一个临时的 Integer 对象。

```
int  i = Integer.valueOf("123").intValue( );
```

对有些数据类型，如 double 和 float，由于没有 parseInt( )这样的方法，所以只能使用类似的步骤用 valueOf( )方法将字符串转化成数值数据。例如，下面的语句将"12.3"转化成浮点数"12.3"。

```
float f = Float.valueOf("12.3").floatValue();
```

6.1.3 Math 类

Math 类用来完成一些常用的数学运算,它提供了若干实现不同标准数学函数的方法。这些方法都是 static 的类方法,所以在使用时不需要创建 Math 类的对象,而直接用类名做前缀,就可以很方便地调用这些方法。

例如,下面的程序片段就是求两个整数的最大值。

```
int  i = 9, j = 7, k;
k = Math. max( i, j );
```

而下面的程序片段将求出 1～10 之间的一个随机数。

```
int  i = (int )(Math.random( ) * 10)+1;
```

注:raddom 函数返回一个介于 0.0 与 1.0 之间的 double 数。

下面列出了 Math 类的主要属性和方法。

```
public final static double E                              // 数学常量 e
public final static double PI                             // 圆周率常量
public static double abs(double  a)                       //返回参数 a 的绝对值
public static double acos(double  a)                      // 反余弦
public static double exp(double  a)                       // e 的参数次幂
public static double floor(double  a)                     // 返回不大于参数的最大整数
public static double IEEEremainder(double  f1, double  f2)   // 求余
public static double log(double  a)                       // 自然对数
public static double max(double  a, double  b)            // 最大值
public static float min(float  a, float  b)               // 最小值
public static double pow(double  a, double  b)            // 返回 a 的 b 次方
public static double random( )                            // 产生 0 和 1(不含 1)之间的伪随机数
public static double rint(double a)                       // 四舍五入
public static double sqrt(double  a)                      // 平方根
```

6.1.4 System 类

System 是一个功能强大、非常有用的特殊的类,它提供了标准输入/输出、运行时的系统信息等很多重要功能。这个类不能实例化,即不能创建 System 类的对象,所以它所有的属性和方法都是 static 的,引用时以 System 为前缀即可。

1. 用 System 类获取标准输入/输出

System 类的属性有三个,分别是系统的标准输入、标准输出和标准错误输出。

```
public static InputStream in
public static PrintStream out
```

```
public static PrintStream err
```

通过使用这三个属性，Java 程序就可以从标准输入读数据或向标准输出写数据。通常情况下，标准输入指的是键盘，标准输出和标准错误输出指的是屏幕。例如：

```
char c =System . in . read ( ) ;   //从标准输入读入一个字节的数据并赋值给一个字符变量
System . out . println ( "Hello! Guys," ) ;     // 向标准输出输出字符串
```

2. 用 System 类的方法获取系统信息，完成系统操作

System 类提供了一些用来与运行 Java 的系统进行交互操作的方法，利用它们可以获取 Java 解释器或硬件平台的系统参量信息，也可以直接向运行系统发出指令来完成操作系统级的系统操作。下面列出了部分较常用的 System 类方法。

(1) public static long currentTimeMillis( )

获取自 1970 年 1 月 1 日零时至当前系统时刻的微秒数，通常用于比较两事件发生的先后时间差。

(2) public static void exit(int status)

在程序的用户线程执行完之前，强制 Java 虚拟机退出运行状态，并把状态信息 status 返回给运行虚拟机的操作系统。调用方式：System . exit(0)。

(3) public static void gc( )

强制调用 Java 虚拟机的垃圾回收功能，收集内存中已丢失的垃圾对象所占用的空间，使之可以被重新加以利用。

6.2 Applet 类与 Applet 小程序

Applet 小程序是一种很重要的 Java 程序，是工作在 Internet 的浏览器上的 Java 程序。编写 Applet 小程序必须要用到 java. applet 包中的系统类 Applet。本节将介绍 Applet 类及 Applet 小程序的有关知识。

6.2.1 Applet 的基本工作原理

Applet 是一种特殊的 Java 程序。作为解释型语言，Java 的字节码程序需要一个专门的解释器来执行它。对于 Java Application 来说，这个解释器是独立的软件，如 JDK 的 java. exe 等；而对于 Java Applet 来说，这个解释器就是 Internet 网的浏览器软件，或者更确切地，就是兼容 Java 的 Internet 浏览器。

Applet 的基本工作原理是这样的：编译好的字节码文件(. class 文件)保存在特定的 WWW 服务器上，同一个或另一个 WWW 服务器上保存着嵌入了该字节码文件名的 HTML 文件。当某一个浏览器向服务器请求下载嵌入了 Applet 的 HTML 文件时，该文件从 WWW 服务器上下载到客户端，由 WWW 浏览器解释 HTML 中的各种标记，按照其约定将文件中的信息以一定的格式显示在用户屏幕上。当浏览器遇到 HTML 文件中的特殊标记，表明它嵌有一个 Applet 时，浏览器会根据这个 Applet 的名字和位置自动把字节码从 WWW 服务器上下载到本地，并利用浏览器本身拥有的 Java 解释器直接执行

该字节码。

从某种意义上来说,Applet 有些类似于组件或控件。与独立的 Application 不同,Applet 程序所实现的功能是不完全的,需要与浏览器中已经预先实现好的功能结合在一起才能构成一个完整的程序。例如,Applet 不需要建立自己的主流程框架,因为浏览器会自动为它建立和维护主流程;不一定要有自己专门的图形界面,因为它可以直接借用浏览器已有的图形界面。Applet 所需要做的,是接收浏览器发送给它的消息或事件,如鼠标移动、击键等,并做出及时的响应。另外,为了协调与浏览器的合作过程,Applet 中有一些固定的只能由浏览器在特定时刻和场合调用的方法。Applet 编程人员的基本职责之一,就是分析这些特定场合下用户程序所需要完成的功能,并用代码在对应的固定方法中具体实现这些功能。

6.2.2 Applet 类

在前面的章节中曾说过,Applet 程序在结构上必须创建这样的一个用户类,其父类是系统的 Applet 类。正是通过这个 Applet 类的子类,才能完成 Applet 与浏览器的配合。下面的语句是典型的 Applet 程序中的一部分:

```
import   java.applet.Applet;
public class MyApplet extends Applet
{
     ⋮
}
```

1. Applet 类

Applet 类是 Java 类库中的一个重要系统类,存在于 java.applet 包中。从类继承结构上来说,Applet 类应该属于构建用户图形界面的 java.awt 包,但是 Applet 类实在特殊,以至于系统专门为它建立了一个包。

Applet 类是 Java 的另一个系统类 java.awt.Panel 的子类,Panel 是 Container(容器)的一种。它有如下的作用:

(1) 包容和排列其他的界面元素,如按钮、对话框或其他的容器。

(2) 响应它所包容范围之内的事件,或把事件向更高层次传递。

Applet 在拥有上述作用的基础上,还具有一些与浏览器和 Applet 生命周期有关的专门方法。

2. Applet 类的主要方法

用户自己定义的 Applet 子类是 Java Applet 程序的标志。在实际运行中,浏览器在下载字节码的同时,会自动创建一个用户 Applet 子类的实例,并在适当事件发生时自动调用该实例的几个主要方法。

(1) init( )方法

init( )方法用来完成主类实例的初始化工作。Applet 的字节码文件从 WWW 服务器端下载后,浏览器将创建一个 Applet 类的实例并调用它从 Applet 类那里继承来的 init( )方法。用户程序可以重载父类的 init( )方法,定义一些必要的初始化操作,如创建和初始化程序运行所需要的对象实例，把图形或字体加载入内存，设置各种参数，加载图形和声音并播放等。

(2) start( )方法

start( )方法用来启动浏览器运行 Applet 的主线程。浏览器在调用 init( )方法初始化 Applet 类的实例之后，接着将自动调用 start( )方法启动运行该实例的主流程。用户程序可以重载 Applet 类的 start( )方法，加入当前实例被激活时欲实现的相关功能，如启动一个动画，完成参数传递等。

除了在 init( )初始化之后被调用，start( )方法在 Applet 被重新启动时也会被系统自动调用。一般有两种情况造成 Applet 重启动：一是用户使用了浏览器的 Reload 操作；二是用户将浏览器转向了其他的 HTML 页面后又返回。总之，当包含 Applet 的 HTML 页面被重新加载时，其中的 Applet 实例就会被重新启动并调用 start( )方法，但是 init( )方法只被调用一次。

(3) paint( )方法

paint( )方法的主要作用是在 Applet 的界面中显示文字、图形和其他界面元素。它也是浏览器可自动调用的 Applet 类的方法，导致浏览器调用 paint( )方法的事件主要有如下三种。

① Applet 被启动之后，自动调用 paint( )来重新描绘自己的界面。

② Applet 所在的浏览器窗口改变时，例如，窗口放大、缩小、移动或被系统的其他部分遮挡、覆盖后又重新显示在屏幕的最前方等。这些情况都要求 Applet 重画它的界面，此时浏览器就自动调用 paint( )方法来完成此项工作。

③ Applet 的其他相关方法被调用时，系统也会相应地调用 paint( )方法。例如，当 repaint( )方法被调用时，系统将首先调用 update( )方法将 Applet 实例所占用的屏幕空间清空，然后调用 paint( )方法重画。

与前面方法不同的是，paint( )方法有一个固定的参数——Graphics 类的对象 g。Graphics 类是用来完成一些较低级的图形用户界面操作的类，其中包括画圆、点、线、多边形以及显示简单文本等方法。当一个 Applet 类实例被初始化并启动时，浏览器将自动生成一个 Graphics 类的实例 g，并把 g 作为参数传递给 Applet 类实例的 paint( )方法。paint( )方法调用实例 g 的相关方法，就可以绘制出 Applet 的界面。程序只要重载系统定义的 paint( )方法，就可以使 Applet 界面显示预定画面。例如下面的例子将在 Applet 界面上，从坐标点(0,0)到(100,100)画出一条直线。

例 6-1　MyApplet_paint.java

```
1: import   java.applet.Applet;
2: import   java.awt.Graphics;
3: public class MyApplet_paint extends Applet
4: {
5:          public void paint ( Graphics   g )
6:          {
```

```
7:           g . drawLine (0,0,100,100);
8:       }
9: }
```

(4) stop( )方法

stop( )方法类似于 start( )方法的逆操作。当用户浏览其他 WWW 页,或者切换到其他系统应用时,浏览器将暂停执行 Applet 的主线程。在暂停 Applet 之前,浏览器将首先自动调用 Applet 类的 stop( )方法。用户程序可以重载 Applet 类的 stop( )方法,完成一些必要的操作,如中止 Applet 的动画操作等。

(5) destroy( )方法

当用户退出浏览器时,浏览器中运行的 Applet 实例也相应被消灭,即被内存删除。在消灭 Applet 之前,浏览器会自动调用 Applet 实例的 destroy( )方法来完成一些释放资源、关闭连接之类的操作。例如,终止所有当前 Applet 实例所建立并启动的子线程等。至于 Applet 实例本身,由于它是由浏览器创建的,最后也由浏览器来删除,不需要在 destroy( )方法中特别定义。

实际上,上述 Applet 由浏览器自动调用的主要方法 init( ),start( ),stop( )和 destroy( )分别对应 Applet 从初始化、启动、暂停到消亡的生命周期的各个阶段。图 6-1 显示了它们之间的关系。

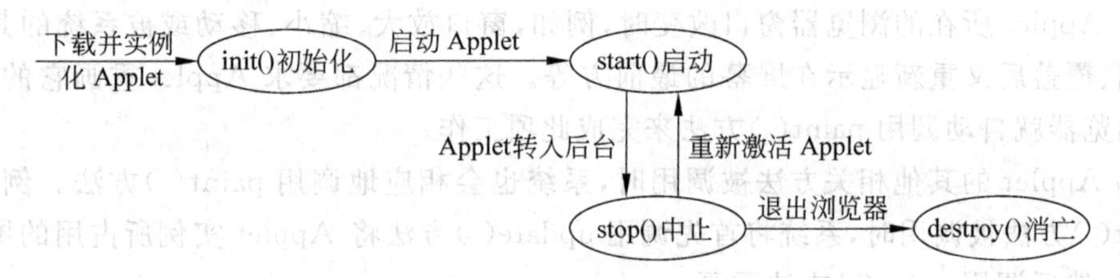

图 6-1 Applet 的生命周期与主要方法

例 6-2 中使用了上述的若干方法,运行后可以显示这些 Applet 主要方法的执行时刻及它们与 Applet 生命周期的关系。

例 6-2 LifeCycle.java

```
1: import java.applet.*;
2: import java.awt.*;
3: public class LifeCycle extends Applet//定义主类是 Applet 的子类
4: {    //定义各计数器,用于记录方法的执行次数
5:       private int InitCnt;
6:       private int StartCnt;
7:       private int StopCnt;
8:       private int DestroyCnt;
9:       private int PaintCnt;
10:      public LifeCycle( )        //构造函数
11:      {                          //各计数器初始化
12:          InitCnt=0; StartCnt=0; StopCnt=0;DestroyCnt=0;PaintCnt=0;
```

```
13:     }
14:     public void init( )
15:     {
16:         InitCnt++;        // init( )方法执行次数加 1
17:     }
18:     public void destroy( )
19:     {
20:       DestroyCnt++;      // destroy ( )方法执行次数加 1
21:     }
22:     public void start( )
23:     {
24:        StartCnt++;       // start( )方法执行次数加 1
25:     }
26:     public void stop( )
27:     {
28:        StopCnt++;        // stop( )方法执行次数加 1
29:     }
30:     public void paint(Graphics g)
31:     {
32:        PaintCnt++;       // paint( )方法执行次数加 1
33:        g.drawLine(20,200,300,200);  g.drawLine(20,200,20,20);//画出坐标轴和标尺
34:        g.drawLine(20,170,15,170);  g.drawLine(20,140,15,140);
35:        g.drawLine(20,110,15,110);
36:        g.drawLine(20,80,15,80);
37:        g.drawLine(20,50,15,50);
38:        g.drawString("Init( )",25,213);
39:        g.drawString("Start( )",75,213);
40:        g.drawString("Stop( )",125,213);
41:        g.drawString("Destroy( )",175,213);
42:        g.drawString("paint( )",235,213);
43:        g.fillRect(25,200-InitCnt * 30,40,InitCnt * 30);  //用矩形条高度显示
                                                          //各方法被调用次数
44:        g.fillRect(75,200-StartCnt * 30,40,StartCnt * 30);
45:        g.fillRect(125,200-StopCnt * 30,40,StopCnt * 30);
46:        g.fillRect(175,200-DestroyCnt * 30,40,DestroyCnt * 30);
47:        g.fillRect(235,200-PaintCnt * 30,40,PaintCnt * 30);
48:     }
49: } // class end
```

这个程序将计算 Applet 的 5 个主要方法的执行次数，并用矩形块的高度表示出来。通过运行这个程序，读者可以体会上述 5 个主要方法的执行情况。程序中用到了 Graphics 类的几个方法，如画线方法 drawLine( )、输出字符串方法 drawString( )以及画矩形方法 fillRect( )等。它们的用法不再赘述，感兴趣的读者可以查阅有关手册。

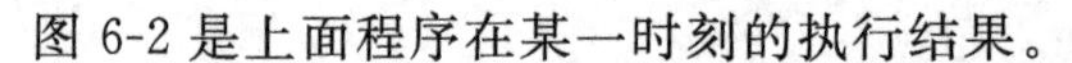
图 6-2 是上面程序在某一时刻的执行结果。

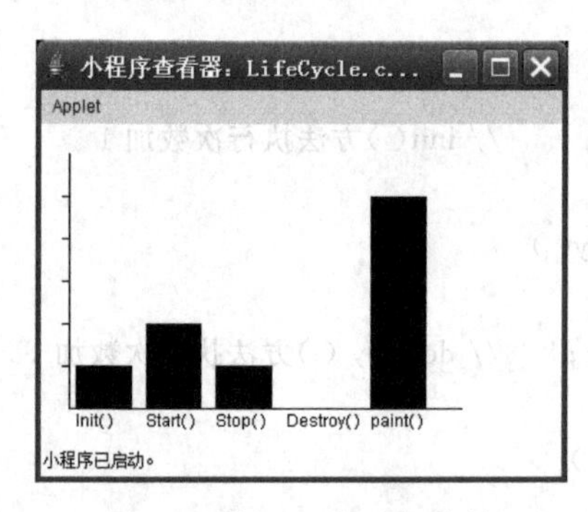

图 6-2　例 6-2 的运行结果

6.2.3　HTML 文件参数传递

Applet 是需要嵌入在 HTML 文件中并依赖浏览器运行的程序。它的编程阶段，从源代码编写到编译生成字节码，都与 Java Application 相差不大，但是要想调试和运行 Applet，必须与 HTML 文档相配合。

前面已经简单介绍过，HTML 是超文本标记语言，它通过各种各样的标记来编排超文本信息。在 HTML 文档中嵌入 Applet 同样需要使用一组约定好的特殊标记。如 <APPLET>和</APPLET>是嵌入 Applet 的标记，其中至少需包括 3 个参数：code、height 和 width。在<APPLET>标记中还可以使用其他一些可选的参数。

(1) codebase：当 Applet 字节码文件的保存位置与它所嵌入的 HTML 文档不同时，应使用参数 codebase 来指明字节码文件的位置，这个位置应使用 URL 的格式。例如：

codebase = http://www.illusion.org/Applet/MyApplet_paint.class

(2) alt：如果解释 HTML 页面的是一个不包含 Java 解释器的浏览器，那么它将不能执行字节码，而是把 alt 参数指明的信息显示给用户。例如：

alt = "This a Java Applet your browser can not understand."

(3) align：表示 Applet 界面区域在浏览器窗口的对齐情况。例如下面的语句使之居中。

align=CENTER

HTML 文件可以向它所嵌入的 Applet 传递参数，从而使这个 Applet 的运行更加灵活。这个任务是通过 HTML 文件的另一个专门标记<PARAM>来完成的。

```
<HTML>
<BODY>
<APPLET  code = "MyApplet_param.class"  height=200  width = 300>
<PARAM  name = vstring  value = "我是来自 HTML 的参数">
<PARAM  name = x  value = 50>
<PARAM  name = y  value = 20>
</APPLET>
```

```
</BODY>
</HTML>
```

这个 HTML 文件中嵌入了一个名为 MyApplet_param 的 Applet,同时在 Applet 运行时将向它传递 3 个字符串参数。一个参数名为 vstring,取值为“我是来自 HTML 的参数”;另两个参数名分别为 x 和 y,取值为 50 和 100。可见,每个<PARAM>标记只能传递一个字符串类型的参数。这个参数的名字用来把它和其他参数区分开,用 name 指定。这个参数的参数值用 value 指定。

下面是 MyApplet_param.java 的源代码,请注意观察 Applet 如何从 HTML 文件中获取参数。

例 6-3　MyApplet_param.java

```
1: import  java.applet.Applet ;
2: import  java.awt.Graphics ;
3: public class MyApplet_param extends Applet       //定义主类
4: {
5:     private  String  s = "" ;                   //用于接收 HTML 参数的程序变量
6:     private  int  x ;
7:     private  int  y ;
8:     public void init ( )
9:     {
10:         s = getParameter ( "vstring" );          //接收 HMTL 中传递的参数
11:         x = Integer.parseInt ( getParameter ( "x" ) ) ;
12:         y = Integer.parseInt ( getParameter ( "y" ) ) ;
13:     }
14:      public void paint ( Graphics  g )
15:     {
16:        if(s ! = null)
17:            g.drawString ( s, x, y);
18:     }
19: }
```

图 6-3　例 6-3 的运行结果

例 6-3 的运行结果如图 6-3 所示。

在程序的第 10～12 行中,利用 Applet 类的 getParamter( )方法来获取 HTML 传递来的参数。这个方法有一个字符串参数,表明它所希望获取的 HTML 参数的名字(即 name 指定的参数名)。方法的返回值是一个字符串对象,即 HTML 文件中 value 指定的字符串。如果希望这个参数是其他类型,则还要像 Application 的命令行参数一样进行参数类型的转换。

6.3　数组

数组是常用的数据结构,相同数据类型的元素按一定顺序线性排列就构成了数组。在 Java 中数组的元素可以是简单数据类型的量,也可以是某一类的对象。数组的主要特点如下：

(1) 数组是相同数据类型的元素的集合。

(2) 数组中的各元素是有先后顺序的。它们在内存中按照这个顺序连续存放在一起。

(3) 每个数组元素用数组名和它自己在数组中的位置表达。例如 a[0]代表数组 a 的第一个元素，a[1]代表数组 a 的第二个元素，依此类推。

Java 程序中定义数组的操作与其他语言相比有一定的差异，一般说来创建一个 Java 数组需要下面 3 个步骤。

1. 声明数组

声明数组主要是声明数组的名称和数组所包含的元素的数据类型或元素的类名。声明数组的语法格式有两种。

```
数组元素类型  数组名[ ]；
数组元素类型[ ] 数组名；
```

方括号[ ]是数组的标志，它可以出现在数组名的后面，也可以出现在数组元素类型名的后面，两种定义方法没有什么差别。下面的例子分别声明了一个整型的数组和一个 D200_Card 类型的数组。

```
int  MyIntArray[ ];
D200_Card[ ]  ArrayOf200Card;
```

2. 创建数组空间

声明数组仅仅指定了数组的名字和数组元素的类型，要想真正使用数组还需要为它开辟内存空间，即创建数组空间。与多数语言一样，Java 不支持变长的数组(一个变通的方法是利用 Vector 类来实现变长数组，参见下一小节)，所以在创建数组空间时必须指明数组的长度，以确定所开辟的内存空间的大小。创建数组空间的语法格式为：

```
数组名 =  new  数组元素类型[数组元素的个数]；
```

上面声明的两个数组可以这样创建空间：

```
MyIntArray  =  new  int[10];
ArrayOf200Card  =  new D200_Card[15];
```

创建数组空间的工作也可以与声明数组合在一起，用一条语句完成。例如：

```
int  MyIntArray[ ] =  new  int[10];
D200_Card[] ArrayOf200Card  =  new  D200_Card[15];
```

对于数组元素类型是基本数据类型的数组，在创建数组空间的同时，还可以给出各数组元素的初值，这样可以省略创建空间的 new 算符。例如：

```
int  MyIntArray[ ] = { 1,2,3,4,5,6,7,8,9,10 };
```

这个语句创建了一个包含 10 个整型元素的数组，同时给出了每个元素的初值。

3. 创建数组元素并初始化

如果数组元素的类型是基本数据类型，那么这第 3 个步骤可以省略。因为基本数据类型量都有默认的初值，可以没有专门的创建和初始化数组元素的语句。例如上面的数组 MyIntArray[]，如果不专门指定初值，那么创建之后，它的每个数组元素都被自动赋值为 0，不必再加后续步骤。

对于以某一类对象为数组元素的数组，创建并初始化每个数组元素的步骤却是必不可少的。例如上面的数组 ArrayOf200Card，它的每个元素都是一个 D200_Card 类的对象，在创建对象时必须要执行该对象的构造函数。例如，D200_Card 类的对象的构造函数为：

```
D200_Card ( long cn, int pw, double b, String c, double a )
{
    cardNumber = cn;
    password = pw;
    balance = b;
    connectNumber = c;
    additorFee = a;
}
```

可见每创建一个 D200_Card 类的对象，都必须执行这个类的构造函数并给出相应的实际参数来初始化新对象内部各个属性变量或对象，所以对于数组 ArrayOf200Card 中的每个元素，必须用一条专门的语句来实现创建该元素和执行构造函数初始化该元素的工作，一般用如下的循环完成。

```
for ( int  i = 0 ; i < ArrayOf200Card . length ; i ++ )
{
    ArrayOf200Card[i] = new  D200_Card ( 200180000+i,1111,50.0,"200",0.1 );
}
```

这个循环执行的结果将为从 ArrayOf200Card[0]到 ArrayOf200Card [14]的所有数组元素开辟并分配内存空间。语句中使用的 ArrayOf200Card. length 是数组 ArrayOf200Card 的一个整型域，里面保存着数组中元素的个数，用来作为循环终止条件非常合适。

只有在完成了所有数组元素的创建和初始化工作之后，才可以在程序中使用这些数组元素，如引用或修改其属性、调用其方法等。如果强行使用未经上述步骤初始化的数组，就会出现 NullPointException 的异常错误。

从上面初始化数组元素的代码中，还可以引出使用 Java 数组时需要注意的几个问题：

(1) 数组元素的下标(即数组元素方括号内的数字，代表了数组元素在数组中的位置)从 0 开始，直到数组元素个数减 1 为止。例如长度为 10 的数组，其元素下标为 0～9。数组的下标必须是整型或者可以转化成整型的量。

(2) 所有的数组都有一个属性 length，这个属性存储了数组元素的个数，利用它可以方便地完成许多操作。

(3) Java系统能自动检查是否有数组下标越界的情况。例如数组 MyIntArray 的长度为 10,包含 10 个元素,下标分别为 0~9。如果在程序中使用 MyIntArray[10],就会发生数组下标越界,此时 Java 系统会自动终止当前的流程,并产生一个名为 ArrayIndexOutOfBoundsException 的例外,通知使用者出现了数组下标越界。避免这种情况的一个有效方法是利用上面提到的 length 属性作为数组下标的上界。

最后需要指出的是,Java 中的数组实际上是一种隐含的“数组类”的实例。每个数组名实际是该实例的一个引用,而数组的每个元素也是对数组元素类实例的引用,数组的引用和数组元素的引用都需要实例化。了解了这一点,就不难理解为什么建数组时要有创建数组和创建数组元素两个步骤了。

6.4 向量

java. util 包是专门保存各种常用工具类的类库,向量(Vector)是 java. util 包提供的一个工具类。它对应于类似数组的顺序存储的数据结构,但是具有比数组更强大的功能。Vector 类的对象是允许不同类型元素共存的变长数组。Vector 类的对象不但可以保存数据,而且还封装了许多有用的方法来操作和处理这些数据。

Java 中的数组只能保存固定数目的元素,且必须把所有需要的内存单元一次性地申请出来,而不能先创建数组再追加数组元素数量。为了解决这个问题,Java 中引入了向量类 Vector。Vector 也是一组对象的集合,但相对于数组,Vector 可以追加对象元素数量,可以方便地修改和维护序列中的对象,所以比较适合在如下的情况中使用:

(1) 需要处理的对象数目不定,序列中的元素都是对象或可以表示为对象。

(2) 需要将不同类的对象组合成一个数据序列。

(3) 需要做频繁的对象序列中元素的插入和删除。

(4) 经常需要定位序列中的对象或其他查找操作。

(5) 在不同的类之间传递大量的数据。

Vector 类的方法相对于数组要多一些,但使用这个类也有一定的局限性,例如其中的对象不能是简单数据类型等。

一般在下述情况下,使用数组比较合适。

(1) 序列中的元素是简单数据类型的数据。

(2) 序列中元素的数目相对固定,插入、删除和查找操作较少。

1. 创建向量类的对象

Vector 类有几个构造函数,这里介绍常用的两个。

(1) public Vector()

创建一个向量对象,初始容量为 10 个元素。

(2) public Vector (int initCapacity, int capacityIncrement) ;

这个构造函数有两个形式参数:initCapacity 表示新创建的 Vector 对象的初始容量(元素数目);capacityIncrement 表示如果需要扩充 Vector 对象容量时,一次扩充多少个元素。下面的语句就是利用这个构造函数创建了一个向量对象。

```
Vector  MyVector = new  Vector (100,  50);
```

这个语句创建的MyVector向量对象,初始容量为100个元素,以后一旦使用殆尽则以50个元素容量为单位递增,使序列中元素的个数变化成150,200,…。在创建Vector对象时不需要指明向量序列中元素的类型,可在使用时再确定。

2. 在向量序列中添加元素

Vector类有两个方法用于在向量序列中添加元素。

(1) addElement(Object obj):将新元素添加在向量序列的尾部。

(2) insertElement(Object obj, int index):将新元素插入到向量序列的指定位置。

其中参数obj是加入到向量序列中的对象,index是插入的位置(0为第一个位置)。

下面是使用这两个方法的例子:

```
Vector  MyVector = new  Vector ( );
for ( int i=1; i<=10; i++)
{
     MyVector . addElement ( new D200_Card(200180000+i,1111,50.0,"200",0.1));
}
MyVector . insertElement ( new IP_Card(12345678,1234,100.0,"200"), 0);
```

这段程序先创建了一个空的Vector对象,然后分别创建10个D200_Card类的对象并依次添加在向量序列的末尾,最后再把一个IP_Card类的对象插在整个向量序列的最前面。由此看出,Vector序列中的元素可以不是相同类型的对象,这将进一步方便用户的使用。

3. 修改或删除向量序列中的元素

可以使用如下方法修改或删除向量序列中的元素。

(1) void setElementAt(Object obj, int index)

将向量序列index位置处的对象元素设置成为obj,如果这个位置原来有元素则被覆盖。

(2) boolean removeElement(Object obj)

删除向量序列中第一个与指定的obj对象相同的元素,同时将后面元素前提补上空位。

(3) void removeElementAt (int index)

删除index指定位置处的元素,同时将后面的元素向前提。

(4) void removeAllElements( )

清除向量序列中的所有元素。

下面的例子语句先创建一个Vector,然后删除掉其中所有的字符串对象to。

```
Vector  MyVector = new  Vector ( 100 );
for ( int i=0 ; i < 10 ; i++ ) {
   MyVector . addElement ( "Welcome" );
```

```
        MyVector . addElement ( "to" );
        MyVector . addElement ( "Beijing" );
    }
    while ( MyVector . removeElement("to" ));
```

若向量序列中不存在欲删除的对象,则 removeElement( )方法返回 false。上面的程序利用这个特点删除了原序列中所有的 to 对象。

4. 查找向量序列中的元素

常用于查找向量序列中某元素的方法如下。

(1) Object　elementAt (int　index)

返回指定位置处的元素。注意,由于返回的是 Object 类型的对象,在使用之前通常需要进行强制类型转换,将返回的对象引用转换成 Object 类的某个具体子类的对象。例如下面的序列的第一个元素是一个字符串:

```
String str=(String)MyVector . elementAt (0);
```

(2) boolean　contains (Object obj)

检查向量序列中是否包含指定的对象元素 obj,是则返回 true,否则返回 false。

(3) int　indexOf (Object obj, int start_index) ;

从指定的 start_index 位置开始向后搜索,返回所找到的第一个与指定对象 obj 相同的元素的下标位置。若指定对象不存在,则返回-1。

(4) int　lastIndexOf (Object obj, int start_index)

从指定的 start_index 位置开始向前搜索,返回所找到的第一个与指定对象 obj 相同的元素的下标位置。若指定对象不存在,则返回-1。

下面的程序片段将查找向量序列中所有为"Welcome"的元素并将它们的位置输出:

```
int　i = 0;
while ( (i = MyVector . indexOf ("Welcome", i )) ! = -1)
    System . out . println ( i );
```

使用 Vector 时,需要特别注意的问题就是一定要先创建后使用。如果不先用 new 算法利用构造函数创建 Vector 类的对象,而直接使用 addElement( )等方法,则可能造成堆栈溢出或使用 null 指针等异常,妨碍程序的正常运行。

6.5　字符串

字符串是编程中经常要使用到的数据结构。它是字符的序列,从某种程度上来说有些类似于字符的数组。实际上在有些语言(如 C 语言)中,字符串就是用字符数组来实现的。而在 Java 这个面向对象的语言中,字符串(无论是常量还是变量)都是用类的对象来表示的。

程序中需要用到的字符串可以分为两大类,一类是创建之后不会再做修改和变动的字符串常量;另一类是创建之后允许再做更改和变化的字符串变量。对于字符串常量,由于程序中经常需要对它做比较、搜索之类的操作，所以通常把它放在一个具有一定名称的对象之中，由程序对该对象完成上述操作。在 Java 中，存放字符串常量的对象属于 String 类。对于字符串变量，由于程序中经常需要对它做添加、插入和修改之类的操作，所以一般都存放在 StringBuffer 类的对象中。

6.5.1　String 类

字符串常量用 String 类的对象表示。在前面的程序中，已多次使用了字符串常量。这里首先强调一下字符串常量与字符常量的不同。字符常量是用单引号括起的单个字符，例如'a'、'\n'等。而字符串常量是用双引号括起的字符序列，例如"a"、"\n"、"Hello"等。Java 中的字符串常量，表面上与其他语言中的字符串常量没有什么不同，但在具体实现上却有较大的差异。例如，C 语言中的字符串是由字符数组组成的，每个字符串的结尾用"\0"标志。而 Java 的字符串常量，通常是作为 String 类的对象存在，有专门的属性来规定它的长度。实际上，对于所有用双引号括起的字符串常量，系统都会为它创建一个无名的 String 类型对象。本节将主要讨论存放字符串常量的 String 类，包括 String 对象的创建、使用和操作。

1. 创建字符串常量 String 对象

由于 String 类的对象表示的是字符串常量，所以一般情况下，一个 String 字符串一经创建，无论其长度还是内容，都不能够再更改了。因而，在创建 String 对象时，通常需要向 String 类的构造函数传递参数来指定所创建的字符串的内容。下面简单列出 String 类的构造函数及其使用方法。

(1) public String( )

这个构造函数用来创建一个空的字符串常量。

(2) public String(String value)

这个构造函数利用一个已经存在的字符串常量创建一个新的 String 对象，该对象的内容与给出的字符串常量一致。这个字符串常量可以是另一个 String 对象，也可以是一个用双引号括起的直接常量。

(3) public String(StringBuffer buffer)

这个构造函数利用一个已经存在的 StringBuffer 对象为新建的 String 对象初始化。StringBuffer 对象代表内容、长度可改变的字符串变量，将在下一节介绍。

(4) public String(char value[])

这个构造函数利用已经存在的字符数组的内容初始化新建的 String 对象。

了解了 String 类的构造函数之后，让我们来看几个创建 String 对象的例子。创建 String 对象与创建其他类的对象一样，分为对象的声明和对象的创建两步。这两步可以分成两个独立的语句，也可以在一个语句中完成。例如仅声明一个 String 对象的语句如下：

```
String s;
```

此时 s 的值为 null，要想使用 s，还必须为它开辟内存空间。

```
s = new String ("ABC");
```

这样,通过调用 String 的带参数的构造函数,字符串 s 被置为"ABC"。上述两个语句也可以合并成一个语句如下:

```
String s = new String ("ABC");
```

在 Java 中,还有一种非常特殊而常用的创建 String 对象的方法。这种方法直接利用双引号括起的字符串常量为新建的 String 对象"赋值":

```
String s = "ABC";
```

其实这里的"赋值"只是一种特殊的省略写法,前面已经提到,Java 系统会自动为每一个用双引号括起的字符串常量创建一个 String 对象,所以这个语句的实际含义与效果与前一个句子完全一致。

2. 字符串常量的操作

String 类中所包含的针对字符串常量的操作有很多,例如求字符串的长度,具体方法如下:

```
public int length ( )
```

用它可以获得当前字符串对象中字符的个数。例如运行下面的代码:

```
String s = "Hello!"
System . out . println ( s . length ( ) );
```

屏幕将显示 6,因为字符串"Hello!"的长度为 6。需要注意的是在 Java 中,因为每个字符都是占用 16 个比特的 Unicode 字符,所以汉字与英文或其他符号相同,也只用一个字符表示就足够了。如果把上面句子中的字符串替换成"近来身体好吗",则字符串的长度不变,仍然是 6。

3. 判断字符串的前缀和后缀

下面的两个方法可以分别判断当前字符串的前缀和后缀是否是指定的字符子串。

```
public boolean startsWith(String prefix)
public boolean endsWith(String suffix)
```

区分字符串的前缀及后缀在某些情况下是非常有用的操作。例如,假设电话局老用户的电话号码都以字符子串 6278 开始,新用户的电话号码都以 8278 开始。设 User 是电话局用户对象,getPhone( )是该对象的返回自身电话号码的方法,电话号码是 String 对象。如果电话局需要将老用户和新用户区分开,则可以采用如下语句:

```
String s = User . getPhone ( ) ;
if ( s . startsWith ( "6278" ) ) {
    ⋮
}
```

又如,居民身份证号码的最后一个数字代表了居民的性别,奇数为男性,偶数为女性。

假设 String 对象 s 是某位居民的身份证号码,则下面的语句将判断出他/她的性别:

```
if (s. endsWith("0") || s. endsWith("2") || s. endsWith("4")
                  || s. endsWith("6") || s. endsWith("8"))
    System . out. println ( "此人是女性" );
```

startsWith 和 endsWith 这两个方法的一个突出优点是不限制所判断的前缀、后缀的长度。例如前一个例子中若需判断的前缀从 6278 变换到 627,则原方法仍然有效,不需要更改程序。

4. 字符串中单个字符的查找

String 类中有两个方法可用于查找当前字符串中某特定字符出现的位置。

(1) public int indexOf(int ch)

该方法查找字符 ch 在当前字符串中第一次出现的位置,即从头向后查找,并返回字符 ch 出现的位置。如果找不到则返回-1。例如下面的语句将把返回值 0 赋给整型变量 idx。

```
String  s = "Java 是面向对象的语言,JavaScript 是脚本语言";
int  idx = s . indexOf ( (int)'J' );
```

(2) public int indexOf(int ch, int fromIndex)

该方法在查找字符 ch 时,是从当前字符串的 fromIndex 个字符之后向后查找,并返回该字符首次出现的位置。下面的语句是利用该方法查找出指定字符在字符串中出现的所有位置。

```
String  s = "Java 是面向对象的语言,JavaScript 是脚本语言";
int i= -1;
do{
    i= s . indexOf ( (int)'a', i+1 ) ;
    System . out . print ( i + "\t") ;
}while(i! =-1);
```

运行结果是:1　3　14　16　-1。

下面的两个方法也是查找字符串中单个字符的方法,不同的是它们是从字符串的结尾向字符串的开始部分查找,这里就不再举例了。

```
public int lastIndexOf(int  ch)
public int lastIndexOf(int  ch, int  fromIndex)
```

另外,String 类还有一个获取字符串中指定位置字符的方法:

```
public char charAt(int index)
```

这个方法获取当前字符串中第 index 个字符并返回这个字符(注意,index 从 0 算起)。

5. 字符串中子串的查找

在字符串中查找字符子串与在字符串中查找单个字符非常相似,也有 4 种可供选用的方法,它们就是把查找单个字符的 4 个方法中的指定字符 ch 换成了指定字符子串 str。

各方法的具体格式如下：

```
public int indexOf(String  str)
public int indexOf(String  str, int  fromIndex)
public int lastIndexOf(String  str)
public int lastIndexOf(String  str, int  fromIndex)
```

下面的例子是从字符串尾部向前，顺序查找子串出现的所有位置。

```
String  s = "Java 是面向对象的语言,JavaScript 是脚本语言" ;
String  sub = "语言";
int i = s. length();
while( i ! = -1) {
    i = s. lastIndexOf ( sub, i - 1 );
    System . out . print ( i + "\t");
}
```

上述程序运行的结果是：26　　10　　-1。

6. 比较两个字符串

String 类中有 3 个方法可以比较两个字符串是否相同。

```
public int compareTo(String  anotherString)
public boolean equals(Object  anObject)
public boolean equalsIgnoreCase(String  anotherString)
```

方法 equals 是重载 Object 类的方法，它将当前字符串与方法的参数列表中给出的字符串相比较，若两字符串相同，则返回真值，否则返回假值。方法 equalsIgnoreCase 与方法 equals 的用法相似，只是它比较字符串时将不计字母大小写的差别。例如，在下面的语句中，分别用 equals 方法和 equalsIgnoreCase 方法比较两字符串，则在第一个语句中由于区分大小写，所以比较结果为假；而在第二个语句中由于不区分大小写，所以比较结果为真。

```
String  s1 = "Hello! World" ;  s2 = "hello! world";
boolean  b1 = s1 . equals ( s2 );
boolean  b2 = s1 . equalsIgnoreCase (s2);
```

比较字符串的另一个方法是 compareTo( )，这个方法将当前字符串与一个参数字符串相比较，并返回一个整型量。如果当前字符串与参数字符串完全相同，则 compareTo( ) 方法返回 0；如果当前字符串按字母序大于参数字符串，则 compareTo( )方法返回一个大于 0 的整数，反之，若 compareTo( )方法返回一个小于 0 的整数，则说明当前字符串按字母序小于参数字符串。在下面的例子中，compareTo 比较了三对字符串。

```
String  s = "abc", s1 = "aab", s2 = "abd", s3 = "abc";
int  i, j, k;
i=s. compareTo (s1);
j=s. compareTo (s2);
k=s. compareTo (s3);
```

语句执行的结果是分别给 i、j、k 三个变量赋值为 1、—1、0。

7. 连接字符子串

```
public String concat(String  str);
```

这个方法将参数字符串连接在当前字符串的尾部，并返回这个连接而成的长字符串，但是当前字符串本身并不改变。如下面的例子：

```
String  s = "Hello!";
System . out. println ( s . concat ( "World!" ) );
System . out . println ( s );
```

运行结果是：

```
Hello! World!        // 连接后的新字符串
Hello!               // 原字符串没有改变
```

6.5.2 StringBuffer 类

Java 中用来实现字符串的另一个类是 StringBuffer 类，与实现字符串常量的 String 类不同，StringBuffer 类的每个对象都是可以扩充和修改的字符串变量。

1. 创建字符串变量——StringBuffer 对象

由于 StringBuffer 表示的是可扩充、修改的字符串，所以在创建 StringBuffer 类的对象时并不一定要给出字符串初值。StringBuffer 类的构造函数有以下几个：

(1) public StringBuffer( )

创建一个空的(不含字符)StringBuffer 对象。初始分配空间为 16 个字符。

(2) public StringBuffer(int length)

创建一个空的(不含字符)StringBuffer 对象。初始分配空间为 length 个字符。

(3) public StringBuffer(String str);

该方法利用一个已经存在的字符串 String 对象来初始化 StringBuffer 对象。

下面的语句是用 3 种不同方法创建字符串的例子。

```
StringBuffer  MyStrBuff1 = new  StringBuffer( );
StringBuffer  MyStrBuff2 = new  StringBuffer(5);
StringBuffer  MyStrBuff3 = new  StringBuffer("Hello,Guys!");
```

2. 字符串变量的扩充、修改与操作

StringBuffer 类有两个用来扩充字符的方法，它们分别是：

```
public StringBuffer append(参数对象类型  参数对象名)
public StringBuffer insert(int 插入位置,参数对象类型  参数对象名)
```

append 方法将指定的参数对象转化成字符串，附加在原 StringBuffer 字符串对象之后；而 insert 方法则在指定的位置插入给出的参数对象所转化而得的字符串。附加或插入的参数对象可以是各种数据类型的数据，如 int、double、char、String 等。

下面是对字符串变量扩充字符的几个例子：

```
StringBuffer  MyStrBuff1 = new  StringBuffer( );
MyStrBuff1 . append ( "Hello, Guys!");
System . out . println ( MyStrBuff1. toString ( ) );
MyStrBuff1 . insert ( 6, 30 ) ;
System . out . println ( MyStrBuff1. toString ( ) );
```

上述程序执行的结果是：

```
Hello, Guys!
Hello,30 Guys!
```

需要注意的是，若希望将 StringBuffer 在屏幕上显示出来，则必须首先调用 toString 方法把它变成字符串常量，因为 PrintStream 的方法 println( )不接受 StringBuffer 类型的参数。

StringBuffer 还有一个较有用的方法用来修改字符串：

```
public void setCharAt(int  index, char  ch)
```

这个方法可以将指定位置处的字符用给定的另一个字符来替换。例如下面的语句将把原意为“山羊”的字符串变换成“外套”：

```
StringBuffer  MyStrBuff  =  new  StringBuffer ( "goat" );
MyStrBuff. setCharAt ( 0, 'c');
```

3. 字符串的赋值和拼接

字符串是经常使用的数据类型，为了编程方便，Java 编译系统中引入了字符串的拼接和赋值操作。参看下面的例子：

```
String  MyStr = "Hello," ;
MyStr = MyStr + "Guys!" ;
```

这两个语句初看似乎有问题，因为 String 是不可变的字符串常量，实际上它们是合乎语法规定的，分别相当于：

```
String  MyStr = new StringBuffer( ). append("Hello"). toString( );
MyStr = new StringBuffer( ). append(MyStr). append("Guys!"). toString( );
```

由于这种赋值和拼接的简便写法非常方便实用，所以在实际编程中用得很多。

6.5.3 Java Application 命令行参数

学习过字符串的知识后，我们可以讨论应用程序 main 方法的字符串参数的使用问题。

Java Application 是用命令行来启动执行的，命令行参数就成为向 Java Application 传入数据的常用而有效的手段。现通过例 6-4 来考察如何使用命令行参数。

例 6-4　UseComLParameter. java

```
1: public class UseComLParameter
```

```
2：{
3：    public static void main ( String   args[ ] )
4：    {
5：        int   a1, a2, a3 ;
6：        if ( args. length < 2 )
7：        {
8：            System. out. println("运行本程序应该提供两个命令行参数")；
9：            System. exit(0)；
10：       }
11：       a1 = Integer. parseInt( args[0] ) ；
12：       a2 = Integer. parseInt( args[1] ) ；
13：       a3 = a1 * a2 ；
14：       System. out. println(a1 + " 与 " + a2 + "相乘的积为：" + a3 )；
15：    }
16：}
```

例 6-4 的功能是从命令行利用命令行参数读入两个整数，再把它们相乘后输出。该程序经编译后生成 UseComLParameter. class 文件，执行这个程序的命令行如下所示：

```
java   UseComLParameter   52   -4
```

在上述命令行中，java 是用来运行字节码的 Java 解释器，UseComLParameter 是所运行的字节码文件名，52 和－4 分别是两个命令行参数。

可以看出，Java 的命令行参数跟在命令行主类名的后面，参数之间用空格分隔。如果命令行参数本身就带有空格，则可以用双引号将整个参数括起以示区别，例如“a dog”就是一个完整的命令行参数。

Java Application 程序中用来接受命令行参数的数据结构是 main( )方法的参数 args[]，这个参数是一个字符串数组，其中的每个元素都是一个字符串，这些字符串来自于命令行参数，每个字符串保存一个命令行参数供程序使用，用户输入了几个命令行参数，数组 args[]就有几个元素。例 6-4 中，第 6～8 句利用数组 args 的域 length 来判断用户在执行当前程序时输入了几个命令行参数，如果用户输入的命令行参数的数目不符合程序的要求，则输出提示信息并退出程序的运行。第 11 句中，数组元素 args[0]用来接受第一个命令行参数(不需要跳过类名)，即命令行中类名之后的第一个参数，在例中为 52，第 12 句中，args[1]用来接受第二个命令行参数，即命令行中类名之后的第二个参数，在例中为－4，以此类推。另外需要注意的是，所有的命令行参数都是以字符串 String 类型的对象形式存在，如果希望把参数作为其他类型的数据使用，则还需要做相应的类型转换。例如例 6-4 中第 11、12 句调用了 Integer 类的静态方法 parseInt 来实现 String 向整型数 int 的转换，转换成其他数据类型的方法类似。程序运行的结果如图 6-4 所示。

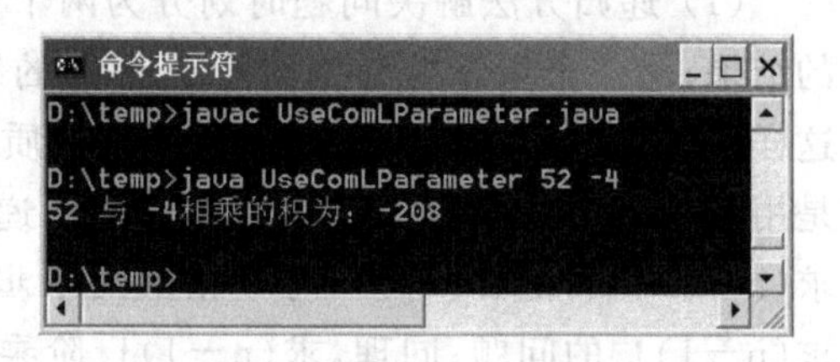

图 6-4　例 6-4 的运行结果

可见，命令行参数是提供给整个程序的参数，每次运行时使用不同的命令行参数，就有不同的运行结果;使用命令行参数可以提高程序的灵活性和适应性。不过在使用命令行参数时要注意数组越界的问题,程序运行时系统将自动检查用户输入了多少个命令行参数并逐个地保存在数组 args[]中,但是如果程序不检查用户到底输入了多少个命令行参数而直接访问 args[]某下标的数组元素,则可能造成数组越界异常。例如:

```
public class TestSystemException
{
    public static void main(String args[])
    {
      System.out.println("You have entered following parameters:");
      for(int i=0; i<3; i++) //错误,应改为 for(int i=0; i<args.length; i++)
        System.out.println("\t" + args[i]);
    }
}
```

这个程序在使用命令行:

```
d:\temp> java  TestSystemException  1  2
```

时,将产生数组下标越界异常:java.lang.ArrayIndexOutOfBoundsException。

6.6　递归

递归是常用的编程技术,其基本思想就是“自己调用自己”,一个使用递归技术的方法即是直接或间接地调用自身的方法。递归方法实际上体现了“依此类推”、“用同样的步骤重复”这样的思想,它可以用简单的程序来解决某些复杂的计算问题,但是运算量较大。先来看一个最简单的求阶乘的例子,下面的递归方法将求得参数 n 的阶乘。

```
long Factorial (int n)
{
  if(n == 1)
    return 1;                       //递归头
  else
    return n * Factorial (n-1);     //递归调用自身
}
```

这段程序虽然简单,却体现了递归的基本思想和要素。

(1) 递归方法解决问题时划分为两个步骤:一个步骤是求得范围缩小的同性质问题的结果;另一个步骤是利用这个已得到的结果和一个简单的操作求得问题的最后解答。这样一个问题的解答将依赖于一个同性质问题的解答,而解答这个同性质的问题实际就是用不同的参数(体现范围缩小)来调用递归方法自身。例如求 n! 这个问题,被划分为求(n-1)! 和把(n-1)! 与 n 相乘两个步骤。通过这样的划分,求 n! 的问题被简化成求(n-1)! 的问题;同理,求(n-1)! 阶乘的问题可以通过调用 Factorial( )方法自身简化成求(n-2)! 的问题,依此类推。

(2) 如果递归方法只是一味地自己调用自己，则将构成无限循环，永远无法返回。所以任何一个递归方法都必须有一个“递归头”，即当同性质的问题被简化得足够简单时，将可以直接获得问题的答案，而不必再调用自身。例如当求 n！的问题被简化成求 1！的阶乘的问题时可以直接获得 1！的答案为 1，这就是递归头。

(3) 递归方法的主要内容就包括了定义递归头和定义如何从同性质的简化问题求得当前问题两个部分。执行递归方法时首先逐级递归调用展开，如从调用 Factorial(n)到调用 Factorial(n－1)到调用 Factorial(n－2)……当达到递归头 Factorial(1)时再逐级返回，依次求得 Factorial(1)、Factorial(2)、…、Factorial(n－1)，直至最后得到 Factorial(n)的结果。

下面的例 6-5 将求出非波那契数列。非波那契数列是一个数据序列，其中每个位置上的数据的数值是固定的，可以通过其前面的数据求得。具体表达如下：

fibonacci(n) = n－1，　n = 1，2

fibonacci(n) = fibonacci (n－1) + fibonacci (n－2)，　n 为其他整数

可见非波那契数列的第 1、2 个数据分别是 0 和 1，以后的其他数据则是它前面两个数据之和。如第 3 位的数据是 1(0，1 之和)，第 4 位的数据是 2(1，1 之和)，第 5 位的数据是 3(1，2 之和)……用递归方法求非波那契数列是最自然不过了。

例 6-5　FibonacciSerial. java

```
1: import java. applet. Applet;
2: import java. awt. * ;
3: import java. awt. event. * ;
4:
5: public class FibonacciSerial extends Applet implements ActionListener//定义主类
6: {
7:     Label prompt = new Label("请输入需要计算非波那契数列的第几个数据：");
8:     TextField input = new TextField(5);        //输入数列位置的区域
9:     int n = 1;
10:    long fib=0   ;
11:
12:    public void init( )
13:    {
14:        add(prompt);
15:        add(input);
16:        input. addActionListener(this);
17:    }
18:    public void paint(Graphics g)                //显示各次递归调用情况
19:    {
20:        g. drawString("非波那契数列的第"+ n +"个数据是" + fib,10,60);
21:    }
22:    public void actionPerformed(ActionEvent e)
23:    {
```

```
24:         n = Integer.parseInt(input.getText());
25:         fib = Fibonacci(n);
26:         repaint( );
27:     }
28:     long Fibonacci(int n)                          //菲波那契方法
29:     {
30:         if(n==1 || n==2)
31:             return n-1 ;                           //递归头
32:         else
33:             return Fibonacci(n-1) + Fibonacci(n-2);
34:     }
35: }
```

在程序的第 28～34 行定义了菲波那契函数方法，参数是指定的位数，方法返回该位置上的菲波那契数。程序的第 22～27 行是响应编辑框输入的事件方法，该方法读入用户指定的位置，然后调用 Fibonacci()方法，最后通过 repaint( )调用 paint()方法输出结果。程序运行结果如图 6-5 所示。

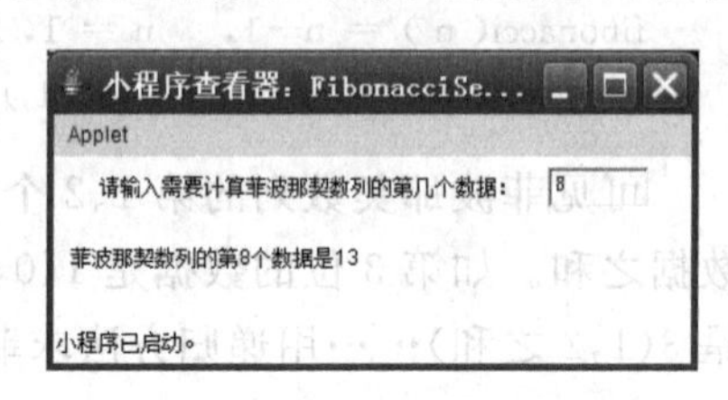

图 6-5　例 6-5 的运行结果

程序简单是递归方法的优点之一，但是递归调用会占用大量的系统堆栈，内存耗用多，在递归调用层次较多时使用要慎重。

6.7　排序

排序是将一个数据序列中的各个数据元素根据某个给出的关键值进行从大到小（降序）或从小到大（升序）排列的过程。排序将改变数据序列中各元素的先后顺序，使之按升序或降序排列。由于排序涉及到比较关键值、移动数据等操作，在数据较多时会占用较多的 CPU 时间、内存等系统资源，为了提高排序操作的效率，降低系统代价，人们先后提出过多种排序算法，这里介绍冒泡排序、选择排序和插入排序 3 种常用的排序算法。

6.7.1　冒泡排序

冒泡排序算法的基本思路是把当前数据序列中的各相邻数据两两比较，发现任何一对数据间不符合要求的升序或降序关系则立即调换它们的顺序，从而保证相邻数据间符合升序或降序的关系。以升序排序为例，经过从头至尾的一次两两比较和交换（称为“扫描”）之后，序列中最大的数据被排到序列的最后。这样，这个数据的位置就不需要再变动了，因此就可以不再考虑这个数据，而对序列中的其他数据重复两两比较和交换的操作。第二次扫描之后会得到整个序列中次大的数据并将它排在最大数据的前面和其他所有数据的后面，这也是它的最后位置，尚未排序的数据又减少了一个。依此类推，每一轮扫描都将使一个数据就位并使未排序的数据数目减一，所以经过若干轮扫描之后，所有的数据都将就位，未排序数据数目为 0，而整个冒泡排序就完成了。

例 6-6　BubbleSort.java

```
1: import java.applet.Applet;
2: import java.awt.*;
3: import java.awt.event.*;
4:
5: public class BubbleSort extends Applet implements ActionListener      //定义主类
6: {
7:       Label prompt = new Label("请输入欲排序的整数数据(最多 10 个):");
8:       TextField input = new TextField(5);
9:       Button sortbtn = new Button("排序");
10:      int[] DataArray = new int[10];                     //保存待排序数据的数组
11:      int DataInputed = 0;                               //已输入数据的统计
12:      int[][] SortPro   = new int[11][10];               //保存排序过程的二维数组
13:
14:      public void init()                                 //初始化
15:      {
16:           add(prompt);
17:           add(input);
18:           add(sortbtn);                                 //将提示、输入区域、按钮加入 Applet
19:           input.addActionListener(this);
20:           sortbtn.addActionListener(this);
21:      }
22:      public void paint(Graphics g)                      //打印排序全过程
23:      {
24:           for(int i=0;i<SortPro.length;i++)   //二维数组的行数
25:                for(int j=0;j<SortPro[i].length;j++)  //二维数组第 i 行中的数据个数
26:                     g.drawString(Integer.toString(SortPro[i][j]),10+30*j,40+20*i);
27:      }
28:      public void actionPerformed(ActionEvent e)
29:      {
30:           if(e.getSource() == input)                    //用户在 input 中输入并回车时
31:           {                                             //记录数据
32:                DataArray[DataInputed++] = Integer.parseInt(input.getText());
33:                if(DataInputed < 10)
34:                {
35:                     prompt.setText("已输入" + DataInputed + "个数据,请继续");
36:                     input.setText("");                  //准备输入下一个数据
37:                }
38:                else                                     //已输入 10 个数据
39:                {
40:                     prompt.setText("已输入 10 个数据,不能再输入了");
41:                     input.setVisible(false);            //隐藏输入区域
42:                }
```

```
43:        }
44:        if(e.getSource() == sortbtn)                   //用户单击按钮,启动排序过程
45:        {
46:            for(int i=0;i<DataArray.length;i++)
47:                SortPro[0][i] = DataArray[i];          //保存未排序的原始数据
48:            SortProcedure();                           //调用排序方法
49:            repaint();
50:        }
51:    }
52:    void SortProcedure()                               //排序方法
53:    {
54:        int pass,i,temp,exchangeCnt;
55:
56:        for(pass=0;pass<DataArray.length;pass++)       //扫描多次
57:        {
58:            exchangeCnt=0;                             //记录本轮两两交换的次数
59:            for(i=0;i<DataArray.length-pass-1;i++)     //一次扫描过程
60:            {                                          //每次扫描比较范围缩小一个
61:                if(DataArray[i]>DataArray[i+1])        //一次两两比较交换过程
62:                {
63:                    temp = DataArray[i];
64:                    DataArray[i] = DataArray[i+1];
65:                    DataArray[i+1] = temp;
66:                    exchangeCnt++;
67:                }
68:            }
69:            for(i=0;i<DataArray.length;i++)
70:                SortPro[pass+1][i] = DataArray[i];     //记录本轮扫描后数据排列情况
71:            if(exchangeCnt == 0)               //若一次也未交换,说明已排好序,不必再循环
72:                return;
73:        }
74:    }
75: }
```

例 6-6 的程序中第 52～74 行定义的 SortProcedure( )方法实现了冒泡排序的过程,其中使用了一个数组 DataArray[10]保存所有待排序的数据和排序的最终结果;使用一个二维数组 SortPro[11][10]来保存排序过程的各个步骤。程序首先要求用户在文本框 input 中输入待排序的整数数据并通过回车激活 actionPerformed( )方法记录这些数据(如图 6-6 所示)。当用户输入数据达到 10 时,程序调用文本框的 setVisible( )方法将 input 文本框隐藏起来并通知用户不能再输入更多的数据了(否则将超出 DataArray[]数组的范围)。

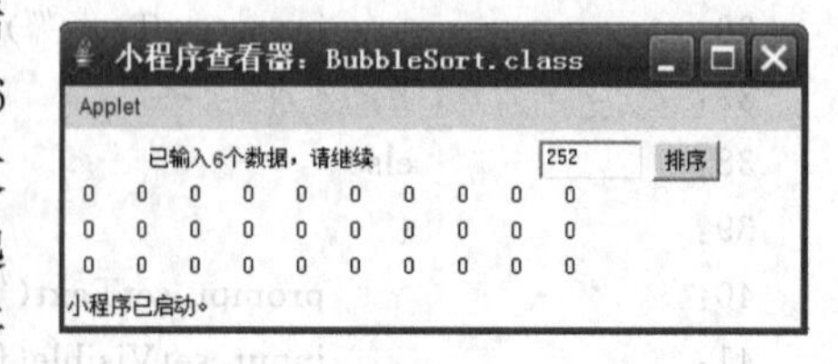

图 6-6 排序前先输入数据

输入数据完毕后用户单击“排序”按钮，激活 actionPerformed( )方法。这个方法利用参数 ActionEvent 对象 e 的 getSource( )方法，判断引发动作事件的事件源是否为“排序”按钮，若是，则调用 SortProcedure( )方法执行排序并记录排序的每个步骤，得到整个排序过程的各个步骤的显示效果(如图 6-7 所示)。另外，在程序里设置了一个计算每轮扫描两两交换次数的计数器 exchangeCnt，如果一轮扫描之后这个计数器的值为零，说明所有的数据都已经按升序排列，不必再扫描和循环了。

```
小程序查看器：BubbleSort.class
Applet
            已输入10个数据，不能再输入了  排序
18  31  0   81  45  297 252 142 7   -1
18  0   31  45  81  252 142 7   -1  297
0   18  31  45  81  142 7   -1  252 297
0   18  31  45  81  7   -1  142 252 297
0   18  31  45  7   -1  81  142 252 297
0   18  31  7   -1  45  81  142 252 297
0   18  7   -1  31  45  81  142 252 297
0   7   -1  18  31  45  81  142 252 297
0   -1  7   18  31  45  81  142 252 297
-1  0   7   18  31  45  81  142 252 297
-1  0   7   18  31  45  81  142 252 297
小程序已启动。
```

图 6-7　冒泡排序过程

在本章第二小节中学习的数组称为一维数组。上面程序里使用了比一维数组复杂一些的二维数组。所谓二维数组可以理解成是一个特殊的一维数组。例如，第 12 行定义的数组 SortPro[11][10]是有 11 个元素的“一维数组”；这个“一维数组”的每个数组元素本身又都是一个含有 10 个元素的一维数组。例如元素 SortPro[0]实际包括 SortPro[0][0]、SortPro[0][1]、SortPro[0][2]、SortPro[0][3]、…、SortPro[0][9]共 10 个元素，是一个一维数组；这样整个 SortPro[11][10]中的数据就构成了一个 11 行×10 列的数据方阵，总共包括 110 个数据。定义二维数组与定义一维数组相似，不过要使用两个方括号，并且要指明每一维中包括的元素个数。例如：

```
int[][]  SortPro  = new  int[11][10];
```

例 6-6 的 paint( )方法中，第 24～26 句使用两个嵌套的 for 循环打印二维数组的每个元素。

Java 的二维数组还有一个特点，就是可以不排成一个数据方阵，而呈现每行不同数据个数的参差不齐的状态。例如，下面的语句中定义的二维数组有两行，第 1 行有 3 个数据，分别是 1、2、3；第 2 行只有两个数据，分别是 4、5。这在 Java 中是完全可行的。

```
int[][]  TDArray = {{1,2,3},{4,5}};
```

依此类推，还可以继续定义三维、四维等多维数组，但是实际使用中一般不超过三维。

6.7.2　选择排序

选择排序的基本思想是把数据序列划分成两个子序列，一个子序列中是已经排好序的数据，另一个子序列中是尚未排序的数据。程序开始时有序子列为空，而无序子列包含了全体数据。从无序子列中选择一个合适的数据，例如，将无序子列中的最小数据放到有序子列中，这样有序子列增长到一，而无序子列减少一个，这就是一次选择过程。重复这个选择过程，每次都在无序子列中剩余的未排序数据中选择最小的一个放在有序子列的尾部，使得有序子列不断增长而无序子列不断减少，最终无序子列减少为空，所有的数据都在有序子列中按要求的顺序排列，整个排序的操作也就完成了。

例 6-7 通过改写例 6-6 中的 SortProcedure( )方法实现选择排序。

例 6-7　SelectSort. java

```
1: void SortProcedure( )
2: {
3:       int pass,i,temp,k;
4:
5:       for(pass=0;pass<DataArray.length-1;pass++)  //选择多次,有序子列在增长
6:       {
7:           for(i=pass,k=i;i<DataArray.length;i++)       //一次选择过程,无序子列在减少
8:               if(DataArray[i]<DataArray[k])             //选出剩余未排序数据中的最小者
9:                   k = i;
10:          temp = DataArray[pass];                          //排在剩余数据的最前面
11:          DataArray[pass] = DataArray[k];
12:          DataArray[k] = temp;
13:          for(i=0;i<DataArray.length;i++)
14:              SortPro[pass+1][i] = DataArray[i];  //记录本轮选择后数据排列情况
15:      }
16: }
```

在本例中,有序子列和无序子列都是利用了数组 DataArray。因此,排序前的数据存于该数组中,而排序后的数据也存于该数组中。图 6-8 是例 6-7 的运行结果。

图 6-8　例 6-7 的运行结果

6.7.3　插入排序

插入排序同样是把待排序的数据序列划分成有序子列和无序子列两部分,程序开始时有序子列为空而无序子列包含了全部数据。与选择排序不同的是插入排序不是从无序子列中选择一个合适的数据(例如无序子列的最小数据)放到有序子列的固定位置(例如有序子列的最后面),而是把无序子列中的固定位置的数据(例如无序子列最前面的数据)插入到有序子列的合适位置中,使得插入这个数据之后的有序子列仍然能保持有序。插入排序的任务就是找到这个合适的位置。当所有的无序子列中的数据都插入到有序子列中的时候,插入排序就完成了。

例 6-8 采用 Java Application 程序实现。程序定义了一个 Array 类,并为该类定义了

两个静态的排序方法：sortAsc(升序排序)和 sortDesc(降序排序)。这两个方法的参数都是整型数组。在主类的 main()方法中，定义了一个数组 my_array(并赋值)。然后依次调用两个排序方法对该数组排序，并打印输出排序的结果。

例 6-8　InsertSort.java

```
1：public class InsertSort
2：{
3：    public static void main ( String   args[ ] )
4：    {
5：        int[] my_array = {4,-5,23,7,0,66,37,365,-22,4} ;
6：        Array.sortAsc(my_array);                   //调用升序排序方法
7：        for(int i=0;i<10;i++)                      //输出排序后的数组元素
8：            System.out.print(my_array[i] + "   ");
9：        System.out.println();
10：       Array.sortDesc(my_array);                  //调用降序排序方法
11：       for(int i=0;i<10;i++)                      //输出排序后的数组元素
12：           System.out.print(my_array[i] + "   ");
13：   }
14：}
15：class Array {
16：   static void sortAsc(int[] a)                   //升序排序方法
17：   {
18：       int pass,i,temp;
19：       for(pass=1;pass<a.length;pass++)           //每次从无序子列中拿出一个数据插入
20：       {
21：           temp = a[pass];                        //本次插入到有序子列中的数据
22：           for(i=pass-1;i>=0;i--)                 //一次插入过程，有序子列在增长
23：               if(a[i] <= temp)                   //选择有序子列中的合适位置
24：                   break;
25：               else
26：                   a[i+1] = a[i];                 //有序子列腾出位置给新插入的数据
27：           a[i+1] = temp;                         //i+1 是合适的位置，插入新数据
28：       }
29：   }
30：   static void sortDesc(int[] a)                  //降序排序方法
31：   {
32：       int pass,i,temp;
33：       for(pass=1;pass<a.length;pass++)//         //每次从无序子列中拿出一个数据插入
34：       {
35：           temp = a[pass];                        //本次插入到有序子列中的数据
36：           for(i=pass-1;i>=0;i--)                 //一次插入过程，有序子列在增长
37：               if(a[i] > temp)                    //注意与升序的区别
38：                   break;
39：               else
```

```
40:             a[i+1] = a[i];              //有序子列腾出位置给新插入的数据
41:         a[i+1] = temp;                  //i+1是合适的位置,插入新数据
42:     }
43:   }
44: }
```

例6-8的运行结果见图6-9。

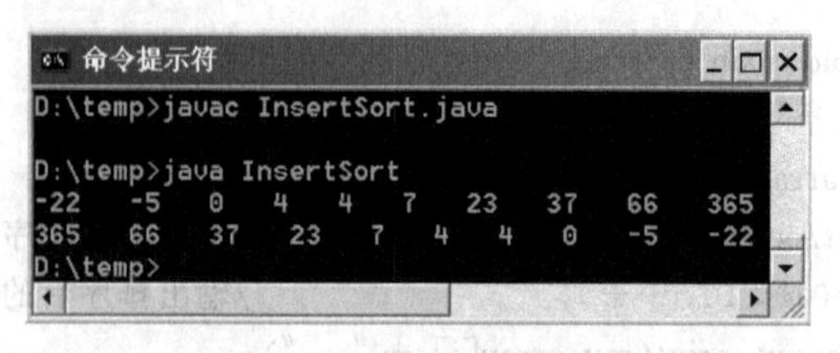

图6-9　例6-8的运行结果

上面介绍的几种排序算法各有特点,其中冒泡算法比较简单,使用较广,适合于排序数据数目不是很多的情况,但是它的操作代价较高。如果有N个数据参加排序,则使用冒泡算法的运算次数是N^3数量级的量。选择排序和插入排序两个算法的代价比冒泡算法低一个数量级,运算次数在N^2数量级。其中选择排序中的比较操作多,数据移动操作少;插入排序的比较操作少,数据移动操作多。综合起来二者的排序效率基本相同。

6.7.4　利用系统类实现排序

系统类库中的Arrays类提供了多种操作数组的方法,例如查找和排序。

对于排序,Arrays类利用方法重载提供了多种静态的排序方法,下面是其中的几种:

(1) public static void sort(int[] a)

对参数指定的整型数组进行排序。

(2) public static void sort(float[] a)

对参数指定的浮点数数组进行排序。

(3) public static void sort(char[] a)

对参数指定的字符数组进行排序。

(4) public static void sort(int[] a, int fromIndex, int toIndex)

在参数指定的下标范围内对数组元素进行排序(其他元素不动)。参数fromIndex指定起始排序的元素下标,参数toIndex指定终止排序的元素下标(该元素在排序范围之外)。

(5) public static void sort(Object [] a)

对可比较大小的对象进行排序(例如字符串)。

例6-9是利用系统类实现排序的例子。

例6-9　TestSysSort.java

```
import java.util.Arrays ;
public class TestSysSort
```

```
{
    public static void main ( String   args[ ] )
    {
        int[] array_int = {4,-5,23,7,0,66,37,365,-22,4} ;  //整型数组
        Arrays.sort(array_int);          //调用 Arrays 类的整型数组排序方法
        for(int i=0;i<array_int.length;i++)
            System.out.print(array_int[i] + "    ");
        System.out.println();
        char[] array_char = {'T','s','i','n','g','h','u','a'} ; //字符数组
        Arrays.sort(array_char,2,5);   //对字符组排序,只排第 2~4 个元素
        for(int i=0;i<array_char.length;i++)
            System.out.print(array_char[i] + "    ");
        System.out.println();
        String[] array_str = {"grape","banana","pear","apple","orange"} ; //字符串数组
        Arrays.sort(array_str);          //调用 sort(Object[]) 方法对字符串数组排序
        for(int i=0;i<array_str.length;i++)
            System.out.print(array_str[i] + "    ");
    }
}
```

图 6-10 是例 6-9 的运行结果。

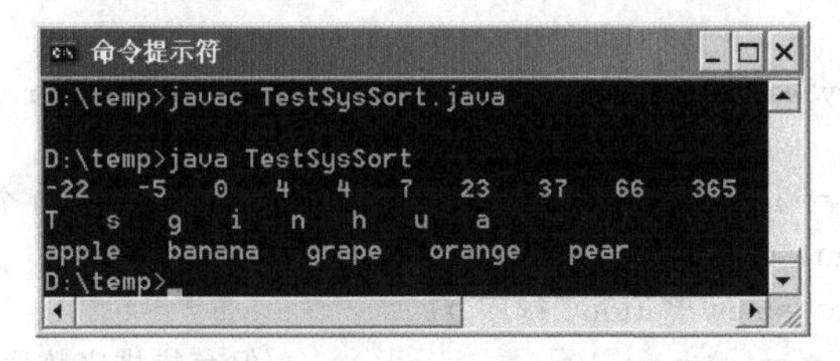

图 6-10　例 6-9 的运行结果

6.8　查找

查找是利用给出的匹配关键值，在一个数据集合或数据序列中找出符合匹配关键值的一个或一组数据的过程。由于查找需要处理大量的数据，所以查找过程可能会占用较多的系统时间和系统内存，为了提高查找操作的效率，需要精心设计查找算法来降低执行查找操作的时间和空间代价。较常用的查找算法有顺序查找、对分查找等。

6.8.1　查找算法

1. 顺序查找

顺序查找是最简单的查找算法，按照顺序查找算法，程序从数据序列的第一个数据开始，逐个与匹配关键值比较，直到找到匹配数据为止。

顺序查找对于待查找的数据序列没有特殊的要求，这个序列可以是排好序的，也可以

是未排序的,对于查找操作都没有影响。在数据序列中数据数目不多时,使用顺序查找操作简单,非常方便。

2. 对分查找

如果数据序列中有 N 个数据,顺序查找的运算次数是 N 的数量级,如果 N 很大,则使用顺序查找的代价也相应增大。如果希望大幅度降低运算次数,则可以考虑使用对分查找算法。使用对分查找要求数据序列必须是已经排好序的有序序列(升序、降序均可)。它的基本思想是让匹配关键值与有序序列中间的一个数据相比较,并利用这个中间数据把有序序列划分成一前一后两个子列。如果匹配关键值大于中间数据,说明序列中如果存在欲查找的数据,那么这个数据必然保存在后一个子列中,因为只有这个子列中的所有数据都大于中间数据,相反,如果匹配关键值小于中间数据,则说明欲查找的数据存在于前一个子列中。这样,通过一次比较,把查找的范围缩小了一半,从整个序列变成一个子列。同理,继续使用对分方法不断划分更小的子列,缩小查找范围,直至目标子列中只剩一个数据。如果这个数据与匹配关键值相匹配,则查找成功,否则说明原来的整个数据序列中并不存在一个与匹配关键值相匹配的数据,查找失败。

例 6-10 BinarySearch.java

```
1: mport java.applet.Applet;
2: import java.awt.*;
3: import java.awt.event.*;
4:
5: public class BinarySearch extends Applet implements ActionListener
6: {
7:     Label prompt = new Label("请输入欲排序的整数数据(最多 10 个):");
8:     TextField input = new TextField(5);
9:     Button sortbtn = new Button("排序");
10:    int[] DataArray = new int[10];          //保存待排序数据的数组
11:    int DataInputed = 0;                    //已输入数据的统计
12:    int[] ComparePt = new int[10];          //保存对分法的比较中间点
13:    String msg = "";                        //查找结果信息
14:
15:    public void init()
16:    {
17:        add(prompt);
18:        add(input);
19:        add(sortbtn);
20:        input.addActionListener(this);
21:        sortbtn.addActionListener(this);
22:    }
23:    public void paint(Graphics g)
24:    {
25:        for(int i=0;i<DataArray.length;i++)
26:            g.drawString(Integer.toString(DataArray[i]),10+30*i,40);
27:        for(int i=0;i<ComparePt.length;i++)
```

```
28:            g.drawString(Integer.toString(ComparePt[i]),10+30*i,70);
29:        g.drawString(msg,10,100);
30:    }
31:    public void actionPerformed(ActionEvent e)
32:    {
33:        if(e.getSource() == input)
34:        {
35:            DataArray[DataInputed++] = Integer.parseInt(input.getText());
36:            if(DataInputed < 10)
37:            {
38:                prompt.setText("已输入" + DataInputed + "个数据,请继续");
39:                input.setText("");
40:            }
41:            else                                      //已输入10个数据
42:            {
43:                prompt.setText("已输入10个数据,不能再输入了");
44:                input.setVisible(false);
45:            }
46:        }
47:        if(e.getActionCommand() == "排序")
48:        {
49:            SortProcedure();
50:            sortbtn.setLabel("查找");              //"排序"按钮名称改为"查找"
51:            prompt.setText("请输入欲查找数据:");
52:            input.setVisible(true);                   //输入查找数据
53:            input.setText("");
54:            repaint();
55:        }
56:        if(e.getActionCommand() == "查找")  //启动查找功能
57:        {
58:            int k = BiSearch(Integer.parseInt(input.getText()));
59:            if(k == -1)                               //没找到
60:                msg = "序列中没有匹配的数据";
61:            else
62:                msg = "匹配的数据在序列的第" + k + "个位置";
63:            repaint();
64:        }
65:    }
66: void SortProcedure()                                  //采用插入排序算法
67: {
68:        int pass,i,temp;
69:
70:        for(pass=1;pass<DataArray.length;pass++)
71:        {
```

```
72:         temp = DataArray[pass];              //本次插入到有序子列中的数据
73:         for(i=pass-1;i>=0;i--)               //一次插入过程,有序子列在增长
74:         {
75:             if(DataArray[i] <= temp)         //选择有序子列中的合适位置
76:                 break;
77:             else
78:                 DataArray[i+1] = DataArray[i];
79:         }
80:         DataArray[i+1] = temp;               //i+1 是合适的位置,插入新数据
81:     }
82: }
83: int BiSearch(int key)                        //实现查找的方法(对分查找)
84: {
85:     int low=0;                               //查找范围下限
86:     int high=DataArray.length-1;             //查找范围上限
87:     int mid;                                 //中间数据点
88:     int i = 0;
89: 
90:     while(low <= high)
91:     {
92:         mid = (high + low)/2;
93:         ComparePt[i++] = DataArray[mid];
94:         if(DataArray[mid] == key)            //找到了数据
95:             return mid;                      //返回找到的元素位置
96:         else if (DataArray[mid] < key)       //缩小查找范围到后半个序列
97:             low = mid + 1;
98:         else                                 //缩小查找范围到前半个序列
99:             high = mid - 1;
100:    }
101:    return -1;                               //没有找到,返回-1
102: }
103: }
```

例 6-10 在排序程序的基础上增加了查找操作。程序首先请用户输入若干数据并存入数组 DataArray,然后将数组中的数据按升序排好,最后根据用户输入的查找数值用对分法查找序列中是否有这个数据,并给出查找结果。程序将把对分算法中与匹配关键值相比较的中间数据打印出来,如图 6-11 所示。

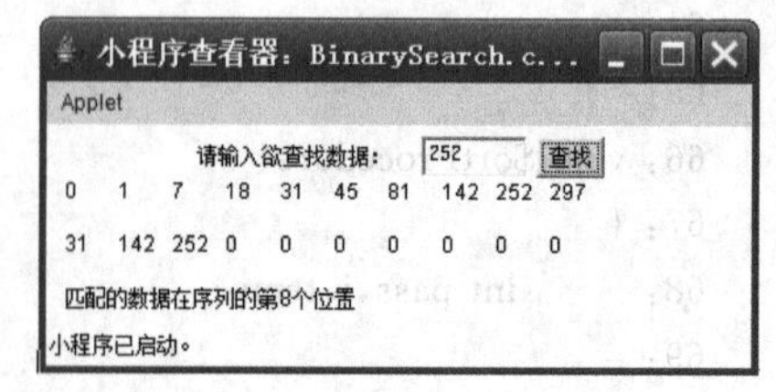

图 6-11 例 6-10 的运行结果

按钮 sortbtn 在本例中起到两个作用。先是排序,然后是查找,用不同的按钮标签区分。在第 47 和第 56 句中,actionPerformed( )方法利用参数 ActionEvent 对象 e 的方法 getActionCommand( )可以获得引发事件的按钮的标签,根据标签的不同执行不同的操作,第 50 句中,执行完排序操作就把

按钮的标签改为“查找”。第83～103句定义的BiSearch( )方法用来实现对分查找。第85～87句定义了high、low和mid 3个变量,分别标志查找范围的上限、下限和中间数据点。查找关键字key首先与当前的mid相比较,若相等则说明找到;若key大于mid,说明欲查找数据在下半区,将下限low改成mid+1,否则说明欲查找数据在上半区,将上限high改为mid-1,同时计算新的mid位置。

对分查找算法的运算次数为$\log_2 N$,比顺序查找要低,而且算法本身也不复杂。如果数据序列是有序序列,则使用对分算法比较合适。

6.8.2 利用系统类实现查找

系统类库也提供了很多查找功能,下面是Arrays类几个查找方法的定义:

```
public static int binarySearch(int[] a,int key)
public static int binarySearch(float[] a,float key)
public static int binarySearch(Object[] a, Object key)
```

类似的方法还有很多。在这些方法中,第1个参数是待查找的数组,第2个参数是查找的关键值。方法的返回值是找到的元素下标,如果没有找到,则返回值为负数。

注意:上述几个方法都是采用对分查找算法,所以要求作为参数的数组必须是排好序的,否则查找的结果没有意义。

例6-11是利用系统类实现查找的例子。

例6-11 TestSysSearch. java

```
import java.util.Arrays ;
public class TestSysSearch
{
    public static void main ( String   args[ ] )
    {
        int i ;

        int[] array_int = {4,-5,23,7,0,66,37,365,-22,4} ;
        Arrays.sort(array_int);                         //调用 Arrays 类排序方法排序
        i = Arrays.binarySearch(array_int,0);           //调用 Arrays 类查找方法
        System.out.println("0 是整型数组下标为" + i + "的元素");

        String[] array_str = {"grape","banana","pear","apple","orange"} ;
        Arrays.sort(array_str);                         //调用 Arrays 类排序方法排序
        i = Arrays.binarySearch(array_str,"apple");     //调用 Arrays 类查找方法
        System.out.println("apple 是字符串数组下标为" + i + "的元素");

        System.out.println("---下面的程序用于测试查找方法返回值的含义---");
        char[] array_char = {'i','j','k','p','q','r','s'} ;    //已排序
        i = Arrays.binarySearch(array_char,'a');
        System.out.println("查找对象比最小元素还小,方法返回值是:" + i);
```

```
        i = Arrays.binarySearch(array_char,'j');
        System.out.println("查找对象找到,'j'是数组下标为" + i + "的元素");
        i = Arrays.binarySearch(array_char,'m');
        System.out.println("查找对象不存在,但位于两个元素之间,方法返回值是: " + i);
        i = Arrays.binarySearch(array_char,'x');
        System.out.println("查找对象比最大元素还大,方法返回值是: "+ i);
    }
}
```

图 6-12 是例 6-11 的运行结果。请读者分析查找方法返回值的含义。

```
命令提示符
D:\temp>java TestSysSearch
0是整型数组下标为2的元素
apple是字符串数组下标为0的元素
---下面的程序用于测试查找方法返回值的含义---
查找对象比最小元素还小, 方法返回值是: -1
查找对象找到, 'j'是数组下标为1的元素
查找对象不存在, 但位于两个元素之间, 方法返回值是: -4
查找对象比最大元素还大, 方法返回值是: -8

D:\temp>
```

图 6-12　例 6-11 的运行结果

6.9　链表

除了数组和向量,程序里还经常用到其他一些重要的线性数据结构,如堆栈、队列和链表等。本节介绍链表这种数据结构的特点及其 Java 实现。

链表与数组相仿,一个链表代表一个线性的数据序列,但是这两种数据结构存在如下的不同之处。

(1) 创建数组是一次性地开辟一整块内存空间,所有的数组元素都存放在里面,并且必须明确说明数组的固定长度(即数组元素的个数)。创建链表则可以先只创建一个链表头,其他的链表中的元素(称为结点)可以在需要的时候再动态地逐个创建并加入到链表中。链表的这种动态内存申请策略为程序提供了很好的灵活性。

(2) 数组中的各数据元素顺序、连续地存储在内存中,所以在定位数组中的一个元素时只需知道这个元素在数组中的位置(即元素下标)即可;而链表中的数据在内存中不是连续存放的,每个结点除了保存数据之外,还有一个专门的属性用来指向链表的下一个结点(称为链表的指针),所有的链表结点通过指针相连,访问它们时需要从链表头开始顺序进行。

(3) 若在数组中插入或删除数据,需要把插入或删除点后面的所有数组元素作大规模地集体移动,运算量较大;而链表结点的插入和删除却非常方便,不需要任何数据移动。

从这些分析可知,链表是由结点组成的非连续的动态线性数据结构,适合于处理数据序列中数据数目不定,且插入和删除较多的问题。

6.9.1 链表的结点

下面的语句是定义链表的结点类,结点类的定义体现了面向对象的封装思想。

```
class Node
{
    private int m_Data;             //结点中保存的数据(整型数)
    private Node m_Next;            //结点中的指针属性,指向下一个 Node 对象

    Node(int data)                  //构造函数
    {
        m_Data = data ;
        m_Next = null;
    }
    Node (int data, Node next)      //构造函数
    {
        m_Data = data;
        m_Next = next;
    }
    void setData(int data)          //修改结点中数据的方法
    {
        m_Data = data;
    }
    int getData( )                  //获得结点中数据的方法
    {
        return m_Data;
    }
    void setNext(Node next)         //修改结点中的指针
    {
        m_Next = next;
    }
    Node getNext( )                 //获得结点中的指针指向的对象引用
    {
        return m_Next;
    }
}
```

结点类 Node 中定义了两个属性,一个是用来保存数据的 m_Data,m_Data 可以是任何数据类型或对象,这里定义了简单的整型;另一个是指向下一个结点的指针 m_Next。在这里 m_Next 既是一个 Node 类的属性,又是一个 Node 对象的对象引用(所谓对象引用是指一个对象的另一个名字,通过对象引用可以获取这个对象并使用其方法属性。但是对象引用与 C/C++ 语言的指针不同,与内存地址没有关系),形成了自我引用的类。Java 中允许这种定义的同时又引用自身的定义类的方式。Node 类中还定义了一些方法来获取或修改这两个属性。

6.9.2 创建链表

链表类可以用如下的类定义来表达：

```
class LinkList                          //定义链表类
{
    Node  m_FirstNode;                  //链表中的第1个结点
    LinkList( )                         //构造函数1：建立空链表
    {
        m_FirstNode = null;
    }
    LinkList(int data)                  //构造函数2：建立只有一个结点的链表
    {
        m_FirstNode = new Node(data);
    }
    String visitAllNode( )              //遍历链表的每个结点，将所有数据串成一个字符串
    {
        Node next = m_FirstNode; //从第1个结点开始
        String s = "";
        while(next! =null)              //直到最后一个结点
        {
            s = s + next.getData( ) + ";  ";
            next = next.getNext( );//使next指向下一个结点
        }
        return s;
    }    //end of visitAllNode
    void insertAtBegin(int data)        //将数据data的结点插入在整个链表的前面
    {
        if(m_FirstNode == null)         //对于空链表，直接插入
            m_FirstNode = new Node(data);
        else                            //把新结点插在第一个结点前面，并指向原来的第一结点
            m_FirstNode = new Node(data,m_FirstNode);
    }    //end of   insertAtBegin
    void insertAfterId(int data,int id)
    {                                   //将数据data插在包含数据id的结点后面，
                                        //若链表中没有id，则插入在整个链表的最后
        Node next = m_FirstNode;
        if(next == null)                //对于空链表，直接插入
            m_FirstNode = new Node(data);
        else
        {
            while(next.getNext( )! =null && next.getData( )! =id)
                next = next.getNext( );     //继续查找合适的插入位置
```

```
            next. setNext( new Node(data,next. getNext( ) );
        }
    }  //end of insertAfterId
    boolean removeAtId(int id)                          //删除链表中第 1 个数据为 id 的结点
    {
        Node ahead = m_FirstNode;                       //前面的结点
        Node follow = ahead;                            //指向 ahead 的结点

        if(ahead == null)                               //链表为空,删除失败
            return false;
        else if(ahead. getData( )==id)                  //第 1 个结点就是欲删除的结点
        {
            m_FirstNode = m_FirstNode. getNext( );       //删除成功
            return true;
        }
        else
        {
            ahead = ahead. getNext( );                   //第 2 个结点
            while(ahead! =null)
            {
                if(ahead. getData( )==id)                //找到匹配的结点
                {
                    follow. setNext(ahead. getNext( ));
                    return true;                         //删除成功
                }
                follow = ahead;                          //保证 follow 与 ahead 一前一后
                ahead = ahead. getNext( );               //下移一步,检查下一个结点
            }
            return false;
        }
    }   // end of removeAtId
    void removeAll( )                                   //删除所有的结点,使链表为空
    {
        m_FirstNode = null;
    }
}                                                       //链表类定义结束
```

上面的程序片段定义了名为 LinkList 的链表类,包括一个属性 m_FirstNode 以及一些进行链表的插入、删除和遍历等操作的方法。链表中的各结点都是前面定义的 Node 类的对象,其中第 1 个结点非常重要,通过第 1 个结点,利用各结点的指针就可以访问和操纵整个链表中的所有结点,如图 6-13 所示。

由图 6-13 可见,链表由若干结点组成,每个结点包括数据和指针两部分,其中指针是指向下一个结点的对象引用。第 1 个结点保存在 LinkList 类中,它可以在创建链表对象时创建(利用第 2 个构造函数)。也可以先创建一个空链表(利用第 1 个构造函数),再用

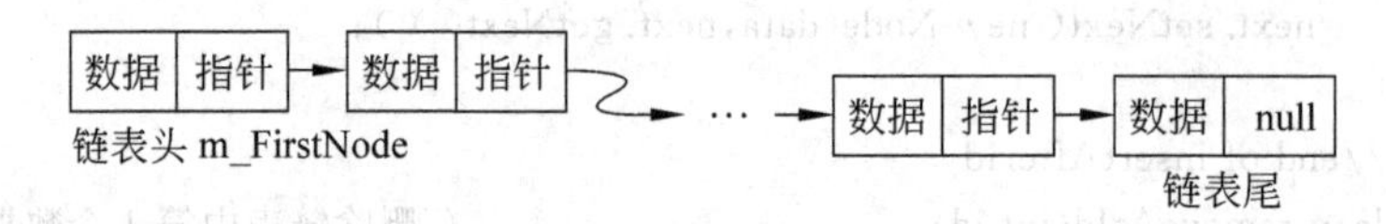

图 6-13 链表的组成

插入方法动态生成第 1 个结点。链表中其余的结点都是利用插入方法动态生成后再加入到链表中的。

6.9.3 遍历链表

LinkList 类中定义的方法 visitAllNode( )就是用来遍历链表的方法。从图 6-13 中可以看出,由于链表不像数组那样顺序存放,所以访问链表的元素也不能简单地通过下标完成,而需要从链表的第 1 个元素开始沿着指针逐个查找,方法 visitAllNode( )中就把链表从第 1 个元素直到最后一个元素逐一访问了一遍。在这个过程中使用的两个语句应特别强调一下,它们分别是:

```
while(next! =null)              //直到最后一个结点
```

这个语句表明访问循环的终止条件,因为链表的最后一个结点的指针属性为空(null),所以通常采用这种方法来判断循环的终止条件。不过在创建链表和插入结点时应保证"最后一个结点的指针为空"总是成立,否则上述循环终止条件就会失效。

```
next = next.getNext( );         //使 next 指向下一个结点
```

这个语句使当前访问的结点下移一个。因为每个结点都有一个指向下一个结点的指针属性,利用这个指针,就可以获得下一个结点的对象引用,从而访问下一个结点的属性和方法。

这两个语句代表了链表操作中经常需要使用的手段,希望读者能了解其意义和使用方法。

6.9.4 链表的插入操作

LinkList 类中定义了两个向链表中插入数据的方法:

(1) insertAtBegin( )方法根据形参提供的数据创建一个新的包含此数据的结点,并把这个结点加入在当前链表的第 1 个结点之前,成为新的第 1 结点。

(2) insertAfterId( )方法在链表中寻找包含数据等于形参 id 的结点,将新建的结点插在找到的结点之后,若找不到符合条件的结点,则将新建结点插入到链表的最后面。

在链表中插入结点一般包括两个操作:

(1) 创建新结点,新结点包括的数据一般由形参提供。

(2) 把新建结点插入链表合适的位置,保证链表各结点依然连续可达,这可以通过把插入位置前结点的指针赋值给新建结点,并使插入位置前结点的指针指向新建结点,如图 6-14 所示。

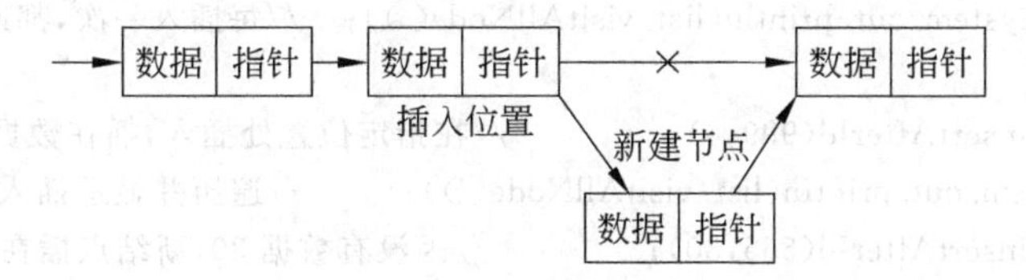

图 6-14　链表的插入

6.9.5　链表的删除操作

LinkList 类中定义了两个删除链表中结点的方法。

(1) removeAtId( )方法将删除链表中第 1 个所含数据与形参 id 相同的结点。这个方法看似复杂,实际只是先考虑了链表为空和链表只有一个结点两种情况,然后再利用两个对象引用逐一探查链表中的各个结点,其中第 1 个引用 ahead 寻找数据属性与 id 相同的结点,第 2 个引用 follow 则亦步亦趋地紧跟着 ahead,保证始终指向 ahead。这样,一旦 ahead 找到了要删除的结点,只要把 ahead 的指针赋值给 follow 的指针,就把 ahead 指向的结点从链表中删除了,如图 6-15 所示。

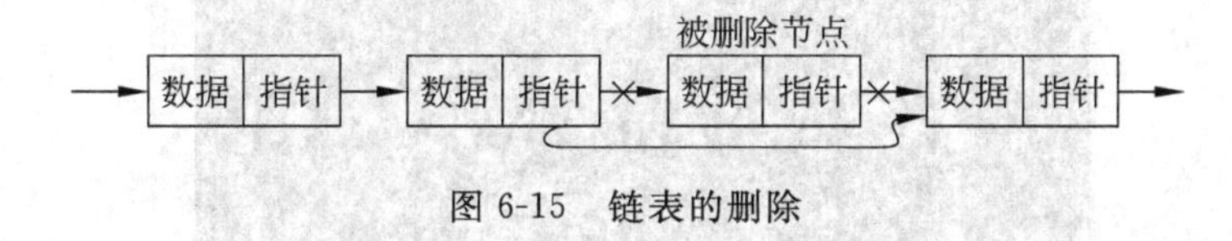

图 6-15　链表的删除

(2) removeAll( )方法将删除整个链表,只需令第 1 个结点为空就可以达到这个目的,因为第 1 个结点的指针为空,其后的所有其他链表的结点就都找不到了,也无法访问了。

实际上,上述删除链表中结点的方法仅仅使这个结点不再连接到链表中,并没有 C/C ++ 语言里专门的内存释放语句,这是因为 Java 有自动的垃圾回收机制,当一个结点通过链表不可达时,一般也不再有任何其他的方法可以获取它,即这个结点变成了垃圾结点。在合适的时间,系统会启动垃圾回收线程自动把它们占用的内存空间回收,以便为其他程序或程序其他部分的动态内存申请操作所用。

例 6-12 是使用链表的各种操作的例子,这个例子是一个 Java Application 程序。

例 6-12　UseLinkList. java

```
1: public class UseLinkList                                   //定义主类
2: {
3:     public static void main(String args[])
4:     {
5:         LinkList list = new LinkList(-1);                  //创建链表,含有一个结点
6:
7:         for(int i=0;i<10;i++)
8:         {
9:             list.insertAtBegin(i);                         //向空链表中插入 10 个结点
```

```
10:         System.out.println(list.visitAllNode( ));  //每插入一次,都遍历显示各结点
11:     }
12:     list.insertAfterId(999,6);         //在指定位置处插入,插在数据 6 的后面
13:     System.out.println(list.visitAllNode( ));    //遍历并显示插入操作后的各结点
14:     list.insertAfterId(555,30);        //因没有数据 30,新结点插在链表末尾
15:     System.out.println(list.visitAllNode( ));    //遍历并显示插入操作后的各结点
16:     if(list.removeAtId(-1))                     //删除链表中的指定结点(数据为-1)
17:         System.out.println(list.visitAllNode( ));
18:     else
19:         System.out.println("链表中不存在这个数据");
20:     list.removeAll( );                          //删除整个链表
21:   }
22: }
```

例 6-12 的运行结果如图 6-16 所示。

```
命令提示符
D:\temp>java UseLinkList
0;  -1;
1;  0;  -1;
2;  1;  0;  -1;
3;  2;  1;  0;  -1;
4;  3;  2;  1;  0;  -1;
5;  4;  3;  2;  1;  0;  -1;
6;  5;  4;  3;  2;  1;  0;  -1;
7;  6;  5;  4;  3;  2;  1;  0;  -1;
8;  7;  6;  5;  4;  3;  2;  1;  0;  -1;
9;  8;  7;  6;  5;  4;  3;  2;  1;  0;  -1;
9;  8;  7;  6;  999;  5;  4;  3;  2;  1;  0;  -1;
9;  8;  7;  6;  999;  5;  4;  3;  2;  1;  0;  -1;  555;
9;  8;  7;  6;  999;  5;  4;  3;  2;  1;  0;  555;

D:\temp>_
```

图 6-16　例 6-12 的运行结果

6.10　队列

队列(Queue)与链表相似,也是重要的线性数据结构。队列遵循“先进先出”(FIFO)的原则,固定在一端输入数据(称为入队),在另一端输出数据(称为出队),如图 6-17 所示。

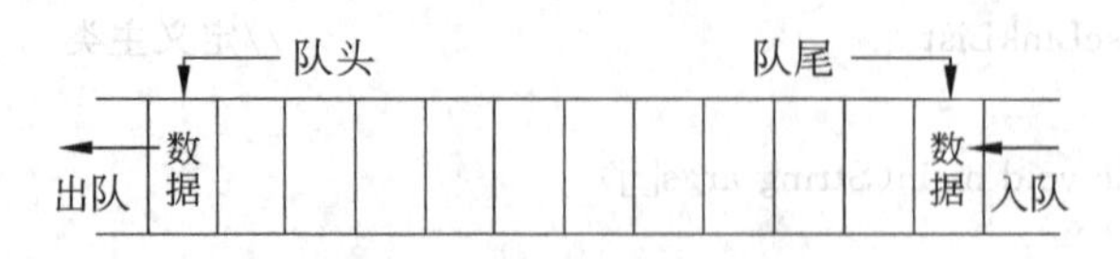

图 6-17　队列数据结构

可见队列中数据的删除和插入都必须在队列的头尾处进行,而不能像链表一样直接在任何位置插入和删除数据。

计算机系统的很多操作都要用到队列这种数据结构。例如当需要在只有一个 CPU

的计算机系统中运行多个任务时，因为计算机一次只能处理一个任务，其他的任务就被安排在一个专门的队列中排队等候。当前任务处理完毕时，CPU 就从队列的输出端取出一个任务执行（出队过程）；而每当产生一个新的任务时，它都被送到队列的输入端排队等候（入队过程），恰似日常生活中的排队，每个任务都必须等待它前面的所有任务都执行完毕之后才能执行，最先进入队列的也最先出队被服务，这就是“先进先出”的原则。另外，打印机缓冲池中的等待作业队列、网络服务器中待处理的客户机请求队列，也都是使用队列数据结构的例子。

队列可以利用前面的链表类来实现。下面的例 6-13 定义了队列类及其使用方法。

例 6-13　UseQueue. java

```
1: public class UseQueue                                    //定义主类，使用队列类
2: {
3:     public static void main(String args[])               //Java Application
4:     {
5:         Queue queue = new Queue( );                      //创建空的新队列
6:         for(int i=1;i<=5;i++)
7:         {
8:             queue.enQueue(i);                            //进队
9:             System.out.println(queue.visitAllNode( ));   //随时观察队中情况
10:        }
11:        System.out.println();                            //输出空行
12:        while(! queue.isEmpty( ))
13:        {
14:            System.out.print(queue.deQueue( ) + "出队;");  //出队
15:            System.out.println("队列中还有:"+queue.visitAllNode( ));
16:        }
17:    }
18: }
19: class Queue extends LinkList                            //队列类是链表类的子类
20: {
21:     boolean isEmpty( )                                  //判断队列是否为空
22:     {
23:         if(m_FirstNode==null)
24:             return true;
25:         else
26:             return false;
27:     }
28:     void enQueue(int newdata)                           //进队操作，在队列尾部加入一个数据
29:     {
30:         Node next = m_FirstNode;
31:         if(next==null)
32:             m_FirstNode = new Node(newdata);
33:         else
```

```
34:    {
35:        while(next.getNext()!=null)
36:            next = next.getNext();
37:        next.setNext(new Node(newdata));
38:    }
39: }
40: int deQueue()                //出队操作,若队列不空,则从队列头部取出一个数据
41: {
42:     int data;
43:     if(! isEmpty())
44:     {
45:         data = m_FirstNode.getData();
46:         m_FirstNode = m_FirstNode.getNext();
47:         return data;
48:     }
49:     else return -1;
50: }
51: }
```

例 6-13 的运行结果如图 6-18 所示。

图 6-18　例 6-13 的运行结果

在这个例子中定义的队列类 Queue 是上一小节中链表 LinkList 类的子类,借用 LinkList 的结构和结点来实现队列的数据结构。Queue 类中定义了 3 个方法 enQueue( )、deQueue( )和 isEmpty( )分别实现进队、出队和判断队列是否为空的操作。该例先创建一个空队列,然后加入若干数据,最后再从队列中顺序取出。

6.11　堆栈

堆栈又称为栈,也是线性数据结构,并且是遵循"后进先出"(LIFO)原则的重要线性数据结构。

栈只能在一端输入输出,它有一个固定的栈底和一个浮动的栈顶。栈顶可以理解为是一个永远指向栈最上面元素的指针。向栈中输入数据的操作成为"压栈",被压入的数据保存在栈顶,并同时使栈顶指针上浮一格。从栈中输出数据的操作称为"弹栈",被弹出的总是栈顶指针指向的位于栈顶的元素。如果栈顶指针指向了栈底,则说明当前的堆栈是空的。

java.util 包中的 Stack 类是 Java 用来实现栈的工具类,它是向量类(Vector)的子类,其主要方法如下。

1. 构造函数

public Stack( )：创建一个空的栈实例。它是栈类唯一的构造函数，创建堆栈时可以直接调用它。

2. 压栈与弹栈操作

public Object push (Object item)：将指定对象压入栈中。该方法返回新进栈的对象(即方法的参数)。

public Object pop ( )：将堆栈最上面的元素从栈中取出，并返回这个对象。

3. 检查堆栈是否为空

public boolean empty( )：若堆栈中没有对象元素，则此方法返回 true，否则返回 false。

例 6-14 说明栈的几种主要操作(压栈和弹栈)，其运行结果如图 6-19 所示。

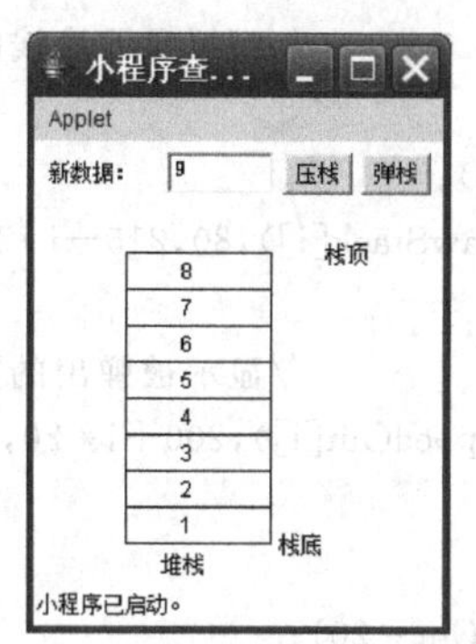

(a) 压栈 (已压入 8 个对象)

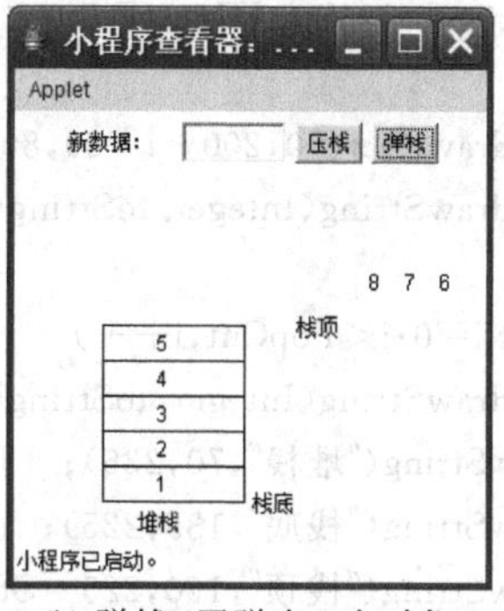

(b) 弹栈 (已弹出 3 个对象)

图 6-19 例 6-14 的运行结果

例 6-14 UseStack .java

```
1: import java.applet.Applet;
2: import java.awt.*;
3: import java.awt.event.*;
4: import java.util.*;
5:
6: public class UseStack extends Applet implements ActionListener
7: {
8:     Stack MyStack;
9:     Label prompt = new Label("新数据：");
10:    Button pushBtn = new Button("压栈");
11:    Button popBtn = new Button("弹栈");
12:    TextField input = new TextField(5);
13:    int[] DrawStack = new int[10];              //记录堆栈中的数据
14:    int[] PoppedOut = new int[20];              //记录被弹出的数据
15:    int StackCnt = 0;                           //记录模拟堆栈的数组中的数据个数
16:    int PopCnt = 0;                             //记录弹出的数据个数
17:    String msg = "";
```

```
18:
19:  public void init( )
20:  {
21:      MyStack = new Stack( );                        //创建堆栈对象
22:      add(prompt);
23:      add(input);
24:      add(pushBtn);
25:      add(popBtn);
26:      pushBtn.addActionListener(this);
27:      popBtn.addActionListener(this);
28:  }
29:  public void paint(Graphics g)
30:  {
31:      for(int i=0;i<StackCnt;i++)                   //模拟显示堆栈内部的数据排列情况
32:      {
33:          g.drawRect(50,200-i*20,80,20);
34:          g.drawString(Integer.toString(DrawStack[i]),80,215-i*20);
35:      }
36:      for(int i=0;i<PopCnt;i++)                     //显示被弹出的数据
37:          g.drawString(Integer.toString(PoppedOut[i]),200+i*20,100);
38:      g.drawString("堆栈",70,236);
39:      g.drawString("栈底",135,225);
40:      g.drawString("栈顶",160,225-StackCnt*20);
41:      g.drawString(msg,200,140);
42:  }
43:  public void actionPerformed(ActionEvent e)
44:  {
45:      if(e.getActionCommand( ) == "压栈")          //压栈操作
46:      {
47:          if(StackCnt<10)
48:          {
49:              MyStack.push(new Integer(input.getText( )));
50:              DrawStack[StackCnt++] = Integer.parseInt(input.getText( ));
51:              input.setText("");
52:          }
53:          else
54:              msg = "输入数据过多,请先弹栈!";
55:      }
56:      else if(e.getActionCommand( ) == "弹栈") //弹栈操作
57:      {
58:          if(! MyStack.empty( ))
59:          {
60:              StackCnt--;
61:              PoppedOut[PopCnt++] = ((Integer)(MyStack.pop( ))).intValue( );
```

```
62:            }
63:            else
64:                msg = "堆栈已空,不能再弹栈!";
65:        }
66:        repaint( );
67:    }
68: }
```

这个程序使用输入框 input 来接收用户输入的数据,并用 pushBtn 按钮对应的操作将该数据压入堆栈,使用 popBtn 按钮对应的操作将数据从栈顶弹出。程序为了显示堆栈中数据排列的情况和数据弹出的情况,还定义了两个一维数组。

在使用压栈、弹栈操作时应注意:压入堆栈和弹出堆栈的都是 Object 对象或是 Object 子类的对象,而不是基本数据类型的数据,所以在上述的例子中堆栈中保存的都是 Integer 类的对象(实际上,一个堆栈里可以保存不同类的对象)。

堆栈最大的特点就是"后进先出"(Last In First Out)。例如在图 6-19 所示的程序演示中,压栈的数据依次为 1~8,则弹栈的顺序为 8、7、6、…,压栈和弹栈操作也可以交叉进行,如弹出几个数据后又压入几个数据等。递归方法的调用和返回是典型的压栈和弹栈的例子。递归方法被调用时,它的数据被压入堆栈保存。递归方法返回时,堆栈里保存的该方法的信息被弹出堆栈。最后被调用的递归方法最先返回,而最先被调用的递归方法最后返回。

6.12　二叉树

前面介绍的堆栈、链表和队列都是线性数据结构。所谓线性数据结构是指其中的每个结点都只有一个前接结点和一个后继结点,这样所有的结点就排列成线状的一列。但是在实际问题和实际应用中,除了线性数据结构,还存在着大量的非线性数据结构。树就是非线性数据结构的典型代表。

树中的每个结点只有一个前接结点,但是可以有多个后继结点。最简单的树,其中各结点只有一个前接结点,且最多只能有两个后继结点,称为二叉树。

图 6-20 显示了一棵简单的二叉树。它的形状像一棵倒长的树,其中每个结点都只有一个前接结点。例如,数据 B 结点的前接结点是数据 A 结点。每个结点可以有最多两个后继结点。例如,数据 C 有数据 E 和数据 F 两个后继结点,数据 E 有数据 G 一个后继结点,而数据 D、G、F 都没有后继结点。

每一棵二叉树中都有且只有一个特殊的没有前接结点的结点,称为根结点。图 6-20 中的数据 A 结点就是根结点,它是二叉树的树根,通过它可以访问二叉树的所有其他结点。二叉树中还有一些没有后继结点的特殊结点。如数据 D、F、G 结点,称为叶结点。它们是二叉树的树叶。

二叉树的结点与链表等线性数据结构的结点不同。除了数据属性之外,它还有两个指针分别指向它的两个后继结点,称为左指针与右指针。对于二叉树的任何一个结点来

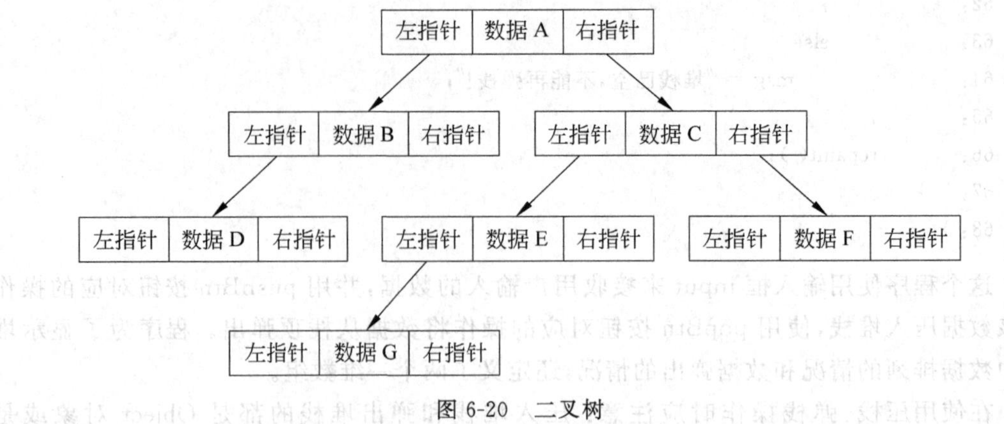

图 6-20 二叉树

说，以其左指针指向的后继结点为根结点的二叉树称为当前结点的左子树，以其右指针指向的后继结点为根结点的二叉树称为当前结点的右子树。例如，数据 A 结点的左子树包括数据 B 和数据 D 两个结点，右子树包括数据 C、E、F、G 4 个结点；数据 B 的左子树只包含一个结点 D，它没有右子树。二叉树的所有叶结点的左右指针都为空，所以叶结点没有左右子树。

1. 创建二叉树

相对于链表等线性数据结构，创建二叉树要复杂得多。这里只介绍其中的一种方法：搜索二叉树。图 6-21 是一棵搜索二叉树的例子。对于搜索二叉树的任何一个结点来说，其左子树中的所有数据都小于该结点的数据，而其右子树中的所有数据都大于该结点的数据。

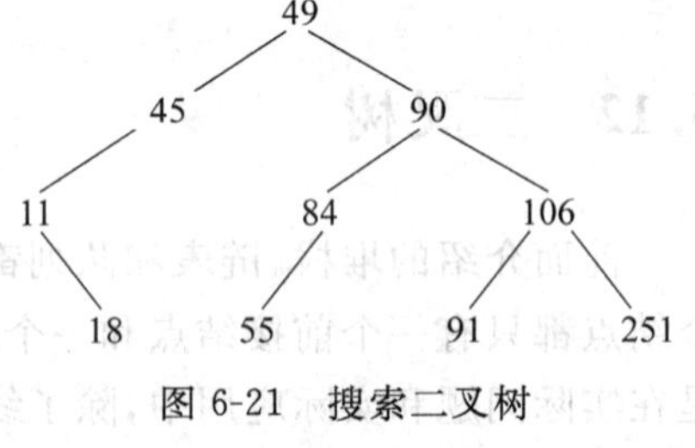

图 6-21 搜索二叉树

由图 6-21 可见，搜索二叉树中右子树的所有数据都大于根结点的数据，也大于左子树的数据。这样，当利用搜索二叉树查找一个数据时，只要把该数据与根结点的数据相比较。若该数据大于根结点的数据，则可以排除掉左子树而到右子树中继续查找；若小于根结点的数据则应到左子树中查找……搜索二叉树就因此得名。可以看出它的原理与对分查找是一致的。

例 6-15 定义了搜索二叉树类及树结点类，并对二叉树的有关操作（如遍历、查找等）进行了测试。该程序较长，但只要分清程序的结构（类的定义、属性的定义和方法的定义等），就可以分段阅读并很容易理解程序。需要注意的是，程序中充分利用了递归算法。

例 6-15 UseBinaryTree.java

```
public class UseBinaryTree                    //定义主类，创建、遍历、查找二叉树
{
  public static void main(String args[])
  {
    int[] dataIn = {49,45,80,11,18,106,55,251,91};   //欲放入二叉树中的数据
    int key1,key2;                            //欲查找的数据(从命令行获得)
```

```
    BinaryTree   my_Tree = new BinaryTree(dataIn[0]); //创建二叉树

    if(args.length<2)                                  //要求提供 2 个命令行参数
    {
       System.out.println("请同时输入 2 个整型命令行参数");
       System.exit(0);
    }
    for(int i=1;i<dataIn.length;i++)
         my_Tree.insertToTree(dataIn[i]);                 //将数据加入二叉树
    System.out.print("先序遍历结果：");
    System.out.println(my_Tree.preOrderReview( ));
    System.out.print("中序遍历结果：");
    System.out.println(my_Tree.inOrderReview( ));
    System.out.print("后序遍历结果：");
    System.out.println(my_Tree.postOrderReview( ));
    key1 = Integer.parseInt(args[0]);
    key2 = Integer.parseInt(args[1]);
    System.out.println("在树中查找数据 " + key1 + ":  "
                    + my_Tree.searchData(key1));
    System.out.println("在树中查找数据 " + key2 + ":  "
                    + my_Tree.searchData(key2));
  }
}

class BinaryTree                                         //二叉树类
{
  TreeNode m_RootNode;                                   //根结点

  BinaryTree(int rootdata)                               //构造函数,创建二叉树及其根结点
  {
    m_RootNode = new TreeNode(rootdata);
  }
  void insertToTree(int newdata)              //将新数据插入二叉树(与下面的方法重载)
  {
      insertToTree(m_RootNode , newdata) ;
  }
  void insertToTree(TreeNode subRoot ,int newdata)
  {                                           //将新数据插入以 subRoot 为根的子树中
    if(newdata>= subRoot.getData( ))
    {                                         //将大于等于当前数据的新结点安排在右子树
       if(subRoot.m_RightPoint == null)
         subRoot.m_RightPoint = new TreeNode(newdata);       //递归头
       else
         insertToTree(subRoot.m_RightPoint , newdata);    //递归调用
```

```
        }
        else
        { //将小于当前数据的新结点安排在左子树
            if(subRoot.m_LeftPoint == null)
                subRoot.m_LeftPoint = new TreeNode(newdata);    //递归头
            else
                insertToTree(subRoot.m_LeftPoint , newdata);     //递归调用
        }
    }
    String preOrderReview( )          //先序遍历整棵树,与下面的方法形成方法的重载
    {
        return preOrderReview(m_RootNode);
    }
    String preOrderReview(TreeNode subRoot)     //先序遍历以 subRoot 为根结点的子树
    {
        String s="";
        if(subRoot==null)
            return s;                                            //递归头
        else
        {
            s = s + subRoot.getData( ) +";";                     //先访问当前根结点
            s = s + preOrderReview(subRoot.getLeftPoint( ));     //然后访问左子树
            s = s + preOrderReview(subRoot.getRightPoint( ));    //然后访问右子树
            return s;
        }
    }
    String inOrderReview( )                                      //中序遍历整棵树
    {
        return inOrderReview(m_RootNode);
    }
    String inOrderReview(TreeNode subRoot)      //中序遍历以 subRoot 为根结点的子树
    {
        String s="";
        if(subRoot==null)
            return s;                                            //递归头
        else
        {
            s = s + inOrderReview(subRoot.getLeftPoint( ));      //先访问左子树
            s = s + subRoot.getData( ) + ";" ;                   //再访问当前根结点
            s = s + inOrderReview(subRoot.getRightPoint( ));     //最后访问右子树
            return s;
        }
    }
    String postOrderReview( )                                    //后序遍历整棵树
```

```
    {
        return postOrderReview(m_RootNode);
    }
    String postOrderReview(TreeNode subRoot)          //后序遍历以 subRoot 为根结点的子树
    {
      String s="";
      if(subRoot==null)
         return s;                                           //递归头
      else
      {
         s = s + postOrderReview(subRoot.getLeftPoint( ));   //先访问左子树
         s = s + postOrderReview(subRoot.getRightPoint( ));  //再访问右子树
         s = s + subRoot.getData( )+"; ";                    //最后访问当前根结点
         return s;
      }
    }
    String searchData(int key)            //查找整棵二叉树中与 key 匹配的数据
    {
        return searchData(m_RootNode,key);
    }
    String searchData(TreeNode subRoot, int key)
    {                                     //在 subRoot 为根结点的子树中查找 key
        String s = "未找到";
        if(subRoot == null)
          return s;                                            //递归头 1：未找到
        else
        {
          s = subRoot.getData( ) + "→";
          if(key == subRoot.getData( ))                        //递归头 2：找到
             return s+"找到";
          else if(key > subRoot.getData( ))
             return s + searchData(subRoot.getRightPoint( ),key);   //向右子树查找
          else
             return s + searchData(subRoot.getLeftPoint( ),key);    //向左子树查找
        }
    }
}

class TreeNode                                                  //二叉树的结点类
{
    TreeNode  m_LeftPoint;                                      //左指针,指向左子树
    TreeNode  m_RightPoint;                                     //右指针,指向右子树
    private int  m_Data;                                        //结点中的数据域
```

```
    TreeNode(int newdata)                                        //构造函数
    {
        m_Data = newdata;
        m_LeftPoint = null;
        m_RightPoint = null;
    }
    int getData( )
    {
        return m_Data;
    }
    void setData(int newdata)
    {
        m_Data = newdata;
    }
    TreeNode getLeftPoint( )
    {
        return m_LeftPoint;
    }
    TreeNode getRightPoint( )
    {
        return m_RightPoint;
    }
}
```

在例 6-15 中,定义了供二叉树使用的树结点类 TreeNode,其中包含数据域和左右指针域。

在例 6-15 中,主要代码是定义了搜索二叉树类 BinaryTree,它包含一个根结点 m_RootNode 域和若干方法(创建、插入数据、遍历和查找二叉树等)。

例 6-15 中使用的创建二叉树的方法比较简单,最后形成的二叉树与数据输入的顺序有很大的关系。读者可以改变程序进行实验。一个极端的例子是把数组 dataIn[]中的数据按由小到大的升序排列,此时生成的二叉树的每个结点都仅有右子树,实际上退化成了一个线性数据结构的链表。所以要真正使搜索二叉树发挥作用,还需要对生成的二叉树作均衡处理,以降低输入顺序对树结构的影响。由于二叉树均衡算法较复杂,这里就不再介绍了,感兴趣的读者可以参考数据结构方面的书籍。

2. 二叉树的遍历与查找

遍历二叉树就是要访问二叉树中的所有结点。通常遍历二叉树有先序、中序和后序 3 种不同的算法。

(1) 先序遍历按照"根结点—左子树—右子树"的顺序访问二叉树。在例 6-15 中使用方法 preOrderReview( )实现。

(2) 中序遍历按照"左子树—根结点—右子树"的顺序访问二叉树的所有结点,在例 6-15 中用方法 inOrderReview( )实现。

(3) 后序遍历按照"左子树—右子树—根结点"的顺序访问二叉树的所有结点,在例

6-15 中用方法 postOrderReview( )实现。

可见 3 种算法的差别主要表现在对根结点的访问顺序上，而左子树中诸结点的访问顺序永远在右子树的前面。图 6-22 显示了例 6-15 的运行结果。

这个程序将建立一棵如图 6-21 所示的二叉树，并按 3 种遍历算法得到访问结果。

```
命令提示符
D:\temp>java UseBinaryTree 13 91
先序遍历结果: 49; 45; 11; 18; 80; 55; 106; 91; 251;
中序遍历结果: 11; 18; 45; 49; 55; 80; 91; 106; 251;
后序遍历结果: 18; 11; 45; 55; 91; 251; 106; 80; 49;
在树中查找数据 13:  49→45→11→18→ 未找到
在树中查找数据 91:  49→80→106→91→ 找到

D:\temp>
```

图 6-22　例 6-15 的运行结果

从图 6-22 中可以看出，对于搜索二叉树，中序遍历的结果就是树中所有数据的升序排列。例 6-15 还将根据用户输入的命令行参数来查找已建立的二叉树，查找方法也采用了递归算法。实际上这个查找方法也可以不使用递归技术，而仅仅利用一个简单的循环完成。

```
String searchData(int key)                          //用循环查找二叉树
{
    String s = "";
    TreeNode next = m_RootNode;
    while(next ! = null)                            //直到叶结点
    {
        s = s + next.getData( ) + "; " ;            //记录查找过程中的比较
        if( next.getData( ) == key)                 //找到
            return s + "找到";
        else if( key > next.getData( ) )            //到右子树查找
            next = next.getRightPoint( );
        else                                        //到左子树查找
            next = next.getLeftPoint( );
    }
    return s+"未找到";                              //未找到
}
```

在这里递归和循环是可以相互转换的。比较二者可以得知：递归含义明确、程序简单，但是运行时占用系统堆栈较多；循环不占用堆栈，没有堆栈溢出的危险，但是程序比较累赘，当程序较复杂时难于理解。

6.13　小结

本章介绍了 Java 的常用工具、算法和数据结构。6.1 节介绍了 Java 的语言基础类库 java.lang，包括其中的 Object 类、各种数据类型类、完成复杂数学运算的 Math 类和完成各种操作系统级操作的 System 类。6.2 节介绍了编写 Applet 小程序必须要使用的 Applet 类，包括 Applet 类的主要方法和 Applet 小程序的基本原理及其与 HTML 文件的配合使用。6.3 节、6.4 节和 6.5 节依次介绍的数组、向量和字符串，它们是 Java 编程中经常使用到的结构，读者应该熟练掌握。6.6 节、6.7 节和 6.8 节分别介绍了 3 种常见的编程方法：递归、查找和排序。6.9 节、6.10 节、6.11 节和 6.12 节分别介绍了 4 种常用的数据结构：链表、队列、堆栈和二叉树。

本章内容为读者提供了面向对象程序设计的大量应用实例。

习　题

6-1　在所有的 Java 系统类中，Object 类有什么特殊之处？它在什么情况下使用？

6-2　试列举你使用过的数据类型类，数据类型类与基本数据类型有什么关系？

6-3　Math 类用来实现什么功能？设 x，y 是整型变量，d 是双精度型变量，试书写表达式完成下面的操作：

(1) 求 x 的 y 次方。

(2) 求 x 和 y 的最小值。

(3) 求 d 取整后的结果。

(4) 求 d 四舍五入后的结果。

(5) 求 atan(d)的数值。

6-4　Math.random( )方法用来实现什么功能？下面的语句起到什么作用？

(int)(Math.random( ) * 6)+1

编程生成 100 个 1～6 之间的随机数，统计 1～6 每个数出现的概率；修改程序，使之生成 1000 个随机数并统计概率；比较不同的结果并给出结论。

6-5　System.exit( )方法有什么作用？在什么情况下使用？

6-6　试述 Applet 的基本工作原理。系统类 Applet 属于类库中的哪个包？

6-7　Applet 类有哪些方法可以被浏览器自动调用？简述它们的作用。

6-8　编写一个 Applet 程序，接受 HTML 文件传递的整数参数，根据该参数指定 Applet 中文本框的长度。编写对应的 HTML 文件运行这个 Applet。

6-9　Applet 的 paint( )方法有一个什么类型的形式参数？利用它可以完成什么操作？

6-10　什么是数组？数组有哪些特点？Java 中创建数组需要使用哪些步骤？如何访问数组的一个元素？数组元素的下标与数组的长度有什么关系？

6-11　编程求一个整数数组的最大值、最小值、平均值和所有数组元素的和。

6-12　向量与数组有何不同？它们分别适合于什么场合？

6-13　编写 Applet 程序创建 200 电话卡的对象。程序自动生成 200 电话卡的卡号，由用户输入密码(输入密码的文本框应用“*”字符屏蔽)和金额，接入号码和附加费固定为 200 和 0.1。每创建一个 200 电话卡对象后，就输出它的有关信息。程序可以创建任意个数的对象，并把它们按照金额升序排列在一个向量对象中。

6-14　在 6-13 题的基础上增加查找功能，用户输入一个卡号，程序输出对应电话卡的金额。如果找不到，则输出相应的提示信息。

6-15　什么是字符串？Java 中的字符串分为哪两个类？

6-16　编写 Applet 程序，接受用户输入的一个字符串和一个字符，把字符串中所有指定的字符删除后输出。

6-17　编程判断一个字符串是否回文。

6-18　String 类的 concat( )方法与 StringBuffer 类的 append( )方法都可以连接两个字符串，它们之间有何不同？

6-19　编写 Application 程序，接受命令行参数指定的整数范围，输出这个范围之内的所有完全数。

6-20　什么是递归方法？递归方法有哪两个基本要素？编写一个递归程序求一个一维数组所有元素的乘积。

6-21　什么是排序？你了解几种排序算法？它们各自有什么优缺点？分别适合在什么情况下使用？

6-22　编写 Applet 程序，接受用户输入的若干字符串，并按字典序排序输出。要求使用两种以上的排序算法。

6-23　定义一个堆栈类 MyStack，要求继承 java. util. Vector 类，并在充分利用 Vector 类方法的基础上实现堆栈类的几个主要方法（构造方法、压栈、弹栈、测试堆栈是否为空等）。

6-24　什么是查找？常用的查找算法有哪些？修改 6-22 题的程序，用户每输入一个字符串，都把它保存在按字典序排列的合适位置上，请利用对分法找到合适的插入位置。

6-25　什么是链表？链表与数组有何不同？链表有什么特点？修改例 6-11 的程序，将 Node 类的数据域 data 的对象类型改为 Object，使之可以适用于不同的场合。

6-26　什么是队列？队列与链表有何不同？队列有什么特点？试列举一个可以用队列数据结构解决的问题。

6-27　什么是堆栈？堆栈与队列有何不同？堆栈有什么特点？在 Java 中如何方便地使用堆栈？利用堆栈修改 6.6 节的例题，记录各次递归调用的情况并输出。

6-28　什么是树？树与数组、链表、队列和堆栈有何不同？什么是二叉树？什么是搜索二叉树？试解释结点、根、子树和左子树的概念。

6-29　什么是前序遍历？什么是中序遍历？什么是后序遍历？有一棵二叉树，其前序遍历的结果是 ABDGHECFI，中序遍历的结果是 GDHBEAFIC，试画出这棵二叉树并写出它的后序遍历结果。

6-30　利用 6-24 题编写的链表派生出一个可以保存任意对象的队列，使用这个队列按层遍历二叉树。按层遍历是指先访问根结点，再访问根结点下一个层次的结点，依此类推。例如图 6-21 中的二叉树按层遍历的结果为 49，45，80，11，55，106，18，91，251。

第 7 章

图形用户界面的设计与实现

本章介绍 Java 程序中图形用户界面(GUI)的设计与实现，图形用户界面是程序与用户交互的窗口。每个图形界面下的 Java 程序都必须设计、建立自己的图形用户界面并利用它接受用户的输入，向用户输出程序运行的结果。本章将介绍图形用户界面的基本组成和主要操作，包括绘制图形，显示动画，使用 AWT 包各组件和实现 Java 的事件处理功能等。

7.1 图形用户界面概述

设计和构造用户界面，是软件开发中的一项重要工作。用户界面是计算机的使用者——用户与计算机系统交互的接口，用户界面功能是否完善，使用是否方便，将直接影响到用户对应用软件的使用。图形用户界面(Graphics User Interface，GUI)，使用图形的方式借助菜单、按钮等标准界面元素和鼠标操作，帮助用户方便地向计算机系统发出命令，启动操作，并将系统运行的结果同样以图形的方式显示给用户。图形用户界面画面生动、操作简便，省去了字符界面用户必须记忆各种命令的麻烦，深受广大用户的喜爱和欢迎，已经成为目前几乎所有应用软件的既成标准。所以，学习设计和开发图形用户界面，是应用软件开发人员必修的一课。

随着图形用户界面的普及和界面元素标准化程度的提高，许多辅助设计和实现图形用户界面的方法和工具也相应出现，例如，可视化编程方法允许设计人员直接绘出图形界面，然后交给专门的工具自动编码生成这个图形界面，免除了开发者的许多编程负担，目前许多应用软件开发工具都具有可视化编程的功能。

Java 语言中，为了方便图形用户界面的开发，设计了专门的类库来生成各种标准图形界面元素和处理图形界面的各种事件。这个用来生成图形用户界面的类库就是 java.awt 包。AWT 是 Abstract Window Toolkit(抽象窗口工具集)的缩写。所谓抽象，是因为 Java 是一种跨平台的语言，要求 Java 程序能在不同的平台系统上运行，这对于图形用户界面尤其困难。为了达到这个目标，AWT 类库中的各种操作被定义成在一个并不存在的“抽象窗口”中进行。正如 Java 虚拟机使得 Java 程序独立于具体的软硬件平台一样，“抽象窗口”使得开发人员所设计的界面独立于具体的界面实现。也就是说，开发人员用 AWT 开发出的图形用户界面可以适用于所有的平台系统。当然，这仅是理想情况。实际上 AWT 的功能还不是很完全，Java 程序的图形用户界面在不同的平台上(例如，在不同的浏览器中)可能会出现不同的运行效果，如窗口大小、字体效果将发生变化等。

首先考察一下图形用户界面的构成。

简单地说，图形用户界面就是一组图形界面成分和界面元素的有机组合，这些成分和元素之间不但外观上有着包含、相邻、相交等物理关系，内在的也有包含、调用等逻辑关系，它们互相作用、传递消息，共同组成一个能响应特定事件、具有一定功能的图形界面系统。

设计和实现图形用户界面的工作主要有两个：

(1) 创建组成界面的各成分和元素，指定它们的属性和位置关系，根据具体需要排列它们，从而构成完整的图形用户界面的物理外观。

(2) 定义图形用户界面的事件和各界面元素对不同事件的响应，从而实现图形用户界面与用户的交互功能。

Java 中构成图形用户界面的各种元素和成分可以粗略地被分为三类：容器、控制组件和用户自定义成分。

1. 容器

容器是用来组织其他界面成分和元素的单元。一般说来一个应用程序的图形用户界面首先对应于一个复杂的容器，如一个窗口。这个容器内部将包含许多界面成分和元素，这些界面元素本身也可能又是一个容器，这个容器再进一步包含它的界面成分和元素，依此类推就构成一个复杂的图形界面系统。

容器的引入有利于分解图形用户界面的复杂性，当界面的功能较多时，使用层层相套的容器是非常有必要的。

2. 控制组件

与容器不同，控制组件是图形用户界面的最小单位之一，它里面不再包含其他的成分。控制组件的作用是完成与用户的一次交互，包括接收用户的一个命令(如菜单命令)，接收用户的一个文本或选择输入，向用户显示一段文本或一个图形，等等。从某种程度上来说，控制组件是图形用户界面标准化的结果，目前常用的控制组件有选择类的单选按钮、复选框和下拉列表；有文字处理类的文本框、文本区域；有命令类的按钮、菜单等。其中文本框、按钮和标签是前面例子中使用过的 GUI 组件。

使用控制组件，通常需要如下的步骤：

(1) 创建某控制组件类的对象，指定其大小等属性。

(2) 使用某种布局策略，将该控制组件对象加入到某个容器中的某指定位置。

(3) 将该组件对象注册给它所能产生的事件对应的事件监听者，编写监听者类的事件处理方法(实现接口的方法)，从而实现用户界面上各组件的功能，也即用户界面按设计要求所应实现的功能。

严格说来，容器也是一种控制组件，因为一个容器也可以被视为组件而包含在其他容器的内部。

3. 用户自定义成分

除了上述的标准图形界面元素，编程人员还可以根据用户的需要设计一些用户自定义的图形界面成分，例如绘制一些几何图形、使用标志图案等。用户自定义成分由于不能像标准界面元素一样被系统识别和承认，所以通常只能起到装饰、美化的作用，而不能响应用户的动作,也不具有交互功能。

7.2 用户自定义成分

本节主要介绍如何利用 Java 类库中的类及其方法来绘制用户自定义的图形界面成分。编程人员可以利用这些方法自由地绘制图形和文字,也可以将已经存在的图形、动画等加载到当前程序中来。绘制图形和文字将要用到前面已经接触过的类 Graphics。

Graphics 是 java.awt 包中一个类,其中包括了很多绘制图形和文字的方法。当一个 Applet 运行时,执行它的浏览器会自动为它创建一个 Graphics 类的实例,利用这个实例,就可以在 Applet 中随意绘制图形和文字。实际上 Applet 本身就是一个图形界面的容器。而如果希望在图形界面的 Java Application 程序中绘制图形,则需要创建一个 Canvas 类的对象加入到这个 Application 程序的图形界面容器中,Canvas 对象也拥有一个与 Applet 类的 paint( )方法相同的 paint( )方法,利用系统传递给这个 paint( )方法的 Graphics 类参数对象就可以在 Application 程序的图形用户界面中绘制各种图形和文字。

7.2.1 绘制图形

利用 Graphics 类可绘制的图形有直线、矩形、多边形、圆和椭圆等。下面的例子综合了这些方法。

例 7-1 DrawFigures.java

```
1: import java.awt.*;
2: import java.applet.Applet;
3: public class DrawFigures extends Applet
4: {
5:    public void paint ( Graphics g)
6:    {
7:        g.drawLine(30,5,40,5);                     //画直线
8:        g.drawRect(40,10,50,20);                   //画矩形框
                            //左上角 x 坐标,左上角 y 坐标,x 轴尺寸,y 轴尺寸
9:        g.fillRect(60,30,70,40);                   //画实心矩形
10:       g.drawRoundRect(110,10,130,50,30,30);      //画圆角矩形框
              //左上角坐标(x,y),(宽,高),(四角弧形的水平、垂直直径)
11:       g.drawOval(150,120,70,40);                 //画椭圆形框
                            // 左上角 x 坐标,左上角 y 坐标,x 轴尺寸,y 轴尺寸
12:       g.fillOval(190,160,70,40);                 //画实心椭圆
13:       g.drawOval(90,100,50,40);                  //画椭圆形框
14:       g.fillOval(130,100,50,40);                 //画实心椭圆
15:       drawMyPolygon(g);                          //自定义的画多边形的方法
16:       g.drawString("They are figures!",100,220);
17:    }
18:    public void drawMyPolygon( Graphics g)
```

```
19:     {
20:         int[]  xCoords = { 30,50,65,119,127};        //保存多边形各点 x 坐标的数组
21:         int[]  yCoords = {100, 140,127,169,201};     //保存多边形各点 y 坐标的数组
22:         g.drawPolygon( xCoords,yCoords,5);            //画自由多边形框
23:     }
24: }
```

图 7-1 是例 7-1 的运行结果。从例 7-1 可以看出，要在 Java 程序图形界面的容器中绘制图形，首先需要明确希望绘制的图形是什么，是圆、椭圆，还是直线，然后选定相应的方法来绘制；其次，需要指明所绘制图形或文字的大小和位置，这要通过相对于界面容器的二维像素坐标来决定。Java 的屏幕坐标是以像素为单位，容器的左上角被确定为横坐标(x 轴)和纵坐标(y 轴)的起点，向右和向下延伸坐标值递增。

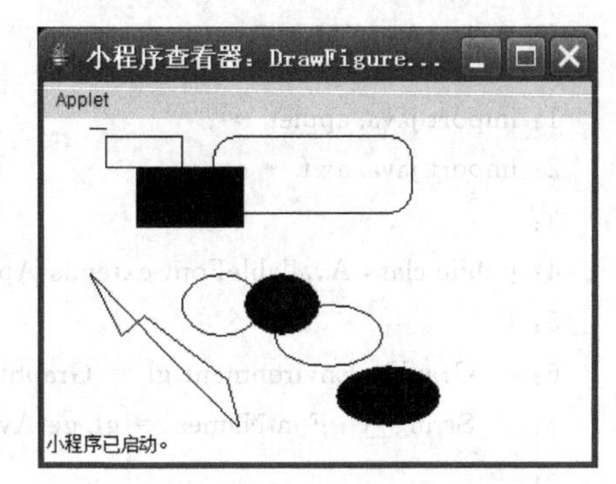

图 7-1　例 7-1 的运行结果

绘制图形的方法很多，每种方法一般也有多种灵活的使用方式，这里不再赘述，读者可以查阅程序员手册中的详细说明。

除了 Graphics 类，Java 中还定义了其他一些用来表示几何图形的类，对绘制用户自定义成分也很有帮助。例如，利用 Point 表示一个像素点；利用 Dimension 类表示宽和高；利用 Rectangle 类表示一个矩形；利用 Polygon 类表示一个多边形；利用 Color 类表示颜色等，后面的例子中将利用这些系统定义的类绘图。

7.2.2　设置字体——Font 类

从前面的例子中可以知道，Graphics 类的方法 drawString( )可以在屏幕的指定位置显示一个字符串。Java 中还有一个类 Font，使用它可以获得更加丰富多彩的字体显示效果。

一个 Font 类的对象表示了一种字体显示效果，包括字体类型、字型和字号。下面的语句用于创建一个 Font 类的对象：

```
Font MyFont = new Font ( "TimesRoman", Font.BOLD, 12 );
```

这是一个含有三个参数的构造函数，通过三个参数可分别指定 Font 对象的字体、字型和字号。可以指定的字体有 TimesRoman、Courier 和 Arial 等；指定字型时则需要用到 Font 类的三个常量：Font. PLAIN(一般)、Font. BOLD(粗体)和 Font. ITALIC(斜体)；字号的单位是磅。

例如，上面创建的 MyFont 对象对应的是 12 磅 TimesRoman 类型的黑体字。

如果希望使用该 Font 对象，则可以利用 Graphics 类的 setFont( )方法：

```
g. setFont ( MyFont );
```

如果希望指定控制组件(如按钮或文本框)的字体效果，可以使用控制组件的方法

setFont( )。如设 btn 是一个按钮对象,则语句:

```
btn. setFont(MyFont);
```

将把这个按钮上显示的字体改为 12 磅的 TimesRoman 黑体字。

另外,与 setFont( )方法相对的 getFont( )方法将返回当前 Graphics 或组件对象使用的字体。

例 7-2 是显示各种字体的测试。

例 7-2 AvailableFonts. java

```
1: import java. applet. * ;
2: import java. awt. * ;
3:
4: public class AvailableFont extends Applet
5: {
6:    GraphicsEnvironment gl = GraphicsEnvironment. getLocalGraphicsEnvironment( );
7:    String[]  FontNames = gl. getAvailableFontFamilyNames( );
8:
9:    public void paint(Graphics g)
10:   {
11:       Font current,oldFont;
12:
13:       oldFont = g. getFont( );          //保存原字体
14:       for(int i=0;i<FontNames. length;i++)
15:       {
16:           current = new Font(FontNames[i],Font. PLAIN,20);
17:           g. setFont(current);          //采用新字体
18:           g. drawString(current. getName( ),10+i%3 * 250,20+i/3 * 20);
19:       }
20:       g. setFont(oldFont);              //恢复原字体
21:   }
22: }
```

在例 7-2 的程序中,首先在第 6 句利用 java. awt 包的 GraphicsEnvironment 类的静态方法 getLocalGraphicsEnvironment( )获得代表 Java 程序运行的当前平台的图形环境的对象 gl,然后在第 7 句调用 gl 对象的 getAvailableFontFamilyNames( )方法获得当前平台上所有可以使用的字体名字,并返回给字符串数组 FontNames[],这个数组的每个元素是一个代表字体名的字符串。

程序的第 13 句首先获取并保存当前默认的字体对象。第 14~19 句的循环依次从上面的数组中取出当前环境中可用的字体,并就用这种字体输出该字体的名字,每 4 个字体占用一行,其中第 16 句是使用 Font 类的构造函数创建新字体对象。最后,第 20 句把字体恢复成原来的默认值。例 7-2 的运行结果如图 7-2 所示。

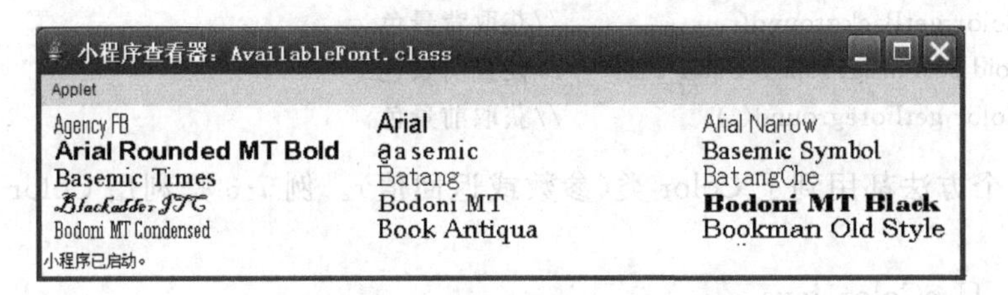

图 7-2　例 7-2 的运行结果(显示部分行)

7.2.3　设置颜色——Color 类

Applet 中显示的字符串或图形的颜色可以用 Color 类的对象来控制，每个 Color 对象代表一种颜色，用户既可以直接使用 Color 类中定义好的颜色常量，也可以通过调配红、绿、蓝三色的比例创建自己的 Color 对象。

Color 类中定义有如下的三种构造函数：

```
public Color(int Red, int Green, int Blue);
public Color(float Red, float Green, float Blue);
public Color(int RGB);
```

不论使用哪个构造函数创建 Color 对象，都需要指定新建颜色中 R(红)、G(绿)、B(蓝)三色的比例。在第一个构造函数中通过三个整型参数指定 R、G、B，每个参数的取值范围在 0～255 之间；第二个构造函数通过三个浮点参数指定 R、G、B，每个参数的取值范围在 0.0～1.0 之间；第三个构造函数通过一个整型参数指明其 RGB 三色比例，这个参数的 0～7 位(取值范围为 0～255)代表红色的比例，8～15 位代表绿色的比例，16～23 位代表蓝色的比例。

例如下面的语句创建的是代表蓝色的 Color 对象：

```
Color blueColor = new Color(0,0,255);
```

调用 Graphics 对象的 setColor( )方法可以把当前的默认颜色修改成新建的颜色：

```
g.setColor(blueColor);
```

此后调用该 Graphics 对象完成的绘制工作，如绘制图形、字符串等，都使用这个新建颜色。

除了创建自己的颜色，也可以直接使用 Color 类中定义好的颜色常量，如：

```
g.setColor(Color.red);
```

Color 类中共定义了 13 种静态颜色常量，包括 black、orange、pink、grey 等，使用时只需以 Color 为前缀，非常方便。

对于 GUI 的控制组件，它们有 4 个与颜色有关的方法分别用来设置和获取组件的背景色和前景色：

```
public void setBackground( Color c )      //设置背景色
```

```
public Color getBackground( )             //获取背景色
public void setForeground( Color c )      //设置前景色
public Color getForeground( )             //获取前景色
```

上述 4 个方法都用到了 Color 类(参数或返回值)。例 7-3 是利用 Color 类设置颜色的例子。

例 7-3 UseColor. java

```
1: import java.applet.Applet;
2: import java.awt.*;
3:
4: public class UseColor extends Applet
5: {
6:   Color oldColor;
7:    int cr, cg, cb ;                            //保存三色比例的变量
8:
9:    public void init( )
10:   {
11:       cr = Integer.parseInt(getParameter("red"));
12:       cg = Integer.parseInt(getParameter("green"));
13:       cb = Integer.parseInt(getParameter("blue"));
14: }
15:  public void paint(Graphics g)
16:   {
17:       oldColor = g.getColor( );                    //保存原有的默认颜色
18:       g.setFont( new Font( "Arial",Font.BOLD,15 ) );  //设新字体
19:       g.setColor(new Color(cr,cg,cb));             //置新颜色
20:       g.drawString("How do you think about Current color:"
21:           + g.getColor( ).toString( ),10,20); //用新建颜色显示该颜色的三色分量
22:       g.setColor(oldColor);                        //恢复原有颜色
23:       g.drawString("Back to old default color:"+ g.getColor( ).toString( ),10,40);
24:   }
25: }
```

例 7-3 的运行结果如图 7-3 所示。

例 7-3 利用 HTML 文件传递给 Java Applet 的三个参数作为 R、G、B 三色的比例。第 19 句用这个比例创建颜色对象,并用新颜色显示字符串(包括新颜色中三色的比例含量)。第 22 句再恢复原来的默认颜色。

此程序对应的 HTML 文件如下:

```
<html><head><title>UseColor</title></head>
<body><hr>
<applet  code=UseColor  width=450  height=250>
<PARAM name=red value=255>
<PARAM name=green value=0>
```

```
    <PARAM name=blue value=0>
    </applet><hr>
    </body></html>
```

通过改变三个参数的数值(应在 0～255 之间),就可以指定不同的颜色而不需要重新编译 Java Applet 程序。

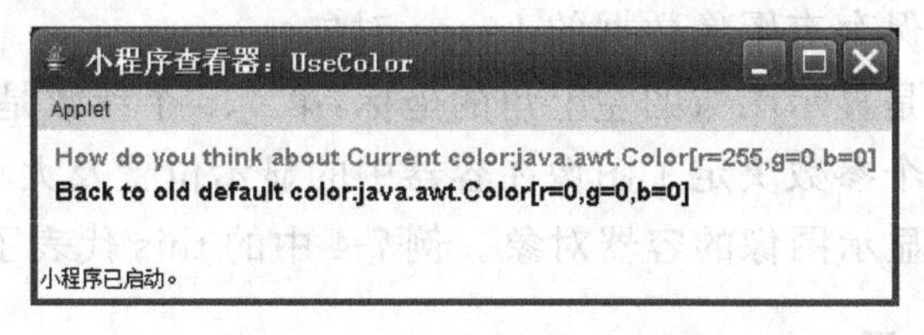

图 7-3　例 7-3 的运行结果

7.2.4　显示图像

由于图像的数据量要远远大于图形,所以一般不在程序中自行绘制图像,而是把已经存在于本机硬盘或网络某地的二进制图像文件直接调入内存。图像文件有多种格式,如 bmp 文件、gif 文件和 tiff 文件等,其中 gif 是 Internet 上常用的图像文件格式。

Java 中可以利用 Graphics 类的 drawImage( )方法显示图像,请看下面的例子。

例 7-4　DrawMyImage.java

```
1: import java.awt.*;
2: import java.applet.Applet;
3: public class DrawMyImage extends Applet
4: {
5:     Image  myImage;
6:     public void init()
7:     {
8:         myImage = getImage(getDocumentBase(), "礼堂.jpg");
9:     }
10:    public void paint(Graphics g)
11:    {
12:        g.drawImage(myImage, 0, 0, 300, 200, this);
13:    }
14: }
```

图 7-4 是例 7-4 的运行结果。

图 7-4　例 7-4 的运行结果

在例 7-4 中,我们使用了 Image 类的对象 myImage 来保存二进制的图像数据,其中 getImage( )方法是系统为 Applet 类定义的一个方法,该方法返回含有指定图像文件内容的 Image 对象。

getImage( )方法有两个参数。第一个参数是图像文件所在的 URL 地址,在上面例子中由于图像文件与 HTML 文件保存在同一个路径下，所以使用 Applet 类另一个方法 getDocumentBase( ) 来获取含有该 Applet 的 HTML 文件的 URL 地址；getImage( )方法的第二个参数是图像文件的文件名。Java 可以识别的图像文件格式有 bmp、gif、jpg 等。

drawImage( )是 Graphics 类中用来显示图像的方法，它有几种形式（重载）。例 7-4 程序中使用的方法包含 6 个参数：

- 第 1 个参数是保存有图像数据的 Image 对象。
- 第 2、3 个参数是显示图像的左上角的坐标，第 4、5 个参数是指定图像显示的宽度和高度。这 4 个参数决定了图像在容器中的显示位置及大小。
- 第 6 个参数是显示图像的容器对象。例 7-4 中的 this 代表了当前的 Applet 对象。

7.2.5　实现动画效果

动画曾是 Java Applet 最吸引人的特性之一。用 Java 实现动画的原理与放映动画片类似，取若干相关的图像或图片，顺序、连续地在屏幕上先显示，后擦除，循环往复就可以获得动画的效果。

例 7-5 是动画演示的一个例子。

例 7-5　ShowAnimator. java

```
1: import java.applet.Applet;
2: import java.awt.*;
3:
4: public class ShowAnimator extends Applet
5: {
6:     Image[]  m_Images;            //保存图片序列的 Image 数组
7:     int totalImages = 18;         //图片序列中的图片总数
8:     int currentImage = 0;         //当前时刻应该显示的图片序号
9:
10:    public void init( )
11:    {
12:        m_Images = new Image[totalImages];
13:      //从当前目录下的 images 子目录中将 Img0.gif 到 Img17.gif 的文件加载
14:        for(int i=0;i<totalImages;i++)
15:          m_Images[i] = getImage(getDocumentBase( ),"images\\Img"+ i + ".gif");
16:    }
17:    public void start( )
18:    {
19:        currentImage = 0;          //从第一幅开始显示
20:    }
21:    public void paint(Graphics g)
22:    {
23:       g.drawImage(m_Images[currentImage],50,50,this);  //显示当前序号的图片
24:        currentImage = ++currentImage % totalImages;  //计算下一显示图片的序号
25:        try{
```

```
26:             Thread.sleep(50);           //程序休眠 50 毫秒
27:         }
28:         catch(InterruptedException e)   //处理执行休眠方法可能引发的异常
29:         {
30:             showStatus(e.toString());
31:         }
32:         repaint();  //图片停留 50 毫秒后被擦除,重新调用 paint()显示下一张图片
33:     }
34: }
```

例 7-5 程序使用的图像文件放在 HTML 文件所在目录下的 images 子目录下,文件名为 img0.gif~img17.gif 。程序的第 14~15 行的循环使用 Applet 的 getImage( )方法获取所有的.gif 图像文件(注意其目录)。第 21~33 行的 paint( )方法一次显示一幅图像,稍待片刻后再显示 Image 对象数组中的下一幅图像。

例 7-5 中使用了 Thread.sleep( )方法,目的是使当前的程序线程休眠一段时间,以便每幅图片在下一幅图片显示之前能在屏幕上逗留一小段时间。关于线程的具体编程将在以后的章节详细介绍。

在设计和实现程序的图形用户界面的过程中,绘制用户自定义成分仅仅完成了一部分工作,它可以装饰、美化用户界面,但却无法接收程序运行过程中的用户发出的指令,不能提供与用户的动态交互。Java 中用来解决这个问题的机制是事件及其处理。

7.3 Java 的标准组件与事件处理

7.3.1 Java 的事件处理机制

图形用户界面之所以能为广大用户所喜爱并最终成为事实上的标准,很重要的一点就在于它可以用更灵活、简便的方式来接收用户命令。用户在图形用户界面中输入命令是通过移动鼠标对特定图形界面元素单击、双击鼠标键来实现的。为了能够接收用户的命令,图形用户界面的系统首先应该能够识别这些鼠标和键盘的操作并做出相应的响应。通常每一个键盘或鼠标操作会引发一个系统预先定义好的事件,用户程序只需要编制代码定义每个特定事件发生时程序应做出何种响应即可。这些代码会在它们对应的事件发生时由系统自动调用,这就是图形用户界面中事件和事件响应的基本原理。

在 Java 中,除了键盘和鼠标操作,系统的状态改变、标准图形界面元素等都可以引发事件,对这些事件分别定义处理代码,就可以保证应用程序在不同的状况下都合理有效、有条不紊地正常工作。

Java 的事件处理机制中引入了委托事件模型(如图 7-5 所示),不同的事件由不同的监听者处理。

图 7-5 中,图形用户界面的每个可能产生事件的组件被称为事件源,不同事件源上发生的事件的种类不同。例如,Button(按钮)对象或 MenuItem(菜单项)对象等作为事件源可能引发 ActionEvent 类代表的事件 ACTION_PERFORMED;Checkbox(复选框)对

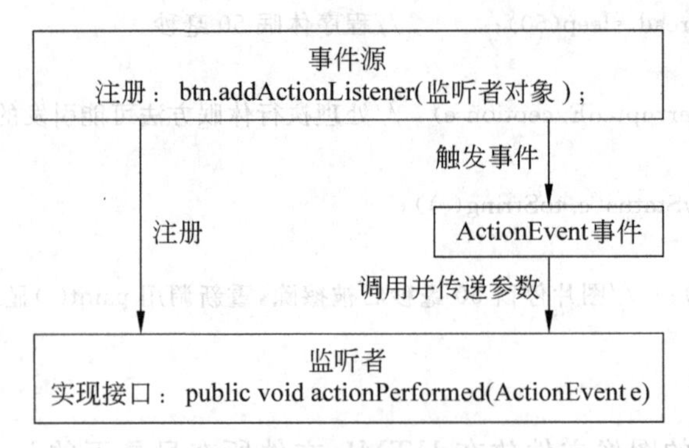

图 7-5　委托事件模型

象等作为事件源可能引发 ItemEvent 类代表的事件 ITEM_STATE_CHANGES。

希望事件源上发生的事件被程序处理，就要把事件源注册给能够处理该事件源上那种类型事件的监听者。例如 Button 对象应该把自己注册给实现了 ActionListener 接口的对象，因为只有这种对象能够处理 Button 对象上发生的 ActionEvent 类的事件。监听者可以是包容事件源的容器对象，也可以是另外的对象。具体的注册方法是通过调用事件源本身的相关方法，例如，调用 Button 类自身的 addActionListener( )方法，并以监听者对象作为实际参数来实现的。

监听者之所以成为监听者，并具有监听和处理某类事件的功能，是因为它实现了有关的接口。所以监听者需要对它所实现接口的所有抽象方法写出具体的方法体，对应事件源上发生的事件的处理代码就写在这些方法体里。例如对 Button 上发生的事件的处理代码应该写在 Button 对象所注册的监听者的 actionPerformed( )方法中，这个方法是对 ActionListener 接口中同名抽象方法的具体实现。

当事件源上发生监听者可以处理的事件时，事件源把这个事件作为实际参数传递给监听者中负责处理这类事件的方法(委托)，这个方法被系统自动调用执行后，事件就得到了处理。

这里，监听者可以不是包容事件源的容器对象，这样处理使得程序中的事件处理代码与 GUI 界面构成代码得以分离，有利于优化程序结构；另外，由于 Java 对事件作了详细的分类并委托不同的接口方法加以处理，使得代码性能得到提高。

Java 的所有事件类和处理事件的监听者接口都定义在 java. awt. event 包中，其中事件类的层次结构如图 7-6 所示。

图 7-6 所示的体系结构图中包括的事件类很多，它们都是 java. awt. AWTEvent 类的子类，而 java. awt. AWTEvent 类则是 java. util. EventObject 类的子类。EventObject 有一个重要的方法 getSource( )在前面已经使用过，该方法返回产生事件的事件源，几乎所有的事件类都要用到这个方法。需要注意的是，并非每个事件类都只对应一个事件，例如 KeyEvent 类可能对应 KEY_PRESSED(按下键)、KEY_RELEASED(松开键)、KEY_TYPED(击键)三个具体的事件。判断一个 KeyEvent 类的对象到底代表哪种事件，可以调用它的 getID( )方法并把方法的返回值与 KEY_PRESSED 等几个常量相比较。每个事件类的对象都拥有 getID( )方法，是它们从共同的父类 AWTEvent 那里继承来的。

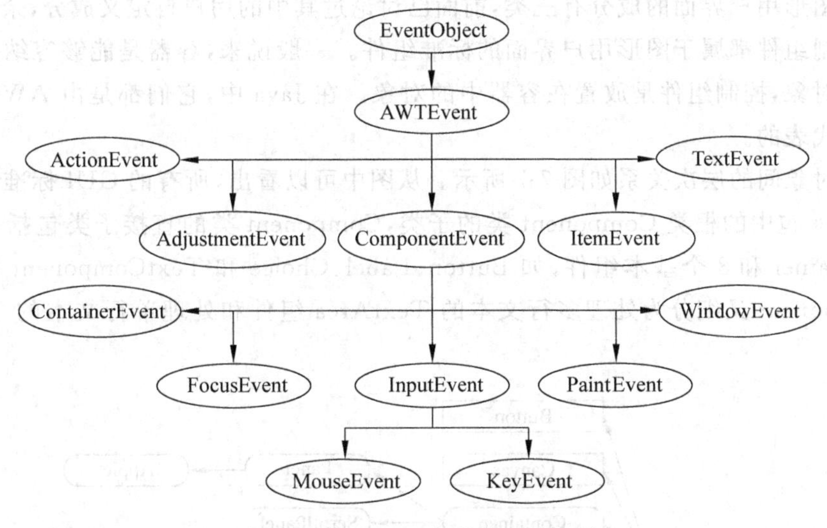

图 7-6　AWTEvent 类体系结构图

java. awt. event 包中还定义了 11 个监听者接口，每个接口内部包含了若干处理相关事件的抽象方法。一般说来，每个事件类都有一个监听者接口与之相对应，而事件类中的每个具体事件类型都有一个具体的抽象方法与之相对应。当具体事件发生时，这个事件将被封装成一个事件类的对象作为实际参数传递给与之对应的具体方法，由这个具体方法负责响应并处理发生的事件。例如，与 ActionEvent 类事件对应的接口是 ActionListener，这个接口定义了抽象方法：

```
public void actionPerformed(ActionEvent e);
```

凡是要处理 ActionEvent 事件的类都必须实现 ActionListener 接口，实现 ActionListener 接口就必须重载上述的 actionPerformed( )方法。在重载的方法体中，通常需要调用参数 e 的有关方法，例如，调用 e. getSource 查明产生 ActionEvent 事件的事件源，然后再采取相应的措施处理该事件。

有两个事件类比较特殊一些：一个是 InputEvent 类，因为它不对应具体的事件，所以没有监听者与之相对应；另一个是 MouseEvent 类，它有两个监听者接口与之相对应，一个是 MouseListener 接口（其中的方法可以响应 MOUSE_CLICKED、MOUSE_ENTERED、MOUSE_EXITED、MOUSE_PRESSED、MOUSE_RELEASED 5 个具体事件），另一个是 MouseMotionListener 接口（其中的方法可以响应 MOUSE_DRAGGED、MOUSE_MOVED 的两个事件）。具体事件及其处理将结合 GUI 组件详细介绍。

7.3.2　GUI 标准组件概述

构建图形用户界面的主要任务有两个：一是创建各界面组件并排列成图形用户界面的物理外观；二是定义这些组件对不同事件的响应从而完成图形用户界面功能。从本节开始将具体讨论如何用标准组件来构建图形用户界面，以及定义这些组件对事件的响应，包括它们相互之间和与用户之间的交互功能。

组成图形用户界面的成分有三类，前面已讨论过其中的用户自定义成分，余下的两类容器和控制组件都属于图形用户界面的标准组件。一般说来，容器是能够容纳并排列其他组件的对象，控制组件是放置在容器中的对象。在 Java 中，它们都是由 AWT 包中类的对象来代表的。

这些对象间的层次关系如图 7-7 所示。从图中可以看出，所有的 GUI 标准组件都是 java. awt. * 包中的根类 Component 类的子类，Component 类的直接子类包括一个容器组件 Container 和 8 个基本组件，如 Button、Label、Choice 和 TextComponent 等。其中 TextComponent 又细分为处理多行文本的 TextArea 组件和处理单行文本的 TextField 组件。

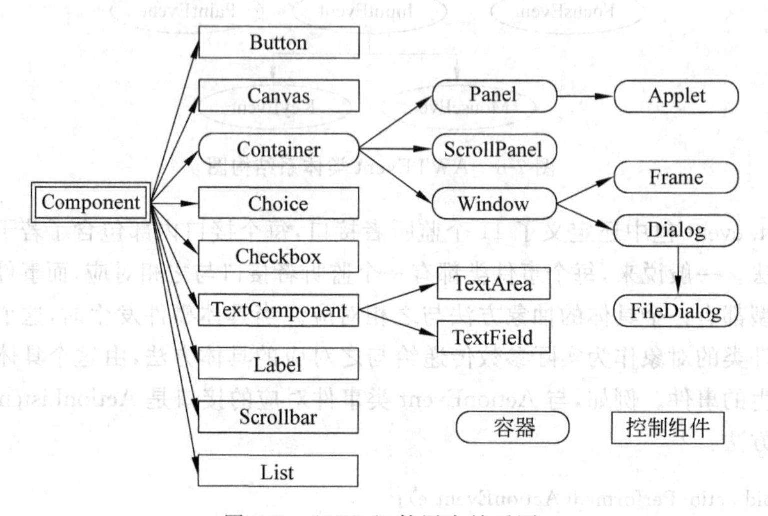

图 7-7　AWT 组件层次关系图

Container 是所有容器组件的根类。容器组件的主要作用是包容其他组件并按一定的方式组织排列它们，同一个容器中的所有部件通常总是同时被显示和同时被隐藏的。从图 7-7 的 AWT 组件体系结构中可以看出，所有的容器组件都是 Container 类的子类，而 Container 类又是 Component 类的子类。作为 Container 子类的容器可以分为三组：Panel(Applet)组的容器都是无边框的；ScrollPanel 是可以自动处理滚动操作的容器；Window(Frame、Dialog、FileDialog)是一组大都含有边框，并可以移动、放大、缩小、关闭的功能较强的容器。

基本控制组件被安放在容器中的某个位置，用来完成一种具体的与用户交互的功能。使用基本控制组件一般包括如下的步骤：

(1) 创建某种基本控制组件类的新对象，指定该对象的属性，如外观、大小等。

(2) 将该组件对象加入到某个容器的合适位置。

(3) 将该组件对象注册给一个事件监听者，以便监听者能够对发生在该组件上的事件做出响应并进行处理。

Component 类是所有容器和控制组件的抽象父类，其中定义了一些每个容器和组件都可能用到的方法,较常用的有：

(1) public void add(PopupMenu popup)：在组件上加入一个弹出菜单,当用户用鼠标右键单击组件时将弹出这个菜单。

(2) public Color getBackground( )：获得组件的背景色。

(3) public Font getFont( )：获得组件使用的字体。

(4) public Color getForeground( )：获得组件的前景色。

(5) public Graphics getGraphics( )：获得在组件上绘图时需要使用的 Graphics 对象。

(6) public void repaint(int x, int y, int width, int height)：以指定的坐标点(x,y)为左上角,重画组件中指定宽度(width)、指定高度(height)的区域。

(7) public void setBackground(Color c)：设置组件的背景色。

(8) public void setEnabled(boolean b)：设置组件的使能状态。参数 b 为真则组件使能,否则组件不使能。只有使能状态的组件才能接受用户输入并引发事件。

(9) public void setFont(Font f)：设置组件使用的字体。

(10) public void setSize(int width, int height)：设置组件的大小。

(11) public void setVisible(boolean b)：设置组件是否可见的属性。参数 b 为真时,组件在包括它的容器可见时也可见;否则组件不可见。

(12) public void setForeground(Color c)：设置组件的前景色。

(13) public void requestFocus( )：使组件获得注意的焦点。

从下一章开始,将从组件对象的创建、常用方法及事件响应等几个方面逐一介绍常用的 GUI 组件和容器。

7.3.3　事件与监听者接口

在图形用户界面的设计中,事件及事件处理是一个核心问题,它关系到界面上功能的实现。所以在下面的讲解中,读者要注意以下几个问题：

(1) 有哪些事件源,在它们身上可能发生什么样的事件。

(2) 如果要对事件做出响应,要将事件源注册给什么监听者(即实现了什么接口的类对象)。

(3) 监听者接口包含哪些方法？各代表什么事件处理程序？

下面归纳一下这几个要素之间的对应关系,便于读者在阅读下面章节时参考和查询。

1. ActionEvent 动作事件

事件源及产生原因	单击按扭,双击列表框中选项,选择菜单项,文本框中的回车等
注册给监听者的方法	事件源对象. addActionListener(监听者)
监听者要实现的接口	ActionListener
事件处理的接口方法	actionPerformed(ActionEvent e)

2. ItemEvent 项目事件

事件源及产生原因	改变列表框、下拉选单中的选中项,改变复选框选中状态等	
注册给监听者的方法	事件源对象. addItemListener(监听者)	
监听者要实现的接口	ItemListener	
事件处理的接口方法	itemStateChanged(ItemEvent e)	

3. MouseEvent 鼠标事件

事件源及产生原因	针对一个组件:单击鼠标,鼠标按下、抬起,鼠标光标进入、离开等	
注册给监听者的方法	事件源对象. addMouseListener(监听者)	
监听者要实现的接口	MouseListener	
事件处理的接口方法	mouseClicked(MouseEvent e)	单击鼠标
	mouseEntered(MouseEvent e)	鼠标光标进入一个组件
	mouseExited(MouseEvent e)	鼠标光标离开一个组件
	mousePressed(MouseEvent e)	鼠标键按下
	mouseReleased(MouseEvent e)	鼠标键抬起

4. MouseMotion 鼠标移动事件

事件源及产生原因	鼠标移动,鼠标拖动	
注册给监听者的方法	事件源对象. MouseMotionListener(监听者)	
监听者要实现的接口	MouseMotionListener	
事件处理的接口方法	mouseMoved(MouseEvent e)	鼠标光标在组件上移动
	mouseDragged(MouseEvent e)	用鼠标拖动一个组件

5. KeyEvent 键操作事件

事件源及产生原因	键盘操作引起的事件(敲键,键按下,键弹起等)	
注册给监听者的方法	事件源对象. addKeyListener(监听者)	
监听者要实现的接口	KeyListener	
事件处理的接口方法	keyPressed(KeyEvent e)	键已被按下时调用
	keyReleased(KeyEvent e)	键已被释放时调用
	keyTyped(KeyEvent e)	键已被敲完时调用

6. FocusEvent 焦点事件

事件源及产生原因	组件获得焦点或失去焦点时引发	
注册给监听者的方法	事件源对象. addFocusListener (监听者)	
监听者要实现的接口	FocusListener	
事件处理的接口方法	focusGained(FocusEvent e)	组件获得焦点时调用
	focusLost(FocusEvent e)	组件失去焦点时调用

7. AdjustmentEvent 调整事件

事件源及产生原因	滚动条滑块位置改变时引发
注册给监听者的方法	事件源对象. addAdjustmentListener(监听者)
监听者要实现的接口	AdjustmentListener
事件处理的接口方法	adjustmentValueChanged(AdjustmentEvent e)

8. TextEvent 文本事件

事件源及产生原因	当组件(如文本框)文本内容改变时引发
注册给监听者的方法	事件源对象. addTextListener(监听者)
监听者要实现的接口	TextListener
事件处理的接口方法	textValueChanged(TextEvent e)

9. ComponentEvent 组件事件

事件源及产生原因	当组件移动、改变大小、改变可见性时引发	
注册给监听者的方法	事件源对象. addComponentListener(监听者)	
监听者要实现的接口	ComponentListener	
事件处理的接口方法	componentHidden(ComponentEvent e)	组件隐藏时调用
	componentMoved(ComponentEvent e)	组件移动时调用
	componentResized(ComponentEvent e)	组件改变大小时调用
	componentShown(ComponentEvent e)	组件变为可见时调用

10. WindowEvent 窗口事件

事件源及产生原因	窗口操作所引发(如窗口的打开、关闭、激活等)	
注册给监听者的方法	事件源对象. addWindowListener(监听者)	
监听者要实现的接口	WindowListener	
事件处理的接口方法	windowOpened(WindowEvent e)	打开窗口
	windowClosed(WindowEvent e)	调用 dispose 方法关闭窗口
	windowClosing(WindowEvent e)	利用窗口关闭框关闭窗口
	windowActivated(WindowEvent e)	激活窗口
	windowDeactivated(WindowEvent e)	本窗口成为非活动窗口
	windowIconified(WindowEvent e)	窗口变为最小化图标
	windowDeiconified(WindowEvent e)	窗口从最小化恢复

11. ContainerEvent 容器事件

事件源及产生原因	当容器内增加或移走组件时引发	
注册给监听者的方法	事件源对象. addContainerListener(监听者)	
监听者要实现的接口	ContainerListener	
事件处理的接口方法	componentAdded(ContainerEvent e)	容器内加入组件
	componentRemoved(ContainerEvent e)	从容器中移走组件

7.4 标签、按钮与动作事件

7.4.1 标签

标签(Label)是用户不能修改只能查看其内容的文本显示区域,它起到信息说明的作用,每个标签用一个 Label 类的对象表示。

1. 创建标签

创建标签对象时应同时说明这个标签中的字符串:

```
Label prompt = new Label("请输入一个整数:");
```

2. 常用方法

如果希望修改标签上显示的文本,则可以使用 Label 对象的方法 setText(新字符串);另外,通过调用 Label 对象的 getText( )方法可以获得它当前显示的文本内容。

下面的程序片段是根据 prompt 标签上的文本修改其内容:

```
if(prompt.getText( )=="你好")
      prompt.setText("再见");
else if(prompt.getText( )=="再见")
      prompt.setText("你好");
```

3. 产生事件

标签不能接受用户的输入,所以不能引发事件。它不是事件源。

7.4.2 按钮

按钮(Button)是图形用户界面中非常重要的一种基本组件,按钮本身不显示信息,它一般对应一个事先定义好的功能操作,并对应一段程序。当用户单击按钮时,系统自动执行与该按钮相联系的程序,从而完成预先指定的功能。

1. 创建

下面的语句用来创建按钮,传递给构造函数的字符串参数指明了按钮上的标签。

```
Button enter = new Button ("操作");
```

2. 常用方法

调用按钮的 getLabel( )方法可以返回按钮标签字符串(即用户在界面上看到的按钮名);调用按钮的 setLabel(String s)方法可以设置按钮上的名字。

3. 产生事件

按钮可以引发动作事件,当用户单击一个按钮时就引发了一个动作事件,希望响应按钮动作事件的程序必须把按钮注册给实现了 ActionListener 接口的动作事件监听者,并为实现这个接口的类编写(重载)actionPerformed(ActionEvent e)方法代码。在该方法体中,可以调用 e.getSource( )方法来获取引发动作事件的按钮对象引用,也可以调用 e.getActionCommand( )方法来获取按钮的标签或事先为这个按钮设置的命令名。

例 7-6　BtnLabelAction.java

```
1: import java.applet.*;
2: import java.awt.*;
3: import java.awt.event.*;
4:
5: public class BtnLabelAction extends Applet implements ActionListener
6: {
7:     Label prompt;
8:     Button btn;
9:     public void init()
10:    {
11:        prompt = new Label("你好");
12:        btn = new Button("操作");
13:        add(prompt);
14:        add(btn);
15:        btn.addActionListener(this);
16:    }
17:    public void actionPerformed(ActionEvent e)
18:    {
19:        if(e.getSource()==btn)
20:          if(prompt.getText()=="你好")
21:              prompt.setText("再见");
22:          else
23:              prompt.setText("你好");
24:    }
25: }
```

例 7-6 中的 Applet 程序包括一个标签对象 prompt 和一个按钮对象 btn。第 5 句在定义 Applet 类的子类的同时也声明该类实现 ActionListener 接口，是 ActionEvent 事件的监听者。第 15 句将按钮对象 btn 注册给这个监听者，这样它将监听并处理在 btn 上引发的动作事件。第 17～24 句的 actionPerormed( )方法在用户单击 btn 时被系统自动调用。第 19 句判断动作事件是否是由按钮 btn 引发的，是则修改 prompt 对象的文本标签。

图 7-8 为例 7-6 的运行结果，其中左图为初始界面，右图为鼠标单击一次按钮后的界面。每按一次按钮，标签内容改变一次。

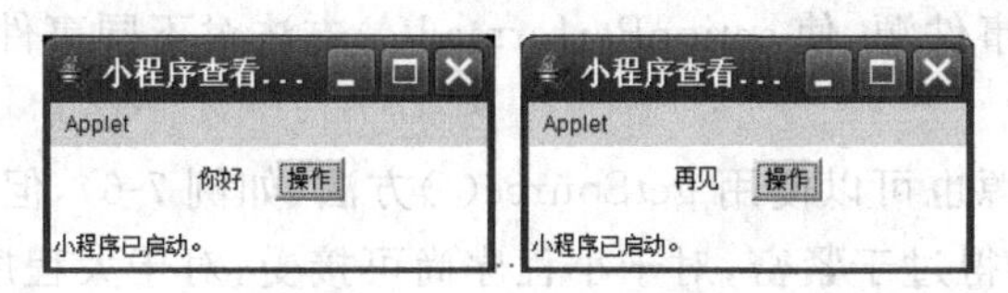

图 7-8　例 7-6 的运行结果

7.4.3 动作事件

动作事件(ActionEvent)类只包含一个事件,即执行动作事件 ACTION_PERFORMED。ACTION_PERFORMED 是引发某个动作执行的事件。能够触发这个事件的动作包括单击按钮、双击一个列表中的选项、选择菜单项或在文本框中输入回车等。

ActionEvent 类的重要方法如下。

(1) public String getActionCommand( )

这个方法返回引发事件的动作的命令名,这个命令名可以通过调用 setActionCommand( )方法指定给事件源组件,也可以使用事件源的默认命令名(如按钮名)。例如一个按钮组件 m_Button 是 ACTION_PERFORMED 事件的事件源,下面的语句将这个按钮对象的动作命令名设为 end 并将它注册给当前的监听者:

```
Button m_Button = new Button("操作");
m_Button.setActionCommand("click");
m_Button.addActionListener(this);
```

动作事件的监听者需要实现动作,监听者接口的方法为:

```
public void actionPerformed(ActionEvent e)
{
    if ( e.getActionCommand( ) == "click" )
    ...
}
```

这里需要注意,setActionCommand( )方法与 getActionCommand( )方法属于不同的类。getActionCommand( )方法是 ActionEvent 类的方法,而 setActionCommand( )方法是其上发生动作事件的事件源,如按钮、菜单项等的方法。事件源对象也可以不专门调用 setActionCommand( )方法来指定命令名,此时 getActionCommand( )方法返回默认的命令名,例如,上面的程序片段如果去掉设置动作命令名的一句,则监听者接口的方法可以写为:

```
public void actionPerformed(ActionEvent e)
{
    if ( e.getActionCommand( ) == "操作" )
        ...
}
```

可见按钮的默认命令名就是按钮的标签。使用 getActionCommand( )方法可以区分产生动作命令的不同事件源,使 actionPerformed( )方法对不同事件源引发的事件区分对待处理。

区分事件的事件源也可以使用 getSource( )方法(如例 7-6),但是这样一来处理事件的代码就与 GUI 结合得过于紧密,对于小程序尚可接受,对于大程序则不提倡。

(2) public int getModifiers( )

如果发生动作事件的同时用户还按了 Ctrl、Shift 等功能键,则可以调用这个事件的

getModifiers( )方法来获得和区分这些功能键,实际上就是把一个动作事件再细分成几个事件、把一个命令细分成几个命令。将 getModifiers( )方法的返回值与 ActionEvent 类的几个静态常量 ALT_MASK,CTRL_MASK,SHIFT_MASK,META_MASK 相比较,就可以判断用户按下了哪个功能键。

7.5 文本框、文本区域与文本事件

7.5.1 文本框与文本域

Java 中用于文本处理的基本组件有两种:单行文本框(TextField)和多行文本区域(TextArea),它们都是 TextComponent 的子类。

1. 创建文件对象

在创建文本组件的同时可以指出文本组件中的初始文本字符串,如下面的语句创建了一个 10 行 45 列的多行文本区域。

```
TextArea textArea1 = new TextArea(10,45);
```

而创建能容纳 8 个字符,初始字符串为"卡号"的单行文本框可以使用如下的语句。

```
TextField name = new TextField("卡号",8);
```

2. 文本组件共有的方法

先介绍 TextComponent 中的常用方法,即 TextField 和 TextArea 都拥有的常用方法。

(1) getText( )和 setText( )方法

用户可以在已创建好的文本区域中自由输入和编辑文本信息,这是文本组件的功能。对于用户界面上输入的信息,程序中可以通过调用 getText( )方法来获得,这个方法的返回值为一个字符串。如果希望在程序中对文本区域显示的内容赋值,可以调用 setText( )方法。例如下面的语句:

```
textArea1.setText("你好,欢迎!");
```

将文本区域的内容置为"你好,欢迎!"。

(2) setEditable( ) 方法

某些情况下需要将文本区域设为不能编辑(只读)。例如,电话卡的卡号是系统自动生成的,不需要也不允许用户随意改动。这时可以用如下的语句使对应电话卡卡号的文本框 cardNo 不可被用户通过界面改动。

```
cardNo.setEditable(false);
```

setEditable(true)是将文本框设为可编辑(也是默认状态)。

另外,可以使用 isEditable( )方法判断当前的文本区域是否处于可编辑状态。

(3) 指定或获得文本区域中"选定状态"文本的方法

TextComponent 中还有一些用来对选中文本进行操作的方法,被选中的文本一般用

高亮或反白显示。

如果想在代码中实现选中文本(类似于用户在界面上选中文本),可以利用如下的方法。

select(int start, int end)方法:将根据指定的起止位置选定一段文本。

selectAll( )方法:将选定文本区域中的所有文本。

如果希望获得选定文本的具体内容,可以调用getSelectedText( )方法,该方法返回一个字符串。

如果文本区域中已经有选定文本,getSelectionStart( )方法和getSelectionEnd( )方法将返回选定文本的起、止位置。

3. 组件自己定义的方法

除了继承TextComponent类的方法,两个文本框组件还定义了一些自己的特殊方法。

(1) TextField类的方法

某些场合下(如输入密码时)希望文本区域中的内容被屏蔽而不显示在屏幕上,可以调用如下的方法:

```
TextField tf = new TextField("输入密码");
tf.setEchoChar('*');       //设置回显字符,屏蔽文本框中的实际内容显示
```

这样一来,在TextField中输入的每一个字符(无论中西文)都被回显成一个星号'*',在界面上看不到其中的实际字符。

另外几个相关的方法如下:

echoCharIsSet( )方法:可用来确认当前文本框是否设置了回显字符(方法返回逻辑值)。

getEchoChar( )方法:返回当前文本框的屏蔽字符。如果返回值为0,说明文本框没有设置回显字符,文本框中的内容原样显示在屏幕上。

(2) TextArea类的方法

append(String s)方法:在当前文本区域已有文本的后面添加文本。方法的参数s用来指定被添加的字符串。

insert(String s, int index)方法:将字符串s插入到已有文本中的指定位置。

7.5.2 文本事件

文本事件(TextEvent)类只包含一个事件,即代表文本区域中文本变化的事件TEXT_VALUE_CHANGED。在文本区域中对文本进行添加、删除、修改等操作时,都会引发这个事件。这个事件比较简单,不需要特别判断事件类型的方法和常量。

此外,TextField还比TextArea多产生一种事件,当用户在文本框中按回车键时,将引发代表动作事件的ActionEvent事件。

如果希望TextField响应上述两类事件,则需要注册两个事件监听者:

```
textField1.addTextListener(this);
```

```
textField1.addActionListener(this);
```

而且需要在两个监听者内部分别编写响应文本改变事件和动作事件的方法：

```
public void textValueChanged(TextEvent e);
public void actionPerformed(ActionEvent e);
```

在 textValueChanged()方法中，通过调用方法 e.getSource( )可以获得引发该事件的文本框对象，再通过调用文本框对象的 getText( )方法，就可以获得改变后的文本内容：

```
String afterChange = ((TextField)e.getSource( )).getText( );
```

对于动作事件，同样可以通过调用 e.getSource( )方法获得用户输入回车的那个文本框的对象引用。

例 7-7　TextComponentEvent.java

```
1: import java.applet.*;
2: import java.awt.*;
3: import java.awt.event.*;
4:
5: public class TextComponentEvent extends Applet
6:            implements TextListener,ActionListener  //实现两个接口
7: {
8:     TextField tf;
9:     TextArea ta;
10:    public void init( )
11:    {
12:        tf = new TextField(45);
13:        ta = new TextArea(5,45);
14:        add(tf);
15:        add(ta);
16:        tf.addActionListener(this);
17:        tf.addTextListener(this);
18:    }
19:    public void textValueChanged(TextEvent e)
20:    {
21:        if(e.getSource( )==tf)
22:        ta.setText(((TextField)e.getSource( )).getText( ));
23:    }
24:    public void actionPerformed(ActionEvent e)
25:    {
26:        if(e.getSource( )==tf)
27:            ta.setText("");
28:    }
29: }
```

图7-9是例7-7的运行结果。例7-7的Applet程序包含一个TextField对象tf和一个TextArea对象ta,这个类实现了TextListener接口和ActionListener接口,是文本事件和动作事件的监听者。第16、17句将tf对象分别注册给这两个监听者。第19～23句定义的textValueChanged( )方法用来处理文本事件,当用户在tf中输入或修改文本时,在tf文本区域中可以得到一个同步的拷贝。第24～28句定义的actionPerformed( )方法用来处理动作事件,当用户在tf中输入回车时将ta中的文本清空。

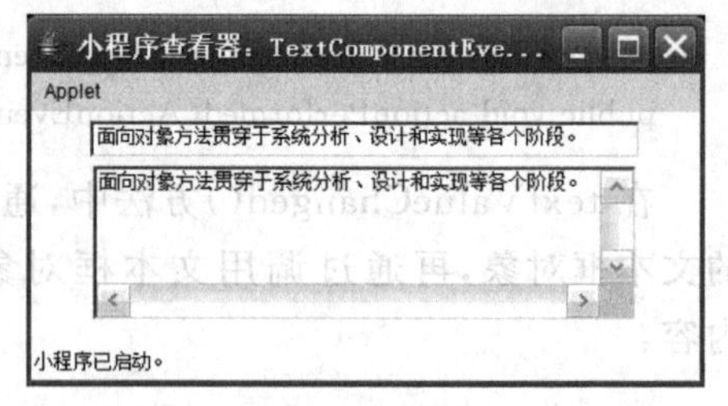

图7-9　例7-7的运行结果

7.6　单选按钮、复选框、列表框与选择事件

7.6.1　选择事件

选择事件(ItemEvent)类只包含一个事件,即代表选择项的选中状态发生变化的事件ITEM_STATE_CHANGED。引发这类事件的动作包括:

(1) 改变列表类List对象选项的选中或不选中状态。

(2) 改变下拉列表类Choice对象选项的选中或不选中状态。

(3) 改变复选框类Checkbox对象的选中或不选中状态。

(4) 改变复选框菜单项CheckboxMenuItem对象的选中或不选中状态。

ItemEvent类的主要方法如下。

(1) public ItemSelectable getItemSelectable( )

此方法返回引发选中状态变化事件的事件源,例如,选项变化的List对象或选中状态变化的Checkbox对象,这些能引发选中状态变化事件的都是实现了ItemSelectable接口的类的对象,包括List对象、Choice对象和Checkbox对象等。getItemSelectable( )方法返回的就是这些类的对象引用。

(2) public Object getItem( )

此方法返回引发选中状态变化事件的具体选择项,例如用户选中的Choice中的具体item,通过调用这个方法可以知道用户选中了哪个选项。

(3) public int getStateChange( )

此方法返回具体的选中状态变化类型,它的返回值在ItemEvent类的几个静态常量列举的集合之内。

① ItemEvent.SELECTED:代表一个选项被选中。

② ItemEvent.DESELECTED:代表一个被选中的变为未选中。

7.6.2　复选框

1. 创建

复选框用Checkbox类的对象表示。创建复选框对象时可以同时指明其文本说明标签，这个文本标签简要地说明了复选框的意义和作用。例如：

```
Checkbox bold = new Checkbox("加粗");
```

2. 复选框的常用方法

每个复选框都只有两种状态，即选中状态和未选中状态，任何时刻复选框都只能处于这两种状态之一。查看用户在复选框上的选择，可以通过调用 Checkbox 的方法 getState( )获得。这个方法的返回值为布尔量。若复选框被选中，则返回 true，否则返回 false。调用 Checkbox 的另一个方法 setState( )可以在代码中设置复选框。例如下面的语句将使复选框对象 bold 处于选中状态：

```
bold.setState( true );
```

3. 事件响应

当用户单击复选框使其选中状态发生变化时，就会引发 ItemEvent 类代表的选择事件。如果这个复选框已经用如下的语句：

```
bold.addItemListener(this);
```

把自身注册给 ItemEvent 事件的监听者 ItemListener，则系统会自动调用这个 ItemListener 中的方法。

```
public void itemStateChanged(ItemEvent e)
```

响应复选框的状态改变。所以，实际实现了 ItemListener 接口的监听者，例如包容复选框的容器，需要具体实现这个方法。在方法代码中，通过调用选择事件的方法 e.getItemSelectable( )获得引发选择事件的事件源对象。需要注意的是，getItemSelectable( )方法的返回值是实现了 ItemSelectable 接口的对象，需要把它强制转化成真正的事件源对象类型。例如：

```
((Checkbox)e.getItemSelectable( )).getState( );
((Checkbox)e.getItemSelectable( )).setState(false);
```

当然，也可以利用 e.getSource( )获得事件源对象，然后将其转换为 Checkbox 类型的对象。

在用户界面设计中，并不总是需要响应复选框事件，而是在其他事件处理中(例如按钮的事件处理)，读取复选框的选中状态，并根据用户的选择情况做出相应的处理。某个按钮的时刻、复选框所处的最终状态等。这可以通过调用复选框自身的方法很方便地获得。

例 7-8 TextCheckbox.java

```
1: import java.applet.*;
2: import java.awt.*;
3: import java.awt.event.*;
4:
5: public class TestCheckbox extends Applet implements ItemListener
```

```
6: {
7:      Checkbox ckb;
8:      Button btn;
9:      public void init( )
10:     {
11:         ckb = new Checkbox("背景色");
12:         btn = new Button("效果");
13:         add(ckb);
14:         add(btn);
15:         ckb.addItemListener(this);
16:     }
17:     public void itemStateChanged(ItemEvent e)
18:     {
19:         Checkbox temp;
20:         if(e.getItemSelectable( ) instanceof Checkbox)
21:         {
22:             temp = (Checkbox)(e.getItemSelectable( ));
23:             if(temp.getLabel( )=="背景色")
24:                 if(temp.getState( ))
25:                     btn.setBackground(Color.cyan);
26:                 else
27:                     btn.setBackground(Color.yellow);
28:         }
29:     }
30: }
```

图 7-10 是例 7-8 的运行结果。

例 7-8 的程序定义了一个实现了 ItemListener 接口的 Applet，其中包括一个复选框和一个按钮。第 11 行创建的复选框的标签为“背景色”，第 15 行把它注册给选择事件的监听者。第 17～29 行定义的 itemStateChanged( )方法用来具体处理所监听到的选择事件，第 20 行检查引发选择事件的事件源是否是一个 Checkbox 对象，是则把这个事件源的引用赋值给对象 temp。第 23 行检查这个复选框是否是标签为“背景色”的复选按钮(如果界面上有不止一个复选框，需要判断是哪个)，第 24～27 行利用一个 if/else 结构根据复选框是否选中的状态设置按钮(btn)的背景色。

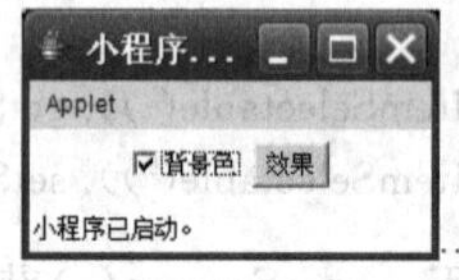

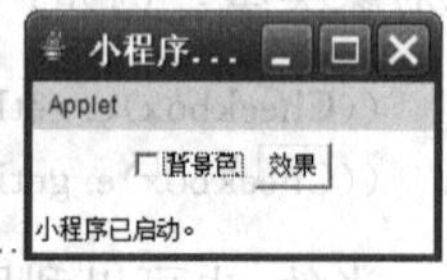

图 7-10　例 7-8 的运行结果——选中(左)、未选中(右)

当用户在界面通过鼠标反复单击复选框时，复选框在选中和未选中两种状态之间变化，而每改变一次，监听者就会感知到复选框状态改变的事件，并调用相应的处理方法 itemStateChanged( )，按钮的背景色就切换一次。

由于在该例中，界面上只有这一个复选框注册了监听者，所以在 itemStateChanged( )方法中可以略去一些判断，使程序更简单，方法的代码如下：

```
public void itemStateChanged(ItemEvent e)
{
    Checkbox temp ;
    temp=(Checkbox)(e.getSource());
    if(temp.getState())
        btn.setBackground(Color.cyan);
    else
        btn.setBackground(Color.yellow);
}
```

在该程序段中，e.getSource( )返回的是事件源对象，但由于事件源对象种类很多，所以该方法定义的返回值为 Object 类型（所有类型的父类）。但此处返回的实际是 Checkbox 对象（是 Object 的子类），所以通过强制类型转换，把作为 Object 类型对象返回的 ckb 对象还原为 Checkbox 类型。

上一章介绍的多态概念在这个例子（也包括本章几乎所有例子）中得到了应用。

7.6.3 单选按钮组

1. 创建

Checkbox 是提供“选中/不选中”两种状态的机制。在图形界面上还经常使用一种“单选按钮组”的组件，它由一组互斥的按钮组成，同一时刻只能有一个按钮选中。

Java 的单选按钮组是一些 Checkbox 对象的集合，用 CheckboxGroup 类的对象将它们组成一组，组中每个 Checkbox 代表其中的一种选择。

例如，下面语句创建的单选按钮组包含了三个互斥的按钮（代表了三种字体风格）：

```
style = new CheckboxGroup( );             //创建一个 CheckboxGroup 对象
p = new Checkbox("普通",true,style);     //依次创建三个 Checkbox 对象
b = new Checkbox("黑体",false,style);
i = new Checkbox("斜体",false,style);
```

CheckboxGroup 对象并不是界面上的一个组件，它的作用只是将若干 Checkbox 对象归为一组，它代表了一个单选按钮组。

在上述语句中，Checkbox 类的构造函数包含三个参数：第 1 个参数为按钮标题；第 2 个参数为初始的选中状态（true 为选中，false 为未选中）；第 3 个参数是指定所属的单选按钮组对象。当然在一个单选按钮组中，只能有一个按钮的初始状态可设为选中。

把一个单选按钮组加入容器时，需要把其中的每个单选按钮逐个加入到容器中，而不能使用 CheckboxGroup 对象将它们一块加入。

例如，加入上面的单选按钮需引用如下的语句加入到容器中：

```
add(p);
add(b);
add(i);
```

2. 常用方法

单选按钮的选择是互斥的，即当用户选中了组中的一个按钮后，其他按钮将自动处于

未选中状态。调用 CheckboxGroup 的 getSelectedCheckbox( )方法可以返回被选中的 Checkbox 对象,再调用该对象的 getLabel( )方法,就可以得知用户选择了组中的哪个按钮。

此外,通过调用 CheckboxGroup 的 setSelectedCheckbox( )方法,也可以实现在程序中选择按钮组中的某个按钮。例如,下面的语句选中了代表"斜体"的按钮。

```
Style.setSelectedCheckbox( i );
```

另外,在程序中也可以直接调用按钮组中的 Checkbox 组件的方法。例如调用如下方法:

```
i.getState( );
```

就可以知道这个按钮是否被选中。如果这个按钮被选中了,那么其他按钮一定处于未选中状态。

3. 事件响应

CheckboxGroup 类不是 java.awt.* 包中的类,它是 Object 的直接子类,所以按钮组不能响应事件,但是按钮组中的每个按钮可以响应 ItemEvent 类的事件。由于单选按钮组中的每个按钮都是 Checkbox 对象,它们对事件的响应与复选框对事件的响应相同。

例 7-9　TestCheckboxgroup

```
1: import java.applet.*;
2: import java.awt.*;
3: import java.awt.event.*;
4:
5: public class TestCheckboxgroup extends Applet implements ItemListener
6: {
7:      CheckboxGroup style;
8:      Checkbox p,b,i;
9:      Label show_style;
10:     public void init( )
11:     {
12:         style = new CheckboxGroup( );
13:         p = new Checkbox("普通",true,style);
14:         b = new Checkbox("黑体",false,style);
15:         i = new Checkbox("斜体",false,style);
16:         show_style = new Label("    效果显示    ");
17:         add(p);
18:         add(b);
19:         add(i);
20:         add(show_style);
21:         p.addItemListener(this);
22:         b.addItemListener(this);
23:         i.addItemListener(this);
```

```
24:  }
25:  public void itemStateChanged(ItemEvent e)
26:  {
27:     Checkbox temp;
28:          Font oldF = show_style.getFont( );
29:          String name = oldF.getName( );
30:          int size = oldF.getSize( );
31:          temp = (Checkbox)(e.getSource( ));
32:          if (temp.getLabel( )=="普通")
33:            show_style.setFont(new Font(name,Font.PLAIN,size));
34:          else if (temp.getLabel( )=="黑体")
35:            show_style.setFont(new Font(name,Font.BOLD,size));
36:          else if (temp.getLabel( )=="斜体")
37:            show_style.setFont(new Font(name,Font.ITALIC,size));
38:  }
39: }
```

图 7-11 是例 7-9 的运行结果。

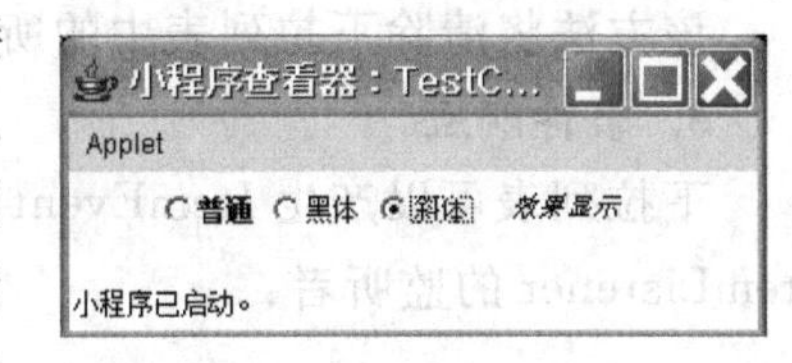

图 7-11 例 7-9 的运行结果

例 7-9 中的程序定义了一个实现了 ItemListener 接口的 Applet，其中包含一个单选按钮组 CheckboxGroup、若干个单选按钮对象和一个 Label 对象。第 12 行创建的单选按钮组对象 style 用来实现用户在界面上指定字体不同风格。第 13～15 行创建的单选按钮对象分别代表“普通”、“黑体”、“斜体”三种字体风格。第 17～19 行将这三个对象按钮加入到界面中。第 21～23 行把这三个单选按钮注册给实现了 ItemListener 接口的监听者。第 25～39 行定义的 itemStateChanged( )方法用来处理选择事件，第 32～37 行判断单选按钮的选中状态，并根据选中的按钮将 Label 对象设置为相应的字体风格。

7.6.4 下拉列表

下拉列表(Choice)提供了一个弹出式的选择菜单，不操作时下拉列表的选项被折叠收藏起来，只显示最前面的或被选中的一个。如果希望看到其他的选项，只需单击下拉列表右边的下三角按钮就可以“下拉”出一个所有选项的列表，通过鼠标单击就可以选中其中的一项。

1. 创建

创建下拉列表对象包括创建和添加选项两个步骤：

```
Choice size = new Choice( );     //创建下拉列表
size.add("10")                   //为下拉列表加入选项
size.add("14");
size.add("18");
```

2. 常用方法

下拉列表的常用方法包括获得选中选项的方法、设置选中选项的方法、添加和去除下拉列表选项的方法。

(1) getSelectedIndex( )

该方法返回被选中的选项的序号(下拉列表中第一个选项的序号为 0,第二个选项的序号为 1,依此类推)。

(2) getSelectedItem( )

该方法返回被选中选项的标签文本字符串。

(3) select(int index)和 select(String item)

这两个方法实现在通过代码选中指定序号或文本内容的选项。

(4) add(String item)和 insert(String item, int index)

这两个方法分别将新选项 item 加在当前下拉列表的最后或指定的序号处。

(5) remove(int index)和 remove(String item)

这两个方法把指定序号或指定标签文本的选项从下拉列表中删除。

(6) removeAll( )

该方法将清除下拉列表中的所有选项。

3. 事件响应

下拉列表可以产生 ItemEvent 代表的选择事件。如果把下拉列表注册给实现了接口 ItemListener 的监听者:

```
size.addItemListener();
```

则当用户单击下拉列表的某个选项做出选择时,系统自动产生一个 ItemEvent 类的对象包含这个事件的有关信息,并把该对象作为实际参数传递给被自动调用的监听者的选择事件响应方法。

```
public void itemStateChanged(ItemEvent e);
```

在这个方法里,调用 e.getItemSelectable( )就可以获得引发当前选择事件的事件源(下拉列表),再调用此下拉列表的有关方法,就可以得知用户具体选择了哪个选项。例如:

```
String selectedItem = ((Choice)e.getItemSelectable( )).getSelectedItem( );
```

这里对 e.getItemSelectable( )方法的返回值进行了强制类型转换,转换成 Choice 类的对象引用后方可调用 Choice 类的方法。

例 7-10 TestChoice.java

```
1: import java.applet.*;
2: import java.awt.*;
3: import java.awt.event.*;
4:
5: public class TestChoice extends Applet implements ItemListener
6: {
```

```
7:   Choice size;
8:   Label show_size;
9:   public void init( )
10:  {
11:      size = new Choice( );
12:      size.add("10");
13:      size.add("18");
14:      size.add("24");
15:      add(size);
16:      show_size = new Label("    效果 ");
17:      add(show_size);
18:      size.addItemListener(this);
19:  }
20:  public void itemStateChanged(ItemEvent e)
21:  {
22:      Choice temp;
23:      Font oldF;
24:      String s;
25:      int si;
26:      if(e.getItemSelectable( )  instanceof  Choice)
27:      {
28:          oldF = show_size.getFont( );
29:          temp = (Choice)(e.getItemSelectable( ));
30:          s = temp.getSelectedItem( );
31:          si = Integer.parseInt(s);
32:          show_size.setFont(new Font(oldF.getName( ),oldF.getStyle( ),si));
33:      }
34:  }
35: }
```

图 7-12 是例 7-10 的运行结果。例 7-10 的程序定义了一个实现了 ItemListener 接口的 Applet,它包含一个 Choice 对象 size 和一个标签对象 show_size 。第 11 行创建 Choice 对象,第 12～14 行把 10、18、24 三个字符串条目加入下拉列表 size 中。第 18 行把下拉列表对象 size 注册给实现了 ItemListener 接口的监听者 Applet。

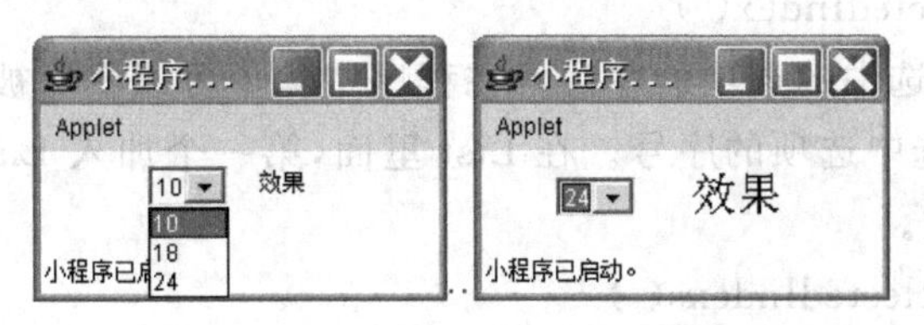

图 7-12　例 7-10 的运行结果

在第 20～34 行的处理选择事件的方法 itemStateChanged( )中,第 26 行首先判断引发选择事件的事件源是否是下拉列表对象。第 29 行把这个事件源强制类型转换成

Choice 对象。第 30 行获得事件源 Choice 被用户选中的项目字符串,第 31 行把这个字符串转换成整数。第 32 行将 Label 对象的字体设置成 size 中用户指定的字体大小。

需要响应下拉列表引发的选择事件的场合不多,因为通常的界面都应该给用户改变选择并最终确认选择的机会。如果用户刚选择某个选项就把程序调入相应的分支,将剥夺用户改变选择的权利,用起来不十分方便。所以通常都设一个接受用户确认命令的按钮,如"输入"按钮,当用户单击该按钮时,说明他已经做出了提交前的最终选择,此时读取下拉列表和其他组件中的选项最为合适。

7.6.5 列表框

列表框(List)也是列出一系列的选择项供用户选择,但是列表可以实现多选,即允许用户一次选择多项。

1. 创建

在创建列表框时,同样需要将它的各选项(称为列表项 Item)加入到列表中去,如下面的语句:

```
List myList = new List(4,true);  //创建列表框
myList.add("北京");               //加入列表项
myList.add("上海");               //加入列表项
```

该程序段首先创建一个列表框对象,然后加入两个列表项(两个城市选项)。

在 List 类的构造函数中,第一个参数表明列表的高度,即可以同时显示几个选项,如果选项多于列表框的高度,列表框右侧会出现滚动条;第二个参数表明列表是否允许多选,如为 true 表示可以多选,否则只限于单选。

2. List 对象的常用方法

(1) String getSelectedItem( )

如果想获知用户选择了列表中的哪一个选项,可以调用该方法,这个方法返回用户选中的选择项文本。

(2) String[] getSelectedItems( )

该方法返回一个 String 类型的数组,用于存储用户选择的多个表项,其中数组的每个元素存储一个被用户选中的项文本。

(3) int getSelectedIndex( )

该方法将返回被选中的选项的序号。在程序中除了可以获取被选中的选项的标签字符串,还可以获得被选中选项的序号。在 List 里面,第一个加入 List 的选项的序号是 0,第二个是 1,依此类推。

(4) int[] getSelectedIndexs( )

该方法将返回一个整型数组,数组的每一个元素存储一个被选中项的序号。该方法也是适用于多选的情况。

(5) select(int index)和 deselect(int index)

这两个方法用于在程序中设置指定序号处的选项被选中或不选中。

(6) add(String item)方法和 add(String item, int index)方法

这两个方法分别将标签为 item 的选项加入列表的最后面或加入列表的指定序号处。

(7) remove(String item)方法和 remove(int index)方法

这两个方法将指定标签的选项或指定序号处的选项从列表中移出。

add 和 remove 方法使得程序可以动态调整列表所包含的选择项。

3. 事件响应

有关列表框的操作可以产生两种事件：当用户单击列表中的某一个选项并选中它时，将产生 ItemEvent 类的选择事件；当用户双击列表中的某个选项时，将产生 ActionEvent 类的动作事件。

如果希望程序对这两种事件都做出响应，就需要把列表框对象分别注册给 ItemEvent 的监听者 ItemListener 和 ActionEvent 的监听者 ActionListener。例如：

```
myList.addItemListener(this);
myList.addActionListener(this);
```

并在实现了监听者接口的类中分别定义响应选择事件的方法和响应动作事件的方法。

```
public void itemStateChanged(ItemEvent e);         //响应单击的选择事件
public void actionPerformed(ActionEvent e);        //响应双击的动作事件
```

这样，当列表上发生了单击或双击动作时，系统就自动调用上述两个方法来处理相应的选择或动作事件。

在 itemStateChanged(ItemEvent e)方法里，通常会调用 e.getItemSelectable( )方法获得产生这个选择事件的事件源，再利用列表对象的几个 get 方法就可以得知用户选择了列表的哪个(些)选项。

与 Checkbox 的使用方法类似，e.getItemSelectable( )的返回值需要先强制类型转化成 List 对象，然后才能调用 List 类的方法。例如：

```
String s = ((List)e.getItemSelectable( )).getSelectedItem( );
```

而在 actionPerformed(ActionEvent e)方法里，调用 e.getSource( )可以得到产生此动作事件的 List 对象引用，同样要使用强制类型转换：

```
((List)e.getSource( ));
```

调用 e.getActionCommand( )可以获得事件的选项的字符串标签，在列表单选的情况下，相当于执行

```
((List)e.getSource( )).getSelectedItem( );
```

的运行结果。

需要注意，列表的双击事件并不能覆盖单击事件。当用户双击一个列表选项时，首先产生一个单击的选项事件，然后再产生一个双击的动作事件。如果定义并注册了两种事件的监听者，itemStateChanged( )方法和 actionPerformed( )方法将分别被先后调用。

例 7-11 TestList.java

```
1: import java.applet.*;
2: import java.awt.*;
3: import java.awt.event.*;
4:
5: public class TestList extends Applet implements ActionListener,ItemListener
6: {
7:     List myList;
8:     Label result;
9:     public void init( )
10:    {
11:        result = new Label("您双击了选项");
12:        myList = new List(4,true);
13:        myList.add("北京");
14:        myList.add("上海");
15:        myList.add("南京");
16:        myList.add("西安");
17:        myList.add("重庆");
18:        myList.add("深圳");
19:        add(myList);
20:        add(result);
21:        myList.addActionListener(this);
22:        myList.addItemListener(this);
23:    }
24:    public void actionPerformed(ActionEvent e)
25:    {
26:        if(e.getSource( )==myList)
27:        result.setText("您双击了选项"+e.getActionCommand( ));
28:    }
29:    public void itemStateChanged(ItemEvent e)
30:    {
31:        List temp;
32:        String[] sList;
33:        String mgr = new String("");
34:        if(e.getItemSelectable( )  instanceof  List)
35:        {
36:            temp = (List)(e.getItemSelectable( ));
37:            sList = temp.getSelectedItems( );
38:            for(int i=0;i<sList.length;i++)
39:              mgr = mgr + sList[i] + " ";
40:            showStatus(mgr);
41:        }
42:    }
43: }
```

图 7-13 是例 7-11 的运行结果。

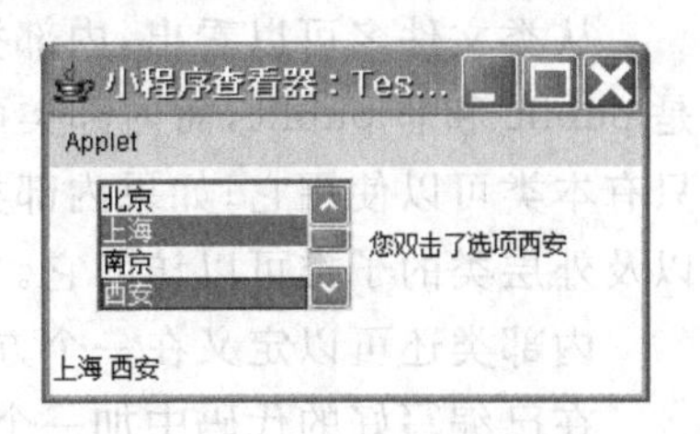

图 7-13　例 7-11 的运行结果

例 7-11 定义的 Applet 是动作事件和选择事件这两种事件的监听者，它实现了 ActionListener 和 ItemListener 两个接口。

程序中定义了一个列表对象 myList 和一个用来显示数据的标签对象 result。第 12 行创建了一个可以多选，且有 4 个选项高度的 List 对象 myList。第 13～18 行利用 add( )方法向 myList 中加入了 6 个字符串选项，分别代表 6 个不同的城市。第 24～28 行定义的 actionPerform( )方法用来响应用户双击 List 选项的动作事件，将用户双击的选项字符串显示在标签 result 中。第 29～42 行定义的 itemStateChanged( )方法用来响应用户单击 List 选项的操作，并利用 getSelectedItems( )方法将所有的这些选项组合成一个字符串显示在 Applet 的状态条中。第 40 行的方法 showStatus( )是 Applet 对象的方法，它将参数字符串显示在 Applet 的状态条中。

列表多选情况下的处理比较复杂，但是基本原理是一样的。通常，需要响应列表事件的情况不多，与 Checkbox 一样，程序也是在需要时（如按某个功能按钮）读取列表框的选择。

7.7　设计事件处理专用类

在以上的例子中，监听者是包容组件的容器对象，但监听者也可以是其他类的对象。另外，不同事件的监听者既可以在一个类上实现，也可以由不同的类承担。

下面的例子将为事件处理设计专门的类，并采用内部类的机制，即使用内部类来实现事件处理的接口。所以下面先介绍一下内部类的概念，这也是面向对象程序设计中一个很重要的机制。

7.7.1　内部类

在某个类的内部定义的类称之内部类。

在类中定义内部类的目的主要是供自己使用，可以不对外公开。由内部类实现接口并重载抽象类中的抽象方法，而外层类可以将上述实现细节乃至内部类都隐藏起来，对外提供一个接口简单，但功能更加丰富的封装体。

一个类如同使用其他类一样使用自己的内部类，包括创建内部类的对象并调用其方法。而内部类拥有对在外层类中定义的所有属性和方法的访问权。

由于内部类不是独立的类，它们的类文件命名方法也不一样。假定外层类名为 Myclass，在该类中定义了两个内部类 c1 和 c2，则生成的类文件如下：

```
Myclass.class
Myclass$c1.class        //内部类 c1 的类文件
Myclass$c2.class        //内部类 c2 的类文件
```

从类文件名可以看出,内部类是依附于外部类的。从访问控制的角度看,一般类只能是public和非public,而内部类可以指定为private和protected。如果内部类为private,只有本类可以使用它;如果内部类为protected,只有外层类、与外层类处于同一包中的类以及外层类的子类可以访问它。

内部类还可以定义在一个方法里,其作用域仅限于该方法的范围内(进一步隐藏)。

在已编写好的代码中加一个类,但又不想公开化,就可以使用内部类实现。

7.7.2 用内部类实现事件处理

例7-12是一个计算器小程序。用户界面如图7-14所示。程序功能如下:

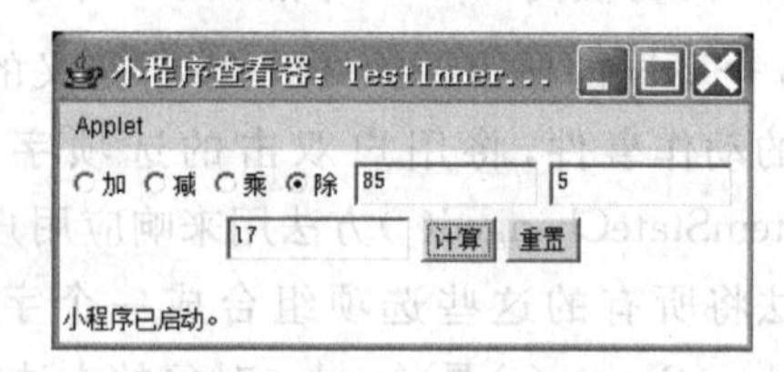

图7-14 例7-12的运行结果

用户在界面上通过单选按钮组选择计算类型,在前两个输入框中分别输入操作数1和操作数2,然后按"计算"键,程序在第3个文本框中输出计算结果。

该程序还实现对输入整数的合法性检查:当用户在文本框输入一个操作数后按回车键,程序检查操作数范围是否在0~100之内,否则在文本框显示输入错误的信息。另外"重置"按钮的作用是清空三个文本框,并将计算类型置为初始状态(加法选中)。

例7-12 TestInnerClass.java

```
1: import java.applet.*;
2: import java.awt.*;
3: import java.awt.event.*;
4:
5: public class TestInnerClass extends Applet {
6:   TextField text1,text2,text3 ;
7:   Button button1,button2 ;
8:   CheckboxGroup select;
9:   Checkbox a,s,m,d ;   //分别代表加、减、乘、除

10:
11:   public void init( ) {
12:     text1 = new TextField(10) ;
13:     text2 = new TextField(10) ;
14:     text3 = new TextField(10) ;
15:     button1 = new Button("计算") ;
16:     button2 = new Button("重置") ;
17:     select = new CheckboxGroup( ) ;
18:     a = new Checkbox("加",true,select) ;
19:     s = new Checkbox("减",false,select) ;
20:     m = new Checkbox("乘",false,select) ;
21:     d = new Checkbox("除",false,select) ;
22:     add(a); add(s); add(m); add(d) ;
```

```
23:    add(text1); add(text2); add(text3);
24:    add(button1); add(button2);
25:    text1.addActionListener(new TextAct( )) ;          //注册给 TextAct 对象
26:    text2.addActionListener(new TextAct( )) ;          //注册给 TextAct 对象
27:    button1.addActionListener(new ButtonAct( ));       //注册给 ButtonAct 对象
28:    button2.addActionListener(new ButtonAct( ));       //注册给 ButtonAct 对象
29: }
30:
31:  class TextAct implements ActionListener {             //内部类 1,检查输入框
32:    public void actionPerformed(ActionEvent e) {
33:      TextField text ;
34:        int operand ;
35:      text = (TextField)(e.getSource( )) ;
36:      operand = Integer.parseInt(text.getText( )) ;
37:      if (operand<0 | operand>100)
38:          text.setText("输入数据越界") ;
39:    }
40:  } //end of TextAct
41:
42:  class ButtonAct   implements ActionListener{          //内部类 2,按钮处理
43:    public void actionPerformed(ActionEvent e) {
44:       int op1,op2 ,op3;
45:       if(e.getSource( )==button1) {                     //计算按钮
46:          op1 = Integer.parseInt(text1.getText( )) ;
47:          op2 = Integer.parseInt(text2.getText( )) ;
48:          if (a.getState( ))          //以下依次判断计算类型并实现相应的计算
49:              op3 = op1+op2 ;
50:          else if (s.getState( ))
51:              op3 = op1-op2 ;
52:          else if (m.getState( ))
53:              op3 = op1 * op2 ;
54:          else
55:              op3 = op1/op2 ;
56:          text3.setText(Integer.toString(op3));
57:       }
58:      else  {                                              //重置按钮
59:          text1.setText("");
60:          text2.setText("");
61:          text3.setText("");
62:          a.setState(true);
63:      }
64:    }
65:  } //end of ButtonAct
66: }
```

程序的第 31～40 行定义了内部类 TextAct,它实现了接口 ActionListener 的 actionPerformed 方法,该方法是用户在文本框(text1 和 text2)中输入数据后回车时触发的。方法中对输入的数据进行范围检查。

程序的第 42～64 行定义了另一个内部类 ButtonAct,它也是实现了 ActionListener 接口的 actionPerformed 方法,专门处理单击按钮事件。

在主类中,第 25～26 行将 text1 和 text2 分别注册给一个监听 ActionEvent 事件的 TextAct 对象;第 27～28 行将 button1 和 button2 分别注册给一个监听 ActionEvent 事件的 ButtonAct 对象。

由于事件监听者可以分散到不同类的对象上,所以一个事件监听者类可以负责某个事件,甚至是某个组件上的某个事件,这样在事件处理程序中,可以省去有关事件源的判断。

从代码中可以看出,内部类定义的位置类似于类中定义方法的位置。上述源程序产生的类文件如下:

```
TestInnerClass.class
TestInnerClass$TextAct.class
TestInnerClass$ButtonAct.class
```

7.7.3 焦点事件

当光标移入一个文本框后,才可以在文本框中输入数据;当光标单击一个窗口,该窗口便会被激活,并调到其他窗口的前面。在图形用户界面上,我们把组件处于激活或可操作的状态称为获得了"焦点"。通常情况下,某一时刻界面上只有一个组件获得焦点,当一个组件获得焦点时就意味着另一个组件失去了焦点。利用鼠标可以使某个组件获得焦点,并可以对该组件进行操作。焦点的变化反映了界面上组件的操作状态,也会引发一系列的事件出现,我们把它们归结为"焦点事件"(FocusEvent)。界面上某些功能的设计可以充分利用焦点事件。

FocusEvent 类包含两个具体事件,分别对应这个类的两个同名静态整型常量。

(1) FOCUS_GAINED:代表组件获得了焦点。

(2) FOCUS_LOST:代表组件失去了焦点。

焦点事件的监听者接口是 FocusListener,其中定义了两个事件处理方法,它们是:

(1) public void focusGained(FocusEvent e)

用于组件获得焦点的事件处理。利用焦点进入某个组件的时刻可以进行一些预处理和初始化的工作,如进入文本框时可以预置数据或清空原有内容等。

(2) public void focusLost(FocusEvent e)

用于组件失去焦点的事件处理。焦点离开组件往往意味着在该组件上的操作完成(如编辑框中的数据输入完成),利用该方法可以做一些后处理的工作,如数据的检查和计算等。

另外,有关焦点一般组件也有一些相关的方法,例如:

(1) requestFocus( ) 使组件自己获得焦点。

(2) hasFocus( )判断组件当前是否获得焦点。

在例 7-12 中，当用户在文本框输入数据并回车后，程序会对输入的数据进行检查。但在实际操作中，用户往往是在一个文本框输入数据后，鼠标单击另一个文本框并输入数据，或在文本框输入数据后，鼠标单击计算按钮执行运算。由此看来，用户在输入数据后不一定按回车键，因而文本框的 ActionEvent 事件也就不一定发生，而利用该事件处理程序检查数据的功能就无法实现。

现对例 7-12 进行修改，利用焦点事件实现对数据的检查。因为用户输入数据后，焦点总要离开文本框，或因为焦点进入另一个文本框，或是因为单击“计算”按钮而导致焦点离开文本框。而当焦点离开文本框时，程序就认为该文本框的数据输入完毕，便可利用组件失去焦点的事件处理来检查数据。下面是改进程序的例子，在该例中，暂不考虑输入非法字符(如字母)所引起的错误，而只是检查数据的合法范围。

例 7-13　TestFocus. java

```
1: import java.applet.* ;
2: import java.awt.* ;
3: import java.awt.event.* ;
4:
5: public class TestFocus extends Applet {
6:      TextField text1,text2,text3 ;
7:      Button button1,button2 ;
8:      CheckboxGroup select;
9:      Checkbox a,s,m,d ;                          //分别代表加、减、乘、除
10:
11:     public void init( ) {
12:         text1 = new TextField("0",7) ;
13:         text2 = new TextField("0",7) ;
14:         text3 = new TextField(10) ;
15:         button1 = new Button("计算") ;
16:         button2 = new Button("重置") ;
17:         select = new CheckboxGroup( ) ;
18:         a = new Checkbox("加",true,select);
19:         s = new Checkbox("减",false,select);
20:         m = new Checkbox("乘",false,select);
21:         d = new Checkbox("除",false,select);
22:         add(a); add(s); add(m); add(d) ;
23:         add(text1); add(text2); add(text3);
24:         add(button1); add(button2);
25:         text1.addFocusListener(new HandleFocus( )) ;  //注册给事件监听者
26:         text2.addFocusListener(new HandleFocus( )) ;  //注册给事件监听者
27:         button1.addActionListener(new ButtonAct( ));
28:         button2.addActionListener(new ButtonAct( ));
```

```
29:    }    //end of init( )
30:
31:    class HandleFocus implements FocusListener {          //内部类 1,焦点事件处理
32:        public void focusGained(FocusEvent e) { }
33:        public void focusLost(FocusEvent e) {
34:            int operand ;
35:            TextField text = (TextField)(e.getSource( )) ;
36:            operand = Integer.parseInt(text.getText( )) ;
37:            if (operand<0 | operand>100) {                //如果输入数据不对
38:                text.requestFocus( ) ;                    //使文本框重新获得焦点
39:                text.setText("0") ;                       //清除有误数据并置 0
40:            }
41:        }
42:    } //end of HandleFocus
43:
44:    class ButtonAct   implements ActionListener{          //内部类 2,按钮处理
45:        public void actionPerformed(ActionEvent e) {
46:            int op1,op2 ,op3;
47:            if(e.getSource( )==button2){                  //"重置"按钮
48:                text1.setText("0");
49:                text2.setText("0");
50:                text3.setText("");
51:                text1.requestFocus( ) ;                   //将焦点置于第一个文本框中
52:                a.setState(true);                         //加法为初始选择
53:            }
54:            else {                                        //计算按钮
55:                if (text1.hasFocus( )|text2.hasFocus( )) //判断焦点是否在文本框
56:                    text3.setText("");
57:                else {
58:                    op1 = Integer.parseInt(text1.getText( )) ;
59:                    op2 = Integer.parseInt(text2.getText( )) ;
60:                    if (a.getState( ))
61:                        op3 = op1+op2 ;
62:                    else if (s.getState( ))
63:                        op3 = op1-op2 ;
64:                    else if (m.getState( ))
65:                        op3 = op1 * op2 ;
66:                    else
67:                        op3 = op1/op2 ;
68:                    text3.setText(Integer.toString(op3));
69:                }
70:            }
71:        } // end of actionPerformed( )
72:    } //end of ButtonAct
73: }  //end of TestFocus
```

该程序的第 31～42 行是实现对文本框焦点事件处理的内部类定义，其中重载了仅有的两个方法：并且只对 focusLost( )方法进行实际的编程，利用失去焦点事件对数据进行检查。如果程序检查出数据越界，就利用文本框的 requestFocus( )方法使文本框重新获得焦点，即留住焦点，强制用户输入合法数据后方可离开。

在按钮事件处理中，如果是“计算”按钮，程序首先判断焦点是否还在文本输入框中(第 55 行)，如果是则说明输入数据有误(焦点没有离开)，就不再执行后面的计算了。

7.8　滚动条与调整事件

7.8.1　调整事件

1. AdjustmentEvent 事件类

调整事件(AdjustmentEvent)类只包含一个事件——ADJUSTMENT_VALUE_CHANGED 事件。与 ItemEvent 事件引发的离散状态变化不同，ADJUSTMENT_VALUE_CHANGED 是 GUI 组件状态发生连续变化的事件，引发这类事件的具体动作有：

(1) 操纵滚动条(Scrollbar)改变其滑块位置。

(2) 操纵用户自定义的 Scrollbar 对象的子类组件，改变其滑块位置。

2. AdjustmentEvent 事件类的主要方法

(1) public Adjustable getAdjustable( )

这个方法返回引发状态变化事件的事件源，能够引发状态变化事件的事件源都是实现了 Adjustable 接口的类。例如，Scrollbar 类就是实现了 Adjustable 接口的类。Adjustable 接口是 java.awt 包中定义的一个接口。一个方法的返回值类型被标志为一个接口，代表这个方法将返回一个实现了这个接口的类的对象。例如，调用 getAdjustable( )方法将返回引发这个事件的 Scrollbar 对象的引用。

(2) public int getAdjustmentType( )

这个方法返回状态变化事件的状态变化类型，其返回值在 AdjustmentEvent 类的几个静态常量所列举的集合之内。

- AdjustmentEvent.BLOCK_DECREMENT：代表单击滚动条下方引发块状下移的动作。
- AdjustmentEvent.BLOCK_INCREMENT：代表单击滚动条上方引发块状上移的动作。
- AdjustmentEvent.TRACK：代表拖动滚动条滑块的动作。
- AdjustmentEvent.UNIT_DECREMENT：代表单击滚动条下三角按钮引发最小单位下移的动作。
- AdjustmentEvent.UNIT_INCREMENT：代表单击滚动条上三角按钮引发最小单位上移的动作。

通过调用 getAdjustmentType( )方法并比较其返回值，就可以得知用户发出的哪种操作引发了哪种连续的状态变动。

如果要对滚动条操作进行更细微的处理,就需要对上述的操作类型进行鉴别。

(3) public int getValue( )

调用 getValue( )方法可以返回事件源状态变化后的滑块对应的当前数值。滑块是可以连续调整的,调整将引发 AdjustmentEvent 事件,getValue( )方法可以返回调整后滑块对应的最新数值。

7.8.2 滚动条

1. 创建滚动条对象

滚动条(Scrollbar)是一种比较特殊的 GUI 组件,它能够接受并体现连续的变化,称为"调整"。创建 Scrollbar 类的对象将创建一个含有滚动槽、增加箭头、减少箭头和滑块(也称为气泡)的滚动条。滚动条的构造函数如下:

```
Scrollbar mySlider = new Scrollbar(Scrollbar.HORIZONTAL, 0, 1, 0, 100);
```

构造函数的第 1 个参数说明滚动条的摆放方向,使用常量 Scrollbar. HORIZONTAL 将创建横向滚动条,使用常量 Scrollbar. VERTICAL 将创建纵向滚动条。

构造函数的第 2 个参数用来说明滑块的初始位置,它应该是一个整型量。

构造函数的第 3 个参数说明滑块的大小。注意:其单位是以滚动槽的最大尺寸为准。例如滚动槽最大值设为 100,如滑块大小为 10 时,滑块占据滚动槽的十分之一;而当滚动条最大值设为 1000,如滑块大小仍定为 10,其尺寸只占滚动槽的百分之一。在 Word 文档窗口中,读者就可以看到滑块组件,在滑块滚动同时会引起文本区域的滚动。在这里滑块大小与整个滚动槽长度的比例与窗口中可视的文本区域与整个文本区域的比例相当。

构造函数的第 4 个参数说明滚动槽代表的最小数据。

构造函数的第 5 个参数说明滚动槽代表的最大数据。

滚动条的组成与外观如图 7-15 所示。

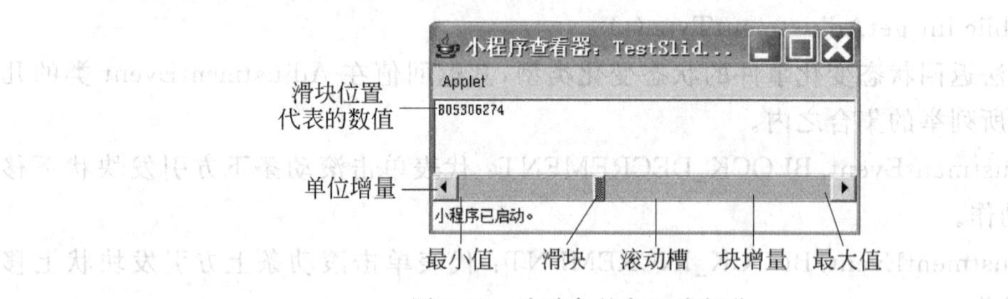

图 7-15 滚动条的各组成部分

2. 常用方法

(1) setUnitIncrement(int)

该方法指定滚动条的单位增量,即用户单击滚动条两端的三角按钮时代表的数据改变。例如:

```
mySlider.setUnitIncrement(5);    //单击一次三角按钮,滚动条滑块移动 5 个单位
```

(2) setBlockIncrement(int)

该方法指定滚动条的块增量，即用户单击滚动槽时代表的数据改变。例如：

```
mySlider.setBlockIncrement(50);  //单击一次滚动槽，将导致滑块移动 50 个单位
```

(3) getUnitIncrement( )和 getBlockIncrement( )

这两个方法分别返回滚动条的单位增量和块增量。

(4) getValue( )

该方法返回当前滑块位置代表的整数值，当用户利用滚动条改变滑块在滚动槽中的位置时，getValue( )方法的返回值将相应随之改变。

3. 事件响应

滚动条可以引发 AdjustmentEvent 类代表的调整事件，当用户通过各种方式改变滑块位置从而改变其代表的数值时，都会引发调整事件。

程序要响应滚动条引发的调整事件，必须首先把这个滚动条注册给实现了 AdjustmentListener 接口的调整事件监听者。

```
mySlider.addAdjustmentListener(this);
```

调整事件监听者中用于响应调整事件的方法是：

```
public void adjustmentValueChanged(AdjustmentEvent e);
```

在这个方法中通常需要调用 e.getAdjustable( )来获得引发当前调整事件的事件源，如滚动条。然后利用滚动条的 getValue( )方法获得滑块当前位置数值。

调用 e.getAdjustmentType( )方法可以知道当前调整事件的类型，即用户使用何种方式改变了滚动条滑块的位置。具体方法是把这个方法的返回值与 AdjustmentEvent 类的几个静态常量相比较。

- AdjustmentEvent.BLOCK_INCREMENT：块增加。
- AdjustmentEvent.BLOCK_DECREMENT：块减少。
- AdjustmentEvent.UNIT_INCREMENT：单位增加。
- AdjustmentEvent.UNIT_DECREMENT：单位减少。
- AdjustmentEvent.TRACK：用鼠标拖动滑块移动。

例 7-14 是一个创建并使用滚动条的例子。

例 7-14 TestSlider.java

```
1: import java.applet.*;
2: import java.awt.*;
3: import java.awt.event.*;
4:
5: public class TestSlider extends Applet implements AdjustmentListener
6: {
7:     Scrollbar mySlider;
8:     TextField sliderValue;
9:
```

```
10:     public void init( )
11:     {
12:         setLayout(new BorderLayout( ));
13:         mySlider = new Scrollbar(
14:                     Scrollbar. HORIZONTAL,0,1,0,Integer. MAX_VALUE);
15:         mySlider. setUnitIncrement(1);
16:         mySlider. setBlockIncrement(50);
17:         add(mySlider, BorderLayout. SOUTH);
18:         mySlider. addAdjustmentListener(this);
19:         sliderValue = new TextField(30);
20:         add(sliderValue, BorderLayout. CENTER);
21:     }
22:     public void adjustmentValueChanged(AdjustmentEvent e)
23:     {
24:         int value;
25:         Scrollbar scroll ;
26:         scroll = (Scrollbar)(e. getSource( ));
27:         value =scroll. getValue( );  //获得滑块位置代表的数值
28:         sliderValue. setText(Integer. toString(value));
29:         sliderValue. setBackground(new Color(value));
30:     }
31: }
```

例 7-14 的运行结果如图 7-15 所示。

例 7-14 的程序使用了布局的知识点(第 12、17 和 20 句)。有关布局的概念在后面将作介绍。

程序定义了一个实现 AdjustmentListener 接口的 Applet,包含一个 Scrollbar 对象 mySlider 和一个文本框对象 sliderValue。第 13、14 行创建了 mySlider 对象;第 15、16 行设置这个滚动条的有关属性。第 17 行把它加入到 Applet 界面中;第 18 行将它注册给调整事件的监听者。程序的第 22～30 行定义的 adjustment ValueChanged( )方法首先获得事件源(即 Scrollbar 对象);然后通过调用 getValue 方法获得滑块位置代表的数值;最后在文本框中显示这个数值(第 28 行),并利用这个数值控制文本框的背景色(第 29 行)。

在本例中,滚动槽最大值设为整数的最大值(Integer. MAX_VALUE 即 2147483647)。

无论用户以何种方式移动滚动条的滑块,都会引起 AdjustmentEvent 事件,并调用事件处理程序。

7.9 画布与鼠标、键盘事件

7.9.1 鼠标事件

鼠标事件(MouseEvent)类和 KeyEvent 类都是 InputEvent 类的子类,InputEvent 类不包含任何具体的事件,但是调用 InputEvent 类的 getModifiers( )方法,并把返回值与

InputEvent 类的几个静态整型常量相比较，就可以得知用户在引发 KeyEvent 事件时是否同时按下了功能键，或者用户在单击鼠标时单击的是哪个鼠标键。

InputEvent 类的几个静态常量如下。

- 键盘控制键：ALT_MASK、CTRL_MASK、SHIFT_MASK、META_MASK。
- 鼠标键：BUTTON1_MASK、BUTTON2_MASK、BUTTON3_MASK。

MouseEvent 类包含如下的若干个鼠标事件，分别用 MouseEvent 类的同名静态整型常量来标识。

- MOUSE_CLICKED：代表鼠标单击事件。
- MOUSE_DRAGGED：代表鼠标拖动事件。
- MOUSE_ENTERED：代表鼠标进入事件。
- MOUSE_EXITED：代表鼠标离开事件。
- MOUSE_MOVED：代表鼠标移动事件。
- MOUSE_PRESSED：代表鼠标按钮按下事件。
- MOUSE_RELEASED：代表鼠标按钮松开事件。

调用 MouseEvent 对象的 getID( )方法并把返回值与上述各常量比较，就可以知道用户引发的是哪个具体的鼠标事件。假定 mouseEvt 是 MouseEvent 类的对象，下面的语句将判断它代表的事件是否是 MOUSE_CLICKED。

```
if ( mouseEvt. getID( ) == MouseEvent. MOUSE_CLICKED )
```

不过一般不需要这样处理，因为监听 MouseEvent 事件的监听者 MouseListener 和 MouseMotionListener 中有 7 个具体方法，分别针对上述的 7 个具体鼠标事件，系统会分辨鼠标事件的类型并自动调用相关的方法，所以编程者只需把处理相关事件的代码放到相关的方法里即可。

MouseEvent 类有如下主要方法。

(1) public int getX( )：返回发生鼠标事件的 X 坐标。

(2) public int getY( )：返回发生鼠标事件的 Y 坐标。

(3) public Point getPoint( )：返回 Point 对象，包含鼠标事件发生的坐标点。

(4) public int getClickCount( )：返回鼠标单击事件的单击次数。

前面所说的 MouseListener 和 MouseMotionListener 的几个具体的事件处理方法，都以 MouseEvent 类的对象为形式参数。通过调用 MouseEvent 类的上述方法，这些事件处理方法可以得到引发它们的鼠标事件的具体信息。

例 7-15　ResponseToMouse. java

```
1: import java. applet. * ;
2: import java. awt. * ;
3: import java. awt. event. * ;
4:
5: public class ResponseToMouse extends Applet
6:         implements MouseListener, MouseMotionListener
7: {
```

```
 8:  public void init( )
 9:  {
10:      this.addMouseListener(this);
11:      this.addMouseMotionListener(this);
12:  }
13:  public void mouseClicked(MouseEvent e)
14:  {
15:      if(e.getClickCount( )==1)
16:          showStatus("您在("+e.getX( )+","+e.getY( )+")单击了鼠标。");
17:      else if(e.getClickCount( )==2)
18:          showStatus("您在("+e.getX( )+","+e.getY( )+")双击了鼠标。");
19:  }
20:  public void mouseEntered(MouseEvent e)
21:  {
22:      showStatus("鼠标进入 Applet。");
23:  }
24:  public void mouseExited(MouseEvent e)
25:  {
26:      showStatus("鼠标离开 Applet。");
27:  }
28:  public void mousePressed(MouseEvent e)
29:  {
30:      showStatus("您按下了鼠标。");
31:  }
32:  public void mouseReleased(MouseEvent e)
33:  {
34:      showStatus("您松开了鼠标。");
35:  }
36:  public void mouseMoved(MouseEvent e)
37:  {
38:      showStatus("您移动了鼠标,新位置在("+e.getX( )+","+e.getY( )+")。");
39:  }
40:  public void mouseDragged(MouseEvent e)
41:  {
42:      showStatus("您拖动了鼠标。");
43:  }
44: }
```

例 7-15 程序中定义了一个实现了 MouseListener 和 MouseMotionListener 接口的 Applet,在 Applet 的 init( )方法中,第 10、11 句是把这个 Applet 分别注册给鼠标事件和鼠标动作事件的监听者,即让监听者监听和处理发生在 Applet 窗口上的鼠标事件。

第 13～35 句定义的 5 个方法是对 MouseListener 接口中定义的 5 个同名抽象方法的具体实现。第 36～43 句定义的两个方法是对 MouseMotionListener 接口中定义的两个同名抽象方法的具体实现。

这个程序将监听所有的鼠标事件并将监听到的事件信息显示在 Applet 的状态条中。

7.9.2　键盘事件

键盘事件(KeyEvent)类包含如下三个具体的键盘事件,分别对应 KeyEvent 类的几个同名的静态整型常量:

- KEY_PRESSED:代表键盘按键被按下的事件。
- KEY_RELEASED:代表键盘按键被放开的事件。
- KEY_TYPED:代表按键被敲击的事件。

KeyEvent 类的主要方法有:

```
public char getKeyChar( )
```

该方法返回引发键盘事件的按键对应的 Unicode 字符。如果这个按键没有 Unicode 字符与之相对应,则返回 KeyEvent 类的一个静态常量 KeyEvent. CHAR_UNDEFINED。

与 KeyEvent 事件相对应的监听者接口是 KeyListener,这个接口中定义了如下的三个抽象方法,分别与 KeyEvent 中的三个具体事件类型相对应。

(1) public void keyPressed(KeyEvent e)。

(2) public void keyReleased(KeyEvent e)。

(3) public void keyTyped(KeyEvent e)。

可见,事件类中的事件类型名与对应的监听者接口中的抽象方法名很相似,也体现了二者之间的对应关系。凡是实现了 KeyListener 接口的类,都必须具体实现上述的三个抽象方法,把用户程序对这三种具体事件的响应代码放在实现后的方法体中。这些代码里通常需要用到实参 KeyEvent 对象 e 的若干信息,这可以通过调用 e 的方法,如 getSource( )、getKeyChar( )等来实现。例如,下面的语句将判断用户输入了 y 还是 n,代表肯定或否定的回答。

```
public void keyPressed(KeyEvent e)
{
    char ch = e. getKeyChar( );
    if(ch == 'y' || ch == 'Y')
       m_result. setText("同意");
    else if(ch == 'n' || ch == 'N')
       m_result. setText("反对");
    else
       m_result. setText("非法输入");
}
```

其中 m_result 是一个用来输出信息的 Label 对象。

7.9.3　画布

画布(Canvas)是一个用来画图的矩形背景组件,在画布里可以像在 Applet 里那样绘制各种图形,也可以响应鼠标和键盘事件。

1. 创建画布对象

Canvas 的构造函数没有参数,所以使用简单的语句就可以创建一个画布对象。

```
Canvas myCanvas = new Canvas( );
```

在创建了 Canvas 对象之后,还应该调用 setSize( )方法确定这个画布对象的大小,否则用户在运行界面中将看不到这个画布。

2. 常用方法

Canvas 对象的常用方法只有一个:

```
public void paint(Graphics g)
```

用户程序重载这个方法,就可以实现在 Canvas 上面绘制有关图形。

3. 产生事件

Canvas 对象与 Applet 相似,可以引发键盘和鼠标事件。

例 7-16 TestCanvas. java

```
1: import java.applet.*;
2: import java.awt.*;
3: import java.awt.event.*;
4:
5: public class TestCanvas extends Applet
6: {
7:     CanvasDraw cd;
8:     public void init( )
9:     {
10:        cd = new CanvasDraw(new Dimension(200,180),this);
11:        cd.setBackground(Color.pink);
12:        add(cd);
13:        cd.requestFocus( );
14:    }
15: }
16:
17: class CanvasDraw extends Canvas
18: {
19:     Applet m_Parent;
20:     boolean md_Flag = false;
21:     int startX=0, startY=0, currentX=0, currentY=0 ;
22:     StringBuffer sb = new StringBuffer( );
23:     CanvasDraw(Dimension d,Applet p)
24:     {
25:         m_Parent = p;
26:         setSize(d);
27:         setBackground(Color.gray);
28:         addKeyListener(new KeyEventProcess( ));
```

```
29:         addMouseListener(new MouseAdpt( ));
30:         addMouseMotionListener(new MouseMotionAdpt( ));
31:     }
32:     void setStart(int x,int y)
33:     {
34:         startX = x;
35:         startY = y;
36:     }
37:     void setCurrent(int x,int y)
38:     {
39:         currentX = x;
40:         currentY = y;
41:     }
42:     void setMouseDragged(boolean b)
43:     {
44:         md_Flag = b;
45:     }
46:     void showMeg(String s)
47:     {
48:         m_Parent. showStatus(s);
49:     }
50:     void clearAll( )
51:     {
52:         startX = 0;
53:         startY= 0;
54:         currentX = 0;
55:         currentY = 0;
56:         repaint( );
57:     }
58:     public void paint(Graphics g)
59:     {
60:         g. drawString("(" + currentX + ","+ currentY + ")",10,20);
61:         if(md_Flag)
62:             g. drawLine(startX,startY,currentX,currentY);
63:     }
64:
65:     class KeyEventProcess implements KeyListener   //内部类(实现接口)
66:     {
67:         public void keyTyped(KeyEvent e)
68:         {
69:             char ch = e. getKeyChar( );
70:             if (ch=='c'){                         //当敲 c 键时,起到清空作用
71:                 sb. setLength(0);                 //清空 sb
72:                 clearAll( );                      //清空画布
```

```
73:             }
74:             else
75:                 sb. append(ch);
76:             showMeg ("击键"+sb. toString( ));
77:         }
78:         public void keyPressed(KeyEvent e){}                    //重载方法,方法体为空
79:         public void keyReleased(KeyEvent e){}                   //重载方法,方法体为空
80:     }
81:     class MouseAdpt extends MouseAdapter                        //内部类(继承剪裁类)
82:     {
83:         public void mousePressed(MouseEvent e)                  //按下鼠标键
84:         {
85:             setStart(e. getX( ),e. getY( ));
86:             showMeg("您开始画线");
87:         }
88:         public void mouseReleased(MouseEvent e)                 //鼠标键抬起
89:         {
90:             if ((startX! =currentX)|(startY! =currentY))       //鼠标拖动才是画线
91:                 showMeg("您画出了一条直线");
92:         }
93:         public void mouseEntered(MouseEvent e)                  //移动鼠标进入画布
94:         {
95:             showMeg("鼠标进入画布");
96:         }
97:         public void mouseExited(MouseEvent e)                   //鼠标移出画布
98:         {
99:             showMeg("鼠标移出画布");
100:        }
101:    } //end of MouseAdpt(内部类)
102:    class MouseMotionAdpt extends MouseMotionAdapter            //内部类(继承剪裁类)
103:    {
104:        public void mouseMoved(MouseEvent e)                    //移动鼠标
105:        {
106:            setCurrent(e. getX( ),e. getY( ));
107:            setMouseDragged(false);
108:            repaint(10,0,60,30);    //鼠标移动时只刷新画布左上角区域
109:        }
110:        public void mouseDragged(MouseEvent e)                  //拖动鼠标
111:        {
112:            setCurrent(e. getX( ),e. getY( ));
113:            setMouseDragged(true);
114:            repaint( );
115:        }
116:    } //end of MouseMotionAdpt(内部类)
```

```
117:
118: } //end of CanvasDraw
```

图 7-16 是例 7-16 的运行结果，其中左图是对鼠标拖动的响应，右图是对键盘输入的响应。在该用户界面上，左上角的坐标动态显示鼠标指针的当前位置，利用鼠标拖动可以画出一条直线；鼠标进入或离开画布，状态栏都有信息提示。此外，键盘输入的字符会在状态栏上显示，当输入字符 c 时，可以起到初始化的作用（清除画布和清空已输入的字符显示）。

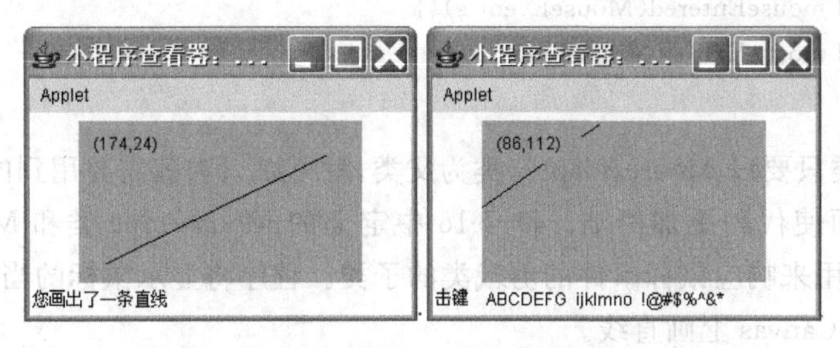

图 7-16　例 7-16 的运行结果

这个程序定义了一个 Applet 类的子类 TestCanvas（主类）和一个 Canvas 类的子类 CanvasDraw，在 CanvasDraw 类中又定义了三个用于事件处理的内部类。CanvasDraw 类用于测试画布类及对鼠标和键盘的事件响应。

在第 10～13 行中，围绕 CanvasDraw 对象做了以下几件事：创建了一个 CanvasDraw 对象，将画布对象的背景色置为粉红色，把画布对象放在 applet 窗口中，并使画布获得焦点。在创建 CanvasDraw 对象时，TestCanvas 对象将自己（this）作为参数传给 CanvasDraw 对象，这是为了后者能利用 applet 的状态栏输出信息。

第 17～63 行是 CanvasDraw 类属性与方法的定义。其中 startX 和 startY 是所画直线的起点坐标，currentX 和 currentY 是当前的鼠标位置，StringBuffer 对象 sb 用来保存用户击键所输入的字符，布尔量 md_Flag 是用户是否在用鼠标画直线的标志。

注意：Canvas 对象及其子类对象是基本组件而不是容器。

作为 Canvas 类的子类，CanvasDraw 类的对象可以响应鼠标事件和键盘事件，本程序是利用 CanvasDraw 类的内部类来实现对画布上鼠标和键盘的事件处理。

第 65～80 行定义了内部类 KeyEventProcess，它用于对键盘事件做出响应，所以实现了 KeyListener 接口，重载了接口定义的三个抽象方法，但根据功能设计是只给 keyTyped( )方法书写了具体的方法体，把用户输入的字符保存在 sb 字符串变量里并显示在状态条中。对于键按下和键抬起两个事件，本程序没有设计对它们的处理。但一个非抽象类在实现接口时必须实现接口的全部方法，所以程序的第 78～79 行定义了两个没有功能的空方法。如果没有这两句，编译就会出错。

MouseListener 和 MouseMotionListener 中的抽象方法较多。如果 CanvasDraw 实现了这两个接口，就必须重载所有的 7 个抽象方法，而本程序实际只用到了其中的部分方法。

为解决空方法的不必要编写，例 7-16 中使用了系统定义的事件剪裁类 MouseAdapter

和 MouseMotionAdapter。每个监听者接口都对应有一个事件剪裁类,事件剪裁类实际上是用空方法实现对应监听者接口中的每个方法。例如 MouseAdapter 定义如下:

```
public class MouseAdapter implements MouseListener
{
    public void mouseClicked(MouseEvent e){}
    public void mousePressed(MouseEvent e){}
    public void mouseReleased(MouseEvent e){}
    public void mouseEntered(MouseEvent e){}
    public void mouseExited(MouseEvent e){}
}
```

这样,一个类只要以 MouseAdapter 类为父类,就可以只重载需要用到的方法,而无须考虑其他方法,从而使代码更加简洁。例 7-16 中定义的 MouseAdpt 类和 MouseMotionAdpt 类就是这样专门用来响应鼠标事件的剪裁类的子类。程序将显示鼠标的当前位置并响应鼠标的拖动操作在 Canvas 上画直线。

在 CanvasDraw 类的构造函数中(第 28～30 行),将自己依次注册给 3 个内部类的监听者对象,从而实现对鼠标、键盘的响应。

7.10 布局设计

在前面的例子中,基本组件仅仅被简单地加入容器。如果用户界面对组件的位置及布局有明确的要求,程序员就必须考虑布局设计问题并采用相应的技术来实现。

7.10.1 布局管理器的概念

在 Java 的 GUI 界面设计中,布局控制是通过为容器设置布局管理器来实现的。布局管理器负责确定组件在容器中的位置和大小。当容器需要定位组件和确定组件大小时,就会给布局管理器对象发消息,让它完成该项工作。

java.awt 包中定义了 5 种布局管理器类,每个布局管理器类对应一种布局策略。

- FlowLayout:组件在一行中从左至右水平排列,排满后折行。
- BorderLayout:组件按北、南、东、西、中几个位置排列。
- GridLayout:以行和列的网格形式安排组件。
- GridBagLayout:更复杂、功能更强的网格布局。
- CardLayout:每一个组件作为一个卡片,容器仅显示其中一张卡片。

当为容器选定一种布局时,首先要创建该种布局管理器对象,然后利用容器的 setLayout( )方法为容器指定这个布局管理器对象。setLayout( )方法需要一个布局管理器对象作为参数。

没有设置布局管理器的容器,其中的对象会互相覆盖、遮挡,影响使用,所以必须为每个容器设置一个合适的布局管理器。系统也为各种容器指定了默认的布局管理器。举例如下。

- Window、Frame、Dialog：BorderLayout 布局管理器。
- Panel、Applet：FlowLayout 布局管理器。

下面将分别讨论几种布局管理器的使用方法。

7.10.2　FlowLayout 布局管理器

FlowLayout 是容器 Panel 和它的子类 Applet 默认使用的布局编辑策略，如果不专门为 Panel 或 Applet 指定布局管理器，则它们就使用 FlowLayout 的布局策略。

FlowLayout 对应的布局策略非常简单。遵循这种策略的容器将其中的组件按照加入的先后顺序从左向右排列，一行排满之后就下转到下一行继续从左至右排列，每一行中的组件都居中排列；在组件不多时，使用这种策略非常方便，但是当容器内的 GUI 元素增加时，就显得高低参差不齐。

对于使用 FlowLayout 布局的容器，加入组件使用如下简单的命令：

```
add(组件名);
```

即可，这些组件将顺序地排列在容器中。由于 FlowLayout 的布局能力有限，我们可以采用容器嵌套的方法，即把一个容器当作一个组件加入另一个容器，这个容器组件可以有自己的组件和自己的布局策略，使整个容器的布局达到应用的需求。

对于一个原本不使用 FlowLayout 布局管理器的容器，若需要将其布局策略改为 FlowLayout，可以使用如下的语句：

```
setLayout(new FlowLayout( ));
```

setLayout( )方法是所有容器的父类 Container 的方法，用于为容器设定布局管理器。创建 FlowLayout 类的对象可以使用上面语句中的无参数构造函数，也可以使用下面的两种构造函数：

(1) FlowLayout(int align, int hgap, int vgap)

参数 align 指定每行组件的对齐方式，可以取三个静态常量 LEFT、CENTER、RIGHT 之一；参数 hgap 和参数 vgap 分别指定组件之间的横向和纵向间距(单位是像素)。

(2) FlowLayout(int align)

参数 align 指定每行组件的对齐方法，组件间的横纵间距都固定为 5 个像素。

无参数的构造函数创建的 FlowLayout 对象，其对齐方式为 CENTER 常量指定的居中方式，组件间的横纵间距都为 5 个像素。

7.10.3　BorderLayout 布局管理器

BorderLayout 也是一种简单的布局策略，它把容器内的空间简单地划分为东、西、南、北、中 5 个区域(如图 7-17 所示)，每加入一个组件都应该指明把这个组件加在哪个区域中。分布在北部和南部区域的组件将横向扩展至占据整个容器，分布在东部和

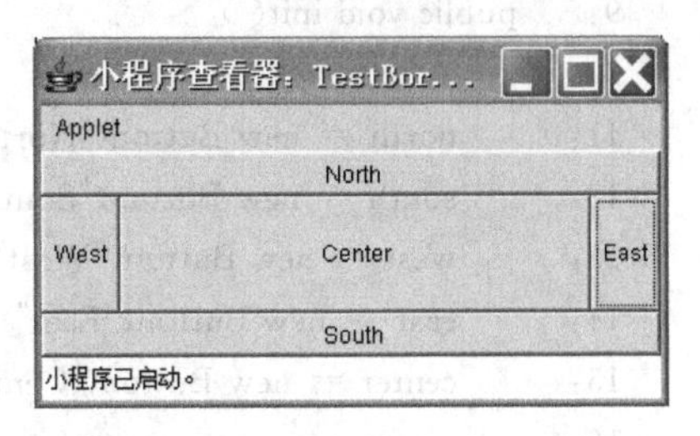

图 7-17　BorderLayout 布局

西部的组件将伸展至占据容器剩余部分的全部宽度,最后剩余的部分将分配给位于中央的组件。如果某个区域没有分配组件,则其他组件可以占据它的空间。例如,如果北部没有分配组件,则西部、东部和中央的组件将向上扩展到容器的最上方,如果西部和东部没有分配组件,则位于中央的组件将横向扩展到容器的左右边界。

使用无参数构造函数创建的 BorderLayout 规定各组件间的横、纵间距都为 0。如果希望使用大于 0 的间距,则可以使用 BorderLayout 的另一个构造函数创建它:

```
BorderLayout(int hgap, int vgap);
```

BorderLayout 布局的一般使用方式示例如下:

```
Panel p = new Panel( );                              //创建 Panel 对象
p.setLayout(new BorderLayout( ));                    //设置面板对象的布局
p.add(new Button("South"), BorderLayout.SOUTH);  //向面板南端添加按钮组件
```

如果组件放在中央位置,语句如下:

```
p.add(new Button("Center"), BorderLayout.CENTER);
```

或

```
p.add(new Button("Center"));                         //隐含位置在中央
```

BorderLayout 只能指定 5 个区域位置。如果容器中需要加入超过 5 个组件,就必须使用容器的嵌套或改用其他的布局策略。

例 7-17 中的 Applet 使用了 BorderLayout(不是 Applet 隐含布局),并放置了 5 个组件。

例 7-17　TestBorderLayout.java

```
1: import java.applet.*;
2: import java.awt.*;
3: import java.awt.event.*;
4:
5: public class TestBorderLayout extends Applet
6: {
7:   Button north, south, west, east, center;
8:
9:     public void init( )
10:    {
11:        north = new Button("North");
12:        south = new Button("South");
13:        west = new Button("West");
14:        east = new Button("East");
15:        center = new Button("Center");
16:
17:        setLayout(new BorderLayout( ));              //设置 BorderLayout 布局编辑器
```

```
18:       add(east, BorderLayout.EAST);              //加入组件时分配区域
19:       add(center, BorderLayout.CENTER);
20:       add(north, BorderLayout.NORTH);
21:       add(south, BorderLayout.SOUTH);
22:       add(west, BorderLayout.WEST);
23:   }
24: }
```

例 7-17 的运行结果如图 7-17 所示。该例的 Applet 对象采用 BorderLayout 布局，并分别在 5 个位置加入了 5 个按钮。

7.10.4 CardLayout 布局管理器

使用 CardLayout 布局的容器可以容纳多个组件，但同一时刻容器只能从这些组件中选出一个来显示，就像一叠“扑克牌”每次只能显示最上面的一张一样，这个被显示的组件将占据整个的容器。使用 CardLayout 的一般步骤如下。

(1) 创建 CardLayout 布局管理器对象：Mycard = new CardLayout( )。

(2) 使用容器的 setLayout( )方法为容器指定布局管理器：setLayout(Mycard)。

(3) 调用容器的方法 add( )将组件加入容器，同时为组件分配一个字符串的名字，以便布局编辑器根据这个名字调用并显示这个组件。add 方法的格式为：

```
add (字符串,组件);
```

(4) 调用 CardLayout 的方法 show( )，显示容器中由方法参数(字符串)指定的组件。该方法的格式为：

```
show(容器名,字符串);
```

此外，还可以利用 CardLayout 的下述方法，按组件加入容器的顺序显示组件。例如：

- first(容器名)：显示第一个组件。
- last(容器名)：显示最后一个组件等。
- previous(容器名)：显示前一个组件。
- next(容器名)：显示下一个组件。

例 7-18 的界面使用了 CardLayout 的布局策略，容器中摆放了 5 个按钮。当鼠标左键单击当前显示的按钮后，界面就会显示下一个按钮，而当鼠标右键单击当前显示的按钮后，界面就会显示前一个按钮。图 7-18 所示是该例的运行结果(当前显示的是第二个按钮)。

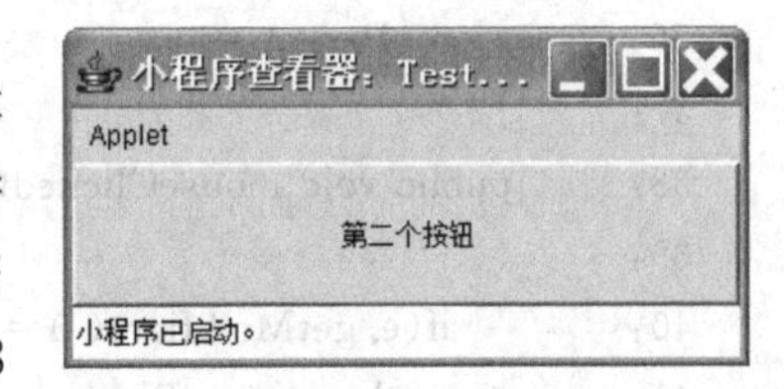

图 7-18　例 7-18 的运行结果

例 7-18　TestCardLayout.java

```
1: import java.applet.*;
2: import java.awt.*;
3: import java.awt.event.*;
4:
```

```
5: public class TestCardLayout extends Applet
6: {
7:     CardLayout MyCard = new CardLayout( ); //创建 CardLayout 布局管理器对象
8:     Button btn1 = new Button("第一个按钮");
9:     Button btn2 = new Button("第二个按钮");
10:     Button btn3 = new Button("第三个按钮");
11:     Button btn4 = new Button("第四个按钮");
12:     Button btn5 = new Button("第五个按钮");
13:
14:     public void init( )
15:     {
16:         setLayout(MyCard);                  //设置容器的布局策略为 CardLayout
17:         add("第一页",btn1);                 //加入组件并指定名字
18:         add("第二页",btn2);
19:         add("第三页",btn3);
20:         add("第四页",btn4);
21:         add("第五页",btn5);
22:         btn1.addMouseListener(new MouseMoveCard(MyCard, this));
23:         btn2.addMouseListener(new MouseMoveCard(MyCard, this));
24:         btn3.addMouseListener(new MouseMoveCard(MyCard, this));
25:         btn4.addMouseListener(new MouseMoveCard(MyCard, this));
26:         btn5.addMouseListener(new MouseMoveCard(MyCard, this));
27:     }
28: }
29: class MouseMoveCard extends MouseAdapter
30: {
31:     CardLayout cl;
32:     Applet m_Parent;
33:     MouseMoveCard(CardLayout c,Applet a)
34:     {
35:         cl = c;
36:         m_Parent = a;
37:     }
38:     public void mouseClicked(MouseEvent e)
39:     {
40:         if(e.getModifiers( )==InputEvent.BUTTON1_MASK)
41:             cl.next(m_Parent);              //鼠标左键
42:         else
43:             cl.previous(m_Parent);          //鼠标右键
44:     }
45: }
```

例 7-18 中定义的 Applet 指定的是 CardLayout 布局(第 16 句)。在 Applet 界面上按此种布局放置了 5 个组件(5 个按钮)。界面上的 5 个按钮都可以响应鼠标事件,但某一

时刻只有一个按钮被显示。在鼠标单击事件处理程序中(第 38～44 行),程序在判断鼠标是左键还是右键事件后,利用 CardLayout 布局管理器的 next( )或 previous( )方法显示当前按钮的前一个或后一个按钮。

该程序的第 29～45 行专门定义了一个处理鼠标事件的监听者类(不是内部类)。

7.10.5　GridLayout 布局管理器

GridLayout 是使用较多的布局管理器,其基本布局策略是把容器的空间划分成若干行乘若干列的网格区域,组件就位于这些划分出来的小格中。GridLayout 比较灵活,划分多少网格由程序自由控制,而且组件定位也比较精确。

使用 GridLayout 布局管理器的一般步骤如下。

(1) 创建 GridLayout 对象作为布局管理器。指定划分网格的行数和列数,并使用容器的 setLayout( )方法为容器设置这个布局管理器。例如:

```
setLayout(new GridLayout(行数, 列数));
```

(2) 调用容器的方法 add( )将组件加入容器。组件填入容器的顺序将按照第一行第一个、第一行第二个……第一行最后一个、第二行第一个……最后一行最后一个进行。每个网格中都必须填入组件,如果希望某个网格为空白,可以为它加入一个空的标签:

```
add (new Label( ));
```

例 7-19 使用了 GridLayout 布局,图 7-19 是其运行结果。

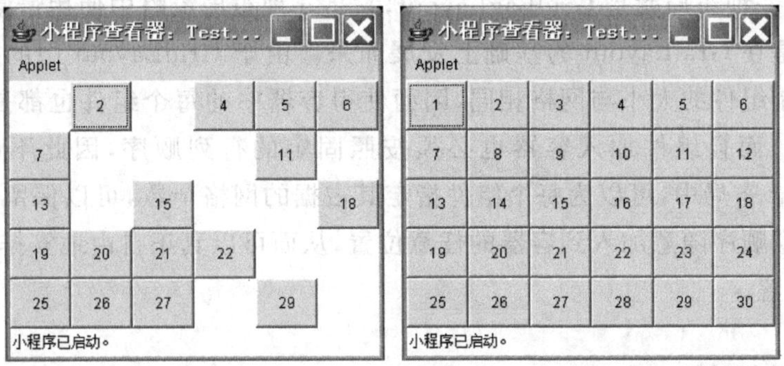

(a) 部分填充　　(b) 全部填充

图 7-19　例 7-19 的运行结果

例 7-19　TestGridLayout. java

```
1: import java.applet.*;
2: import java.awt.*;
3: import java.awt.event.*;
4:
5: public class TestGridLayout extends Applet
6: {
7:     public void init( )
```

```
8:  {
9:    setLayout(new GridLayout(5,6));          //GridLayout 布局,5 行 6 列 30 网格
10:   for(int i=1;i<31;i++)                    //循环 30 次,依次放入 30 个组件
11:   {
12:       if(Math.random() > 0.5)              // 0.0 ≤ 随机数范围<1.0
13:           add(new Button(Integer.toString(i)));  //随机加入按钮
14:       else
15:           add(new Label());                //随机加入空白标签
16:   }
17:  }
18: }
```

程序的第 9 句创建了一个 5×6 的 GridLayout 布局,并把它指定给当前容器;第 10~16 句通过循环依次向网格中加入组件,其中第 12 句是利用产生的随机数来随机决定向当前网格中加入的是按钮还是空标签。图 7-19(a)就是程序执行一次的结果,当然每次执行的结果会不尽相同。

如果把例 7-19 中的第 12 句改为:

```
if( Math.random( ) >= 0.0 )
```

就会得到图 7-19(b)所示的全部填充为按钮的情况,从中可以清楚地看出 GridLayout 的布局策略和网格划分。

另外还有一种布局就是 GridBagLayout,它是 5 种布局策略中使用最复杂、功能最强大的一种,它是在 GridLayout 的基础上发展而来。由于 GridLayout 中的所有网格大小相同,并且强制组件的大小与网格相同,因而使得容器中的每个组件也都是相同的尺寸,显得很不自然;而且组件加入容器也必须按照固定的行列顺序,因此不够灵活。而在 GridBagLayout 布局中,可以为每个组件指定其占据的网格个数,可以保留组件原来的大小,可以用任意顺序随意加入到容器的任意位置,从而可以真正自由地安排容器中每个组件的大小和位置。

7.11 容器组件

本节将详细讨论 GUI 各种容器及其使用方法。

7.11.1 容器组件类

容器组件的共同父类 Container 是一个抽象类,里面包含了所有容器组件都必须具有的方法和功能。

1. 容器组件的方法

(1) setLayout( )方法

这个方法设置容器的布局管理器。

(2) add( )方法

Container 类中有多个经过重载的 add( )方法,其作用都是把 Component 组件(可以是一个基本组件,也可以是另一个容器组件)加入到当前容器中。每个被加入容器的组件根据加入的先后顺序获取一个序号。

(3) getComponent(int index)与 getComponent(int x, int y)方法

这两个方法分别获得指定序号或指定(x,y)坐标点处的组件。

(4) remove(Component c)与 remove(int index)方法

这两个方法将指定的组件或指定序号的组件从容器中移出。

(5) removeAll( )方法

这个方法将容器中所有的组件移出。

2. 容器事件

Container 可以引发 ContainerEvent 类代表的容器事件。ContainerEvent 类包含两个具体的与容器有关的事件。

(1) COMPONENT_ADDED:把组件加入当前容器时引发。

(2) COMPONENT_REMOVED:把组件移出当前容器时引发。

ContainerEvent 类的主要方法如下。

(1) public Container getContainer( ):返回引发容器事件的容器对象。

(2) public Component getChild( ):返回引发容器事件时被加入或移出的组件对象。

希望响应容器事件的程序应该实现容器事件的监听者接口 ContainerListener,并在监听者内部具体实现该接口中用来处理容器事件的两个方法。

```
public void componentAdded(ContainerEvent e);      //响应向容器中加入组件事件的方法
public void componentRemoved(ContainerEvent e);   //响应从容器中移出组件的方法
```

在这两个方法内部,可以通过调用实际参数 e 的方法 e. getContainer( )获得引发事件的容器对象的引用,也可以调用 e. getChild( )方法获得事件发生时被加入或移出容器的组件。

7.11.2 Panel 与容器事件

Panel 属于无边框容器。无边框容器包括 Panel 和 Applet,其中 Panel 是 Container 的子类,Applet 是 Panel 的子类。

Panel 是最简单的容器,它没有边框或其他可见边界,它不能被移动、放大、缩小或关闭。一个程序不能使用 Panel 作为它的最外层的图形界面的容器,所以 Panel 总是作为一个容器组件被加入到其他的容器中,如 Frame、Applet 等。Panel 也可以进一步包含另一个 Panel,使用 Panel 的程序中总是存在着容器的嵌套。使用 Panel 的目的通常是为了层次化管理图形界面的各个组件,同时使组件在容器中的布局操作更为方便。程序不能显式地指定 Panel 的大小,Panel 的大小是由其中包含的所有组件以及包容它的那个外层容器的布局策略和外层容器中的其他组件决定的。

例 7-20 是利用 Panel 来组织界面组件的一个例子。

例 7-20 TestPanel. java

```
import java.awt.*;
import java.applet.*;
import java.awt.event.*;
public class TestPanel extends Applet implements ActionListener,ContainerListener
{
   Panel p1,p2,p3;
   Label prompt1,prompt2,prompt3;
   Button btn;
   public void init( )
   {
      p1 = new Panel( );
      p1.setBackground(Color.gray);
      p2 = new Panel( );
      p2.setBackground(Color.red);
      p3 = new Panel( );
      p3.setBackground(Color.cyan);
      prompt1 = new Label("我在第一个 Panel 里");
      prompt2 = new Label("我在第二个 Panel 里");
      prompt3 = new Label("我在第三个 Panel 里");
      btn = new Button("in Panel3");
      p1.add(prompt1);      //把 prompt1 放到 p1 容器中
      p2.add(prompt2);      //把 prompt2 放到 p2 容器中
      p3.add(prompt3);      //把 prompt3 放到 p3 容器中
      p3.add(btn);          //把 btn 按钮也放到 p3 容器中
      p1.add(p3);           //把 p3(容器组件)放到 p1 容器中
      add(p1);              //把 p1 放到 applet 容器中
      add(p2);              //把 p2 放到 applet 容器中
      btn.addActionListener(this);
      p1.addContainerListener(this);
   }
   public void actionPerformed(ActionEvent e)
   {
      if(e.getSource( )==btn)
      p1.remove(p3);
   }
   public void componentRemoved(ContainerEvent e)
   {
      showStatus("您移去了第三个 Panel");
   }
   public void componentAdded(ContainerEvent e){ } //空方法
}
```

图 7-20 是例 7-20 的运行结果。当用户单击按钮 btn 时,程序从 p1 移去组件 p3 并引

发 CONTAINER_REMOVED 事件，程序响应这个事件后在状态条中显示从容器(p1)移去组件(p3)的信息。该程序移出的是 p3，因而 p3 中的组件(如 btn)也一起被移走。

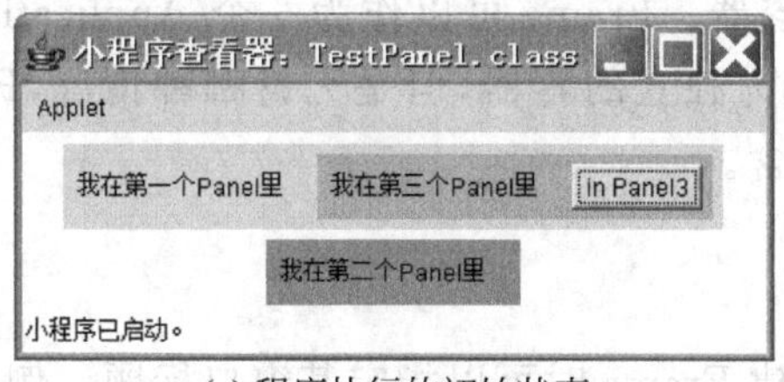

(a) 程序执行的初始状态

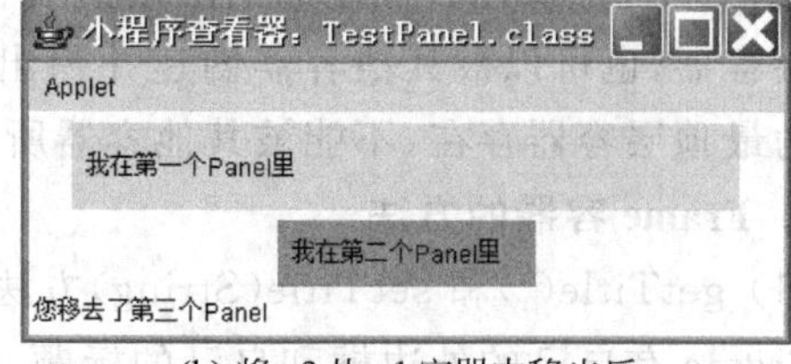

(b) 将 p3 从 p1 容器中移出后

图 7-20　例 7-20 的运行结果

容器的嵌套是 Java 程序 GUI 界面设计时经常需要使用的手段。实现这一类 GUI 界面时，应该首先明确各容器之间的包含嵌套关系。例如，例 7-20 程序中的各容器及组件之间的包含层次关系如图 7-21 所示。

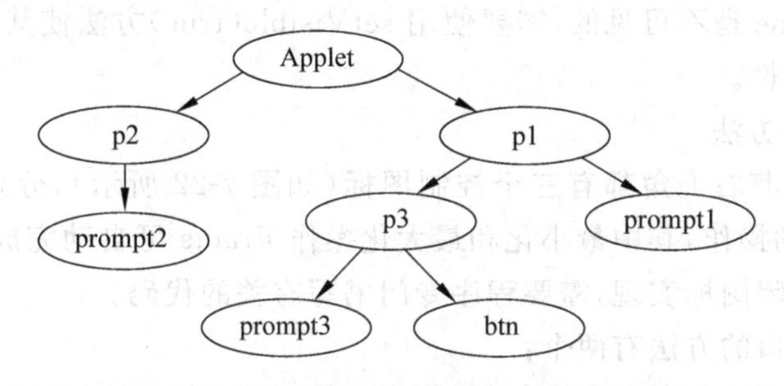

图 7-21　多容器图形界面的结构层次关系

由于这个程序是一个 Java Applet，所以程序最外层的容器是一个 Applet，其中包含了两个组件：第一个组件是一个 Panel 对象 p1；第二个组件是另一个 Panel 对象 p2，p1 中包含了一个标签 prompt1 和第三个 Panel 对象 p3；p3 中包含一个标签 prompt3 和一个按钮 btn。这里所有的容器都使用默认的 FlowLayout 布局策略。

Applet 是一种特殊的 Panel，它是 Java Applet 程序的最外层容器。但 Java Applet 并不是完整独立的程序，它事实上是 WWW 浏览器中的一个控件，是作为浏览器的一部分依赖于浏览器而存在的。所以 Java Applet 可以依赖浏览器的窗口来完成放大、缩小、关闭等功能。至于 Java Applet 程序本身，它只要负责它所拥有的 Applet 容器中的那部分无边框区域就足够了。Applet 容器的默认布局策略与其父类 Panel 一致，都是 FlowLayout，但是 Applet 容器中还额外定义了一些用来与浏览器交互的方法，如 init( )、start( )、stop( )等。

7.11.3　Frame 与窗口事件

除了 Applet 和 Panel 这组无边框容器，Container 还有一组有边框的容器的子类，包括 Window、Frame、Dialog 和 FileDialog 等，其中 Window 是所有有边框容器的父类，但是 Window 本身并无边框，算是有边框容器的一个例外。这一组中的其他容器都是有边框可独立存在的容器。本节重点介绍 Frame。

在前面的例子中已经使用过 Frame 这种容器，它是 Java 中最重要、最常用的容器之一，是 Java Application 程序的图形用户界面容器。Frame 可以作为一个 Application 的最外层容器，也可以被其他容器创建并弹出成为独立的容器，但是无论哪种情况，Frame 都作为最顶层容器存在，不能被其他容器所包含。

1. Frame 容器的方法

(1) getTitle( )和 setTitle(String)方法

Frame 有自己的外边框和自己的标题，创建 Frame 时可以指定其窗口标题。例如：

```
Frame("主界面");
```

使用 setTitle(String)方法可以指定 Frame 的标题，而 getTitle( )方法可以获得 Frame 的标题。

(2) setVisible(boolean)方法

新创建的 Frame 是不可见的，需要使用 setVisible(true)方法使其可见。该方法可以控制 Frame 的可见性。

(3) dispose( )方法

每个 Frame 在其右上角都有三个控制图标(如图 7-22 所示)，分别代表将窗口最小化、最大化和关闭的操作，其中最小化和最大化操作 Frame 可自动完成，而关闭窗口的操作不能通过单击关闭图标实现，需要程序专门书写有关的代码。

常用的关闭窗口的方法有两个：

- 设置一个按钮(或使用菜单命令)，当用户单击关闭按钮时关闭窗口。
- 对 WINDOWS_CLOSING 事件做出响应，关闭窗口。

第一种方法需要专门的按钮，第二种方法实现 WindowListener 接口所需的代码较多。但无论使用何种方法，都需要用到关闭 Frame 的 dispose( )方法。

向 Frame 窗口中添加和移出组件使用的方法与其他容器相同，也是 add( )方法和 remove( )方法。

2. 窗口事件(WindowEvent)

Frame 可以引发 WindowEvent 类代表的所有七种窗口事件，具体情况如下：

(1) WINDOW_ACTIVATED：代表窗口被激活(在屏幕的最前方待命)。

(2) WINDOW_DEACTIVATED：代表窗口失活(其他窗口被激活后原活动窗口失活)。

(3) WINDOW_OPENED：代表窗口被打开。

(4) WINDOW_CLOSED：代表窗口已被关闭(关闭窗口后发生)。

(5) WINDOW_CLOSING：代表窗口正在被关闭(指关闭前。如单击窗口标题栏上的关闭按钮时)。

(6) WINDOW_ICONIFIED：代表使窗口最小化成图标。

(7) WINDOW_DEICONIFIED：代表使窗口从图标恢复。

WindowEvent 类的主要方法有：

```
public window getWindow( );
```

此方法返回引发当前 WindowEvent 事件的具体窗口对象，与 getSource( )方法返回的是相同的事件引用。但 getSource( )的返回类型为 Object，而 getWindow( )方法的返回类型是 Window。

例 7-21 利用两个内部类实现了关闭窗口的两种方式。

例 7-21　TestFrame. java

```
1：import java. awt. * ;
2：import java. awt. event. * ;
3：
4：public class TestFrame                    //主类
5：{
6：    public static void main(String args[])
7：    {
8：       new MyFrame( );          //创建 frame 窗口(主程序界面)
9：    }
10：}
11：
12：class MyFrame extends Frame
13：{
14：    Button btn;
15：    MyFrame( )
16：    {
17：        btn = new Button("关闭");
18：        setLayout(new FlowLayout( ));
19：        add(btn);
20：        btn. addActionListener(new HandleAct(this));
21：        addWindowListener(new HandleWin( ));
22：        setSize(300,200);          //设置 Frame 大小
23：        setTitle("我的窗口");      //设置 Frame 标题
24：        setVisible(true);          //设置 Frame 可见
25：    }
26：    class HandleAct implements ActionListener   //用窗口中的按钮关闭窗口
27：    {
28：        Frame my_frame ;
29：        HandleAct(Frame f)
30：        {
31：          my_frame = f;
32：        }
33：        public void actionPerformed(ActionEvent e)
34：        {
35：           my_frame. dispose( );
36：           System. exit(0);
```

```
37:         }
38:     }
39:     class HandleWin extends WindowAdapter                //用标题栏上的关闭按钮关闭窗口
40:     {
41:         public void windowClosing(WindowEvent e)         //关闭窗口事件处理
42:         {
43:             (e.getWindow()).dispose();
44:             System.exit(0);
45:         }
46:     }
47: }
```

图 7-22 是例 7-21 的运行结果。

图 7-22　例 7-21 的运行结果

这是一个图形界面的 Java Application 程序,程序里定义了一个主类和一个 MyFrame 类。

MyFrame 是用户自定义的系统类 Frame 的子类,里面包括一个按钮 btn,用户单击这个按钮时将关闭这个 MyFrame 对象。

在 MyDrame 类中定义了两个内部类,分别用来处理按钮单击事件和标题栏上的关闭按钮事件。但两个类中的方法内容相同,都是关闭 MyFrame 窗口。

其中 HandleWin 是窗口事件的剪裁类 WindowAdapter 的子类,重载了 windowClosing( )方法。

主类 TestFrame 的 main( )方法仅创建 MyFrame 对象(Application 的图形界面窗口),窗口中的操作完全由 MyFrame 类定义实现。

7.12 菜单的定义与使用

菜单和工具栏是图形用户界面的典型元素。Frame 是可以拥有菜单的容器,它实现了 MenuContainer 接口。

菜单是非常重要的 GUI 组件,每个菜单组件包括一个菜单条,称为 MenuBar;每个菜单条又包含若干个菜单项,称为 Menu;每个菜单项再包含若干个菜单子项,称为 MenuItem;每个菜单子项的作用与按钮相似,也是在用户单击时引发一个动作事件。

另外,PopupMenu 类可实现弹出式菜单,弹出菜单是在用户用鼠标右键单击界面上某个组件时弹出的。

总之,菜单就是一组经层次化组织、管理的命令集合。使用它,用户可以方便地向程序发布指令。

例 7-22 是菜单使用的例子,其中菜单结构如图 7-23 和图 7-24 所示。

例 7-22　TestMenu.java

```
1:  import java.awt.*;
2:  import java.awt.event.*;
```

```
3:
4:    public class TestMenu                    //定义主类
5:    {
6:      public static void main(String args[])
7:      {
8:        MyMenuFrame mf = new MyMenuFrame();
9:      }
10:   }
11:
12:   class MyMenuFrame extends Frame//定义窗口类
13:   {
14:     MenuBar m_MenuBar;  //定义菜单条
15:     Menu menuFile, menuEdit, sub_Edit_Font;    //定义菜单项
16:     MenuItem mi_File_Open, mi_File_Close, mi_File_Exit;  //File 中的菜单子项
17:     MenuItem mi_Edit_Cut, mi_Edit_Copy, mi_Edit_Paste;  //Edit 中的菜单子项
18:     CheckboxMenuItem  mi_Font_Style, mi_Font_Size;  //定义选择式的菜单子项
19:
20:     PopupMenu popM;                       //定义弹出式菜单
21:     MenuItem  pi_Left, pi_Center, pi_Right ;  //定义弹出菜单中的菜单子项
22:
23:     TextArea ta;                          //定义文本域
24:     String ta_Font_Name ;
25:     int ta_Font_Style, new_Style,  ta_Font_Size, new_Size;
26:
27:     MyMenuFrame( )                                    //构造函数
28:     {
29:       super("拥有菜单的窗口");                          //指定窗口标题
30:
31:       ta = new TextArea( "\n\n\n\t\t\t目前没有执行菜单命令", 5, 30 );
32:       ta.addMouseListener(new HandleMouse( ));  //文本域响应鼠标事件
33:       add(ta,BorderLayout.CENTER );              //将文本域加到窗体的中央位置
34:
35:       m_MenuBar = new MenuBar( );              //创建菜单条
36:
37:       menuFile = new Menu("文件");   //创建"文件"菜单项
38:       mi_File_Open = new MenuItem("打开");  //依次创建菜单子项
39:       mi_File_Open.setShortcut(new MenuShortcut(KeyEvent.VK_O)); //指定快捷键
40:       mi_File_Close = new MenuItem("关闭");
41:       mi_File_Exit = new MenuItem("退出");
42:       mi_File_Open.addActionListener(new HandleAct( )); //使菜单项响应动作事件
43:       mi_File_Close.addActionListener(new HandleAct( ));
44:       mi_File_Exit.addActionListener(new HandleAct( ));
45:       menuFile.add(mi_File_Open);              //把菜单子项加入菜单项
46:       menuFile.add(mi_File_Close);
```

```
47:         menuFile.addSeparator( );              //加一条横向分割线
48:         menuFile.add(mi_File_Exit);
49:         m_MenuBar.add(menuFile);              //把"文件"菜单项加入菜单条
50:
51:         menuEdit = new Menu("编辑");
52:         mi_Edit_Cut = new MenuItem("剪切"); //创建选择菜单子项
53:         mi_Edit_Copy = new MenuItem("复制");
54:         mi_Edit_Paste = new MenuItem("粘贴");
55:         sub_Edit_Font = new Menu("字体");  //创建子菜单项
56:         mi_Font_Style = new CheckboxMenuItem("粗体");   //隐含为未选中
57:         mi_Font_Size = new CheckboxMenuItem("大字体");
58:         mi_Edit_Cut.addActionListener(new HandleAct( ));   //注册监听者
59:         mi_Edit_Copy.addActionListener(new HandleAct( ));
60:         mi_Edit_Paste.addActionListener(new HandleAct( ));
61:         mi_Font_Style.addItemListener(new HandleItem1( )); //选择式菜单命令监听者
62:         mi_Font_Size.addItemListener(new HandleItem2( ));
63:         sub_Edit_Font.add(mi_Font_Style);                  //向子菜单加入菜单命令
64:         sub_Edit_Font.add(mi_Font_Size);
65:         menuEdit.add(mi_Edit_Cut);
66:         menuEdit.add(mi_Edit_Copy);
67:         menuEdit.add(mi_Edit_Paste);
68:         menuEdit.addSeparator( );                          //加入分割条
69:         menuEdit.add(sub_Edit_Font);                       //加入带有子菜单的菜单项
70:         m_MenuBar.add(menuEdit);                           //把"编辑"菜单项加入菜单条
71:
72:         this.setMenuBar(m_MenuBar);                        //把菜单条加入整个 Frame 容器
73:
74:         popM = new PopupMenu( );                           //创建弹出菜单
75:         pi_Left = new MenuItem("左对齐");                  //为弹出窗口创建菜单子项
76:         pi_Left.addActionListener(new HandleAct( ));       //使弹出菜单响应动作事件
77:         popM.add(pi_Left);                                 //为弹出菜单加入菜单子项
78:         pi_Center = new MenuItem("居中");
79:         pi_Center.addActionListener(new HandleAct());
80:         popM.add(pi_Center);
81:         pi_Right = new MenuItem("右对齐");
82:         pi_Right.addActionListener(new HandleAct());
83:         popM.add(pi_Right);
84:         ta.add(popM);                                      //将弹出菜单加在文本域上
85:
86:         addWindowListener(new HandleClose( ));    //将 Frame 注册给窗口事件监听者
87:         setSize(400,200);                         //置 Frame 初始大小
88:         setVisible(true);                         //置Frame 可见
89:         ta_Font_Name = (ta.getFont( )).getName( );  //取文本域字体
90:         ta_Font_Style = (ta.getFont( )).getStyle( );
```

```
91:         new_Style = ta_Font_Style ;
92:         ta_Font_Size = (ta.getFont()).getSize();
93:         new_Size = ta_Font_Size;
94:
95:     } //构造函数定义结束
96:
97:     class HandleAct implements ActionListener  //内部类(处理菜单命令)
98:     {
99:         public void actionPerformed(ActionEvent e)//响应动作事件
100:        {
101:            if(e.getActionCommand()=="退出") //"退出"菜单命令
102:            {
103:                dispose();                    //释放窗体所占资源
104:                System.exit(0);               //退出程序
105:            }
106:            else                              //执行其他菜单命令时只显示菜单项名称
107:                ta.setText("\n\n\n\t\t" + "执行菜单命令:"+ e.getActionCommand());
108:        }
109:    }
110:    class HandleMouse extends MouseAdapter   //内部类(处理鼠标事件)
111:    {
112:        public void mouseReleased(MouseEvent e) //鼠标按键松开事件弹出菜单
113:        {
114:          if(e.isPopupTrigger())             //检查鼠标事件是否由弹出菜单引发
115:            popM.show((Component)e.getSource(),e.getX(),e.getY());
116:        }   //将弹出菜单显示在用户鼠标单击的位置
117:    }
118:    class HandleItem1 implements ItemListener  //内部类(处理"粗体")
119:    {
120:        public void itemStateChanged(ItemEvent e) //响应选择型菜单项
121:        {
122:          if( ((CheckboxMenuItem)e.getSource()).getState() )  //查看是否选中
123:          {                                     //选中处理
124:                new_Style = Font.BOLD ;
125:                ta.setFont(new Font(ta_Font_Name,new_Style,new_Size));
126:                ta.setText("\n\n\n\t\t"+"你选择了粗体");
127:          }
128:          else
129:          {                                     //未选中处理
130:                new_Style = ta_Font_Style ;
131:                ta.setFont(new Font(ta_Font_Name,new_Style,new_Size));
132:                ta.setText("\n\n\n\t\t"+"你没有选择粗体");
133:          }
134:        }
```

```
135:    }
136:    class HandleItem2 implements ItemListener        //内部类(处理"大字体")
137:    {
138:        public void itemStateChanged(ItemEvent e)    //响应选择型菜单项
139:        {
140:          if( ((CheckboxMenuItem)e.getSource( )).getState( ) )  //查看是否选中
141:          {                                          //选中处理
142:            new_Size = ta_Font_Size * 2 ;
143:            ta.setFont(new Font(ta_Font_Name,new_Style,new_Size));
144:            ta.setText("\n\n\n\t\t\t"+"你选择了大字体");
145:          }
146:          else
147:          {                                          //未选中处理
148:            new_Size = ta_Font_Size ;
149:            ta.setFont(new Font(ta_Font_Name,new_Style,new_Size));
150:            ta.setText("\n\n\n\t\t\t"+"你没有选择大字体");
151:          }
152:        }
153:    }
154:    class HandleClose extends WindowAdapter          //处理窗口事件
155:    {
156:      public void windowClosing(WindowEvent e)       //响应窗口关闭框
157:      {
158:        dispose( );                                  //释放窗体所占资源
159:        System.exit(0);                              //退出程序
160:      }
161:    }
162: }  // end of MyMenuFrame
```

例 7-22 使用了 Java 中提供的大部分关于菜单的功能,Java 中的菜单分为两大类:一类是菜单条式菜单,通常称的菜单就是指这一类菜单;另一类是弹出式菜单。下面首先讨论菜单条式菜单的实现与使用。

1. 菜单的设计与实现

菜单的设计与实现步骤如下。

(1) 设计菜单结构

创建一个容器的菜单,首要任务是设计菜单结构。菜单项相当于是菜单命令的文件夹,在菜单条上摆放的菜单项是顶层文件夹,如一般菜单条上的"文件"、"编辑"、"视图"、"帮助"等。菜单项可以包含菜单命令,我们称之为菜单子项。菜单项还可以包含菜单项(类似于子文件夹)。通过"菜单条-菜单项-菜单子项"形成了一个完整的菜单结构。

对于弹出式菜单,基本与主菜单相同,只是顶层菜单不在菜单条上,而是在鼠标指定的位置,且在不同组件上弹出的菜单内容也可以不同,因而更有针对性。

(2) 创建菜单条 MenuBar 对象

例如下面的语句创建了一个空的菜单条：

```
MenuBar m_MenuBar = new MenuBar( );
```

(3) 创建菜单项 Menu 对象

根据设计创建若干菜单项 Menu，并把它们加入到菜单条中(或某个菜单项中)。下面的语句是创建了一个"编辑"菜单项，并把它加入到菜单条中。

```
Menu menuEdit = new Menu("编辑");        //创建菜单项对象
m_MenuBar.add(menuEdit);                 //利用菜单条的 add 方法加入一个菜单项
```

(4) 创建菜单子项 MenuItem 对象

该步是为每个菜单项创建其所包含的更小的菜单子项 MenuItem，并把菜单子项加入到菜单项中去。例如，为菜单项"编辑"创建菜单子项"复制"。

```
mi_Edit_Copy = new MenuItem("复制");  //创建菜单子项
menuEdit.add(mi_Edit_Copy);            //利用菜单项的 add 方法加入一个菜单子项
```

(5) 将建成的完整菜单加入到容器中

该步骤实际上是将包含菜单结构的菜单条指定给某个容器。例如：

```
this.setMenuBar(m_MenuBar);
```

这里的 this 代表程序的容器(Frame)。需要注意的是并非每个容器都可以配菜单条式菜单，只有实现了 MenuContainer 接口的容器才能加入菜单。

(6) 设计菜单功能

通常，菜单项包含若干菜单子项，而菜单子项就表示要执行的菜单命令。单击菜单项时就可以展开其中的内容，这是菜单项(Menu)自身的功能，不需要再编程。但菜单子项(MenuItem)的功能则要通过编写相应的事件处理才能实现。

(7) 实现菜单命令的功能

大多数菜单命令的作用如同一个命令按钮，所以需要将各菜单子项注册给实现了动作事件的监听接口 ActionListener 的监听者，例如：

```
mi_File_Exit.addActionListener(new HandleAct( ));
```

该语句是将"文件"菜单中的"退出"菜单子项注册给实现了动作事件监听接口的 HandleAct 类对象。

为了具体实现菜单子项的功能，就要针对菜单子项分别编写动作监听者的 actionPerformed(ActionEvent e)方法。在该方法中可以通过调用 e.getSource( )或 e.getActionCommand( )来判断用户想要执行的命令是哪个。

在例 7-22 中，只为个别菜单子项(如"退出"等)设计了具体功能，其他菜单子项的功能只是在文本域中显示一段文字以示其动作的实现。

2. 使用分隔线

有时希望在菜单子项之间增加一条横向分隔线，以便把菜单子项分成几组。加入分隔线的方法是利用 Menu 的 addSeparator( ) 方法,使用时要注意该语句的位置。菜单子项是按照加入的先后顺序排列在菜单项中的,希望把分隔线加在哪里,就要把分隔线语句放在哪里。

例如,在"文件"菜单项中用如下的语句加入了一条分隔线(如图 7-23 所示)。

```
menuFile.addSeparator( );      //加一条横向分隔线
```

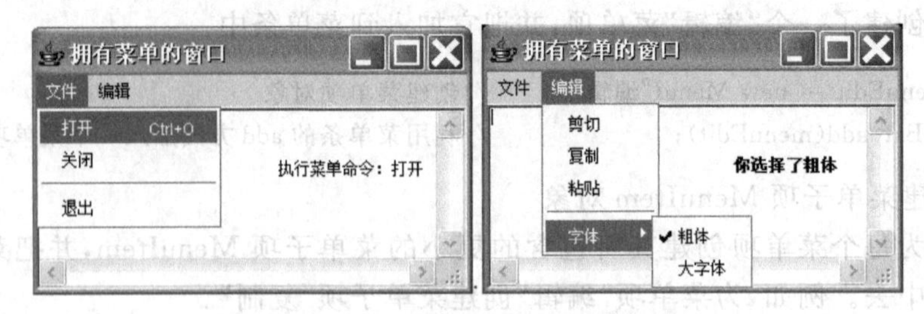

图 7-23 例 7-22 程序所建立的菜单结构

3. 使用菜单子项快捷键

除了用鼠标选择菜单子项,还可以为每个菜单子项定义一个键盘快捷键,这样用键盘一样可以执行菜单命令。快捷键是一个字母,定义好后按住 Ctrl 键和这个字母就可以选中对应的菜单子项。为菜单子项定义快捷键有两种方法。

(1) 在创建菜单子项的同时定义快捷键。

```
MenuItem mi_File_Open = new MenuItem("打开",new MenuShortcut(KeyEvent.VK_O);
```

在 MenuItem 的这个构造函数中,第 1 个参数指定菜单项的标签名,第 2 个参数通过一个 MenuShortcut 对象指定一个快捷键。

注意:具体快捷键用 KeyEvent 类的常量表示。例如 KeyEvent.VK_O 代表字母 O。所以该菜单项的快捷键就是"Ctrl+O"(如图 7-23 所示)。

(2) 利用菜单子项的方法为已建好的菜单子项定义快捷键。本程序中使用的就是这种方式:

```
mi_File_Open.setShortcut(new MenuShortcut(KeyEvent.VK_O));
```

4. 设计子菜单

菜单项中还可以包含菜单项,形成子菜单(类似子目录)。

实现子菜单的方法很简单,首先创建一个包含若干菜单子项(MenuItem)的菜单项(Menu),然后把这个菜单项像菜单子项一样加入到上一级菜单项中即可。

例如,在程序中,创建了如下两个菜单子项:

```
mi_Font_Style = new CheckboxMenuItem("粗体");(该类型的菜单子项后面介绍)
mi_Font_Size = new CheckboxMenuItem("大字体");
```

下面是将两个菜单子项加入到"字体"菜单项中:

```
sub_Edit_Font.add(mi_Font_Style);
```

```
sub_Edit_Font.add(mi_Font_Size);
```

最后将带有子菜单的“字体”菜单项加入到上层的“编辑”菜单中：

```
menuEdit.add(sub_Edit_Font);
```

子菜单的使用效果如图 7-23(右)所示。

5. 使用选择式菜单子项

Java 中还定义了一种特殊的菜单子项，称为选择式菜单子项 CheckboxMenuItem。这种菜单子项与前面介绍的复选框一样，有“选中”和“未选中”两种状态。每次单击这类菜单子项都会使它在这两种状态之间切换。处于“选中”状态的菜单子项的前面有一个小对号(如图 7-23 所示)，处于“未选中”的菜单子项没有这个小对号。

创建选择式菜单子项的方法与一般菜单子项的方法完全相同，但选择式菜单子项引发的事件不是动作事件 ActionEvent，而是选择事件 ItemEvent，所以需要把选择式菜单子项注册给 ItemListener，并具体实现 ItemListener 的 itemStateChanged(ItemEvent e)方法。这与响应复选框的事件相似。在例 7-22 程序中，第 61、62 两句就是将选择式菜单子项注册给对应的事件监听者。其中 HandleItem1 类和 HandleItem2 类分别负责对两个选择式菜单子项的事件处理。

6. 使用弹出式菜单

弹出式菜单附着在某一个组件或容器上，一般它是不可见的。只有当用户用鼠标右键单击附有弹出式菜单的组件时，这个菜单才被弹出并显示在界面上。

弹出式菜单与菜单条式菜单一样，也包含若干个菜单子项，创建弹出式菜单并加入菜单子项的操作如下：

```
PopupMenu popM = new PopupMenu( );                    //创建弹出式菜单对象
MenuItem pi_Left = new MenuItem("左对齐");             //为弹出窗口创建菜单子项
pi_Left.addActionListener(new HandleAct( ));          //使菜单子项响应动作事件
popM.add(pi_Left);                                    //为弹出菜单加入菜单子项
```

最后需要把弹出式菜单附着在某个组件或容器上，例如：

```
ta.add(popM);                                         //将弹出菜单指定给文本域 ta
```

当用户单击鼠标右键时弹出式菜单不会自动显示，还需要通过编程实现。首先把附有弹出菜单的组件或容器注册给 MouseListener。

```
ta.addMouseListener(new HandleMouse( ));
```

然后重载 MouseListener 的 mouseReleased(MouseEvent e)方法，并在这个方法中通过调用 PopupMenu 的方法 show( )把弹出式菜单显示在鼠标右键单击处。

PopupMenu 的 show( )方法格式如下：

```
public void show(Component origin, int x, int y)
```

该方法的功能是在(x,y)坐标处显示附着在 origin 组件上的弹出式菜单。

下面就是例 7-22 中显示弹出式菜单的代码。

```
public void mouseReleased(MouseEvent e)   //鼠标按键松开事件处理
{
   if(e.isPopupTrigger( )) //判断该鼠标事件是否为弹出菜单的触发事件
     popM.show((Component)e.getSource( ),e.getX( ),e.getY( ));
}    //将弹出菜单显示在用户鼠标单击的位置
```

在 show( )方法中,第 1 个参数通过调用 e.getSource( )方法获得附着有弹出菜单的组件或容器,但需要经类型转换为 Component 的类型;第 2、3 个参数由 e.getX( )方法和 e.getY( )方法获得鼠标单击的坐标位置,并作为菜单弹出的位置。

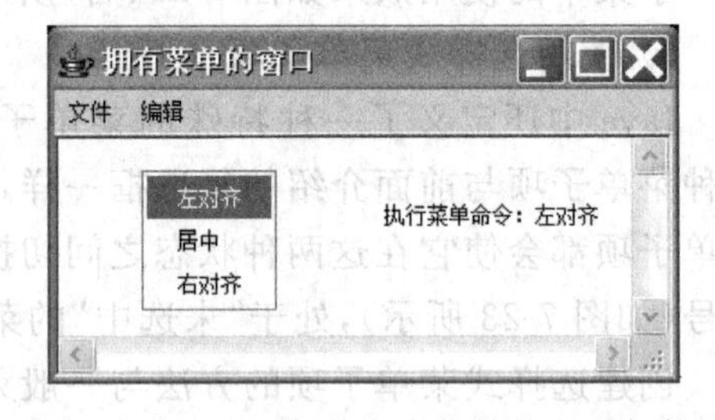

图 7-24　例 7-22 中弹出式菜单的显示与使用

图 7-24 是例 7-22 中设计的弹出式菜单。

7.13 对话框及组件事件

在本节中,首先介绍组件的通用事件,然后介绍用户界面上经常使用的对话框组件。

1. 组件事件(ComponentEvent)

组件事件属于低层次事件,其中包含 4 个具体事件,可以用 ComponentEvent 类的几个静态常量来表示。

(1) ComponentEvent.COMPONENT_HIDDEN：代表隐藏组件的事件。

(2) ComponentEvent.COMPONENT_SHOWN：代表显示组件的事件。

(3) ComponentEvent.COMPONENT_MOVED：代表移动组件的事件。

(4) ComponentEvent.COMPONENT_RESIZED：代表改变组件大小的事件。

把调用 getID( )方法的返回值与上述常量相比较,就可以知道 ComponentEvent 对象所代表的具体事件。

下面会结合具体的例子介绍该类事件的应用。

2. 对话框(Dialog)

对话框在图形界面中的应用十分普遍。例如,当用户在一些工具软件中(WORD)打开或保存文件时,系统总会弹出一个文件对话框,让用户指定文件名。

与 Frame 一样,对话框(Dialog)也是有边框、有标题的独立存在的容器,并且不能被其他容器所包容。Dialog 不能作为程序的最外层容器,也不能包含菜单条。对话框中一般有固定的布局,而且不能改变大小(为了保证布局的稳定)。

与 Window 一样,Dialog 必须隶属于一个 Frame,并由这个 Frame 负责弹出。Dialog 通常起到与用户交互的作用,例如向用户报告消息并要求确认的消息对话框,接受用户输入的一般对话框等。

Dialog 的构造函数有 4 种重载方式,其中最复杂的一种为:

```
Dialog(Frame parent, String title, boolean isModal)
```

第一个参数指明新创建的 Dialog 对话框隶属于哪个 Frame 窗口；第二个参数指明新建 Dialog 对话框的标题；第三个参数指明该对话框是否为有模式的。

所谓“有模式”对话框是那种一旦打开后用户必须对其做出响应的对话框，例如对话框询问用户是否确认删除操作，此时程序处于暂停状态，除非用户回答了对话框的问题，否则是不能使用程序的其他部分的，所以带有一定的强制性质；而无模式对话框则没有这种限制，用户完全可以不理会这个打开的对话框而去操作程序的其他部分。常用的对话框都应该是有模式对话框。

新建的对话框使用默认的 BorderLayout 布局，且是不可见的，所以要使用 setVisible(true)方法显示它。

对于已经创建的对话框，利用 setModal( )方法和 isModal( )方法可以改变、判断其模式属性；利用 setTitle( )方法和 getTitle( )方法可以修改、获得对话框的标题；利用 add( )和 remove( )方法可以加入、移出组件。

下面是一个用应用对话框和测试组件事件的例子。在关闭窗口时，程序会弹出对话框让用户确认是否关闭。

例 7-23　TestDialog.java

```
1: import java.awt.*;
2: import java.awt.event.*;
3:
4: public class TestDialog              //定义 Java Application 主类
5: {
6:    public static void main(String args[])
7:    {
8:        MyDialogFrame df = new MyDialogFrame( );
9:    }
10: }
11:
12: class MyDialogFrame extends Frame
13: {
14:    TextField text1 = new TextField(" 初始画面",25);
15:    Button btn1 = new Button("  隐藏  ");
16:    Button btn2 = new Button("  测试按钮  ");
17:
18:    MyDialogFrame( )                  //构造函数
19:    {
20:       super("使用对话框");
21:       setLayout(new FlowLayout( ));
22:       add(text1);
23:       add(btn1);
24:       add(btn2);
25:       btn1.addActionListener(new HandleAct( ));
26:       btn2.addComponentListener(new HandleComp( ));
```

```
27:     this.addWindowListener(new HandleWin());
28:     setSize(250,100);                                   //置 Frame 初始大小
29:     setVisible(true);                                   //置 Frame 可见
30:   }
31:
32:   class HandleAct implements ActionListener
33:   {
34:     public void actionPerformed(ActionEvent e)
35:     {
36:       if(e.getActionCommand()==" 隐藏 ")
37:       {                                                 //单击"隐藏"按钮
38:         btn2.setVisible(false);                         //隐藏"测试按钮"
39:         btn1.setLabel("显示");                          //按钮名称改为"显示"
40:       }
41:       else
42:       {                                                 //单击"显示"按钮
43:         btn2.setVisible(true);                          // 显示"测试按钮"
44:         btn1.setLabel("隐藏");                          //按钮名称改为"隐藏"
45:       }
46:     }
47:   }
48:
49:   class HandleComp extends ComponentAdapter             //内部类,处理组件事件
50:   {
51:     public void componentHidden(ComponentEvent e)       //当测试按钮被隐藏时
52:     {
53:       text1.setText(" 测试按钮被隐藏 !");
54:     }
55:     public void componentShown(ComponentEvent e)        //当测试按钮被显示时
56:     {
57:       text1.setText(" 测试按钮被显示 !");
58:     }
59:   }
60:
61:   class HandleWin extends WindowAdapter                 //内部类,处理窗口事件
62:   {
63:     public void windowClosing(WindowEvent e)            //响应窗口关闭框
64:     {
65:         Frame  f = (Frame)(e.getWindow());
66:         ConfirmDlg confirm = new ConfirmDlg(f);         //显示确认对话框
67:         if (confirm.ans)    //判断对话框,如果单击"是"按钮,则……
68:         {
69:             f.dispose();                                //释放窗体所占资源
70:             System.exit(0);                             //退出程序
```

```
71:         }
72:     }
73:  }
74:
75: }  //end of MyDialogFrame
76:
77:class ConfirmDlg implements ActionListener
78:{
79:     Dialog dlg ;
80:     Label message = new Label("是否关闭窗口");
81:     Button btnY = new Button("   是   ");
82:     Button btnN = new Button("   否   ");
83:     Panel p1 = new Panel( ) ;
84:     Panel p2 = new Panel( ) ;
85:     boolean ans ;
86:     ConfirmDlg(Frame own)
87:     {
88:         btnY.addActionListener(this);
89:         btnN.addActionListener(this);
90:         dlg= new Dialog(own,"确认对话框",true);
91:         p1.add(message);
92:         p2.add(btnY);
93:         p2.add(btnN);
94:         dlg.add(p1,BorderLayout.NORTH);
95:         dlg.add(p2,BorderLayout.SOUTH);
96:         dlg.setSize(200,100);
97:         dlg.setVisible(true);
98:     }
99:
100:    public void actionPerformed(ActionEvent e)
101:    {
102:        dlg.dispose( );                                   //无论按哪个按钮,先关闭对话框
103:        if(e.getActionCommand( )=="   是   ")
104:            ans = true ;                                  //单击"是"按钮
105:        else
106:            ans = false ;                                 //单击"否"按钮
107:    }
108:}
```

在程序的主程序中创建了一个 Frame 型窗口 MyDialogFrame。

在 MyDialogFrame 中,定义了一个功能按钮"隐藏/测试"。该按钮的初始标签为"隐藏"(如图 7-25 左所示)。当单击"隐藏"按钮时,"测试按钮"被隐藏,同时"隐藏"按钮的标签改为"显示"(如图 7-25 右所示)。程序第 32～47 行语句定义了 MyDialogFrame 类的一个内部类,专门实现"隐藏/测试"按钮的事件处理。

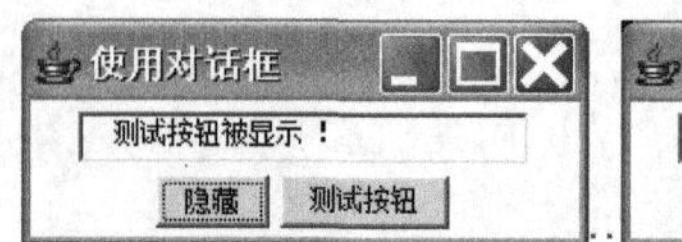

图 7-25　例 7-23 执行结果(测试组件事件)

当“测试按钮”被显示或隐藏时,会引发组件的隐藏和显示事件。程序的第 49～59 行语句定义了另一个内部类,专用于实现组件事件的处理,在组件事件的处理程序中利用文本框显示相关的信息(图 7-25 所示)。

程序的第 61～73 行语句也定义了一个内部类,用于处理单击窗口关闭框所引起的事件。在该事件处理程序中会弹出一个对话框(图 7-26 所示),让用户确认是否关闭,并根据用户的回答决定是否关闭主程序窗口。

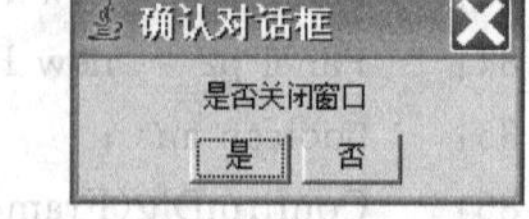

图 7-26　例 7-23 程序中打开的确认对话框

程序的第 77～108 行专门定义了一个实现对话框操作的类 ConfirmDlg。在该类的构造函数中,创建了一个 Dialog 对话框对象,并在对话框中添加了两个按钮(是/否)和一个标签(显示“是否关闭窗口”)。该程序段的最后利用 setVisible(true)方法将对话框置为可见。

在 ConfirmDlg 类中还实现了对两个按钮的事件处理。当用户在对话框中单击“是”或“否”按钮后,按钮事件处理程序会置 ConfirmDlg 对象的 ans 属性为 true 或 false。而窗口的关闭事件处理中正是通过判断 ConfirmDlg 对象的 ans 属性值决定是否关闭窗口。

Dialog 还有一个子类 FileDialog,用来表示一种特殊的用来搜索目录和文件,并打开或保存特定文件的对话框,将在后面结合 Java 的文件操作时介绍。

7.14　Swing GUI 组件

以上介绍了 java. awt 包中的各种 GUI 组件。为了增强图形用户界面的设计功能,在较新版本的 Java2 中,javax. swing 包被列入 Java 的基础类库,其中定义的 Swing GUI 组件相对于 java. awt 包的各种 GUI 组件又增加了许多新的功能,但界面设计过程及事件处理机制都是一样的。

本节将介绍 javax. swing 包中的几个组件,使读者对这些组件的新特性有一些了解。

7.14.1　JApplet

javax. swing. JApplet 是 java. applet. Applet 的子类,如果是编写 Applet 小程序,所有的 Swing GUI 组件都应该包含在 JApplet 小程序中,因为 JApplet 全面支持 swing 组件的特性。例 7-24 是一个实现了 JApplet 小程序的简单例子,其原理与 Applet 小程序相似。

例 7-24　MyFirstJApplet. java

```
1: import javax. swing. * ;
2: import java. awt. * ;
```

```
3：
4：public class MyFirstJApplet extends JApplet
5：{
6：   public void paint(Graphics g)
7：   {
8：      g.drawString("我是一个 JApplet 小程序",10,20)；
9：   }
10：}
```

与 JApplet 小程序配合使用的 HTML 文件和与 Applet 小程序配合使用的 HTML 文件没有什么差别。图 7-27 是例 7-24 的运行结果。

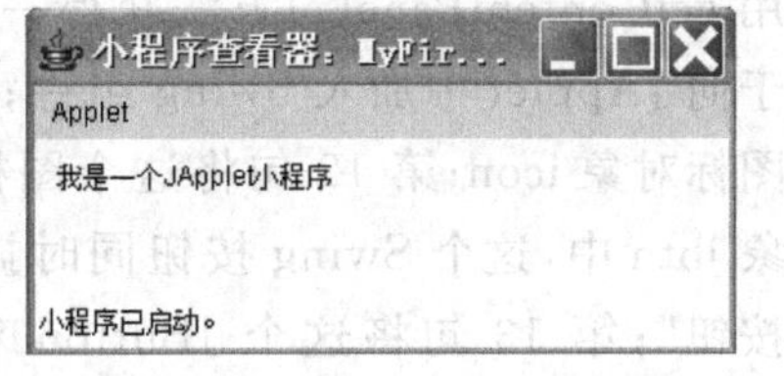

图 7-27　例 7-24 的运行结果

JApplet 与 Applet 的差别在于 Applet 的默认布局策略是 FlowLayout，而 JApplet 的默认布局策略是 BorderLayout。另外向 JApplet 中加入 Swing 组件时应使用 JApplet 的方法 getContentPane( )获得一个 Container 对象，再调用这个 Container 对象的 add( )方法将 JComponent 及其子类对象加入到 JApplet 中。JComponent 类是所有 Swing GUI 组件的父类，这些 Swing GUI 组件可以被加入到 JApplet 小程序中或是 Frame 容器中。基本上，对应每个 java. awt 组件，都存在一个 javax. swing 的"J 组件"，例如，对应 Button，存在 JButton；对应 Label，存在 JLabel；有些"J 组件"与对应的 AWT 组件的功能和作用类似，有的则有很大的改进。

7.14.2　JButton

相对于 Button 类，JButton 类新增了很多非常实用的功能，例如在 Swing 按钮上显示图标，在不同状态使用不同的 Swing 按钮图标，为 Swing 按钮加入提示信息等。

1. 创建图标按钮

JButton 对象除了可以像 Button 对象一样拥有文字标签之外，还可以拥有一个图标。这个图标可以是用户自己绘制的图形，也可以是已经存在的. gif 图像。

例 7-25　TestIconButton. java

```
1：import java. awt. * ;
2：import java. awt. event. * ;
3：import javax. swing. * ;
4：
5：public class TestIconButton extends JApplet implements ActionListener
6：{
7：   JButton jbtn;
8：   public void init( )
9：   {
10：          Container c = getContentPane( );
11：      Icon icon = new ImageIcon("bIcon. gif");
12：          jbtn = new JButton("J 按钮",icon);
```

```
13:            c.add(jbtn,BorderLayout.NORTH);
14:            jbtn.addActionListener(this);
15:        }
16:        public void actionPerformed(ActionEvent e)
17:        {
18:            showStatus("响应单击J按钮");
19:        }
20: }
```

图 7-28　例 7-25 的运行结果

图 7-28 是例 7-25 的运行结果。程序的第 10 句调用 getContentPane( )方法获得一个 Container 对象用于向 JApplet 中加入 Swing 组件;第 11 句创建了一个图标对象 icon;第 12 句将这个图标加入到 JButton 对象 jbtn 中,这个 Swing 按钮同时拥有一个字符标签“J按钮”;第 13 句将这个 JButton 对象加入到 JApplet 中。从代码中可以看出,JButton 的事件响应与 Button 完全相同。

2. 改变按钮图标

JButton 按钮不但可以拥有一个图标,而且还可以拥有一个以上的图标,并根据 Swing 按钮所处的状态的不同而自动变换不同的 Swing 按钮图标。

例 7-26　TestChangedIcon.java

```
1: import java.awt.*;
2: import java.awt.event.*;
3: import javax.swing.*;
4:
5: public class TestChangedIcon extends JApplet implements ActionListener
6: {
7:    JButton jbtn;
8:    public void init( )
9:    {
10:           Container c = getContentPane( );
11:       Icon normalIcon = new ImageIcon("normal.gif");
12:           Icon pressedIcon = new ImageIcon("pressed.gif");
13:           Icon rolloverIcon = new ImageIcon("rollover.gif");
14:           jbtn = new JButton(normalIcon);
15:           jbtn.setPressedIcon(pressedIcon);
16:           jbtn.setRolloverIcon(rolloverIcon);
17:           jbtn.setRolloverEnabled(true);
18:           c.add(jbtn,BorderLayout.NORTH);
19:           jbtn.addActionListener(this);
20:    }
21:    public void actionPerformed(ActionEvent e)
```

```
22:    {
23:        showStatus("响应单击 J 按钮");
24:    }
25: }
```

图 7-29 是例 7-26 的运行结果。第 11～13 句创建了三个图标对象;第 14 句创建一个只有图标,没有文字标签的 Swing 按钮,这个图标是 Swing 按钮平常显示的效果;第 15 句将 Swing 按钮被按下时显示的图标设置为第二个图标;第 16 句将鼠标经过 Swing 按钮时按钮显示的图标设置为第三个图标。Swing 按钮的这种功能可以帮助编程者将图形界面设计的更具交互性。

(a) 鼠标经过按钮时的效果

(b) 鼠标在按钮上按下时的效果

图 7-29 例 7-26 的运行结果

3. 为按钮加入提示

我们实际使用的按钮中,不少具有这样一种功能:当鼠标在按钮上停留很短的几秒钟时,屏幕上将会出现一个简短的关于这个按钮作用的提示信息。使用 Swing 按钮可以很方便地实现提示功能。

例 7-27 TestTipButton. java

```
1: import java.awt.*;
2: import java.awt.event.*;
3: import javax.swing.*;
4:
5: public class TestTipButton extends JApplet implements ActionListener
6: {
7:     JButton jbtn;
8:     public void init( )
9:     {
10:        Container c = getContentPane( );
11:      Icon icon = new ImageIcon("bIcon.gif");
12:        jbtn = new JButton(icon);
13:        jbtn.setToolTipText("我是 Swing 按钮!");
14:        c.add(jbtn,BorderLayout.NORTH);
15:        jbtn.addActionListener(this);
16:    }
17:    public void actionPerformed(ActionEvent e)
18:    {
19:      showStatus("响应单击 J 按钮");
```

```
20:    }
21: }
```

图 7-30　例 7-27 的运行结果

图 7-30 是例 7-27 的运行结果。程序的第 13 句调用 JButton 的 setToolTipText( )方法指定 Swing 按钮的提示信息。当鼠标在这个 Swing 按钮上停留 1～2 秒钟后,这个提示信息会自动在鼠标的右下方出现,当鼠标移出该 Swing 按钮时,这个提示信息会自动消失。

7.14.3　JSlider

JSlider 与 java.awt 包中的 Scrollbar 相似,也是辅助用户输入连续变化的数值的 GUI 组件,但是 JSlider 相对于 Scrollbar 增加了为滚动条增加刻度和标注的功能。

例 7-28　TestJSlider.java

```
1: import java.awt.*;
2: import javax.swing.event.*;
3: import javax.swing.*;
4:
5: public class TestJSlider extends JApplet implements ChangeListener
6: {
7:      JSlider jslh , jslv;
8:      JLabel jl;
9:      double hValue=0.0 , vValue=0.0 ;
10:         public void init( )
11:         {
12:             Container c = getContentPane( );
13:             jslh = new JSlider(JSlider.HORIZONTAL,0,240,0);
14:             jslv = new JSlider(JSlider.VERTICAL,0,1000,0);
15:             jslh.setMajorTickSpacing(30);
16:             jslh.setPaintLabels(true);
17:             jslv.setMajorTickSpacing(200);
18:             jslv.setPaintLabels(true);
19:             c.add(jslh,BorderLayout.SOUTH);
20:             c.add(jslv,BorderLayout.WEST);
21:             jl = new JLabel("横向滚动条指向: 0.0;纵向滚动条指向: 0.0");
22:             c.add(jl,BorderLayout.CENTER);
23:             jslh.addChangeListener(this);
24:             jslv.addChangeListener(this);
25:         }
26:         public void stateChanged(ChangeEvent e)
27:         {
28:             if(e.getSource( )==jslh)
29:                 hValue = ((JSlider)e.getSource( )).getValue( );
```

```
30:              else if(e.getSource()==jslv)
31:                  vValue = ((JSlider)e.getSource()).getValue();
32:              jl.setText("横向滚动条指向:"+hValue+";纵向滚动条指向:"+vValue);
33:         }
34:}
```

例 7-28 中使用到了 Swing 的事件处理机制,引入了 javax.swing.event 包。第 13、14 句创建的两个 JSlider 对象,分别是横向和纵向的滚动条。JSlider 的构造函数如下:

```
JSlider(int orient, int min,int max, int initvalue);
```

其中第一个参数代表滚动条的方向,JSlider.HORIZONTAL 代表横向滚动条,JSlider.VERTICAL 代表纵向滚动条;第二个参数指定滚动条的最小值;第三个参数指定滚动条的最大值;第四个参数代表滑块的初始位置。

程序的第 15 行是设置横向滚动条的刻度间隔;第 16 行指定横向滚动条显示标尺;与之类似,第 17、18 两行是对纵向滚动条的设置;第 19、20 行把这两个滚动条加入到 JApplet 中;第 21 行创建的 JLabel 对象用来显示滚动条指示的数值;第 23、24 行把两个滚动条注册给 ChangeListener 监听者;第 26～33 行实现了 ChangeListener 接口的抽象方法 stateChanged(),这个接口是 javax.swing.event 包定义的,其使用与 AdjustmentListener 基本相同。

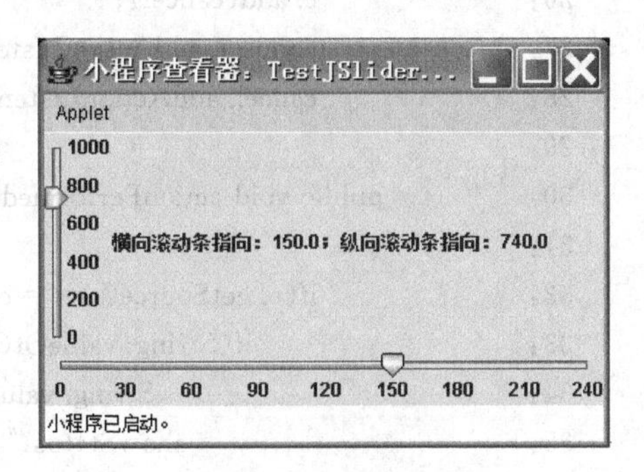

图 7-31　例 7-28 的运行结果

当用户用鼠标拖动滚动条的滑块时,系统自动调用 stateChanged()方法,将两个滚动条滑块的当前数值分别赋值给两个变量 hValue 和 vValue,然后把它们显示出来。图 7-31 是例 7-28 的运行结果。

7.14.4　JPasswordField

JPasswordField 类是 JTextField 类的子类,用户在 JPasswordField 对象中输入的字符会被其他的字符替代而遮住,JPasswordField 组件主要用来输入口令。

例 7-29　TestJPasswordField.java

```
1: import java.awt.*;
2: import java.awt.event.*;
3: import javax.swing.*;
4:
5: public class TestJPasswordField extends JApplet implements ActionListener
6: {
7:      JLabel jl1, jl2;
8:      JPasswordField jp1,jp2;
9:      JButton commit,cancel;
```

```
10:
11:     public void init( )
12:     {
13:             Container c = getContentPane( );
14:             jl1 = new JLabel("请输入您的密码:");
15:             jl2 = new JLabel("请再次输入密码:");
16:             jp1 = new JPasswordField(10);
17:             jp2 = new JPasswordField(10);
18:             commit = new JButton("确认");
19:             cancel = new JButton("清除");
20:             c.setLayout(new GridLayout(3,2));
21:             c.add(jl1);
22:             c.add(jp1);
23:             c.add(jl2);
24:             c.add(jp2);
25:             c.add(commit);
26:             c.add(cancel);
27:             commit.addActionListener(this);
28:             cancel.addActionListener(this);
29:     }
30:     public void actionPerformed(ActionEvent e)
31:     {
32:             if(e.getSource( )==commit)
33:                 if(String.valueOf(jp1.getPassword( )).equals(
34:                         String.valueOf(jp2.getPassword( ))))
35:                     showStatus("密码输入成功!");
36:             else
37:                     showStatus("两次输入的密码不同,请重新输入!");
38:             if(e.getSource( )==cancel)
39:             {
40:                 jp1.setText("");
41:                 jp2.setText("");
42:             }
43:     }
44: }
```

图 7-32 是例 7-29 的运行结果。该程序的功能是请用户输入两次密码,分别保存在两个 JPasswordField 组件中。当用户单击"确认"按钮时检查两次输入是否相同,并给出提示信息。"清除"按钮的功能是将两个 JPasswordField 组件中的内容清空。

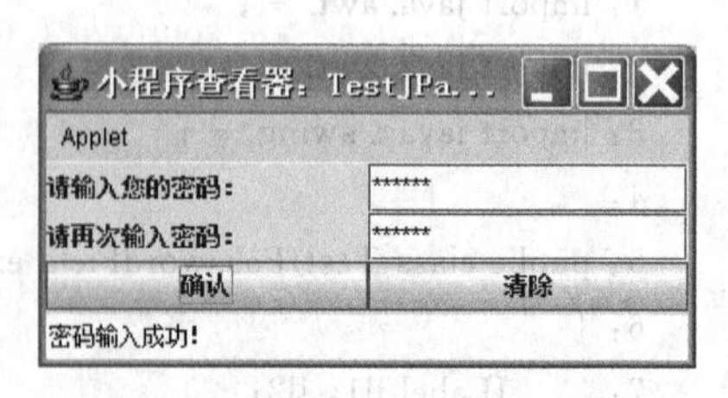

图 7-32　例 7-29 的运行结果

从图 7-32 可以看出,JPasswordField 中显示的

字符都被字符"＊"屏蔽。这个屏蔽字符可以利用 JPasswordField 的 setEchoChar( )方法重新设置。程序的第 33、34 行利用 getPassword( )方法获取 JPasswordField 中的输入的字符串，由于该方法返回值为字符数组，所以需要转换成 String 对象后再比较它们是否相同。

7.14.5 JTabbedPane

前面曾经介绍过 CardLayout 布局策略，使用 CardLayout 有一个不便之处是用户不能了解被第一张卡片遮住的后面卡片的内容，使用 JTabbedPane 容器可以解决这个问题。

JTabbedPane 容器可以让多个组件(如 Panels)共享同一空间，用户通过单击标签就可以选择要显示和操作的组件。在图形用户界面上我们经常看到这种页标签的使用。

设计 JTabbedPane 的过程首先是创建一个 JTabbedPane 对象，然后将若干组件逐一加入到 JTabbedPane 容器中。下面是 JTabbedPane 的主要方法及事件。

(1) 创建 JTabbedPane 容器对象

```
JTabbedPane jtp = new JTabbedPane( );
```

(2) 利用 addTab 方法加入组件

```
public void addTab(String title, Icon icon, Component component)
```

该方法第 1 个参数是指定标签的标题；第 2 个参数是指定显示在标签上的图标(可选)；第 3 个参数是要加入的组件。

(3) 利用 getSelectedIndex( )方法获取用户的选择

该方法返回当前选中的标签序号。自左至右标签序号依次为 0～n。

此外，利用 getSelectedComponent( )方法还可以获得当前被选择的组件。

(4) JTabbedPane 的事件处理

当用户选择某个标签时，会引发 ChangeEvent 事件，如果要对该事件做出响应，需要编写 ChangeListener 接口规定的 stateChanged 方法。

下面看一个 JTabbedPane 的应用例子。

例 7-30　UseTabbedPane. java

```
1: import java.awt.*;
2: import java.awt.event.*;
3: import javax.swing.*;
4: import javax.swing.event.*;
5:
6: public class UseTabbedPane
7: {
8:     public static void main(String args[])
9:     {
10:        new MyTabbedPane( );
11:    }
```

```
12: }
13: class MyTabbedPane extends Frame implements ChangeListener
14: {
15:     JTabbedPane jtab;
16:     JPanel jp1,jp2,jp3;
17:     int currentIndex=0;
18:     MyTabbedPane( )
19:     {
20:         super("使用标签容器");
21:         jp1 = new JPanel( );                     //创建 JPanel 容器对象
22:         jp1.add(new JLabel("JPanel #1"));  //向 JPanel 容器加入一个 JLabel 对象
23:         jp2 = new JPanel( );
24:         jp2.add(new JLabel("JPanel #2"));
25:         jp3 = new JPanel( );
26:         jp3.add(new JLabel("JPanel #3"));
27:
28:         jtab = new JTabbedPane( );              //创建 JTabbedPane 对象
29:         jtab.addTab("Tab 1",new ImageIcon("book.gif"),jp1);
30:         jtab.addTab("Tab 2",new ImageIcon("book.gif"),jp2);
31:         jtab.addTab("Tab 3",new ImageIcon("book.gif"),jp3);
32:
33:         jtab.addChangeListener(this);
34:
35:         add(jtab,BorderLayout.CENTER);
36:         addWindowListener(new WindAdpt( ));
37:         setSize(300,200);
38:         setVisible(true);
39:     }
40:     public void stateChanged(ChangeEvent e)
41:     {
42:         int i = ((JTabbedPane)e.getSource( )).getSelectedIndex( )+1 ;
43:         setTitle("你选择了标签 Tab " + i);
44:     }
45: }
46:
47: class WindAdpt extends WindowAdapter
48: {
49:     public void windowClosing(WindowEvent e)
50:     {
51:         (e.getWindow( )).dispose( );
52:         System.exit(0);
53:     }
54: }
```

图 7-33 是例 7-30 的运行结果。

该程序是一个图形界面的 Java Application 程序，它的窗口是一个用户定义的 Frame 的子类 MyTabbedPane，其中包含了一个 JTabbedPane 对象。

图 7-33　例 7-30 的运行结果

程序的第 21～26 行创建了三个 JPanel 容器对象，每个 JPanel 中又加入一个 JLabel 对象，并用字符串“JPanel ♯n”标识所在的 JPanel；程序的第 28 行创建了一个 JTabbedPane 对象；第 29～31 行依次将三个 JPanel 对象加入到 JTabbedPane 容器中，并分别用标签 Tab 1～Tab 3 表示。

程序的第 33 行将 JTabbedPane 对象 JTab 注册给 ChangeEvent 事件的监听者。

程序的第 40～44 行是编写 ChangeEvent 事件的处理程序。该程序的功能是：当用户单击某个标签时，在 Frame 的标题栏上显示用户选择的标签名称。

7.15　小结

本章介绍图形用户界面的 Java 编程方法，主要介绍 java.awt 和 java.awt.event 两个包的使用。

7.1 节概述了图形用户界面的基础知识，主要介绍图形界面的基本构成；7.2 节介绍了图形界面中用户自定义成分的绘制，包括绘制图形、显示文字和图像、控制颜色以及实现动画效果等；7.3 节介绍 java.awt 包中的标准 GUI 组件，以及 Java 事件处理的基本原理，并给出了组件、事件及事件处理的对照表。

从 7.4 节到 7.9 节依次介绍图形用户界面上常用基本组件的创建、使用与事件处理，包括文本框、文本域、各种选择组件、滚动条和按钮等。其中 7.7 节还专门介绍了内部类的概念，以及设计专用于实现事件处理的类，该节还介绍了组件的焦点事件。

7.10 节介绍 Java 的常用布局策略；7.11 节和 7.13 节介绍了 Java 的主要容器组件，包括 Panel、Frame 和 Dialog 等。7.12 节还介绍了在容器组件中使用的菜单组件。

本章还在 7.14 节中对 Swing 组件的特点做了简要介绍。读者可以尝试使用这些新的组件。

本章介绍的组件知识及事件处理的机制是设计图形界面的基础。

习　题

7-1　什么是图形用户界面？它与字符界面有何不同？你是否使用过这两种界面？试列举出图形用户界面中你使用过的组件。

7-2　简述图形界面的构成成分以及它们各自的作用。设计和实现图形用户界面的工作主要有哪两项内容？

7-3　Java 程序的图形用户界面中有哪些用户自定义成分？

7-4　编写 Applet 程序，画出一条螺旋线。

7-5　编写 Applet 程序，用 paint( )方法显示一行字符串。Applet 包含两个按钮“放大"和"缩小",当用户单击"放大"时显示的字符串字体放大一号,单击"缩小"时显示的字符串字体缩小一号。

7-6　编写Applet程序,包含三个标签,其背景分别为红、黄、蓝三色。

7-7　改写例7-4代码,让用户输入欲显示的.gif文件名,程序将这个图像文件加载到内存并显示。

7-8　改写例7-5代码,在Applet中增加两个按钮"左旋"和"右旋",用户单击这两个按钮时,动画中的图像向相应的方向旋转。

7-9　简述Java的事件处理机制和委托事件模型。什么是事件源?什么是监听者?在Java的图形用户界面中,谁可以充当事件源?谁可以充当监听者?

7-10　列举java.awt.event包中定义的事件类,并写出它们的继承关系。

7-11　列举GUI的各种标准组件和它们之间的层次继承关系。使用标准组件的基本步骤是什么?

7-12　Component类有何特殊之处?其中定义了哪些常用方法?

7-13　将各种常用组件的创建语句、常用方法、可能引发的事件、需要注册的监听者和监听者需要重载的方法综合在一张表格中画出。

7-14　动作事件的事件源可以有哪些?如何响应动作事件?

7-15　编写Applet,界面上包括一个标签、一个文本框和一个按钮。当用户单击按钮时,程序把文本框中的内容复制到标签中。

7-16　文本框与文本区域在创建方法、常用方法和事件响应上有何异同?什么操作将引发文本事件?如何响应文本事件?编写Applet包含一个文本框、一个文本区域和一个按钮,当用户单击按钮时,程序将文本区域中被选中的字符串复制到文本框中。

7-17　什么是选择事件?哪些操作将引发选择事件?可能产生选择事件的GUI组件有哪些?它们之间有什么异同?分别适合于什么场合?

7-18　将例7-8~例7-10综合成一个程序,使用Checkbox标志按钮的背景色,使用CheckboxGroup标志三种字体风格,使用Choice选择字号,使用List选择字体名称,由用户确定按钮的背景色和前景字符的显示效果。

7-19　什么是调整事件?调整事件与选择事件有何不同?什么是滚动条?如何创建和使用滚动条?编写一个Applet包含一个滚动条,在Applet中绘制一个圆,用滚动条滑块显示的数字表示该圆的直径,当用户拖动滑块时,圆的大小随之改变。

7-20　编写一个Applet响应鼠标事件,用户可以通过拖动鼠标在Applet中画出矩形,并在状态条显示鼠标当前的位置。

7-21　改写7-20题,使用一个Vector对象保存用户所画过的每个矩形并显示,响应键盘事件,当用户击键q时清除屏幕上所有的矩形。

7-22　改写7-18题的程序,使用一个Canvas及其上的字符串来显示各选择组件确定的显示效果。

7-23　什么是容器的布局策略?试列举并简述Java中常用的几种布局策略。

7-24　编写Applet程序实现一个计算器,包括十个数字(0~9)按钮和4个运算符(加、减、乘、除)按钮,以及等号和清空两个辅助按钮,还有一个显示输入输出的文本框。

试分别用 BorderLayout 和 GridLayout 实现。

7-25　Panel 与 Applet 有何关系？Panel 在 Java 程序里通常起到什么作用？

7-26　为什么说 Frame 是非常重要的容器？为什么使用 Frame 的程序通常要实现 WindowListener？关闭 Frame 有哪些方法？

7-27　将 7-15 题改写为图形界面的 Application 程序。

7-28　利用 Canvas 对象，将 7-19 题的程序改写为图形界面的 Application 程序。

7-29　常用的菜单有哪两类？是不是任何容器都可以使用菜单？简述实现菜单的编程步骤。

7-30　编写图形界面的 Application 程序，包含一个菜单，选择这个菜单的“退出”选项可以关闭 Application 的窗口并结束程序。

7-31　扩充 7-30 题的程序，使 Application 窗口中包含一个文本区域和一个按钮，文本区域中事先包含一段文字，利用焦点监听者和文本监听者实现如下功能：当用户修改了文本框中的内容并试图离开这个文本框时，程序弹出模式对话框请用户确认修改；如果用户只是进入并退出文本框而没有修改其中的内容，则不会弹出对话框。

7-32　根据本章所学习的内容用 Java Application 编写一个模拟的文字编辑器。

7-33　Java 程序若要使用 Swing GUI 组件，应该在程序的开始部分引入什么包？

7-34　JApplet 与 Applet 有何异同？JApplet 使用什么默认布局策略？如何在 JApplet 中加入 Swing GUI 组件？

7-35　编写一个 JApplet 程序，包含一个 JLabel 对象，显示你的姓名。

7-36　JButton 与 Button 相比增加了什么新的功能？编写一个图形界面的 Application 程序，包含一个带图标的 JButton 对象，当用户单击这个按钮时，Application 程序把其 Frame 的标题修改为“单击按钮！”。

7-37　在上题的基础上修改程序，使得按钮的图标在按钮被按下和鼠标经过按钮时有不同的效果。

7-38　为上题中的按钮加入提示信息“改变窗口标题”。

7-39　JSlider 与 Scrollbar 有何不同？编写 JApplet 程序，包含三个 JSlider 和一个 JLabel 对象，三个滚动条分别用来调整红、黄、蓝三种颜色的比例，每个 JSlider 标注 0～255 的标尺刻度（可以自由确定刻度间隔）。当用户拖动滑块修改三色比例时，相应修改 JLabel 的背景色。

7-40　JPasswordField 是谁的子类？它有什么特点？编写 Application 程序接受并验证用户输入的账号和密码，一共提供三次录入机会。

7-41　JTabbedPane 与使用 CardLayout 的容器有何不同？编写一个 Application 程序包含一个 JTabbedPane，验证其使用方法。

第8章

Java 高级编程

8.1　异常处理

8.1.1　异常与异常类

异常(Eception)又称为例外,是特殊的运行错误对象,对应着Java语言特定的运行错误处理机制。

由于Java程序是在网络环境中运行的,安全成为需要重点考虑的因素之一。为了能够及时有效地处理程序中的运行错误,Java语言中引入了异常和异常类。作为面向对象的语言,异常与其他语言要素一样,是面向对象规范的一部分,是异常类的对象。

Java中定义了很多异常类,每个异常类都代表了一种运行错误,类中包含了该运行错误的信息和处理错误的方法等内容。每当Java程序运行过程中发生一个可识别的运行错误时,系统都会产生一个相应的该异常类的对象,即产生一个异常。一旦一个异常对象产生了,系统中就一定有相应的机制来处理它,确保不会产生死机、死循环或其他对操作系统的损害,从而保证了整个程序运行的安全性。这就是Java的异常处理机制。

1. 异常类结构与组成

Java的异常类是处理运行时错误的特殊类,每一种异常类对应一种特定的运行错误。所有的Java异常类都是系统类库中的Exception类的子类。其类继承结构如图8-1所示。

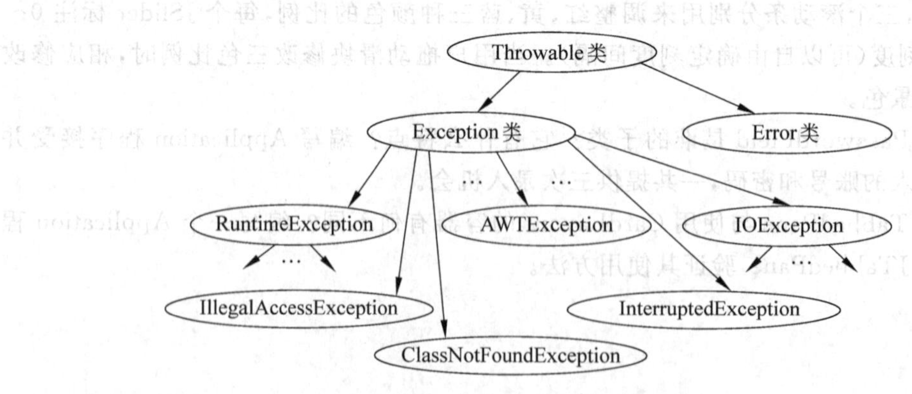

图 8-1　Exception类的继承结构

Throwable类是类库java.lang包中的一个类,它派生了两个子类:Exception和

Error。其中 Error 类由系统保留，而 Exception 类则供应用程序使用。

同其他的类一样，Exception 类有自己的方法和属性。它的构造函数有两个：

```
public Exception( );
public Exception( String s );
```

第二个构造函数有一个字符串参数，用于接收对异常对象的描述信息。

Exception 类从父类 Throwable 那里还继承了若干方法，其中常用的有：

```
String getMessage( )
```

该方法返回描述异常对象的字符串。

(1) public String toString ( );

该方法返回描述当前异常对象的详细信息。

(2) public void printStackTrace ( );

该方法没有返回值，它的功能是完成一个打印操作，在当前的标准输出(一般就是屏幕)上打印输出当前异常对象的堆栈使用轨迹，也即程序先后调用执行了哪些对象或类的哪些方法，使得运行过程中产生了这个异常对象。

2. 系统定义的运行异常

Exception 类有若干子类，每一个子类代表了一种特定的运行时错误。这些子类有些是系统事先定义好并包含在 Java 类库中的，称为系统定义的运行异常。

系统定义的运行异常通常对应着系统运行错误。由于这种错误可能导致操作系统错误甚至是整个系统的瘫痪，所以需要定义异常类来特别处理。表 8-1 中列出了若干常见的系统定义异常。

表 8-1 系统定义的运行异常

系统定义的运行异常	异常对应的系统运行错误
ClassNotFoundException	未找到欲装载使用的类
ArrayIndexOutOfBoundsException	数组越界使用
FileNotFoundException	未找到指定的文件或目录
IOException	输入、输出错误
NullPointerException	引用空的尚无内存空间的对象
ArithmeticException	算术错误，如除数为 0
InterruptedException	线程在睡眠、等待或因其他原因暂停时被其他线程打断
UnknownHostException	无法确定主机的 IP 地址
SecurityException	安全性错误，如 Applet 欲读写文件
MalformedURLException	URL 格式错误

由于定义了相应的异常，Java 程序即使产生一些致命的错误，如引用空对象等，系统也会自动产生一个对应的异常对象来处理和控制这个错误，避免其蔓延或产生更大的问题。

3. 用户自定义的异常

系统定义的异常主要用来处理系统可以预见的较常见的运行错误。对于某个应用所特有的运行错误，则需要编程人员根据程序的特殊逻辑，在用户程序里自己定义异常类，适时抛出异常类的对象。这种用户自定义异常主要用来处理用户程序中特定的逻辑运行错误。

例如在第 6 章的例 6-13 中，我们曾经定义了如下的“出队”方法。

```
int dequeue( )          //减队操作，若队列不空，则从队列头部取出一个数据
{
    int data;
    if(! isEmpty( ))
    {
        data = m_FirstNode. getData( );
        m_FirstNode = m_FirstNode. getNext( );
        return data;
    }
    else
        return -1;
}
```

在这个方法里，如果队列已经为空，则“出队”方法将给出一个数据“-1”表示“出队”的操作失败。这样处理有一个很大的不便，就是队列中不能保存“-1”这个数据，同时还要求其他调用 dequeue( )的方法能够了解这个出错的约定，显然对于程序的调试和运行都很不方便。

为了解决这个问题，我们可以定义一个用户程序异常 EmptyQueueException，专门处理上述“从空队列中出队”的逻辑错误。

```
class EmptyQueueException extends Exception  //用户自定义的系统类的子类
{
     Queue sourceQueue;
     public EmptyQueueException(Queue q)
     {
       super("队列已空!");
       sourceQueue = q;
     }
     public String toString( )                  //重载父类的方法，给出详细的错误信息
     {
     return("队列对象"+sourceQueue. toString( )+"执行出队操作时引发自定义异常");
     }
}
```

用户自定义异常用来处理程序中可能产生的逻辑错误，使得这种错误能够被系统及时识别并处理，而不致扩散产生更大的影响，从而使用户程序更为强健，有更好的容错性能，并使整个系统更加安全稳定。

创建用户自定义异常时，一般需要完成如下的工作：

(1) 声明一个新的异常类，使之以 Exception 类或其他某个已经存在的系统异常类或

用户异常类为父类。

(2) 为新的异常类定义属性和方法,或重载父类的属性和方法,使这些属性和方法能够体现该类所对应的错误的信息。

只有定义了异常类,系统才能够识别特定的运行错误,才能够及时地控制和处理运行错误,所以定义足够多的异常类是构建一个稳定完善的应用系统的重要基础之一。

8.1.2　抛出异常

Java 程序在运行时如果引发了一个可识别的错误,就会产生一个与该错误相对应的异常类的对象,这个过程被称为异常的抛出。根据异常类的不同,抛出异常的方法也不同。

1. 系统自动抛出的异常

所有的系统定义的运行异常都可以由系统自动抛出。下面的例 8-1 将测试以 0 为除数时出现的算术异常,通过这个例子可以了解如何使用系统定义的运行异常。

例 8-1　TestSystemException. java

```
public class TestSystemException
{
    public static void main(String args[])
    {
        int a=0, b=5;
        System.out.println(b/a);     //以 0 为除数,引发系统定义的算术异常
    }
}
```

上述程序是一个简单的 Java Application,由于错误地以 0 为除数,运行过程中将引发 ArithmeticException;这个异常是系统预先定义好的类,对应系统可识别的错误,所以 Java 虚拟机遇到这样的错误就会自动中止程序的执行流程,并新建一个 ArithmeticException 类的对象,即抛出了一个算术运算异常。图 8-2 是例 8-1 的运行结果。

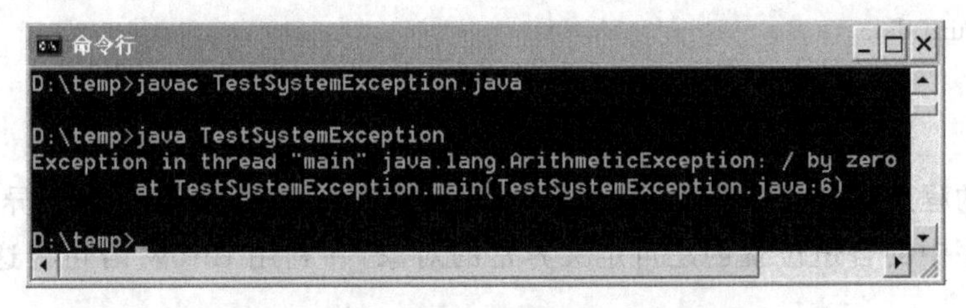

图 8-2　例 8-1 的运行结果(系统抛出异常)

2. 语句抛出的异常

用户程序自定义的异常不可能依靠系统自动抛出,因为系统不知道错误在哪里。用户程序必须在自定义的出错位置借助于 throw 语句抛出自定义的异常类对象。用 throw 语句抛出异常对象的语法格式为:

修饰符　返回类型　方法名(参数列表)　throws　异常类名列表

```
{
    ...
    throw 异常类对象;
    ...
}
```

使用 throw 语句抛出异常时应注意如下的两个问题。

(1) 一般这种抛出异常的语句应该被定义为在满足一定条件时执行，例如把 throw 语句放在 if 语句的某个分支中，只有当某个条件满足时，即用户定义的逻辑错误发生时才执行。

(2) 含有 throw 语句的方法，应该在方法头定义中增加如下的部分：

```
throws 异常类名列表
```

如果没有上述说明，该方法中就不能抛出这种类型的异常。这样做主要是为了通知所有欲调用此方法的方法，由于该方法包含 throw 语句，所以要准备接受和处理它在运行过程中可能会抛出的异常。如果方法中的 throw 语句不止一个(可能抛出不同异常)，方法头的异常类名也不止一个，要说明所有可能产生的异常类。

例如，Queue 类的 deQueue( )方法可能抛出 EmptyQueueException 异常对象，该方法的定义及异常抛出的语句如下：

```
int deQueue( ) throws EmptyQueueException
{           //减队操作，若队列不空，则从队列头部取出一个数据
    int data;
    if(isEmpty( ))
        throw (new EmptyQueueException(this)); //如果队列为空，抛出异常
    else
    {
        data = m_FirstNode.getData( );
        m_FirstNode = m_FirstNode.getNext( );
        return data;
    }
}
```

从上面的程序片断可以看出，由于系统不能识别和创建用户自定义的异常，所以需要编程者在程序中的合适位置创建自定义异常的对象，并利用 throw 语句将这个新异常对象抛出。

8.1.3 异常的处理

异常的处理主要包括捕捉异常、程序流程的跳转和异常处理语句块的定义。

1. 捕捉异常

当一个异常被抛出时，应该有专门的语句来接收这个被抛出的异常对象，这个过程被称为捕捉异常。当一个异常类的对象被捕捉或接收后，用户程序就会发生流程的跳转，系

统中止当前的流程而跳转至专门的异常处理语句块，或直接跳出当前程序和 Java 虚拟机回到操作系统。

在 Java 程序里，异常对象是依靠以 catch 语句为标志的异常处理语句块来捕捉和处理的。异常处理语句块又称为 catch 语句块，其格式如下：

```
catch ( 异常类名 异常形式参数名)
{
    异常处理语句组;
}
```

Java 语言还规定，每个 catch 语句块都应该与一个 try 语句块相对应，这个 try 语句块用来启动 Java 的异常处理机制，可能产生错误的代码段(包括 throw 语句)、调用可能抛出异常方法的语句，都应该包含在这个 try 语句块中。换句话说，可能出错的代码如果没有放在 try 块中，就不能被紧跟其后的 catch 块捕获及处理。

例 8-2 是对出队操作异常处理的一个例子。该例子对例 6-13 的有关类定义做了一些简化。

例 8-2　TestQueueException. java

```
1: public class TestQueueException
2: {
3:     public static void main(String args[])
4:     {
5:         Queue queue = new Queue( );
6:
7:         System. out. println("-----下面是入队操作-----");
8:         for(int i=1;i<=3;i++)          //往队列加入三个数据，用于测试出队操作
9:         {
10:            queue. enQueue(i);
11:            System. out. println(queue. visitAllNode( ));
12:        }
13:        System. out. println("-----下面是出队操作-----");
14:        try
15:        {
16:            while(true)                    //无限循环，引发空队出队的错误
17:            {
18:                System. out. print(queue. deQueue( ) + "出队;");
19:                System. out. println("队列中还有: "+queue. visitAllNode( ));
20:            }
21:        }
22:        catch(EmptyQueueException e)  //catch 后要指定能处理的异常类
23:        {
24:            System. out. println("-----异常处理:-----");
25:            System. out. println(e. getMessage( )); //取异常对象信息
26:            System. out. println(e. toString( ));   //调用自定义异常的方法，输出异常详细信息
```

```
27: }
28:     System.out.println("-----异常处理之后的后续代码被执行-----");
29:   }
30: }
31: class EmptyQueueException extends Exception   //用户自定义的异常类
32: {
33:     Queue  qq;
34:     public EmptyQueueException(Queue q)
35:     {
36:       super("队列已空!");                    //调用父类构造函数,为异常对象设置信息
37:       qq = q;
38:     }
39:     public String toString()               //重载父类的方法,给出详细的错误信息
40:     {
41:       return("队列对象"+qq.toString()+"执行出队操作时引发自定义异常");
42:     }
43: }
44:
45: class Queue extends LinkList                //队列类是链表类的子类
46: {
47:     boolean isEmpty()                      //判断队列是否为空
48:     {
49:         if(m_FirstNode==null)
50:           return true;
51:         else
52:           return false;
53:     }
54:     void enQueue(int newdata)              //进队操作,在队列尾部加入一个数据
55:     {
56:         Node next = m_FirstNode;
57:         if(next==null)
58:            m_FirstNode = new Node(newdata);
59:         else
60:         {
61:            while(next.getNext()!=null)
62:                next = next.getNext();
63:            next.setNext(new Node(newdata));
64:         }
65:     }
66:     int deQueue() throws EmptyQueueException
67:     {                          //减队操作,若队列不空,则从队列头部取出一个数据
68:         int data;
69:         if(isEmpty())                      //出队操作时遇到队列已空
70:            throw (new EmptyQueueException(this));   //抛出异常
```

```
71:         else
72:         {                                  //正常出队操作
73:             data = m_FirstNode.getData( );
74:             m_FirstNode = m_FirstNode.getNext( );
75:             return data;
76:         }
77:     }
78: }
79:
80:   class Node
81:   {
82:     private int m_Data;                    //结点中保存的数据(整型数)
83:     private Node m_Next;                   //结点中的指针属性,指向下一个 Node 对象
84:
85:     Node(int data)                         //构造函数
86:     {
87:       m_Data = data ;
88:       m_Next = null;
89:     }
90:     int getData( )                         //获得结点中数据的方法
91:     {
92:       return m_Data;
93:     }
94:     void setNext(Node next)                //修改结点中的指针
95:     {
96:       m_Next = next;
97:     }
98:     Node getNext( )                        //获得结点中的指针指向的对象引用
99:     {
100:      return m_Next;
101:    }
102: }
103:
104: class LinkList                            //定义链表类
105: {
106:    Node  m_FirstNode;                      //链表中的第一个结点
107:
108:    LinkList( )                             //构造函数 1:建立空链表
109:    {
110:       m_FirstNode = null;
111:    }
112:    String visitAllNode( )                  //遍历链表的每个结点,将所有数据串成一个字符串
113:    {
114:      Node next = m_FirstNode;  //从第一个结点开始
```

```
115:        String s = "";
116:        while(next!=null)          //直到最后一个结点
117:        {
118:            s = s + next.getData() + "; ";
119:          next = next.getNext();   //使 next 指向下一个结点
120:        }
121:        return s;
122:    }      //end of visitAllNode
123: }   //链表类定义结束
```

图 8-3 是例 8-2 的执行结果。

```
命令行
D:\temp>java TestQueueException
-----下面是入队操作-----
1;
1;  2;
1;  2;  3;
-----下面是出队操作-----
1出队; 队列中还有: 2;  3;
2出队; 队列中还有: 3;
3出队; 队列中还有:
-----异常处理:-----
队列已空!
队列对象Queue@757aef执行出队操作时引发自定义异常
-----异常处理之后的后续代码被执行-----

D:\temp>_
```

图 8-3　例 8-2 的执行结果(异常处理)

例 8-2 用到了前面例子中定义 Node、LinkList 和 Queue 类(做了部分简化)。

在程序的第 66～77 句定义的出队方法中,在方法头(第 66 句)声明了本方法可能出现 EmptyQueueException 异常。

程序的第 31～43 句定义了这个 EmptyQueueException 异常类,它是系统异常类 Exception 的子类。

在主程序中,可能出现 EmptyQueueException 异常的 deQueue( )方法调用被放在第 14～21 句定义的 try 块中,而紧随其后的 catch 块(22～27 句)专门用来捕捉这类异常。当 deQueue( )方法出现异常时,控制转移到 catch 块的异常处理代码中。第 25 句调用了自定义异常类的 getMessage( )方法,并将返回的异常对象描述信息输出。注意:此处输出的异常信息就是在创建异常类对象的构造函数中指定的字符串内容。第 26 句调用了自定义异常类中的重载方法.toString( ),输出异常的详细描述。

程序的 28 句是 catch 块后的语句,以此说明异常处理的程序流程。当程序出现了异常、但处理了异常,程序就可以继续按照预定的逻辑执行下去。

2. 多异常的处理

catch 块紧跟在 try 块的后面,用来接收 try 块中可能产生的异常。一个 catch 语句块通常会用同一种方式来处理它所接收到的所有异常,但实际上一个 try 块可能产生多种不同的异常,如果希望能采取不同的方法来处理这些异常,就需要使用多异常处理机制。

多异常处理是通过在一个 try 块后面定义若干个 catch 块来实现的，每个 catch 块用来接收和处理一种特定的异常对象。

要想用不同的 catch 块来分别处理不同的异常对象，首先要求 catch 块能够区别这些不同的异常对象，并能判断一个异常对象是否应为本块接收和处理。这种判断功能是通过 catch 块的参数来实现的。

在这种情况下，一个 try 块后面可能会跟着若干个 catch 块，每个 catch 块都有一个异常类名作为参数。当 try 块抛出一个异常时，程序的流程首先转向第一个 catch 块，并审查当前异常对象可否为这个 catch 块所接收。一个异常对象能否被一个 catch 语句块所接收，主要看该异常对象与 catch 块的异常参数的匹配情况。当它们满足下面三个条件的任何一个时，异常对象将被接收：

(1) 异常对象为 catch 参数指定的异常类的对象。

(2) 异常对象为 catch 参数指定的异常类的子类对象。

(3) 异常对象是实现了 catch 参数指定的接口的类对象。

因此，如果 catch 参数指定的类是 Exception，它就可以捕获所有的异常对象。

如果 try 块产生的异常对象被第一个 catch 块所接收，则程序的流程将直接跳转到这个 catch 语句块中，语句块执行完毕后就退出当前方法，try 块中尚未执行的语句和其他的 catch 块将被忽略；如果 try 块产生的异常对象与第一个 catch 块不匹配，系统将自动转到第二个 catch 块进行匹配，如果第二个仍不匹配，就转向第三个、第四个……直到找到一个可以接收该异常对象的 catch 块，完成流程的跳转。

如果所有的 catch 块都不能与当前的异常对象匹配，说明当前方法不能处理这个异常对象，程序流程将返回到调用该方法的上层方法，如果这个上层方法中定义了与所产生的异常对象相匹配的 catch 块，流程就跳转到这个 catch 块中；否则继续回溯更上层的方法，如果所有的方法中都找不到合适的 catch 块，则由 Java 运行系统来处理这个异常对象。此时通常会中止程序的执行，退出虚拟机返回操作系统，并在标准输出上打印相关的异常信息。

在另一种完全相反的情况下，假设 try 块中所有语句的执行都没有引发异常，则所有的 catch 块都会被忽略而不予执行。

在设计 catch 块处理不同的异常时，一般应注意如下的问题：

(1) catch 块中的语句应根据异常的不同执行不同的操作，比较通用的操作是打印异常和错误的相关信息，包括异常名称，产生异常的方法名，等等。

(2) 由于异常对象与 catch 块的匹配是按照 catch 块的先后排列顺序进行的，所以在处理多异常时应注意认真设计各 catch 块的排列顺序。一般地，处理较具体和较常见的异常的 catch 块应放在前面，而可以与多种异常相匹配的 catch 块应放在较后的位置。

下面是处理 try 块的几种不同异常的例子。

例 8-3　TestMultiException. java

```
1: public class TestMultiException {
2:   public static void main(String[] args) {
3:     TestArray  a = new TestArray( );
```

```
4:      try {
5:        a.m1( );
6:      }
7:      catch (ArrayIndexOutOfBoundsException e1)  { //处理数组下标越界异常
8:        System.out.println("数组下标越界");
9:      }
10:     catch (ArithmeticException e2)  {          //处理分母为 0 的运算错误
11:       System.out.println("运算错误,分母为 0");
12:       e2.printStackTrace( );                   //显示错误语句的调用过程
13:     }
14:   }
15: }
16: class TestArray {
17:   private int i;
18:   private int[] array = {1,2,3,4,5};
19:   void m1( ) {
20:     while(true) {
21:       i=(int)(Math.random( ) * 10) ;           //产生 0~10 之间的随机数
22:       System.out.println("以随机数为分母的除法结果是:"+ 100/i);
23:       System.out.println("数组 array[" + i + "]的值为" + array[i]);
24:     }
25:   }
26: }
```

图 8-4 是例 8-3 的某次执行结果。由于是利用随机数,所以程序每次执行的结果不尽相同。但程序中的两类错误很容易出现。

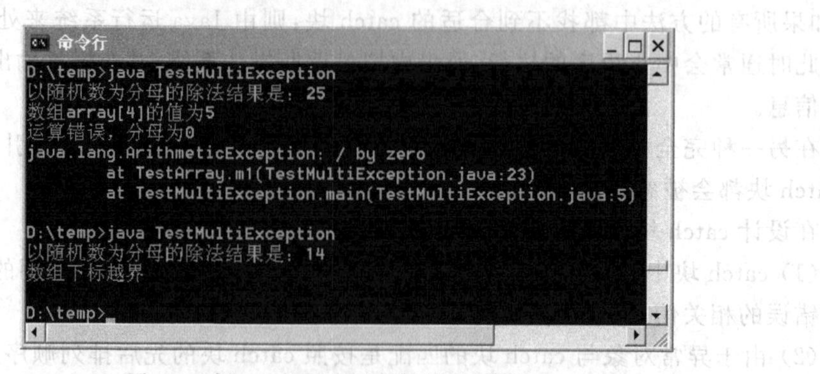

图 8-4 例 8-3 的两次运行结果(异常处理)

8.2 Java 多线程机制

以往我们开发的程序,大多是单线程的,即一个程序只有一条从头至尾的执行线索。然而现实世界中的很多过程都具有多条线索同时运作的特征。例如,生物的进化就是多方面多种因素共同作用的结果;再如服务器可能需要同时处理多个客户机的请求,等等。

多线程是指同时存在几个执行体，按几条不同的执行线索共同工作的情况。Java 语言的一个重要功能特点就是内置对多线程的支持，它使得编程人员可以很方便地开发出具有多线程功能、能同时处理多个任务的功能强大的应用程序。

8.2.1　Java 中的线程

1. 程序、进程与线程

程序是一段静态的代码，它是应用软件执行的蓝本。而进程是程序的一次动态执行过程，它对应了从代码加载、执行到执行完毕的一个完整过程，这个过程也是进程本身从产生、发展到消亡的过程。作为执行蓝本的同一段程序，可以被多次加载到系统的不同内存区域分别执行，形成不同的进程。

线程是比进程更小的执行单位。一个进程在其执行过程中，可以产生多个线程，形成多条执行线索。每条线索即每个线程也有它自身的产生、存在和消亡的过程，也是一个动态的概念。我们知道，每个进程都有一段专用的内存区域，并以 PCB（进程控制块）作为它存在的标志。而与此不同的是，线程间可以共享相同的内存单元（包括代码与数据），并利用这些共享单元来实现数据交换，实时通信与必要的同步操作。

多线程的程序能更好地表述和解决现实世界的具体问题，是计算机应用开发和程序设计的一个必然发展趋势。传统进程与多线程进程的区别如图 8-5 所示。

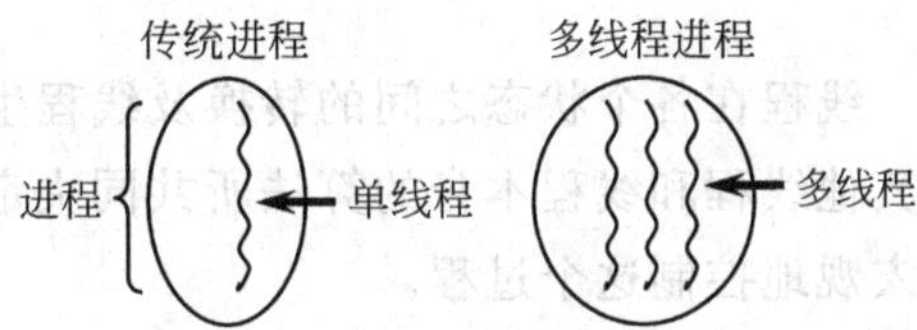

图 8-5　传统进程与多线程进程

2. 线程的状态与生命周期

每个 Java 程序都有一个默认的主线程，对于 Application，主线程是 main( )方法执行的线索；对于 Applet，主线程指挥浏览器加载并执行 Java 小程序。要想实现多线程，必须在主线程中创建新的线程对象。Java 语言使用 Thread 类及其子类的对象来表示线程，新建的线程在它的一个完整的生命周期中通常要经历如下的 5 种状态：

（1）新建

当一个 Thread 类或其子类的对象被声明并创建时，新生的线程对象处于新建状态。此时它已经有了相应的内存空间和其他资源，并已被初始化。

（2）就绪

处于新建状态的线程被启动后，将进入线程队列排队等待 CPU 时间片，此时它已经具备了运行的条件，一旦轮到它来享用 CPU 资源时，就可以脱离创建它的主线程独立开始自己的生命周期了。另外，原来处于阻塞状态的线程被解除阻塞后也将进入就绪状态。

（3）运行

当就绪状态的线程被调度并获得处理器资源时，便进入运行状态。每一个 Thread 类及其子类的对象都有一个重要的 run( )方法，当线程对象被调度执行时，它将自动调用本对象的 run( )方法，从第一句开始顺次执行。run( )方法定义了这一类线程的操作和功能。

（4）阻塞

一个正在执行的线程如果在某些特殊情况下，如被人为挂起或需要执行费时的输入输出操作时,将让出 CPU 并暂时中止自己的执行,进入阻塞状态。处于阻塞状态的线程不能进入就绪队列,只有当引起阻塞的原因被消除时,线程才可以转入就绪状态,重新进到线程队列中排队等待 CPU 资源,以便从原来终止处继续运行。

(5) 消亡

处于消亡状态的线程不具有继续运行的能力。线程消亡的原因有两个:一个是正常运行的线程完成了它的全部工作,即执行完了 run( )方法的最后一个语句并退出;另一个是线程被提前强制性地终止,如通过执行 stop( )方法或 destroy( )终止线程。

由于线程与进程一样是一个动态的概念,所以它也像进程一样有一个从产生到消亡的生命周期,如图 8-6 所示。

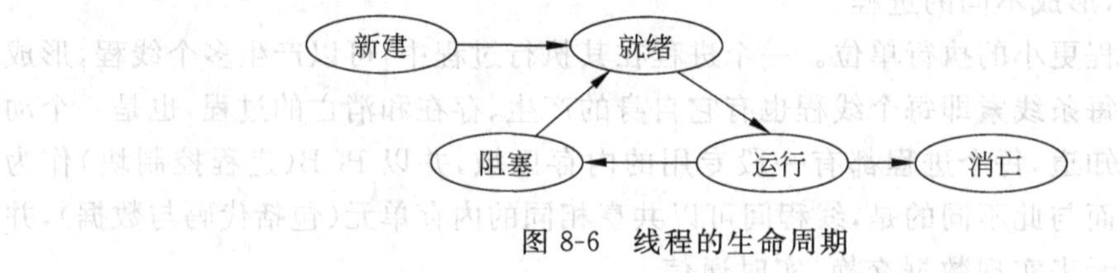

图 8-6　线程的生命周期

线程在各个状态之间的转换及线程生命周期的演进是由系统运行的状况、同时存在的其他线程和线程本身的算法所共同决定的。在创建和使用线程时应注意利用线程的方法宏观地控制这个过程。

3. 线程调度与优先级

处于就绪状态的线程首先进入就绪队列排队等候处理器资源,同一时刻在就绪队列中的线程可能有多个,它们各自任务的轻重缓急程度不同,例如用于屏幕显示的线程需要尽快地被执行,而用来收集内存碎片的垃圾回收线程则不那么紧急,可以等到处理器较空闲时再执行。为了体现上述差别,使工作安排得更加合理,多线程系统会给每个线程自动分配一个线程的优先级,任务较紧急重要的线程,其优先级就较高;相反则较低。在线程排队时,优先级高的线程可以排在较前的位置,能优先享用到处理器资源;而优先级较低的线程,则只能等到排在它前面的高优先级线程执行完毕之后才能获得处理器资源。对于优先级相同的线程,则遵循队列的"先进先出"原则,即先进入就绪状态排队的线程被优先分配处理器资源,随后才为后进入队列的线程服务。

当一个在就绪队列中排队的线程被分配处理器资源而进入运行状态之后,这个线程就称为是被"调度"或被线程调度管理器选中了。线程调度管理器负责管理线程排队和处理器在线程间的分配,一般都配有一个精心设计的线程调度算法。在 Java 系统中,线程调度依据优先级基础上的"先到先服务"原则。

8.2.2　Thread 类与 Runnable 接口

Java 中编程实现多线程应用有两种途径:一种是创建用户自己的线程子类,一种是在用户自己的类中实现 Runnable 接口。无论哪种方法,都需要使用到 Java 基础类库中的 Thread 类及其方法。

1. Runnable 接口

Runnable 接口只有一个方法 run( )，所有实现 Runnable 接口的用户类都必须具体实现这个 run( )方法，为它书写方法体并定义具体操作。Runnable 接口中的这个 run( )方法是一个较特殊的方法，它可以被运行系统自动识别和执行。具体地说，当线程被调度并转入运行状态时，它所执行的就是 run( )方法中规定的操作。所以，一个实现了 Runnable 接口的类实际上定义了一个主线程之外的新线程的操作，而定义新线程的操作和执行流程，是实现多线程应用的最主要和最基本的工作之一。

2. Thread 类

Thread 类综合了 Java 程序中一个线程需要拥有如下属性和方法。

(1) 构造函数

Thread 类的构造函数有多个，常用的有如下两种。

① public Thread ( );

创建一个系统线程类的对象。

② public Thread(Runnable target , String name)

创建一个新的线程对象，新线程的名字由参数 name 指定，新线程的 run( )方法就是参数 target 对象的 run( )方法。target 是一个实现了 Runnable 接口的类对象，而实现了 Runnable 接口的类必须为接口声明的 run( )方法编写代码。

利用构造函数创建新线程对象之后，这个对象中的有关数据被初始化，从而进入线程的生命周期的第一个状态——新建状态。

(2) 线程优先级

Thread 类有三个有关线程优先级的静态常量：MIN _ PRIORITY、MAX _ PRIORITY、NORM_PRIORITY。其中 MIN_PRIORITY 代表最小优先级，通常为 1；MAX_PRIORITY 代表最高优先级，通常为 10；NORM_PRIORITY 代表普通优先级，默认数值为 5。

对应一个新建线程，系统会遵循如下的原则为其指定优先级：

① 新建线程将继承创建它的父线程的优先级。父线程是指执行创建新线程对象语句的线程，它可能是程序的主线程，也可能是某一个用户自定义的线程。

② 一般情况下，主线程具有普通优先级。

另外，用户可以通过调用 Thread 类的方法 setPriority( )来修改系统自动设定的线程优先级，使之符合程序的特定需要。

(3) Thread 类的主要方法

① 启动线程的 start( )方法

start( )方法将启动线程对象，使之从新建状态转入就绪状态并进入就绪队列排队。

② 定义线程操作的 run( )方法

Thread 类的 run( )方法与 Runnable 接口中的 run( )方法的功能和作用相同，都用来定义线程对象被调度之后所执行的操作，都是系统自动调用而用户程序不得引用的方法。系统的 Thread 类中，run( )方法没有具体内容，所以用户程序需要创建自己的 Thread 类的子类，并定义新的 run( )方法来覆盖原来的 run( )方法。

③ sleep( )方法——线程休眠

线程的调度执行是按照其优先级的高低顺序进行的,当高优先级线程未完成时,低优先级线程很难获得处理器的机会。有时,优先级高的线程需要优先级低的线程做一些工作来配合它,或者优先级高的线程需要完成一些费时的操作,此时优先级高的线程应该让出处理器,使优先级低的线程有机会执行。为达到这个目的,优先级高的线程可以在它的run( )方法中调用 sleep( )方法来使自己放弃处理器资源,休眠一段时间。休眠时间的长短由 sleep( )方法的参数决定。例如:

```
sleep( int millsecond ) ; // millsecond 是以毫秒为单位的休眠时间
```

④ isAlive( )方法

该方法用于判断某线程是否消亡。如果线程存活,该方法返回 true;如果线程已经消亡,该方法返回 false。

在调用 stop( )方法终止一个线程之前,最好先用 isAlive( )方法检查一下该线程是否仍然存活,撤销不存在的线程可能会造成系统错误。

⑤ currentThread( )方法

该方法是 Thread 类的一个静态方法,它返回当前线程对象(对象的引用)。

⑥ getName( )方法

该方法返回当前线程对象的名称。

8.2.3 如何在程序中实现多线程

如前所述,在程序中实现多线程有两个途径:创建 Thread 类的子类或实现 Runnable 接口。无论采用哪种途径,程序员可以控制的关键性操作有两个:

(1) 定义用户线程的操作,即定义用户线程的 run( )方法;

(2) 在适当时候建立用户线程实例。

下面就分别探讨两条不同途径是如何分别完成这两个关键性操作的。

1. 创建 Thread 类的子类

在这个途径中,用户程序需要创建自己的 Thread 类的子类,并在子类中重新定义自己的 run( )方法,这个 run( )方法中包含了用户线程的操作。这样在用户程序需要建立自己的线程时,它只需要创建一个已定义好的 Thread 子类的实例就可以了。

例 8-4 TestThread. java

```
1: import java. io. * ;
2:
3: public class TestThread    //Java Application 主类
4: {
5:   public static void main(String args[])
6:   {
7:     if(args. length<1)
8:     {//要求用户输入一个命令行,否则程序不能进行下去
9:       System. out. println("请输入一个命令行参数");
```

```
10：      System.exit(0)；
11：    }//创建用户 Thread 子类的对象实例，使其处于 NewBorn 状态
12：    PrimeThread subthread = new PrimeThread(Integer.parseInt(args[0]))；
13：    subthread.start( )；            //启动用户线程，使其处于就绪状态
14：    while(subthread.isAlive( ) && subthread.readyToGoOn( ))
15：    {
16：      System.out.println("Counting the prime number...\n")；//说明主线程在运行
17：      try
18：      {
19：        Thread.sleep(500)；         //使主线程挂起指定毫秒数，以便用户线程取得
20：      }                             //控制权，sleep 是 static 的类方法
21：      catch(InterruptedException e)  //sleep 方法可能引起的异常，必须加以处理
22：      {
23：        return；
24：      }
25：    }  //while 循环结束
26：    System.out.println("按任意键继续... ")；       //保留屏幕，以便观察
27：    try{
28：      System.in.read( )；                          //等待用户输入
29：    }
30：    catch(IOException e)     {}
31：   } //main 方法结束
32：} //主类结束
33：class PrimeThread extends Thread
34：{    //创建用户自己的 Thread 子类，在其 run( )中实现程序子线程操作
35：    boolean m_bContinue = true；                  //标志本线程是否继续
36：    int m_nCircleNum；                            //循环的上限
37：    PrimeThread(int Num)                          //构造函数
38：    {
39：      m_nCircleNum = Num；
40：    }
41：    boolean readyToGoOn( )                        //判断本线程是否继续执行
42：    {
43：      return(m_bContinue)；
44：    }
45：    public void run( )
46：    {   //继承并重载父类 Thread 的 run( )方法，在该线程被启动时自动执行
47：      int number = 3；
48：      boolean flag = true；
49：      while(true)                                 //无限循环
50：      {
51：        for(int i=2；i<number；i++)               //检查 number 是否为素数
52：          if( number%i ==0)
53：            flag = false；
```

```
54:            if(flag)                       //打印该数是否为素数的信息
55:                System.out.println(number+"是素数");
56:            else
57:                System.out.println(number+"不是素数");
58:                number++;                  //修改 number 的数值,为下一轮素数检查做准备
59:                if ( number > m_nCircleNum )      //到达要求检查数值的上限
60:                {
61:                    m_bContinue = false; //则准备结束此线程
62:                    return;                //结束 run( )方法,结束线程
63:                }
64:                flag = true;               //恢复 flag,准备检查下一个 number
65:                try
66:                {                          //一轮检查之后,暂时休眠一段时间
67:                    sleep(500);
68:                }
69:                catch(InterruptedException e)
70:                {
71:                    return;
72:                }
73:        } //while 循环结束
74:    } //run( )方法结束
75: } //primeThread 类定义结束
```

这个程序是一个 Java Application,其中定义了两个类:一个是程序的主类 TestThread,另一个用户自定义的是 Thread 类的子类 PrimeThread。程序的主线程,即 TestThread 主类的 main( )方法,首先根据用户输入的命令行参数创建一个 PrimeThread 类的对象,并调用 start( )方法启动这个子线程对象,使之进入就绪状态。此时主线程和子线程同时处于活动状态,形成两个线程的并行状态(多线程)。

主线程首先输出一行信息表示自己在活动,然后调用 sleep( )方法使自己休眠一段时间以方便子线程获取处理器。进入运行状态的子线程将检查一个数值是否是素数并显示出来,然后也休眠一段时间以便父线程获得处理器。获得处理器的父线程将显示一行信息表示自己在活动,然后再休眠……,每次子线程启动都检查一个新的,增大一个的数值是否为素数并打印,直至该数大于其预定的上限,此时子线程从 run( )方法返回并结束其运行,然后主线程也结束。两个线程都利用 sleep( )方法减缓自己的执行速度,这也是为了便于我们观察多线程的执行情况。

例 8-4 的运行结果如图 8-7 所示。

创建用户自定义的 Thread 子类的途径虽然简便易用,但是要求必须有一个以 Thread 为父类的用户子类,假设用户子类需要有另一个父类,例如 Applet 父类,则根据 Java 单重继承的原则,上述途径就不可行了。这时可以考虑下面的第二种方法。

2. 实现 Runnable 接口

在这个途径中,已经有了一个父类的用户类可以通过实现 Runnable 接口的方法来定义用户线程的操作。我们知道,Runnable 接口只有一个方法 run( ),实现这个接口,就必

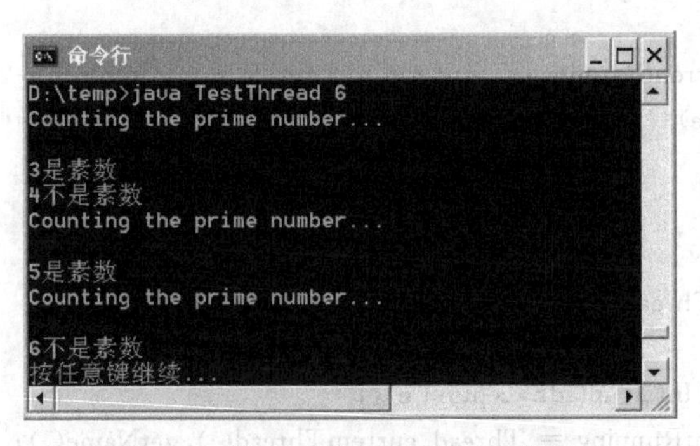

图 8-7 例 8-4 的运行结果(多线程)

须要定义 run( )方法的具体内容,用户新建线程的操作也由这个方法来决定。定义好 run( )方法之后,当用户程序需要建立新线程时,只要以这个实现了 run ( )方法的类对象为参数创建系统类 Thread 的对象,就可以把用户实现的 run( )方法借用过来。

例 8-5 是通过实现 Runnable 接口的途径实现多线程。

例 8-5 UseRunnable. java

```
1: import java.applet.Applet;
2: import java.awt.*;
3:
4: public class TestRunnable extends Applet implements Runnable //Java Applet 主类
5: {
6:      Label prompt1 = new Label("第一个子线程");        //标签 1
7:      Label prompt2 = new Label("第二个子线程");        //标签 2
8:      TextField threadFirst = new TextField(14);       //文本框 1,显示线程被调度次数
9:      TextField threadSecond = new TextField(14);      //文本框 2
10:     Thread thread1,thread2;                          //两个 Thread 的线程对象
11:     int count1=0,count2=0;                           //两个计数器
12:
13:     public void init( )
14:     {
15:        add(prompt1);
16:        add(threadFirst);
17:        add(prompt2);
18:        add(threadSecond);
19:     }
20:     public void start( )
21:     { //创建线程对象,具有当前类的 run( )方法,并用字符串指定线程对象的名字
22:        thread1 = new Thread(this,"FirstThread");     //创建第 1 个线程对象
23:        thread2 = new Thread(this,"SecondThread");    //创建第 2 个线程对象
24:        thread1.start( );                             //启动线程对象,进入就绪状态
25:        thread2.start( );
26:     }
27:     public void run( )  //实现 Runnable 接口的 run( )方法,在线程启动时自动执行
```

```
28: {
29:     String currentRunning;
30:     while(true)  //无限循环
31:     {
32:         try
33:         {         //使当前活动线程休眠 0 到 3 秒
34:             Thread.sleep( (int)(Math.random( ) * 30000) );
35:         }
36:         catch(InterruptedException e){}
37:         currentRunning = Thread.currentThread( ).getName( );
38:         if(currentRunning.equals("FirstThread"))
39:         {
40:             count1++;
41:             threadFirst.setText("线程 1 第"+count1+"次被调度");
42:         }
43:         else if(currentRunning.equals("SecondThread"))
44:         {
45:             count2++;
46:             threadSecond.setText("线程 2 第"+count2+"次被调度");
47:         }
48:     } //while 循环结束
49: } //run( )方法结束
50: }
```

图 8-8 是例 8-5 的运行结果。例 8-5 的程序是一个 Java Applet,所以程序的主类 TestRunnable 必须是 Applet 类的子类,同时它还实现了 Runnable 接口并具体实现了 run( )方法。TestRunnable 中创建了两个子线程,都是 Thread 类的对象,这两个对象的构造函数指明它们将利用当前类中的 run( )方法作为自己的 run( )方法。当两个子线程被调度时都将执行这个 run( )方法。这个 run( )方法将首先休眠一段随机的时间,然后统计当前活动线程被调度次数并显示在相应的文本框中。

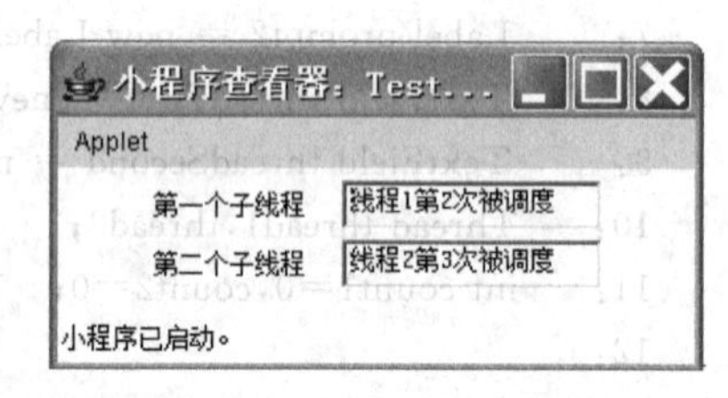

图 8-8 例 8-5 的运行结果(多线程)

在程序的第 37 句中,首先利用 Thread 类的静态方法 currentThread( )获得当前活动的线程对象,然后利用 Thread 类的 getName( )方法返回线程对象的名称(构造函数中指定的)。

8.3 流式输入输出与文件处理

与外部设备和其他计算机进行交流的输入输出操作,尤其是对磁盘的文件操作,是计算机程序重要而必备的功能,任何计算机语言都必须对输入输出提供支持,当然 Java 语言也不例外。

Java 语言的输入输出类库中包含了丰富的系统工具——已定义好的用于不同情况的输入输出类。利用这些 I/O 类,Java 程序可以很方便地实现多种输入输出操作和复杂的文件与目录管理。

8.3.1 Java 基本输入输出流类

Java 的输入输出功能必须借助于输入输出类库 java.io 包来实现。这个包中的类大部分是用来完成流式输入输出的流类。下面先介绍"流"的概念。

1. 流的概念

流是指线性的顺序的输入输出数据流。如果以当前的程序为基准,输入流代表进入程序中的数据序列;而输出流代表从程序中流向外部的数据序列。

流式输入输出是一种很常见的输入输出方式,它最大的特点是数据的获取和发送均沿数据序列顺序进行:每一个数据都必须等待排在它前面的数据读入或送出之后才能被读写,每次读写操作处理的都是序列中剩余的未读写数据中的第一个,而不能够随意选择输入输出的位置,这就是流的线性或顺序性的体现。磁带机是实现流式输入输出的典型设备。

流序列中的数据既可以是未经加工的原始二进制数据,也可以是经一定编码处理后符合某种格式规定的特定数据,如字符流序列、数字流序列等。由于数据的性质和格式不同,序列的运动方向不同(输入或输出),流的属性和处理方法也就不同。在 Java 的输入输出类库中,有各种不同的流类来分别对应这些不同性质的输入输出流。

2. 基本输入输出流类

在 Java 的输入输出类库中,每一个类代表了一种特定的输入或输出流,而所有的输入输出流类都是 Java 的基本输入输出流类的派生子类。

Java 中最基本的流类有两个:一个是基本输入流 InputStream,另一个是基本输出流 OutputStream。这是两个具有最基本的输入输出功能的抽象类。

其他所有输入流类都是 InputStream 类的子类,它们继承了 InputStream 的基本输入功能,并根据自身需要对这些功能加以扩充。而其他所有输出流类也都是 OutputStream 类的子类,它们继承了 OutputStream 的基本输出功能并加以扩展。

3. InputStream 类

InputStream 类是基本输入字节流类,它是所有输入字节流类的父类,仅适用于处理字节数据。InputStream 类中声明了一套所有输入流都需要的方法,用于完成最基本的从输入流中读取数据的功能。

当 Java 程序需要从外设中读入数据时,它应该创建一个适当类型的输入流类对象,建立与该外设(如键盘或磁盘文件)的连接,然后再调用这个新创建的流类对象的特定方法,如 read( )方法,来实现对相应外设的输入操作。

这里需要说明的是,由于 InputStream 是不能被实例化的抽象类,所以在实际程序中创建的输入流一般都是 InputStream 的某个子类的对象,由它来实现与外设数据源的连接。同时这个对象作为 InputStream 子类的实例,自然可以使用它继承自 InputStream 类的所有方法。

InputStream 类的主要方法如下。

(1) 从输入流读取数据的方法——read

该方法是从输入流读取数据的方法。通过方法的重载,InputStream 类的 read 方法有几种不同形式,但它们共同的特点是只能逐字节地读取输入数据。就是说,通过 InputStream 的 read( )方法只能把数据以二进制的原始方式读入,而不能分解、重组和理解这些数据,更不能对读入的数据进行变换并使之恢复到原有意义。

① public int read ( );

此方法每次执行都从输入流中读取下一个字节数据,然后以此数据为低位字节,配上一个全 0 字节合成为一个 16 位的整型量后返回给调用此方法的语句。如果输入流的当前位置没有数据,则返回—1。

② public int read (byte [ ] b);

此方法从输入流当前位置处连续读入多个字节数据,并返回所读到的字节数。

该方法读入的数据被保存到参数指定的字节数组 b 中,读入的第 1 个字节存入 b[0]中,读入的第 2 个字节存入 b[1]中,依此类推。读入的字节数最多等于数组 b 的长度。

该方法可能抛出 IOException 的异常。当数据无法正确读取或输入流已经关闭时,都会引发该异常。

(2) 定位输入位置指针的方法

流式输入最基本的特点就是读操作的顺序性。每个流都有一个位置指针,在流刚被创建时该指针指向流的第一个数据,以后的每次读操作都是在当前位置指针处执行。伴随着流操作的执行,位置指针自动后移,指向下一个未被读取的数据。位置指针决定了 read( )方法将在输入流中读取哪个数据。

InputStream 中用来控制位置指针的方法有下面几个:

① public long skip (long n);

该方法使位置指针从当前位置向后跳过 n 个字节。该方法返回实际跳过的字节数。

② public void mark ( );

该方法在输入流的当前位置做一标记,以备 reset 方法使用。输入流的标记以最后一次调用 mark 方法为准。

③ public void reset ( );

该方法将位置指针移动到由 mark( )方法指定的标记处。利用 mark( )和 reset( )方法的配合,可以重复读取输入流中的字节。

(3) 关闭输入流的方法——close

public void close ( );

当输入流使用完毕后,可以调用该方法关闭输入流,断开 Java 程序与外部数据源的连接,以便释放此连接所占用的系统资源。

4. OutputStream 类

OutputStream 类是基本输出字节流类。

OutputStream 中包含一套所有输出流都要使用的方法。与读入操作一样,当 Java

程序需要向某外设(如屏幕、磁盘文件或另一台计算机)输出数据时,应该创建一个新的输出流对象来完成与该外设的连接,然后利用 OutputStream 提供的 write 方法将数据顺序写入到这个外设上。同样,因为 OutputStream 是不能实例化的抽象类,这里创建的输出流对象应该隶属于某个 OutputStream 的子类。

下面介绍 OutputStream 类的几个主要方法。

(1) 向输出流写入数据的方法

与输入流相似,输出流也是以顺序的写操作为基本特征的,只有前面的数据已被写入外设时,才能输出后面的数据。OutputStream 所实现的写操作,与 InputStream 实现的读操作一样,只能忠实地将原始数据以二进制的方式,逐字节地写入输出流所连接的外设中,而不能对所传递的数据格式化或进行类型转换。

① public void write (int b);

该方法将参数 b 的低位字节写入到输出流。

② public void write (byte[ ] b);

该方法将字节数组 b 中的全部字节顺序写入到输出流。

③ public void flush ( );

该方法刷新输出流,并强制将输出流缓冲区中的数据输出到目的地。

对于缓冲流式输出来说,write( )方法所写的数据并没有直接传到与输出流相连的外设上,而是先暂时存放在流的缓冲区中,等到缓冲区中的数据积累到一定的数量,再统一执行一次向外设的写操作,把数据全部写到外设上。这样处理可以降低计算机对外设的读写次数,大大提高系统的效率。但是某些情况下,在缓冲区中的数据不满时就需要将它写到外设上,此时应使用强制清空缓冲区并执行外设写操作的 flush( )方法。

(2) 关闭输出流的方法

当输出操作完毕时,应调用下面的方法来关闭输出流,断开与外设的连接并释放所占用的系统资源:

```
public void close ( );
```

5. Reader 类

在 java. io 包中,还有两个与 InputStream 和 OutputStream 很类似的抽象基本类,就是 Reader 类和 Writer 类。这两个类是面向字符的,Java 使用 Unicode 码表示字符和字符串。

Reader 类是输入字符流类,它是所有输入字符流类的父类,它本身是抽象类。

Reader 类的主要方法如下。

① boolean read( ):该方法用于测试输入字符流是否可读。当字符流可读时方法返回 true,否则为 false。

② int read( ):从字符流中读取一个字符。

③ int read(char[] cbuf):从字符流中读取一串字符,并存入字符数组 cbuf 中。

④ long skip(long n):移动读指针,从字符流当前位置向后跳过 n 个字符。

⑤ mark(int readAheadLimit):该方法在当前位置做一标记。参数 readAheadLimit

规定了一个字符数上限,当从流中读取的字符数超过这个上限,利用 reset 方法将不能返回到这个标记处。

注意:并不是所有的输入字符流都支持标记功能。

⑥ reset( ):将读取位置恢复到标记处。

⑦ close( ):关闭字符流。

6. Writer 类

Writer 类是输出字符流类,它是所有输出字符流类的父类,它本身是抽象类。其基本功能是接受要输出的字符并将它送往目的地。

Writer 类的主要方法如下。

① write(String str):向输出流写入参数 str 中的字符串。

② write(char[] cbuf):向输出流写入参数 cbuf(字符数组)中的字符串。

③ flush( ):刷新输出流缓冲区。

④ close( ):关闭输出流。

8.3.2 流的类型——结点流和过滤流

从以上介绍可以看出,Java 程序的输入输出是围绕着输入输出流对象展开的,而流对象的基本功能就是提供了读(对输入流)写(对输出流)方法。图 8-9 是对输入输出流及读写方法的形象化描述。

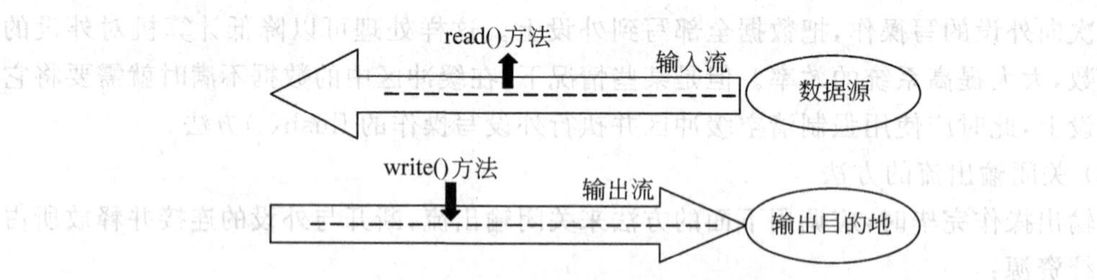

图 8-9 输入输出流及对流的读写操作

对于输入流,它必须要和输入端相连(数据源),程序利用输入流的 read 方法从外部获得数据;而对于输出流,它必须要和输出端相连(目的地),程序利用输出流的 write 方法向外部输出数据。这就是输入输出流的基本工作方式,也是 Java 程序输入输出基本工作原理。

可以作为输入流输入端的可以是终端(键盘)、文件、内存某区域等;而作为输出端的可以是终端(显示器)、文件、内存区域等。但流的输入、输出端不限于此,还可以是另外一个流对象。

对于输入流,它的输入可来自另一个输入流的数据,其目的是对前一个输入流的数据做进一步的处理或转换。通过几个输入流的接力棒操作,不断提升输入功能,加强了对输入数据的处理。

对于输出流,它的输出可作为另一个输出流的数据,其目的也是为了提升输出功能,为程序提供更方便、功能更强的输出手段。

总之,如果几个流相互连接,越靠近程序端的流,其功能就越适应程序的需求,而越靠近输入输出端的流,其功能就越体现出端点数据的特点。

通常,我们将与输入输出端相连的流称之为"结点流"(note stream),而将与另一个流相连的流称之为"过滤流"(filter stream)。两种流类的差异很明显地体现在构造函数上。例如对于结点型输入流,其构造函数的参数往往要指定一个输入端(如文件),而对于过滤型输入流,其构造函数的参数就需要指定某个输入流的对象。

理解了流的这种分类,对于读者掌握不同流类的功能是很有帮助的。

在下面介绍可实例化的输入输出流类中,读者将会看到,在创建流对象时,都要通过构造函数的参数为输入流指定数据源,为输出流指定数据目的地。

8.3.3 几种具体的输入输出流

基本输入输出流是定义了基本的输入输出操作的抽象类,而在Java程序中真正使用的是它们的子类。对应于不同数据源和不同的输入输出任务,基本输入输出流又派生出许多具体的输入输出流。下面做一简单介绍。

1. InputStream 类的子类

InputStream 类的子类进一步加强了输入字节流的功能,并实现了某方面的特定应用。

作为输入流,这些子类的一个共同特点是:它们的构造函数都可以用某种方式指定其数据源(如外设等),而程序正是通过输入流从数据源获取数据,从而实现了程序的输入功能。

(1) 结点流类

① ByteArrayInputStream(byte[] buf)——字节数组输入流

该类的对象包含一个能提供数据的字节数组(内存缓冲区)。程序利用该字节流的read方法,可从buf中按数据流方式读取数据。

② FileInputStream(String name)——文件输入字节流

该类的对象打开一个文件的连接,文件由构造函数的参数name指定,该文件就是输入流的数据源。通过建立文件流对象,程序可实现以字节为单位对文件的顺序读操作。

参数name可以是当前目录下的文件名,也可以是文件的路径名。

此外,文件输入字节流还有一个构造函数:

```
FileInputStream(File file)
```

该构造函数的参数为一个File类型的对象。File类型封装了一个文件,其构造函数如下。

- File(String path):构造一个文件对象,参数path用于指定这个文件名或文件路径名(使用相对路径名利于可移植性)。
- File(File dir, String name):构造一个文件对象,参数dir指定文件的目录,参数name指定文件名。

File类的对象常用于需要指定文件的地方(如构造函数的参数等)。当然,File不仅封装了一个文件,还提供了对文件的操作方法,后面有对文件的操作介绍。

(2) 过滤流类

① FilterInputStream(InputStream in)——过滤输入字节流

该类的对象包含另一个输入字节流(作为它的数据源)。在编程中应用更多的是该输入流的两个子类 BufferedInputStream 和 DataInputStream。

② BufferedInputStream (InputStream in)——缓冲输入字节流

该类对象由一个输入字节流为其提供数据源。该类的特点是增加了输入缓冲区的功能,不但支持了 mark 和 reset 方法的功能,还显著提高了输入效率。

③ DataInputStream(InputStream in)——数据输入流

该类对象也是由一个输入字节流为其提供数据源。数据输入流的主要作用就是在数据源和程序之间加一个过滤处理步骤,对原始数据做特定的加工、处理和变换操作。

由于数据输入流实现了 DataInput 接口中定义的独立于具体机器的带格式的读操作,从而实现了针对不同类型数据的读操作。数据输入流提供的读方法有 readByte( )、readBoolean( )、readShort ( )、readChar ( )、readInt ( )、readLong ( )、readFloat ( )、readDouble( )、readLine( )等。

相对于 InputStream 流的字节处理,数据输入流对数据的输入处理又提高了一个层次。

2. OutputStream 类的子类

(1) 结点流类

① ByteArrayOutputStream( )——字节数组输出流

该输出流的功能是:程序通过该类对象可以将数据输出到一个无名的数组中(内存缓冲区)。如果想获取无名数组中的数据,可利用该输出流的以下两个方法。

byte[] toByteArray( ):该方法将新建一个字节数组,并将无名数组的内容复制过来。

String toString( ):该方法将无名数组的内容转换为一个字符串并返回。

② FileOutputStream(String name)——文件输出字节流

文件输出字节流的输出端是一个文件,它实现了对文件的写操作。

文件字节流的另一个构造函数是:

```
FileOutputStream( File file );
```

(2) 过滤流类

① FilterOutputStream (OutputStream out)——过滤输出流

该类是所有过滤输出流类的父类。程序中常用的是它的两个子类 DataOutputStream 和 PrintStream。

② DataOutputStream(OutputStream out)——数据输出流

该输出流提供了多种针对不同类型数据的写方法,如 writeByte( )、writeBoolean( )、writeShort( )、writeChar( )、writeInt( )、writeLong( )、writeFloat( )、writeDouble( )、writeChars( )等,这里省略了方法的参数。实际上每个方法都含有一个不同类型的参数,

用来指定写入输出流的数据内容。

③ PrintStream(OutputStream out)——打印输出流

该输出流为程序提供了多种数据输出方法，其中内含了很多数据转换功能。该输出流具有一些其他输出流不具备的特点，如不产生 IOException 异常、具有自动刷新功能等。该输出流的输出方法类似于一般高级语言中的打印输出语句，如下。

- print(int i)：输出一个整型数。
- print(String s)：输出一个字符串。
- println(int x)：输出一个整型数并回车。
- println(String x)：输出一个字符串并回车。

类似的方法还有很多。

注意：打印输出流没有对应输入流。

3. Reader 类的子类

Reader 类及下面介绍的 Writer 类的子类将 InputStream 和 OutputStream 的以字节为单位的输入输出转变为以字符为单位的输入输出，使用起来比 InputStream 和 OutputStream 要方便很多。下面介绍其中几种常见的字符流类。

① CharArrayReader(char[] buf)——字符数组输入流

该字符输入流的数据源是一个字符数组(由参数指定这个数组)。

② StringReader(String s)——字符串输入流

该字符输入流以一个字符串作为它的数据源(由参数指定这个字符串)。

③ BufferedReader(Reader in)——缓冲字符输入流(过滤流)

该输入流以另一个 Reader 类对象为数据源，加入了缓冲功能，提供了读字符、数组和行的功能，并提高了输入效率。

④ InputStreamReader(InputStream in) (过滤流)

该输入流的对象是一个从字节流到字符流的桥梁。它可以从字节输入流获得数据，然后转换为字符数据交给程序使用。

示例如下：

```
1: try {
2:    BufferedReader in = new BufferedReader(new InputStreamReader(System. in));
3:    in. mark(30);
4:    String ss = in. readLine( ) ;    //读入一行字符数据
5:    System. out. println("你的输入是：" + ss);
6:    in. reset( );
7:    ss = in. readLine( ) ;           //读入一行字符数据
8:    System. out. println("重读的结果是：" + ss);
9: }catch(IOException e){}
```

上述程序段第 2 句首先创建一个 InputStreamReader 对象，并指定它的数据源是 System. in。System. in 表示标准输入流(对应键盘输入)，是 InputStream 类型；然后创建 BufferedReader 流对象，并将 InputStreamReader 作为它的数据源。

经过这一连串的处理,从键盘输入的字节流,经 InputStreamReader 转换变为字符流,再经缓冲区处理,最后程序才能用 BufferedReader 的 readLine 方法读入一行数据,并可利用 BufferedReader 的 mark( )方法和 reset( )方法再次从输入流中读取已经读过的数据,而这些功能 InputStreamReader 是不提供的。但没有 InputStreamReader 从字节流到字符流的转换,BufferedReader 也不能直接从终端读入数据,因为它的数据源是 Reader 类型,而不能是 InputStream 类型。

注意:在编写输入输出语句时,必须要将它们纳入异常处理的框架之内。

⑤ FileReader(String fileName)——文件字符输入流

实现程序读字符文件的功能。

示例如下:

```
1: try {
2:        BufferedReader fin = new BufferedReader(new FileReader("test.txt") );
3:        String ss=fin.readLine( );
4:        System.out.println("从文件中读入的一行数据是:" + ss);
5: } catch(IOException e){}
```

该程序段的第 2 条语句首先创建一个 FileReader 对象,并打开了 test.txt 文件作为它的数据源;然后创建一个 BufferedReader 对象,并用 FileReader 对象作为它的数据源。第 3 条语句利用 BufferedReader 对象的 readLine 方法从文件 test.txt(经 FileReader 流)读取一行数据。

我们可以用一句话概括程序段中输入流的功能:使用 FileReader 流才能从文件中读取字符;而使用 BufferedReader 流方可调用 readLine 方法。

4. Writer 类的子类

Writer 是字符输出流类的父类,它有以下几个常用的子类。

① CharArrayWriter( )——字符数组输出流

该字符输出流的目的地是一个无名数组,其方式类似于 ByteArrayOutputStream。

② BufferedWriter(Writer out)——缓冲字符输出流

该输出流的目的地是一个 Writer 类的对象。由于增加了缓冲功能,所以能提供对字符、字符数组和字符串的写操作,而且提高了输出效率。

③ PrintWriter(OutputStream out)或 PrintWriter(Writer out)

该输出流实现了各种数据类型数据的打印输出,其输出的目的地是一个 OutputStream 对象或一个 Writer 对象。该输出类有一系列的 print 和 println 方法,分别用于不同类型数据的输出。

④ OutputStreamWriter(OutputStream out)

该输出流可以起到从字符流到字节流的桥梁。程序对它写入字符数据,经转换变为字节数据输出。

⑤ FileWriter(File 对象或文件名)

该输出流实现字符文件输出功能。例如,程序通过它的 write( )方法可以将字符串写入指定文件中。

FileWriter 的另一个构造函数是：

```
FileWriter(String fileName, boolean append)
```

其中第 2 个参数(逻辑值)为真时，指定向文件写数据时采用追加方式，否则数据从文件头位置写入。

示例如下：

```
1: try {
2:     PrintWriter fout = new PrintWriter( new FileWriter("test.txt", true) );
3:     fout.println("output data");
4:     fout.println(3.14159265);
5:     fout.close( );
6: }catch(IOException e){}
```

上述程序段第 2 句首先创建一个 FileWriter 对象，并将文本文件 test.txt 作为输出端；然后创建一个 PrintWriter 对象，并将 FileWriter 对象作为自己的输出端。

程序的第 3 句和第 4 句利用 PrintWriter 的方法分别输出一个字符串和一个实型数。程序输出的数据实际上是通过 PrintWriter－FileWriter 写入文件。FileWriter 提供了对于文件的字符写入功能，但利用 FileWriter 的 write 方法只能输出字符型数据；而程序在 FileWriter 流的上游又增加了一个 PrintWriter 流对象，利用它的 print( )和 println( )方法使得输出的数据不仅限于字符，而是可以输出多种类型的数据(如程序中就是输出一个字符串和一个实型数)。

我们也可以用一句话概括程序段中输出流的功能：使用 FileWriter 流才能向文件中写入字符；而使用 PrintWriter 流方可调用 print( )和 println( )方法。

8.3.4 标准输入输出

前面曾提到，当 Java 程序需要与外设等外界数据源做输入输出的数据交互时，它需要首先创建一个输入或输出类的对象来完成对这个数据源的连接。例如当 Java 程序需要读写文件时，它需要先创建文件输入或文件输出流类的对象。

我们知道，计算机系统通常都有一个缺省或默认的标准输入设备和一个标准输出设备，对一般的系统而言，标准输入通常是键盘，标准输出通常是显示器屏幕。Java 程序使用字符界面与系统标准输入输出间进行数据通信，即从键盘读入数据，或向屏幕输出数据，是非常常见的操作，为此而频频创建输入输出流类对象将很不方便。为此，Java 系统事先定义好两个流对象分别与系统的标准输入和标准输出相联系，它们就是 System.in 和 System.out。

System 是 Java 中一个功能很强大的类，利用它可以获得很多 Java 运行时的系统信息。System 类的所有属性和方法都是静态的，即调用时需要以类名 System 为前缀。System.in 和 System.out 就是 System 类的两个静态属性，分别对应了系统的标准输入和标准输出。

1. 标准输入

Java 的标准输入 System.in 是 InputStream 类的对象，当程序中需要从键盘读入数

据的时候,只需调用 System. in 的 read ( )方法即可,如下面的语句将从键盘读入一个字节的数据:

```
char ch = System. in. read ( );
```

在使用 System. in. read ( )方法读入数据时,需要注意如下几点。

(1) System. in. read( )语句必须包含在 try 块中,且 try 块后面应该有一个可接收 IOException 例外的 catch 块,如下例所示:

```
try {
    ch = System. in. read ( );
  }
catch ( IOException e ) { … }
```

(2) 执行 System. in. read ( )方法将从键盘缓冲区读入一个字节的数据,然而返回的却是 16 比特的整型量,需要注意的是只有这个整型量的低位字节是真正输入的数据,其高位字节是全 0。另外,作为 InputStream 类的对象,System. in 只能从键盘读取二进制的数据,而不能把这些比特信息转换为整数、字符、浮点数或字符串等复杂数据类型的量。

(3) 当键盘缓冲区中没有未被读取的数据时,执行 System. in. read ( )将导致系统转入阻塞(block)状态。在阻塞状态下,当前流程将停留在上述语句位置且整个程序被挂起,等待用户输入一个键盘数据后,才能继续运行下去。所以程序中有时利用 System. in. read ( )语句来达到暂时保留屏幕的目的,如下面的语句段:

```
//保留屏幕供观察
System. out. println("Press any key to finish the program");
try{
    char test=(char)System. in. read( );
  }
catch(IOException e) { … }
```

2. 标准输出

Java 的标准输出 System. out 是打印输出流 PrintStream 类的对象。PrintStream 是过滤输出流类 FilterOutputStream 的一个子类,其中定义了向屏幕输送不同类型数据的方法 print 和 println。

(1) println( )方法

println( )方法有多种重载形式,概括起来可表述为:

```
public void println ( 类型 变量或对象 );
```

println( )的作用是向屏幕输出其参数指定的变量或对象,然后再回车换行,使光标停留在屏幕下一行第一个字符的位置。如果 println( )方法的参数为空,它将输出一个空行。

println( )方法可输出多种不同类型的数据或对象,例如 boolean、double、float、int、

long 类型的数据以及 Object 类的对象等。由于 Java 中规定子类对象作为实际参数可以与父类对象的形式参数匹配，而 Object 类又是所有 Java 类的父类，所以 println( )实际可以通过重载实现对所有类对象的屏幕输出。

(2) print( )方法

print( )方法的重载情况与 println( )方法完全相同，也可以实现在屏幕上输出不同类型的数据和对象的操作。不同的是，print( )方法输出对象后并不附带一个回车，下一次输出将在同一行中。

例 8-6 是标准输入输出的一个完整例子。

例 8-6 InAndOut.java

```
1: import java.io.*;
2:
3: public class InAndOut
4: {
5:     public static void main(String args[])
6:     {
7:         try
8:         {
9:             BufferedReader br = new BufferedReader(
10:                    new InputStreamReader(System.in));
11:            System.out.print("请输入一个整数：");
12:                int i = Integer.parseInt(br.readLine( ));
13:                System.out.println("您输入的整数的平方是："+ i*i);
14:        }
15:        catch(IOException e)
16:        { //凡输入输出操作,都可能引发异常,必须使用 try 和 catch
17:            System.err.println(e.toString( ));
18:        }
19:    }
20: }
```

例 8-6 的执行情况如图 8-10 所示。程序首先在第 9、10 句将系统的标准输入 System.in 变换成 BufferedReader 对象；第 11 句利用输出的字符串提示用户输入；第 12 句调用 BufferedReader 对象的 readLine( )方法从标准输入读入一行字符，然后转换成整数；第 13 句输出一个整数(计算结果)。程序中的 IO 操作可能引发的 IOException 异常由程序最后的 catch 块捕捉并在系统的标准错误输出显示。

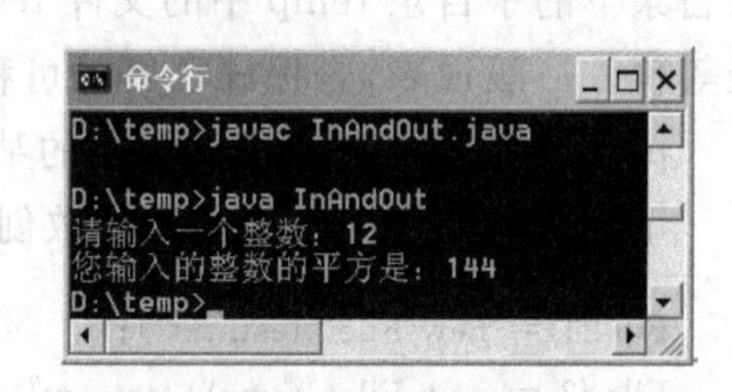

图 8-10 例 8-6 的执行过程(输入输出)

读者可能注意到：第 11、13 句的输出语句在前面章节中已用过多次，现在可以准确理解它的语法由来。

8.3.5 文件的处理与随机访问

1. Java 程序的文件与目录管理

任何计算机程序运行时,它的指令和数据都保存在系统的内存中。由于每次计算机关机时保存在内存中的所有信息都会丢失,所以程序要想永久性保存运算处理所得的结果,就必须把这些结果保存在磁盘文件中。文件是数据赖以保存的永久性机制,文件操作是计算机程序必备的功能。

目录是管理文件的特殊机制,同类文件保存在同一个目录下可以简化文件管理,提高操作效率。Java 语言不但支持文件管理,还支持其他语言(如 C 语言)所不支持的目录管理,它们都是由专门的类 File 来实现的。File 类也在 java. io 包中,但它不是 InputStream 或者 OutputStream 的子类,因为它不负责数据的输入输出,而专门用来管理磁盘文件和目录。

每个 File 类的对象表示一个磁盘文件或目录,其对象属性中包含了文件或目录的相关信息,如名称、长度和所含文件个数等。调用它的方法则可以完成对文件或目录的常用管理操作,如创建、删除等。

(1) 创建 File 类的对象

每个 File 类的对象都对应了系统的一个磁盘文件或目录,所以创建 File 类对象时需指明它所对应的文件或目录名。File 类共提供了三个不同的构造函数,以不同的参数形式灵活地接收文件和目录名信息。

① File(String path);

这里的字符串参数 path 指明了新创建的 File 对象对应的磁盘文件或目录名及其路径名。

由于 Windows 系统中路径中的间隔符是返斜杠“\”,这很容易与编程语言中的转义符相混淆。所以 Java 语言在路径名中采用“\\”表示间隔符,代替实际中使用的“\”。而对于 UNIX 等系统,Java 仍采用系统中使用的“/”作为路径中的间隔符。

File 对象中的指定的路径名可以是绝对路径,如 d:\\temp\\test. txt 表示 D 盘下 temp 子目录中的文件 test. txt;也可以是相对路径,如 d1\\test. txt,表示运行本程序的当前目录下的子目录 temp 中的文件 test. txt。如果当前目录是 D 盘根目录,则上述两个路径等价。一般说来,为保证程序的可移植性,以使用相对路径为好。

path 参数也可以对应磁盘上的某个目录,如 D:\\temp 或 temp。

下面是几个用第 1 个构造函数创建 File 对象的例子:

```
File f1 = new File("test. txt");            //f1 代表当前目录下的 test. txt 文件
File f2 = new File("temp\\test. txt");      //f2 代表当前目录下 temp 子目录中的 test. txt 文件
File f3 = new File("d:\\temp");             //f3 代表 D 盘根目录下的 temp 目录
```

② File (String path, String name);

File 的第 2 个构造函数有两个参数,第一个参数 path 表示目录,第 2 个参数表示文件或目录名。将路径与文件(目录)名分开的好处是相同路径的文件或目录可共享同一个路径字符串,管理、修改都较方便。例如:

```
File f1 = new File ("d:\\temp" , "test. txt" );
```

③ File (File dir , String name);

第 3 个构造函数使用另一个已经存在的代表某磁盘目录的 File 对象作为第 1 个参数,表示文件或目录的路径,第 2 个参数字符串表述文件或目录名。

例如:

```
try{
    File fdir = new File ("d:\\temp");
    String sfile = "test. txt";
    File f1 = new File ( fdir , sfile ); //f1 代表 D 盘根目录下 temp 子目录中的 test. txt 文件
    PrintWriter fout = new PrintWriter( new FileWriter(f1, true) );
    fout. println("--------------");
    fout. close( );
}   catch(IOException e){}
```

(2) 获取文件或目录属性

一个对应于某磁盘文件或目录的 File 对象一经创建,我们就可以通过调用它的方法来获得该文件或目录的属性。其中较常用的方法有:

① 判断文件或目录是否存在

public boolean exists( ); 若文件或目录存在,则返回 true;否则返回 false。

② 判断是文件还是目录

public boolean isFile( );若对象代表一个存在的普通文件(而非目录),则返回 true。

public boolean isDirectory( );若对象代表有效目录,则返回 true。

③ 获取文件或目录名称与路径

public String getName( );返回文件名或目录名。

public String getPath( );返回文件或目录的路径名。

④ 获取文件的长度

public long length( );返回文件的长度(单位为字节)。

⑤ 获取文件读写属性

public boolean canRead( );若文件为可读文件,返回 true,否则返回 false。

public boolean canWrite( );若文件为可写文件,返回 true,否则返回 false。

⑥ 列出目录中的文件

public String[ ] list( );将目录中所有文件名保存在字符串数组中返回。

⑦ 比较两个文件或目录

public boolean equals(File f);若两个 File 对象相同,则返回 true。

(3) 文件或目录操作

File 类中还定义了一些对文件或目录进行管理、操作的方法,常用的有:

① 重命名文件

public boolean renameTo(File newFile);将文件改名为 newFile 对应的文件名。

② 删除文件

public void delete( );删除 File 对象代表的目录或文件。

③ 创建目录

public boolean mkdir( );创建 File 对象代表的目录(包括不存在的上层目录)。

下面的例子总结了如何使用 File 类中的常用方法。

例 8-7　FileOperation.java

```
1: import java.io.*;
2: public class FileOperation
3: {
4:   public static void main(String args[])
5:   {
6:       try{
7:         BufferedReader in=new BufferedReader(
8:                   new InputStreamReader(System.in)); //从字节流到字符流
9:      File f_dir1= new File("d:\\temp");                //创建 File 对象代表目录 d:\temp
10:     String sfile, f_array[];
11:     if ( f_dir1.exists( ) && f_dir1.isDirectory( ))     //若指定目录存在
12:     {
13:         System.out.println(f_dir1.getPath( ) + "目录存在,其下的内容是:");
14:         f_array = f_dir1.list( );                     //取目录下的文件
15:         for( int i=0; i<f_array.length; i++)          //输出目录下内容
16:             System.out.println( f_array[i] );
17:         File f_dir2 = new File("d:\\temp\\temp");
18:         if( ! f_dir2.exists( ) )
19:             f_dir2.mkdir( );                          //若目录不存在,创建之
20:         System.out.println("再次显示目录内容,查看程序创建的目录");
21:         f_array = f_dir1.list( );
22:         for( int i=0 ; i< f_array.length ; i++)
23:             System.out.println(f_array [i]);
24:     }
25:     System.out.println("请输入该目录下的一个文件名");
26:     sfile = in.readLine( ); //从标准输入读取一行字符(输入的文件名)
27:     File f_file = new File( f_dir1, sfile );
28:     if( f_file.isFile( ) )                            //若此 File 对象代表文件
29:       System.out.println(f_file.getName( )+" 文件的长度是"+f_file.length( ));
30:   } catch(Exception e){}
31:   }
32: }
```

图 8-11 是例 8-7 的运行结果。

例 8-7 的程序首先在第 7、8 句创建一个从系统标准输入按字符方式读入数据的输入流对象 in,第 9 句创建一个 File 类的对象指向 D 盘的 temp 目录。第 15、16 句在这个目录存在的情况下列出其中包含的文件和子目录,第 19 句在这个目录下创建一个 temp 子

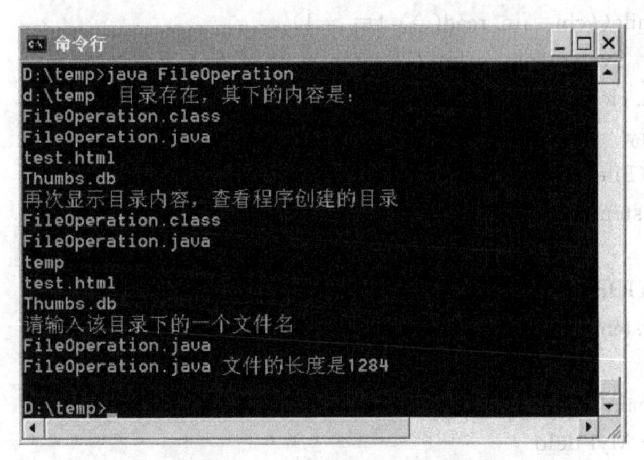

图 8-11　例 8-7 的运行结果(文件操作)

目录，然后再次列出 D 盘 temp 目录下的所有文件和子目录。第 26 句从标准输入读入一行字符作为文件名，第 29 句输出这个文件的有关信息。

2. 文件输入输出流

使用 File 类，可以方便地建立与某磁盘文件的连接，了解它的有关属性并对其进行一定的管理性操作。但是，如果希望从磁盘文件读取数据，或者将数据写入文件，还需要使用文件输入输出流类。

下面是一个利用 FileInputStream 和 FileOutputStream 流完成磁盘文件读写的例子，程序的功能是创建一个文件，向其中写入部分数据，然后再读出这些数据做检查。

例 8-8　MyFileIo.java

```
1: import java.io.*;
2: public class MyFileIo
3: {     //将用户键盘输入的字符保存到磁盘文件，并回显在屏幕上
4:      public static void main(String args[])
5: {
6:             char ch;
7:             int chi;
8:             File myPath = new File("subdir");          //假定当前目录是 d:\temp
9:         if(! myPath.exists( ))                         //若此目录不存在，则创建之
10:              myPath.mkdir( );
11:        File myFile = new File(myPath,"crt.txt");      //创建指定目录下指定名文件
12:        try{
13:            FileOutputStream fout = new FileOutputStream(myFile);
14:            System.out.println("请输入一个字符串并以#号结尾");
15:            while((ch=(char)System.in.read( ))!='#')
16:                fout.write(ch);
17:            fout.close( );                             //关闭文件
18:            System.out.println("下面是从刚写入的文件中读出的数据 ");
19:            FileInputStream fin = new FileInputStream(myFile);
```

```
20:             while((chi=fin.read( )) != -1)
21:                 System.out.print((char)chi);
22:             fin.close( );
23:         } //try
24:         catch(FileNotFoundException e){
25:             System.err.println(e);
26:         }
27:         catch(IOException e)          {
28:             System.err.println(e);
29:         }
30:     }      //main( )
31: }       //class MyFileIo
```

图 8-12 是例 8-8 的运行结果。

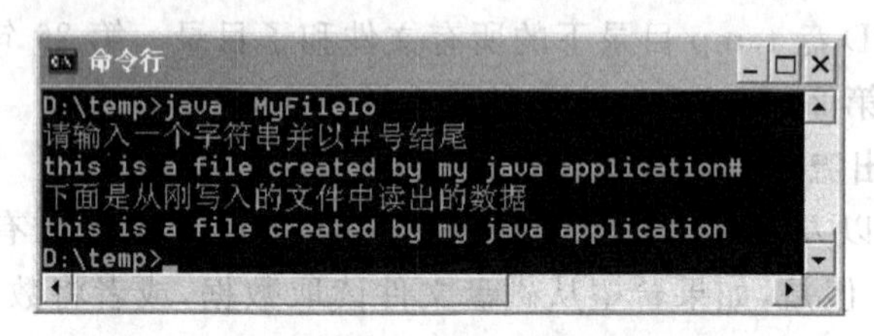

图 8-12　例 8-8 的运行结果(文件输入输出流)

从这个例子可以看出,利用文件输入输出流完成磁盘文件的读写一般应遵循如下的步骤。

(1) 利用文件名字符串或 File 对象创建输入输出流对象

以 FileInputStream 为例,它有两个常用的构造函数:

- FileInputStream(String FileName)　利用文件名字符串创建从该文件读入数据的输入流。
- FileInputStream(File f)　利用已存在的 File 对象创建从该对象对应的磁盘文件中读入数据的文件输入流。

需要注意的是,无论哪个构造函数,在创建文件输入或输出流时都可能因给出的文件名不对,或路径不对,或文件的属性不对不能读而造成错误,此时系统会抛出异常 FileNotFoundException。所以创建文件输入输出流并调用构造函数的语句应该被包括在 try 块中,并有相应的 catch 块来处理它们可能产生的异常。

(2) 从文件输入输出流中读写数据

从文件输入输出流中读写数据有两种方式,一是直接利用 FileInputStream 和 FileOutputStream 自身的读写功能;另一种是以 FileInputStream 和 FileOutputStream 为原始数据源,再套接上其他功能较强大的输入输出流完成文件读写操作。

FileInputStream 和 FileOutputStream 自身的读写功能是直接从父类 InputStream 和 OutputStream 那里继承来的,并未加任何功能的扩充和增强,如前面介绍过的 read( )、write( )等方法,都只能完成以字节为单位的原始二进制数据的读写。read( )和 write( )

的执行还可能因 IO 错误导致抛出 IOException 异常对象，在文件尾执行 read( )操作时将导致阻塞。

为了能更方便地从文件中读写不同类型的数据，一般都采用第二种方式，即以 FileInputStream 和 FileOutputStream 为数据源完成与磁盘文件的映射连接后，再创建其他流类的对象从 FileInputStream 和 FileOutputStream 对象中读写数据。一般较常用的是过滤流的两个子类 DataInputStream 和 DataOutputStream，甚至还可以进一步简化为如下的写法：

```
File MyFile = new File ("MyTextFile");
DataInputStream din = new DataInputStream(new FileInputStream(MyFile));
DataOutputStream dout = new DataOutputStream(new FileOutputStream(MyFile));
```

3. 程序对文件的随机访问

FileInputStream 和 FileOutputStream 实现的是对磁盘文件的顺序读写，而且读和写要分别创建不同的对象；相比之下，Java 中还定义另一个功能更强大、使用更多的类——RandomAccessFile，它可以实现对文件的随机读写操作。

(1) 创建 RandomAccessFile 对象

```
RandomAccessFile (String name, String mode);
RandomAccessFile (File f , String mode);
```

上面是 RandomAccessFile 类的两个构造函数，无论使用哪个创建 RandomAccessFile 对象，都要求提供两种信息：一个是作为数据源的文件，以文件名字符串或文件对象的方式表述；另一个是访问模式字符串，它规定了 RandomAccessFile 对象可以用何种方式打开和访问指定的文件。访问模式字符串 mode 有两种取值：r 代表了以只读方式打开文件；rw 代表以读写方式打开文件，这时用一个对象就可以同时实现读写两种操作。

创建 RandomAccessFile 对象时，可能产生两种异常：当指定的文件不存在时，系统将抛出 FileNotFoundException；若试图用读写方式打开只读属性的文件或出现了其他输入输出错误，则会抛出 IOException 异常。

下面是创建 RandomAccessFile 对象例句：

```
File BankMegFile = new File("BankFile.txt");
RandomAccessFile MyRAF = new RandomAccessFile(BankMegFile,"rw");//读写方式
```

(2) 对文件位置指针的操作

与前面的顺序读写操作不同，RandomAccessFile 实现的是随机读写，即可以在文件的任意位置执行数据读写，而不一定要从前向后操作。要实现这样的功能，必须定义设置文件位置指针和移动这个指针的方法。RandomAccessFile 对象的文件位置指针遵循如下的规律。

① 新建的 RandomAccessFile 对象，文件位置指针位于文件的开头处。

② 每次读写操作之后，文件位置指针都相应后移读写的字节数。

③ 利用 getPointer( )方法可获取当前文件位置指针从文件头算起的绝对位置：

```
public long getPointer ( );
```

④ 利用 seek( )方法可以移动文件位置指针:

```
public void seek ( long pos );
```

这个方法将文件位置指针移动到参数 pos 指定的从文件头算起的绝对位置处。

⑤ length( )方法将返回文件的字节长度:

```
public long length ( );
```

根据 length( )方法返回的文件长度和位置指针相比较,可以判断是否读到了文件尾。

(3) 读操作

与 DataInputStream 相似,RandomAccessFile 类也实现了 DataInput 接口,即它也可以用多种方法分别读取不同类型的数据,具有比 FileInputStream 更强大的功能。

RandomAccessFile 中的读方法主要有: readBoolean( )、readChar( )、readInt( )、readLong( )、readFloat( )、readDouble( )、readLine( )、readUTF( )等。

readLine( )方法从当前位置开始,到第一个"\n"为止,读取一行文本,它将返回一个 String 对象。readUTF( )方法是从文件中读入一个字符串(UTF-8 格式编码)。

(4) 写操作

在实现了 DataInput 接口的同时,RandomAccessFile 类还实现了 DataOutput 接口,这就使它具有了与 DataOutputStream 类同样强大的含类型转换的输出功能。

RandomAccessFile 类包含的写方法主要有: writeBoolean( )、writeChar( )、writeUTF( )、writeInt( )、writeLong( )、writeFloat( )、writeDouble( )等。writeUTF( )方法可以向文件输出一个字符串对象。

需要注意的是: RandomAccessFile 类的所有方法都有可能抛出 IOException 异常,所以利用它实现文件对象操作时应把相关的语句放在 try 块中,并配上 catch 块来处理可能产生的异常对象。

例 8-9 TestFileDialog. java

```
1: import java.io.*;
2: import java.awt.*;
3: import java.awt.event.*;
4:
5: public class TestFileDialog
6: {
7:     public static void main(String args[])
8:     {
9:         new FileFrame( );
10:    }
11: }
12: class FileFrame extends Frame implements ActionListener
```

```
13: {
14:     TextArea ta ;
15:     Button open , quit ;
16:     FileDialog   fd ;
17:
18:     FileFrame( )
19:     {
20:         super("获取并显示文本文件");
21:         ta = new TextArea(10,45);
22:         open = new Button("打开");
23:         quit = new Button("关闭");
24:         open. addActionListener(this);
25:         quit. addActionListener(this);
26:         setLayout(new FlowLayout( ));
27:         add(ta);
28:         add(open);
29:         add(quit);
30:         setSize(350,280);
31:         setVisible(true);
32:     }
33:     public void actionPerformed(ActionEvent e)
34:     {
35:         if(e. getActionCommand( )=="打开")
36:         {
37:             fd = new FileDialog(this,"打开文件",FileDialog. LOAD);
38:             fd. setDirectory("d:\\temp");          //设置文件对话框的基础目录
39:             fd. setVisible(true);                  //弹出文件对话框
40:             try{
41:                 File myfile = new File(fd. getDirectory( ),fd. getFile( ));
42:                 RandomAccessFile raf = new RandomAccessFile(myfile,"r");
43:                 while(raf. getFilePointer( )<raf. length( ))
44:                 {
45:                     ta. append(raf. readLine( )+"\n");  //读文件并加载到 ta 中
46:                 }
47:             }
48:             catch(IOException ioe)
49:             {
50:                 System. err. println(ioe. toString( ));
51:             }
52:         }
53:         if(e. getActionCommand( )=="关闭")
54:         {
55:             dispose( );
56:             System. exit(0);
```

```
57:         }
58:     }
59: }
```

例 8-9 是一个图形界面的 Java Application 程序，它利用 RandomAccessFile 对象从一个文本文件中读取信息并加载到图形界面上的文本区域中。

这个程序使用了文件对话框 FileDialog，以帮助用户方便地搜索各目录并选中一个文件(如图 8-12(a)所示)。第 37 句是文件对话框的构造函数，创建文件对话框需要给出三个参数，依次是文件对话框所隶属的 Frame 对象、文件对话框的窗口标题以及对话框类型。对话框类型由 FileDialog 的两个常量决定：FileDialog. LOAD 为打开文件对话框，FileDialog. SAVE 为保存文件对话框。与消息对话框一样，文件对话框是有模式的对话框，用户在做出选择打开文件之前不能操作程序的其他部分，一旦用户做出了选择并单击文件对话框的“打开”按钮，则文件对话框自动关闭。

当用户完成文件对话框的操作后，程序第 41 句利用文件对话框的 getFile( )方法和 getDirectory( )方法获取用户所选择的文件名与目录名，然后利用它们创建一个 File 对象。

例 8-9 的运行结果如图 8-13 所示。

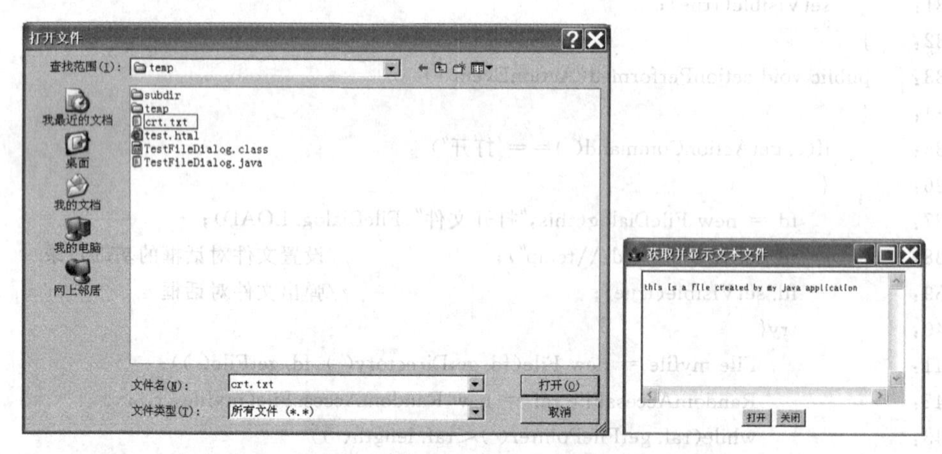

图 8-13 例 8-9 的运行结果(文件对话框与文件读写)

最后需要指出的是，并不是所有的 Java 程序都可以处理文件并执行文件操作。由于 Java Applet 程序通常是从网络上下载到本地运行的，不可知也不可控，所以 Java 的安全机制禁止 Java Applet 程序访问和存取本地文件，以避免可能的对本地硬盘的攻击。如果试图在 Java Applet 程序中使用文件操作，将引发 Java 的安全性异常。

8.4 用 Java 实现底层网络通信

用 Java 实现计算机网络的底层通信就是用 Java 程序实现网络通信协议所规定的功能和操作，是 Java 网络编程技术中的一部分。网络通信协议的种类有很多，我们这里讨论其中两个具体协议的 Java 编程。

8.4.1 基于连接的流式套接字

Socket(套接字)是 TCP/IP 协议的编程接口,即利用 Socket 提供的一组 API 就可以编程实现 TCP/IP 协议。在 Java 语言里,这个编程接口就是若干系统预先定义好的类。

1. InetAddress 类

(1) 建立 InetAddress 类对象

InetAddress 类代表 Internet 上的一个 IP 地址。创建该类对象的方式有点特殊性,不是使用通常的构造函数,而是要使用 InetAddress 类的几个静态方法。

① public static InetAddress getByName(String host)

其中参数 host 指定一台主机,如果参数为空,即采用隐含主机(本机)。例如:

```
InetAddress ip1=InetAddress.getByName("www.tsinghua.edu.cn");
```

或

```
InetAddress ip1= InetAddress.getByName("166.111.4.100");
InetAddress ip2=InetAddress.getByName("");
```

② public static InetAddress getLocalHost( )

该方法返回代表本机的 InetAddress 对象。

(2) InetAddress 类的常用方法

① public String getHostAddress( )返回主机的 IP 地址

② public String getHostName( )返回主机名

下面的语句利用主机名找到网络中相应计算机的 IP 地址并显示出来。

例 8-10 MyIPAddress.java

```
1: import java.net.*; //引入 InetAddress 类所在的包
2: public class MyIPAddress
3: {
4:   public static void main( String args[])
5:   {
6:     try {
7:       if ( args . length == 1 )
8:       {   //调用 InetAddress 类的静态方法,利用主机名创建对象
9:         InetAddress   ipa = InetAddress. getByName(args[0]);
10:        System.out.println("Host name:" + ipa.getHostName( ));          //获取主机名
11:        System.out.println("Host IP Address:" + ipa. getHostAddress ( ));//获取 IP 地址
12:        System.out.println("Local Host:" + InetAddress.getLocalHost( )); //本地主机名
13:      }
14:      else
15:        System.out.println("请输入一个主机名作为命令行参数");
16:    }
17:    catch( UnknownHostException e)     //创建 InetAddress 对象可能引发的异常
```

```
18:    {
19:          System.out.println(e.toString( ));
20:    }
21:  } // end of main( )
22: }
```

例 8-10 的程序利用命令行参数指定的主机生成一个 InetAddress 对象，然后利用它的 2 个方法获得 InetAddress 对象所代表的主机名和 IP 地址。第 12 句是利用 InetAddress 的静态方法 getLocalHost 获取运行该程序的计算机的主机名。

如果输入如下的命令行参数：

```
D:\temp> java MyIPAddress sun.com
```

程序运行的结果为：

```
Host name: sun.com
Host IP Address: 72.5.124.61
Local Host: ym/166.111.4.4
```

使用 InetAddress 类可以在程序中用主机名代替 IP 地址，从而使程序更加灵活，可读性更好。

2. 流式 Socket 的通信机制

流式 Socket 所完成的通信是一种基于连接的通信，即在通信开始之前先由通信双方确认身份并建立一条专用的虚拟连接通道，然后它们通过这条通道传送数据信息进行通信，当通信结束时再将原先所建立的连接拆除。

这个过程可以用图 8-14 表示。图中 Server 端首先在某端口提供一个监听 Client 请求的监听服务并处于监听状态；当 Client 端向该 Server 的这个端口提出服务请求时，Server 端和 Client 端就建立了一个连接和一条传输数据的通道；当通信结束时，这个连接通道将被同时拆除。

基于连接的通信可以确保整个通信过程准确无误，但是连接的建立和拆除增加了程序的复杂性，同时在通信过程中始终保持连接也会占用系统的内存等资源，所以只适合于集中、连续的通信，例如网上聊天等，而对于一些断续的或实时交互性不强的通信，则可以使用下一小节介绍的无连接的数据报方式。

3. Socket 类与 ServerSocket 类

在图 8-14 中，提到了 Socket 类和 ServerSocket 类，它们是用 Java 实现流式 Socket 通信的主要工具。创建一个 ServerSocket 对象就是创建了一个监听服务，创建一个 Socket 对象就建立了一个 Client 与 Server 间的连接，下面就来具体考察这两个类。

(1) ServerSocket 类

下面的语句将创建一个 ServerSocket 类，同时在运行该语句的计算机的指定端口处建立一个监听服务：

```
ServerSocket myListener = new ServerSocket (8000);
```

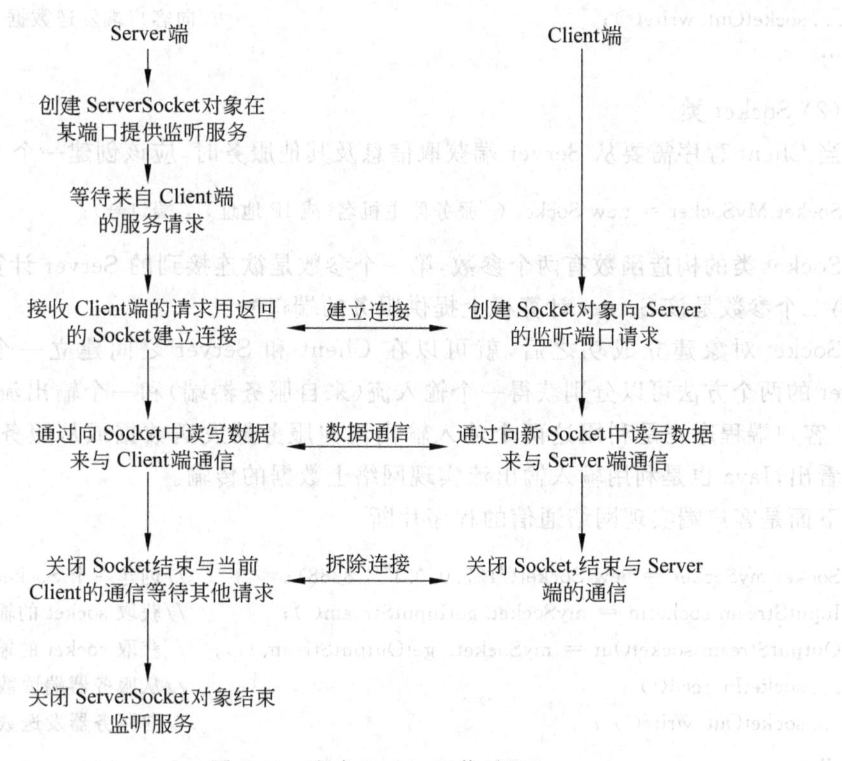

图 8-14 流式 Socket 通信过程

这里指定提供监听服务的端口号是 8000。一台计算机可以同时提供多个服务，这些不同的服务之间通过端口号来区别。不同的端口号上提供不同的服务，Client 连接到哪个端口，就可以接受该端口提供的服务。

为了随时监听可能的 Client 请求，还应该执行如下的语句：

```
Socket LinkSocket = myListener.accept( ) ;
```

这个语句调用了 ServerSocket 对象的 accept( )方法，这个方法的执行将使 Server 端的程序处于等待状态，程序将一直阻塞直到捕捉到一个来自 Client 端的请求，并返回一个用于与该 Client 通信的 Socket 对象 LinkSocket。此后 Server 程序只要向这个 Socket 对象读写数据，就可以实现向远端的 Client 读写数据。

需要结束监听时，只需用如下的语句关闭 ServerSocket 对象。

```
myListener.close( );
```

下面是服务器端实现网络通信的程序片断。

```
ServerSocket myListener = new ServerSocket ( 8000) ;
Socket LinkSocket = myListener.accept( );                    //服务器程序在此等待客户端的请求
InputStream socketIn = LinkSocket.getInputStream( );   //获取 socket 的输入流
OutputStream socketOut = LinkSocket. getOutputStream ( );  //获取 socket 的输出流
... socketIn.read( );                                        //从客户端接收数据
```

```
... socketOut. write( );                                      //向客户端发送数据
...
```

(2) Socket 类

当 Client 程序需要从 Server 端获取信息及其他服务时,应该创建一个 Socket 对象:

```
Socket MySocket = new Socket ("服务器主机名(或 IP 地址)",端口号);
```

Socket 类的构造函数有两个参数,第一个参数是欲连接到的 Server 计算机的主机地址,第二个参数是该 Server 计算机上提供服务的端口号。

Socket 对象建立成功之后,就可以在 Client 和 Server 之间建立一个连接。利用 Socket 的两个方法可以分别获得一个输入流(来自服务器端)和一个输出流(通往服务器端)。客户端程序正是利用这两个输入输出流向服务器发送数据或从服务器接收数据。可以看出,Java 也是利用输入输出流实现网络上数据的传输。

下面是客户端实现网络通信的程序片断。

```
Socket mySocket = new Socket("127.0.0.1", 8888);                //创建一个 Socket 对象
InputStream socketIn = mySocket. getInputStream( );             //获取 socket 的输入流
OutputStream socketOut = mySocket. getOutputStream ( );         //获取 socket 的输出流
... socketIn. read( ) ;                                         //从服务器端读数据
... socketOut. write( ) ;                                       //向服务器发送数据
...
socketIn. close( );                                             //关闭输入流
socketOut. close( );                                            //关闭输出流
mySocket. close( );                                             //关闭 socket
```

当 Server 和 Client 端的通信结束时,可以调用 Socket 类的 close( )方法来关闭 Socket 并拆除连接。

从上面可以看出,服务器端的 ServerSocket 对象起到监听的作用,而客户端和服务器端的通信是通过两边 Socket 对象之间利用输入输出流传递数据实现的。

4. 实现流式 Socket 通信的 Client 端与 Server 端编程

综合前面所介绍的内容,这里给出一个完整的实现 Socket 通信的 Java 程序。首先看 Server 端的代码。

例 8-11 MySocketServer. java——Server 端的代码

```
import java. io. * ;
import java. net. * ;
import java. awt. * ;
import java. awt. event. * ;
public class MySocketServer
{
    public static void main(String[] args)
    {
        new ServerService(8000,10);                             //建立监听服务
```

```
    }
}
class ServiceFrame extends Frame implements Runnable
{       //当 Client 有请求时,Server 创建一个 Frame 用于与之交互数据
    ServerService fatherListener;                    //创建当前通信线程的监听器对象
    Socket connectedClient;                          //负责当前线程中 C/S 通信的 Socket 对象
    TextArea serverMeg;                              //信息显示窗口的文本区域
    ServiceFrame (ServerService sv, Socket s )       //构造函数
    {
        fatherListener = sv;
        connectedClient = s;                         //服务器监听到客户端请求后获得的 Socket
        setTitle("服务器端 socket 窗口 ");           //建立并显示 Server 端信息显示窗口
        setLayout(new BorderLayout());
        serverMeg = new TextArea(10,50);
        add("Center",serverMeg);
        setVisible(true);
        InetAddress clientAddress = connectedClient.getInetAddress();
        serverMeg.append( "Client connected"+" from \n"+    //显示客户端 IP 地址
                    clientAddress.toString()+" .\n");
    }
    public void run()                                //子线程任务:与 Client 端通信
    {
      try{
        BufferedReader sIn = new BufferedReader ( new  InputStreamReader(
                    connectedClient.getInputStream()));
        PrintWriter sOut = new PrintWriter(connectedClient.getOutputStream());
        sOut.println("Hello! Wellcome connect to our server! \r");
        sOut.flush();                                //向 Client 端输出信息
        String s = sIn.readLine();                   //从 Client 端读入信息
        while (! s.equals("Bye"))                    //直至 Client 端表示要断开连接
        {
            serverMeg.append("Client 端输入的信息为: \n"+ s);
            s = sIn.readLine();                      //读入 Client 端写入的下一行信息
        }
        connectedClient.close();                     //若 Client 端写入 Bye 则结束通信
      } catch(Exception e){}
      fatherListener.addMeg( "Client " + " closed." + "\n" );
      dispose();                                     //关闭当前通信 Frame
    } //run()
}
class ServerService extends Frame                    //服务器端的监听器窗口
{
    ServerSocket m_sListener;                        //监听器
    TextArea listenerMeg;                            //显示信息的监听器窗口
```

```
    public ServerService(int Port,int Count)
    {
        try{
            m_sListener= new ServerSocket(Port,Count); //建立监听服务
            setTitle("服务器端监听服务窗口");              //建立监听服务的窗口并显示
            this.addWindowListener(new WinAdpt( ));
            setLayout(new BorderLayout( ));
            listenerMeg = new TextArea("监听服务已经启动\n",10,50);
            add("Center",listenerMeg);
            setVisible(true);
            while(true)
            {
                Socket connected = m_sListener.accept( ); //接受 Client 端的请求
                InetAddress clientAddress = connected.getInetAddress( );
                listenerMeg.append( "Client " + " connected"+
                                  " from \n"+ clientAddress.toString( ) + ".\n" );
                ServiceFrame myST1 = new ServiceFrame(this,connected);
                Thread  myST2 = new Thread(myST1) ;
                myST2.start( ) ;  //启动子线程,用服务器端 Socket 与客户端通信
            }
        } catch(IOException e){}
    }
    public void addMeg(String s)                              //在监听器窗口中加入信息
    {
        listenerMeg.append(s);
    };
}    //ServerService Class
class WinAdpt extends WindowAdapter
{
   public void windowClosing(WindowEvent e)
   {
       (e.getWindow( )).dispose( );
       System.exit(0);
   }
}
```

例 8-12　MyClient.java——Client 端的代码

```
import java.awt.*;
import java.awt.event.*;
import java.net.*;
import java.io.*;
public class MyClient
{
    public static void main(String[] args)
```

```
        {
            new ClientFrame( ) ;                          //建立客户端 socket 窗口
        }
    }
    class ClientFrame extends Frame implements ActionListener
    {
        Socket clientSocket;
        BufferedReader cIn;
        PrintWriter cOut;
        String s;
        TextArea textArea;
        Button myButton = new Button("发送");
        public ClientFrame( )
        {
            setTitle("客户端 socket 窗口");              //建立并显示与 Server 通信的信息窗口
            setLayout(new BorderLayout( ));
            this.addWindowListener(new WinAdptClient(this));
            myButton.addActionListener(this);
            textArea=new TextArea(20,50);
            add("South",myButton);
            add("Center",textArea);
            setVisible(true);
            try{
                clientSocket=new Socket("wxy123",8000);  //连向 Server 主机的 8000 端口
                cIn = new BufferedReader ( new  InputStreamReader(
                                        clientSocket.getInputStream( )));
                cOut = new PrintWriter(clientSocket.getOutputStream( ));
                s = cIn.readLine( );                   //从 Server 端读入数据
                textArea.append(s+"\n");
            } catch(Exception e){ }
        }
        public void actionPerformed(ActionEvent e)
        {                                              //当单击按钮时向 Server 端发送信息
            try{
                cOut.print(textArea.getText( ));
                cOut.flush( );
            } catch(Exception ex){ }
        }
    }
    class WinAdptClient extends WindowAdapter
    {
        ClientFrame  m_Parent;
        WinAdptClient(ClientFrame p)
        {
```

```
        m_Parent = p;
    }
    public void windowClosing(WindowEvent e)
    {       //关闭窗口前先向 Server 端发送结束信息,并关闭各输入输出流与连接
        try{
            m_Parent.cOut.println("Bye");
            m_Parent.cOut.flush( );
            m_Parent.cIn.close( );
            m_Parent.cOut.close( );
            m_Parent.clientSocket.close( );
            m_Parent.dispose( );
          System.exit(0);
        } catch(Exception ex){ }
    }
}}
```

本程序可以在一台 PC 机上调试运行。执行程序时,可以启动几个命令行窗口,在一个窗口中启动服务器端程序,而在其他窗口中执行客户端程序(启动多个客户端)。这些程序会分别显示自己的 Form 窗口。图 8-15 是例 8-11 程序的执行情况显示。

图 8-15　例 8-11 程序的执行情况显示(客户机-服务器)

这个程序的功能是由 Server 端提供实时的信息服务:首先在 Server 端的 8000 端口建立监听服务,每当一个 Client 连接到指定端口 8000 时,Server 端都建立一个新的线程来专门处理与这个 Client 间的通信,即向 Client 端写入一系列的字符串信息,并从 Client 端读取一段信息显示在 Server 端。相应地,Client 端程序在连接到 Server 端之后,先接受 Server 端传来的信息,然后再向 Server 端写入信息。

如果 Client 向 Server 端写入字符串 Bye,或关闭客户端窗口,则表示要结束通信,两部分程序各自关闭自己的 Socket 对象,Server 程序同时关闭与该 Client 通信的线程。但此时服务器端的监听服务仍然保持。

8.4.2　无连接的数据报

流式 Socket 可以实现准确的通信,但是占用资源较多,在某些无须实时交互的情况下,例如收发 E-mail 等,采用保持连接的流式通信并不恰当,而应该使用无连接的数据报方式。

数据报是无连接的远程通信服务,数据以独立的包为单位发送,不保证传送顺序和内容的准确性。数据报 Socket 又称为 UDP 套接字,它无须建立、拆除连接,直接将信息打包传向指定的目的地,使用起来比流式数据报要简单一些。

Java 中用于无连接的数据报通信的类有两个：DatagramPacket 类和 DatagramSocket 类。其中 DatagramPacket 类用于读取数据等信息，DatagramSocket 类用于实现数据报的发送和接收过程。

1. DatagramPacket 类

DatagramPacket 类用于实现一个无连接的数据报，常用的构造函数有：

① public DatagramPacket(byte[] buf, int length)；

创建接收数据报的对象，它的两个参数分别代表接收数据报的数据部分的字节数组和所要接收的数据报的长度。

② public DatagramPacket(byte[] buf, int length , InetAddress addr, int port)；

创建发送给远程系统的数据报，它的第一个参数 buf 是存放欲发送的编码后的报文的字节数组；第二个参数 length 指明字节数组的长度，即数据报的大小；第三个参数指定所发送的数据报的目的地，即接收者的 IP 地址；最后一个参数 port 指定本数据报发送到目标主机的端口。

DatagramPacket 类常用的方法有：

① public byte[] getData( )

返回数据报中发送或接收的数据。

② public InetAddress getAddress( )

返回远程主机的 IP 地址，本数据报或从该主机来，或发往该主机。

③ public int getPort( )

返回远程主机的端口号，本数据报或从该主机来，或发往该主机。

2. DatagramSocket 类

DatagramSocket 类有三个构造函数：

① public DatagramSocket( )；

创建一个数据报 Socket 并将它连接在本地主机的任何一个可用的端口上。

② public DatagramSocket(int port)；

在指定的端口处创建一个数据报 Socket 对象。

③ public DatagramSocket(int port, InetAddress LocalAddr)；

在多 IP 地址主机上创建数据报 Socket，它的第二个参数具体指明使用哪个 IP 地址。

这三个构造函数都抛出 IOException 异常，用来控制在创建 DatagramSocket 类对象时可能产生的异常情况。

DatagramSocket 类常用的方法如下：

① public void receive(DatagramPacket p)

receive 方法将使程序的线程一直处于阻塞状态，直至从当前 Socket 中接收到数据报文、发送者等信息。这些接收到的信息将存储在 receive( )方法的参数 DatagramPacket 对象 p 的存储机构中。需要注意的是由于数据报是不可靠的数据通信方式，receive( )方法不一定能读到数据，为防止线程死掉，应该设置超时控制。

② public void send(DatagramPacket p)

send 方法将其参数 DatagramPacket 对象 p 中包含的数据报文发送到所指定的 IP 地

址主机的指定端口。

③ public int getLocalPort( )

该方法返回本地主机的端口号。

3. UDP 的编程实现

(1) 数据报的发送过程可简单表述为如下的步骤。

① 创建 DatagramPacket 对象,使其中包含如下的信息:

- 要发送的数据。
- 数据报分组长度。
- 发送目的地的主机 IP 地址和端口号。

② 在指定的或可用的本机端口创建 DatagramSocket 对象,调用该对象的 send( )方法,以 DatagramPacket 对象为参数发送数据报。

(2) 数据报的接收过程可简单表述为如下的步骤。

① 创建一个用于接收数据报的 DatagramPacket 对象,其中包含空白数据缓冲区和指定数据报分组长度。

② 在指定的或可用的本机端口创建 DatagramSocket 对象,调用该对象的 receive( )方法,以 DatagramPacket 对象为参数接收数据报。接收到的信息有:

- 收到的数据报文内容。
- 发送端的主机 IP 地址。
- 发送端主机的发送端口号。

下面是一个简单的通过数据报 Socket 实现收发数据报的例子,设例子中服务器为邮件服务器,时刻准备接收来自客户机的邮件,当它收到一封邮件时,就向发出邮件的客户机转发一个确认信息;而客户机则向已知主机名和端口的服务器发邮件并等待接收服务器的确认信息。

例 8-13　UDPServerService. java——服务器端程序

```
1: import java. io. * ;                                    // 服务器端的程序
2: import java. net. * ;
3:
4: public class UDPServerService                           //启动服务器线程的主程序
5: {
6:     public static void main(String args[])
7:     {
8:         if ( args. length < 1 )
9:         {
10:   System. out. println("请输入用于 mail 服务的本地端口号");
11:             System. exit(0);
12:         }
13:         UDPServerThread   myUDPServer =              //创建邮件服务器监听线程
14:                 new UDPServerThread(Integer. parseInt(args[0]));
15:         myUDPServer. start( );                        //启动线程
16:     }
```

```
17：}
18：class UDPServerThread extends Thread
19：{
20：    private  DatagramSocket UDPServerSocket = null;
21：    public UDPServerThread( int Port)          //构造函数
22：    {   //创建服务器端收发 UDP 的 DatagramSocket 对象，
23：        try{                                   //在 Port 端口收发 UDP
24：          UDPServerSocket = new DatagramSocket( Port )；
25：          System. out. println("邮件服务监听器在端口"
26：               + UDPServerSocket. getLocalPort( ) + "\n" )；
27：        }
28：        catch( Exception e ) {
29：           System. err. println(e)；
30：        }
31：    }
32：    public void run( )                                    //线程的主要操作
33：    {
34：        if ( UDPServerSocket = = null )
35：          return;
36：        while(true)
37：        {
38：          try{
39：             byte[] dataBuf = new byte[512];    //保存数据报的字节数组
40：             DatagramPacket  ServerPacket;      //保存数据报的 DatagramPacket 对象
41：             InetAddress  remoteHost;           //发来邮件的远程 Client 的 IP 地址
42：             int  remotePort;                   //发来邮件的远程 Client 的发送端口
43：             String  datagram , s ;
44：             ServerPacket = new DatagramPacket ( dataBuf, 512 )；    //创建接收报
45：             UDPServerSocket. receive(ServerPacket)；//接收来自远程的数据报
46：             remoteHost = ServerPacket. getAddress( )；     //发方的地址
47：             remotePort = ServerPacket. getPort( )；              //发方的端口号
48：             datagram = new String(ServerPacket. getData( ))； //数据报的数据内容
49：             System. out. println("收到如下主机发来的邮件" +
50：                        remoteHost. getHostName( ) + ":\n" + datagram )；
51：             datagram = new String( remoteHost. getHostName( ) +
52：                 ":\n MailServer " + InetAddress. getLocalHost( ). getHostName( ) +
53：                 " has already get your mails. ")；
54：    //发给客户端应答信息
55：             dataBuf = datagram. getBytes( )；                 //字符串转为字节数组
56：             ServerPacket=new DatagramPacket(                 //创建发送数据报
57：                        dataBuf, dataBuf. length, remoteHost, remotePort)；
58：             UDPServerSocket. send(ServerPacket)；         //向发送方转发本地信息
59：          } catch( Exception e ) {
60：              System. err. println(e)；  }
```

```
61:         }       //while
62:     }           //run
63:     protected void finalize( )
64:     {  // 程序结束时,将未结束的数据报套接字关闭
65:        if( UDPServerSocket != null )
66:        {
67:           UDPServerSocket.close( );
68:           UDPServerSocket = null;
69:           System.out.println(" 关闭服务器端的数据报连接!");
70:        }
71:     }  // finalize
72: } // UDPServerThread
```

例 8-14　UDPClientService.java——客户端程序

```
1: import java.io.*;
2: import java.net.*;
3: public class UDPClientService
4: {
5:    public static void main( String args[])
6:    {
7:       DatagramSocket  UDPClientSocket;      //用于发送接收 UDP
8:       DatagramPacket  ClientPacket;         //用于保存 UDP 的内容
9:       InetAddress  remoteHost;
10:      int  remotePort;
11:      byte[] dataBuf  ;
12:      String  datagram  ;
13:      if ( args.length < 3 )
14:      {
15:        System.out.println("请输入本地端口号,远程服务器主机名及端口号");
16:        System.exit(0);
17:      }
18:      try{
19:        UDPClientSocket = new DatagramSocket(Integer.parseInt(args[0]));
20:        remoteHost = InetAddress.getByName(args[1]);
21:        remotePort = Integer.parseInt( args[2] );
22:        datagram = new String("This mail is from " +   //组织发信的内容
23:                   InetAddress.getLocalHost( ).getHostName()+
24:                   ", give me a receipt\n if you can receive it, Thank you!");
25:        dataBuf =datagram.getBytes( ) ;              //将字符串转为字节数组
26:        ClientPacket= new DatagramPacket(             //创建发送数据报
27:                 dataBuf, dataBuf.length, remoteHost, remotePort);
28:        UDPClientSocket.send( ClientPacket );         // 向远程服务器发出信息
29:        dataBuf = new byte[512] ;              //创建一个字节数组,用于创建接收报
30:        ClientPacket = new DatagramPacket(dataBuf,512);//创建接收报
```

```
31:         UDPClientSocket.receive( ClientPacket );   //接收远程主机的返回信息
32:         datagram = new String( ClientPacket.getData( )); //字节数组转为字符串
33:         System.out.println("从远程服务器主机" + args[1] + "收到如下应答信息:");
34:         System.out.println( datagram );
35:         UDPClientSocket.close( );
36:      } //try
37:      catch( Exception e ) {
38:         System.err.println( e );
39:      }
40:   } // main( )
41: }
```

在本机测试上述程序,可先打开一个命令行窗口,启动服务器端程序:

```
java UDPServerService 8000
```

再打开一个命令行窗口,启动客户端程序:

```
java UDPClientService 5000 myHost 8000
```

8.5 Java 程序对网上资源的访问

上一节我们讨论了如何用 Java 实现网络应用中的底层通信,但在某些情况下,使用系统提供的通信功能已经足够了,在这些场合下,更需要的是用 Java 编写一些高层的,通常是应用层的网络应用。用 Java 编程访问网上资源就是一种经常需要使用到的功能。

因为能够支持多种协议,Java 可以提供开发网上应用的强有力工具,使得用简单的程序就可以方便地访问 Internet 上的资源。java.net 包中的类 URL 和 URLConnection 就是完成这样功能的 Java 工具类,它们支持网络应用层的 HTTP 协议,所以可实现应用层的网络编程。

1. 利用 URL 类访问网上资源

(1) URL 类

URL 类的对象表示一个 URL 地址,利用这个地址就可以访问远程的资源。我们知道,一个 URL 地址一般由 4 个部分组成,包括协议名、主机名、路径文件名和端口号,例如下面的 URL 地址中:

```
http://www.tsinghua.edu.cn:80/index.html
```

协议名为 http,主机名为 www.tsinghua.edu.cn,路径文件名为 index.html,端口号为 80。协议名和端口号之间一般有一定的联系,如 HTTP 协议的默认端口号是 80,FTP 协议的默认端口号是 21 等,所以 URL 使用协议的默认端口号时可以不写出端口号。

URL 对象要完整地表示一个 URL 地址,就应该显式或隐含地包括上述 4 部分信息。

(2) URL 类的构造函数

① public URL(String spec)

其中参数 spec 描述一个完整的 URL 地址。例如：

```
URL myURL1 = new URL("http: // www. tsinghua. edu. cn:80/");
```

② URL(String protocol, String host, String file)

三个参数分别指定协议名、主机名和文件名,端口号采用隐含值。例如：

```
URL myURL2 = new URL("http" , "www. tsinghua. edu. cn" , "index. html");
```

③ URL(String protocol, String host, int port, String file)

该构造函数的 4 个参数分别指定 URL 的 4 部分内容。例如：

```
URL myURL3 = new URL("http","www. tsinghua. edu. cn",80,"index. html");
```

④ URL(URL context, String spec)

它是在一个已有的 URL 地址的基础上提供相对路径文件偏移。例如：

```
URL myURL4 = new URL(myURL1, "support/faq. html");
```

代表了如下的 URL 地址：

```
http: // www. tsinghua. edu. cn:80/support/faq. html
```

(3) URL 类的主要方法

① public String getProtocol( )：返回 URL 的协议名。

② public String getHost( )：返回 URL 的主机名。

③ public int getPort( )：返回 URL 的端口号。

④ public String getFile( )：返回 URL 的文件名。

⑤ public final InputStream openStream( )：打开一个与此 URL 的连接。该方法返回一个 InputStream 输入流对象,通过这个输入流就可以以字节为单位读取远程结点上的信息(如 HTML 文件的内容)。

(4) 使用 URL 类访问网络资源

例 8-15 GetURLMessage. java

```
1: import java. net. * ;
2: import java. io. * ;
3: public class GetURLMessage
4: {
5:   public static void main(String args[])
6:   {
7:     String s ;
8:     try
9:     {
10:       URL  myURL=new URL("http://www. tsinghua. edu. cn/");  //创建 URL 对象
11:         BufferedReader dis = new BufferedReader(
12:               new InputStreamReader(myURL. openStream( )));
13:       while( ( s = dis. readLine( )) != null )  //从 URL 对象处获得信息并显示
```

```
14:         {
15:             System.out.println(s);
16:         }
17:     }
18:     catch(MalformedURLException e) {   //处理 URL 对象可能产生的异常
19:         System.out.println("URL in wrong form, check it again.");
20:     }
21:     catch(IOException e) {
22:         System.out.println("IO Exception ocurred when get information.");
23:     }
24:   }
25: }
```

由于 URL 的 openStream( )方法返回的是 InputStream 类的对象，所以只能通过 read( )方法逐个字节地读取 URL 地址处的资源信息。为了简化操作，上面程序中使用 InputStreamReader 和 BufferedReader 对原始信息流进行了包装和处理，使得程序可以方便地从 URL 处读取信息。上面程序的运行结果如下：

```
<html>
<head>
<meta http-equiv="Content-Type" content="text/html; charset=GBK">
<title>::欢迎光临清华大学::</title>
<link href="/cic_jsp/qhdwzy/css/main1.css" rel="stylesheet" type="text/css">
<style type="text/css">
  ...
</html>
```

实际上，就是读到了 URL 指定的一个远程主机上的 HTML 文件的内容。这里需要注意的是，创建 URL 对象时，如果给出的地址信息不正确，将会引发系统抛出异常 MalformedURL，所以使用 URL 对象的程序都应该注意处理这个异常。

2. 使用 URLConnection 类

使用 URL 类可以简单方便地获取信息，但是如果希望在获取信息的同时，还能够向远方的计算机结点传送信息，就需要使用另一个系统类库中的类 URLConnection。

一个 URLConnection 对象代表一个 Java 程序与 URL 的通信连接。通过它可对这个 URL 进行读写。

(1) 创建 URLConnection 对象

① 首先创建一个 URL 对象，例如：

```
URL myURL = new URL("http://www.tsinghua.edu.cn/");
```

② 利用 URL 对象的 openConnection( )方法，就可以返回一个对应于其 URL 地址的 URLConnection 对象：

```
URLConnection myURLConnection = myURL.openConnection( );
```

(2) URLConnection 类的常用方法

URLConnection 类提供了实现对 URL 资源进行读写的有关方法。例如：

① getInputStream( )方法

该方法可以返回从 URL 结点获取数据的输入流。

② getOutputStream( )方法

该方法可以返回向 URL 结点传输数据的输出流。

这里的输入、输出都遵循 HTTP 协议中规定的格式。事实上，在建立 URLConnection 对象的同时，就已经在本机和 URL 地址指定的远程结点之上建立了一条 HTTP 协议的连接通路，就像在 Web 浏览器里一样已经连接到了指定的 URL 结点。HTTP 协议是一次连接协议，发送信息之前需要在前面附加一些确认双方身份的信息或 HTTP 协议所规定的附加信息。有了 URLConnection 对象之后，连接过程自动完成，附加信息也由系统负责，大大简化了编程过程。

下面的例子是使用 URLConnection 类向远程主机发送信息(调用 CGI 应用)。

例 8-16 TestURLConnection.java

```
1: import java.net.*;
2: import java.io.*;
3: public class TestURLConnection
4: {
5:   public static void main(String[] args)
6:   {
7:        String s ;
8:        try
9:     {
10:        URL   myURL = new URL("http://ym/cgi/java? answer.class");
11:        URLConnection   myURLConnection = myURL.openConnection( );
12:        PrintStream ps = new PrintStream(myURLConnection.getOutputStream( ));
13:        BufferedReader dis = new BufferedReader(
14:               new InputStreamReader(myURLConnection.getInputStream( )));
15:        ps.println("Hello! This is a test.");
16:        ps.close( );
17:        while( (s = dis.readLine( )) != null )
18:        {
19:           System.out.println(s);
20:        }
21:        dis.close( );
22:     }
23:     catch(MalformedURLException e) {
24:        System.out.println("URL in wrong form, check it again.");      }
25:     catch(IOException e) {
26:        System.out.println("IO Exception ocurred when get information."); }
27:     }
28: }
```

例 8-16 中程序的第 11 句创建了一个 URLConnection 对象，并完成了与远程 URL 结点的 HTTP 连接，就相当于在浏览器的地址栏中键入了 http://ym/cgi/java?answer.class。这里是利用 HTTP 协议的 CGI 功能，调用并运行保存在远程主机 ym 的 cgi 目录中的 java 程序 answer.class。这里的 cgi 目录是一个虚拟目录，假设它对应的实际目录是 E:\httpServer\javaCgi，则上述连接相当于在 HTTP 主机（Web 服务器）ym 上执行如下的命令：

```
E:\httpServer\javaCgi\java answer
```

这里程序 answer 的功能是接收一个字符串命令行参数并将该字符串复制后输出。这里的字符串参数是通过 URLConnection 的输出流 ps 送到远程主机处的。执行了下面的语句后

```
ps.println("Hello! This is a test.");
```

就相对于在浏览器的地址栏中键入如下的信息：

```
http://ym/cgi/java? answer.class+"Hello! This is a test."
```

远程主机中的 CGI 程序的运行结果是输出字符串"Hello! This is a test."，这个字符串重新被本机的程序通过 URLConnection 的输入流读取并显示出来，程序运行的结果为：

```
C:> java useURLConnection
Hello! This is a test.
```

如果希望从远程主机中获取含有一定格式的信息并能自动解释这样的信息，可以使用 URLConnection 的另一个方法 getContent( )，下面的例子中使用这个方法从远程主机中获取一个 GIF 图形文件并在 Applet 中显示出来。

例 8-17 TestURLImage.java

```
1: import java.applet.Applet;
2: import java.awt.*;
3: import java.net.*;
4: import java.io.*;
5: public class TestURLImage extends Applet
6: {
7:   public void paint(Graphics g)
8:   {
9:     Object obj;
10:     try
11:     {
12:       URL  myURL = new URL("http://www.tsinghua.edu.cn/background.gif");
13:       URLConnection  myURLConnection = myURL.openConnection( );
14:       if ( ( obj = myURLConnection.getContent( )) instanceof  Image)
15:         g.drawImage ( (Image)obj,0,0,this);
```

```
16: }
17:     catch(MalformedURLException e) {
18:         System.out.println("URL in wrong form, check it again.");
19:     }
20:     catch(IOException e) {
21:         System.out.println("IO Exception ocurred when get information.");
22:     }
23:   }
24: }
```

3. 用 Applet 的方法访问网络资源

Applet 类中也定义了一些可以用来访问网络资源的方法,包括访问指定网页并在浏览器中显示出来,获取指定 URL 处的图像和声音,获取远程主机上的声音文件后直接播放等。

(1) 访问指定网页

Applet 的 getAppletContext( )方法被调用后,将返回一个 AppletContext 类的对象,使用这个对象的有关方法可以控制浏览器,例如调用 AppletContext 对象的 showDocument( )方法可以控制运行该 Applet 的浏览器浏览指定的网页。参看下面的程序。

例 8-18 AppletBrowser.java

```
1: import java.applet.Applet;
2: import java.awt.*;
3: import java.net.*;
4: import java.awt.event.*;
5:
6: public class AppletBrowser extends Applet
7: {
8:     public void init( )
9:     {
10:        this.addMouseListener(new MouseAdpt(this));
11:    }
12:    public void paint(Graphics g)
13:    {
14:        g.drawString("点击此区域使浏览器转向清华大学的主页",10,20);
15:    }
16: }
17: class MouseAdpt extends MouseAdapter
18: {
19:    Applet m_Parent;
20:
21:    MouseAdpt(Applet p)
22:    {
```

```
23:        m_Parent = p;
24:    }
25:    public void mouseClicked(MouseEvent evt)
26:    {
27:        try
28:        {
29:            URL   myURL = new URL("http://www.tsinghua.edu.cn/");
30:            m_Parent.getAppletContext().showDocument(myURL);
31:        }
32:        catch( MalformedURLException e) {
33:            System.out.println("URL in wrong form, check it again.");
34:        }
35:    }
36: }
```

该程序执行后单击 Applet 的区域将使浏览器转向网址 http://www.tsinghua.edu.cn。

(2) 获取指定 URL 处的图像

Applet 的方法 getImage( )可以从指定 URL 处获取指定的图像文件,这个方法有两种重载方式:

- Image getImage(URL u);
- Image getImage(URL u, String s);注:s 指定图像文件的相对位置(相对与 u)。

下面的例 8-19 使用这个方法从远程主机获取图像文件并在 Applet 中显示之。

例 8-19　GetImage.java

```
1: import java.net.*;
2: import java.awt.*;
3: import java.applet.Applet;
4: public class GetImage extends Applet
5: {
6:     Image myImage;
7:     public void init( )
8:     {
9:         myImage = getImage(getDocumentBase( ), "background.gif");
10:        repaint( );
11:    }
12:    public void paint(Graphics g)
13:    {
14:        g.drawImage(myImage,0,0,this);
15:    }
16: }
```

这里的 getDocumentBase( )方法是 Applet 的一个方法,它的返回值是嵌有 Applet 的 HTML 文件所在的 URL 地址,所以这个程序将显示该 URL 地址处的一个名为

background. gif 的图像文件。

(3) 获取指定 URL 处的声音

Applet 的 getAudioClip( )方法可以获取指定 URL 处的. au 声音文件,Applet 还有一个 play( )方法可以直接将网上的声音文件播放出来。参看下面的例子。

例 8-20 PlaySound. java

```
1: import java.net.*;
2: import java.awt.*;
3: import java.awt.event.*;
4: import java.applet.*;
5: public class PlaySound extends Applet
6: {
7:      AudioClip myau;                          //AudioClip 是 java.applet.* 包中的一个接口
8:      public void init( )
9:      {                                        //获取指定 URL 处的第一个声音文件
10:      myau = getAudioClip(getDocumentBase( ),"menter.au");
11:          this.addMouseListener(new MouseAdpt(this));
12:     }
13:     public void paint(Graphics g)
14:     {
15:         g.drawString("鼠标进入 Applet 播放第一个声音文件,\n"
16:                 +"移出 Applet 窗口时播放第二个声音文件",10,100);
17:     }
18: }
19: class MouseAdpt extends MouseAdapter
20: {
21:      PlaySound   m_Parent;
22:
23:      MouseAdpt(PlaySound p)
24:      {
25:          m_Parent = p;
26:      }
27:      public void mouseEntered(MouseEvent e)//鼠标进入 Applet 区域播放第一个声音
28:      {
29:         m_Parent.myau.play( );            //调用 AudioClip 自身的方法播放
30:      }
31:      public void mouseExited(MouseEvent e)  //鼠标移出 Applet 区域播放第二个声音
32:      {                                     //调用 Applet 的方法播放声音
33:         m_Parent.play(m_Parent.getDocumentBase( ),"mexit.au");
34:      }
35: }
```

在这个程序中使用了两种方法播放声音,第 29 句是调用 AudioClip 对象自身的 play( )方法;第 33 句是调用 Applet 对象的 play( )方法。当用户将鼠标移入 Applet 区域时使用第一种方法播放第一个声音文件;当鼠标移出时播放第二个声音文件。需要注意的是Java 程序可以播放的声音文件都是以.au 为后缀的声音剪辑文件。

8.6 小结

本章介绍 Java 编程的一些高级课题。8.1 节介绍的 Java 异常处理机制和 8.2 节介绍的多线程编程都是 Java 语言的重要特色。异常处理提高了 Java 程序的可靠性,多线程则增强了 Java 程序的处理能力。8.3 节介绍了 Java 的流式输入输出和文件处理方法,通过这一节的学习,读者可以掌握 Java 程序与硬盘文件或其他设备的交互方法。8.4 节介绍了 Java 的网络编程,包括用于定位网络主机和网络资源的 InetAddress 类和 URL 类,用于联网计算机间通信的流式 Socket 和无连接的数据报,以及通过 URL 获取网上图像、声音和文字的方法。

习 题

8-1 什么是异常? Java 为什么要引入异常处理机制? 系统定义的异常类在异常处理机制中有什么作用?

8-2 试列举三个系统定义的运行异常。用户程序为什么要自定义异常? 用户程序如何定义异常?

8-3 系统异常如何抛出? 程序中如何抛出用户自定义异常?

8-4 下面的语句有哪些错误?

```
public class MyClass
{
    public static void main(String args[])
    {
       myMethod( );
    }
    public void myMethod( ) throw MyException
    {
       throws (new MyException( ));
    }
}
class MyException
{
    public String toString( )
    {
       return ("用户自定义的异常");
    }
}
```

8-5 Java 程序如何处理被抛出的异常? 谁负责捕捉异常? 为什么 catch 块要紧跟

在 try 块后面？每个 catch 块可以处理几种异常？如果 try 块中可能产生多种异常，应如何处理？

8-6　简述程序、进程和线程之间的关系。什么是多线程程序？

8-7　线程有哪 5 个基本的状态？它们之间如何转换？简述线程的生命周期。

8-8　什么是线程调度？Java 的线程调度采用什么策略？

8-9　Runnable 接口中包括哪些抽象方法？Thread 类有哪些主要域和方法？

8-10　如何在 Java 程序中实现多线程？试简述使用 Thread 子类和实现 Runnable 接口两种方法的异同。

8-11　利用多线程技术编写 Applet 程序，包含一个滚动的字符串，字符串从左向右运动，当所有的字符都从屏幕的右边消失后，字符串重新从左边出现并继续向右移动。

8-12　利用多线程技术编写 Applet 程序，实现在播放一个动画文件的同时，播放一段背景音乐。

8-13　Java 的输入输出类库是什么？Java 的基本输入输出类是什么？流式输入输出的特点是什么？

8-14　编写字符界面的 Application 程序，接受用户输入的 10 个整型数据，每个数据一行，将这些数据按升序排序后从系统标准输出输出。

8-15　Java 程序使用什么类来管理和处理文件？编写一段程序，实现在 D 盘的 temp 目录下创建的一个子目录 myJavaPath。

8-16　编写一个图形界面的 Java Application 程序，接受用户输入的 5 个浮点数据和一个文件名，将这 5 个数据保存在该文件中。

8-17　修改 8-16 题的程序，利用 FileDialog 选定文件名。

8-18　RandomAccessFile 类与其他的输入输出类有何不同？它实现了哪两个接口？具有哪些较强的输入输出功能？

8-19　简述流式套接字 Socket 的基本工作原理。简述无连接数据报的基本工作原理。比较两者的异同和各自的特点。

8-20　编写图形界面的 Application 程序，包含一个 TextField 和一个 Label，TextField 接受用户输入的主机名，Label 把这个主机的 IP 地址显示出来。

8-21　URL 对象有何作用？其中包含哪 4 部分数据？URLConnection 类与 URL 类有何异同？功能上有哪些增强？

8-22　编写 Applet，接受用户输入的网页地址，与程序中事先保存的地址相比较，相同则使浏览器指向该网页。

8-23　编写 Applet，访问并显示或播放指定 URL 地址处的图像和声音资源。

第 9 章

Java 数据库编程接口

9.1 数据库基础知识

9.1.1 数据库技术概述

随着我们在工作、学习、生活中所涉及到的数据与日俱增，人们单凭自己的能力来存储、管理和使用数据已显得力不从心，而计算机正逐渐成为我们处理数据的得力工具。用计算机存储、管理和加工数据，其规模及速度都是人工或机械方式无法比拟的。随着数据量的不断增加，计算机管理数据的软件技术也在不断改进和完善。

20 世纪 50 年代中期至 60 年代中期，由于计算机大容量存储设备（如磁盘、磁鼓等）的出现，计算机不再仅限于科学计算，而在数据处理方面逐渐显示出巨大潜力。操作系统的出现，为数据的存储与管理提供了有力的支持。在操作系统环境中，各种信息都是以文件为单位存储在外存，且由操作系统统一管理。操作系统为用户使用文件提供了友好的界面，并实现了文件的目录管理和对文件的权限管理。

但是，操作系统对于文件的管理还是基础性的。在文件内部，操作系统没有对数据进行有效的组织，不提供访问文件内部项的专用工具。操作系统也不负责维护文件之间的信息关联，因而文件结构不能很好地反映现实世界中事物之间的联系。由于数据的组织仍然是面向程序，所以文件中存在大量的数据冗余。

20 世纪 60 年代，随着计算机在数据管理领域中的大量应用，人们对数据管理技术提出了更高的要求。人们希望面向企业或部门，以数据为中心组织数据，以便能够减少数据的冗余，并提供更高的数据共享能力。总之，人们期盼管理数据的专用软件出现，而数据库技术正是在这种应用需求的背景下发展起来的。

那么什么是数据库呢？形象地说，数据库就是数据的仓库，可以长期地保存大量数据。数据库管理系统（DataBase Management System，DBMS）是协助用户管理和使用数据的软件，对每个数据库都是必须的。

从文件系统发展到数据库系统，在信息管理领域中具有里程碑的意义。在文件系统阶段，人们在信息处理中关注的问题是系统功能的设计，因此程序设计占主导地位；而在数据库方式下，数据开始占据了中心位置，数据结构设计成为信息系统首先关心的问题，而应用程序则以既定的数据结构为基础进行设计。

数据库技术是数据管理的专用技术；数据库技术所研究的问题是如何科学地组织和

存储数据,如何高效地获取和处理数据;数据库系统是计算机信息系统的基础和主要组成部分。

随着社会信息化进程的不断加快,以数据库为核心的信息系统在各行各业得到了广泛应用,而 Java 技术在数据库应用系统的开发中已成为主流技术。当前,数据库应用已成为 Java 语言的主要应用领域之一,因而有关数据库方面的内容也成为 Java 语言教学的重要组成部分。

9.1.2 数据库结构

1. 数据库的逻辑结构——二维表

数据库系统是如何组织和管理数据的呢? 这取决于数据库所采用的数据模型。

在当前广泛使用的关系型数据库中,系统是采用"二维表"来组织和存储数据的,"表"是数据库存储信息的基本单位。在一个数据库中,可以建立多个二维表,而每个二维表都用来存储某一方面的数据。例如,"职工"表可用来存储职工的信息,"部门"表可用来存储部门信息。

图 9-1 是二维表(职工表)的一个示例。

职工号	姓名	性别	出生年月	工资	所在部门
e01	张小红	女	1975-3-12	3400	d01
e02	何东名	男	1966-12-8	4000	d01
e03	李群生	男	1980-4-23	2100	d02
…	…	…	…	…	…

结构

数据

图 9-1 二维表例——职工表

在理解关系数据库的表结构时,需注意以下几点:

(1) 理解二维表的行列结构

从上述示例中可以看出,二维表包含两方面的含义,一是表的结构,二是表中存储的数据。二维表的列决定了二维表的结构,而二维表的每一行存储一条记录。

例如,职工表由 6 列组成,每名职工的信息都用这 6 个属性加以描述;而职工表的每一行存储一条职工记录。

二维表对存储的记录数(行数)通常没有限制,而二维表由哪些列组成? 每一列是什么数据类型? 这就是数据库设计的基本内容。

(2) 理解二维表的集合概念

我们应该将一个二维表看作是一个集合,表中的每条记录就是集合中的一个元素,并代表一个有意义的实体。既然表是一组记录的集合,在一个表中就不应该有重复的记录。如果表中存储着两条相同的记录,既无法区分,也不能对它们分别操作。

如何保证表中记录的唯一性呢? 数据库是利用表的主码来实现的。我们在定义一个表时,应该定义一个主码,他可唯一标识表中的一条记录。主码可由表中的一列或几列组成。例如在职工表中,职工号(证件号)就可作为主码,它是职工的唯一标识;而职工的姓名就不能作为主码,因为存在重名问题。数据库系统规定:表的主码值不能重复也不能空。因此,当我们向职工表插入数据时,职工记录中的职工号不能空,也不能与已有的记录重值。

(3) 理解二维表之间的联系

一个数据库应用系统往往包含了若干个二维表。简单的系统可能包含十几到几十个表,而大型数据库应用系统可能包含几百个表。关系数据库只采用"二维表"这一种逻辑结构来组织数据,但这些表不是孤立的,在一些表之间存在着联系(见下面的介绍),这些联系体现了现实世界中事物之间的联系信息。

2. 表之间的联系——外来码

例如在数据库中建有"职工表"和"部门表",这两个表之间就存在着联系:因为现实世界中每个职工都属于一个部门,而每个部门都有若干职工。两表结构及联系如图 9-2 所示。

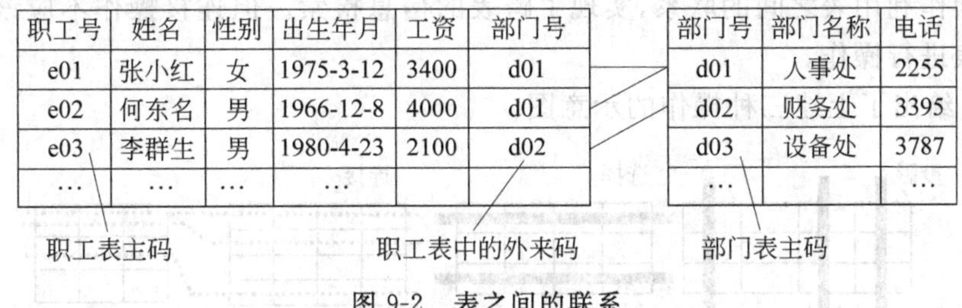

职工号	姓名	性别	出生年月	工资	部门号
e01	张小红	女	1975-3-12	3400	d01
e02	何东名	男	1966-12-8	4000	d01
e03	李群生	男	1980-4-23	2100	d02
…	…	…	…		

部门号	部门名称	电话
d01	人事处	2255
d02	财务处	3395
d03	设备处	3787
…		…

图 9-2　表之间的联系

以图 9-2 中所示的表为例,在数据库应用中,我们不但要访问职工的信息、部门的信息,而且还会用到表之间的联系信息。例如,我们要查询张小红所在部门的信息(名称、电话等),就必须通过职工表中张小红的记录找到部门表中她所在的部门记录(人事处)。也就是说,不同表中存在着相关记录,我们经常需要将它们联系起来考虑和处理。

那么数据库中是如何存储表之间的联系信息呢?在职工表中,为了存储职工与部门的联系信息,增加了"部门号"列,该列存储的是每个职工所在部门的部门号。由于在职工表中定义了这样一个列,使得职工表和部门表的相关记录联系起来(如图 9-2 所示)。

注意:在职工表中,我们是采用"部门号"来标识职工所在部门,而部门号是部门表中的主码(部门的唯一标识)。显然,使用部门的主码代表一个部门是最为准确且没有二义性的。

因此,如果两个表之间存在着联系,可以在一个表中引入另一个表的主码,我们称之为"外来码"。一个表的外来码(如职工表的"部门号")和另一个表的主码(如部门表的"部门号")实际上就是两个表的公共列,而在公共列上具有相同值的两个表的记录就是相关的记录。在关系数据库中,主要就是利用了表的外来码来存储表之间的联系信息。

3. 二维表的几种操作

用户对数据库的操作主要体现在对二维表的读写操作。

前面说过,二维表是记录的集合,所以集合运算(并、交、补)都可以应用在二维表上。但除了传统的集合运算之外,二维表还有三种专用的操作——投影、选择和连接。

(1) 投影与选择

投影操作是从表中选取部分列,得到一个结果集。例如对职工表,我们从中选择职工号、姓名、性别三列信息,这就是投影操作。因此,投影操作需要指定出现在结果集中的列名。

选择操作是从二维表中找出满足条件的行,组成一个结果集。例如对职工表,我们需要查询 1976 年以前出生的男职工信息,这就需要用到选择操作。因此,选择操作需要给出一个查询的条件(逻辑表达式)。

由于在实际应用中,用户需要处理的往往是一个表的部分数据,而不是整个表,因此投影和选择操作在数据库应用中使用频率很高,而且经常要结合起来使用。

(2) 连接(等值连接)

连接是对两个表的操作。连接操作的结果集是由两个表相关记录连接而得到的记录所组成,这种连接主要是通过"外来码—主码"连接实现。例如对于职工表和部门表,通过连接操作,使职工记录和他所在的部门记录连接起来。

连接操作利用表之间的联系,实现了跨表的信息检索。但连接操作不应该对两个没有关系的表进行操作。

图 9-3 给出了上述三种操作的示意图。

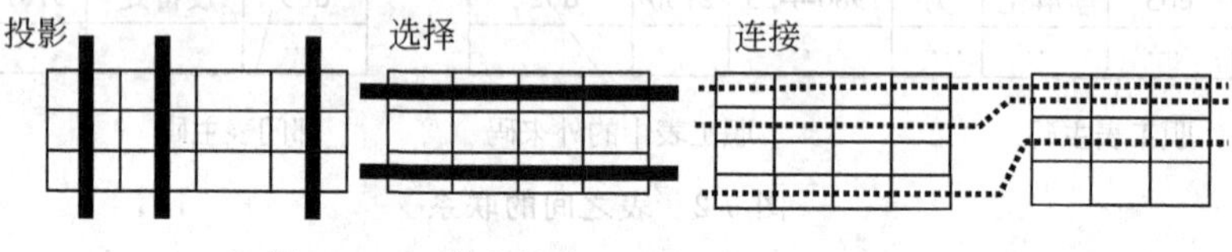

图 9-3　二维表操作——投影、选择和连接

9.2 SQL 语言简介

为读者上机练习方便,本章采用的数据库为 Access 数据库,所介绍的 SQL 语句及 Java 程序对数据库的访问示例在 Access 环境中全部调试通过。

在下面的例子中,我们仍将采用上述的职工表和部门表,但表名和列名均采用英文单词(或缩写)。

- 职工表: emp(eno,ename,sex,birthday,sal,dno)。
- 部门表: dept(dno,dname,phone)。

9.2.1 SQL 语言基础知识

1. 什么是 SQL 语言

SQL 语言是关系数据库的标准语言,各数据库厂家都提供了对 SQL 语言的支持。

SQL 语言几乎涵盖了对数据库的所有操作功能,例如,各种数据库对象的定义、对数据库中数据的读写操作以及对数据库的控制与管理等。SQL 语言是非过程化语言。使用这种语言操作数据库,我们只需要告诉系统做什么,而不需要描述怎么做,具体处理过程由系统解决。由于 SQL 语言简单易用、功能丰富,成为操作数据库的主要手段。

利用 Java 编程访问数据库,核心内容之一就是编写 SQL 语句。所以,掌握 SQL 语言是编写 Java 数据库应用程序的基础。本章只是介绍 SQL 语言的一些简单知识,以便于讲解 Java 的数据库编程内容。

2. SQL 语言的基本成分

SQL 语言如同一般的计算机语言一样，也有自己的特定语法。

(1) SQL 语句

SQL 语言由一系列具有独立功能的语句组成，每一条语句都可以实现一项具体功能，都可以独立执行。例如：

```
SELECT eno,ename
FROM emp
WHERE sex = '男';
```

该语句是一条查询语句，是从 emp 表中查询所有男职工的职工号和姓名。

每一条 SQL 语句都有自己的主关键字，用于标识该语句。如 SELECT 就是查询语句的主关键字。除主关键字外，一条 SQL 语句还可以包含若干必选或可选的子句，用以指定语句的相关功能。例如在 SELECT 语句中，FROM 子句用来指定要查询的表名(必选)，而 WHERE 子句用来指定选择的条件(可选)。

SQL 语句的书写规则并不要求区分大小写。为了突出语句的结构，并区分语句本身的保留字和用户指定的标识名(如表名、列名等)，本章在介绍语句时将语句中的保留字用大写表示。一条 SQL 语句可以在一行或多行中书写，一般用分号表示一条语句的结束。为了增加可读性，在后面的例子中，每一个子句都另起一行书写。

(2) 数据类型

在数据库表中，所有的列都必须指定数据类型。在 SQL 语言中可以使用的基本数据类型有数值型(NUMBER)、字符型(CHAR 和 VARCHAR)和日期型(DATE)。

在实际应用中，经常需要对某种类型的数据进行大小比较(例如选择条件或排序等)。各类型数据大小含义如下：

- 数值型数据的大小就按数值本身的大小。
- 字符型数据的大小是按字典顺序。
- 对于日期型数据，系统规定越早的日期越小。

对于汉字大小比较问题，在一些系统中采用拼音字母的字典顺序。例如：苹果、梨、桃，按从小到大的顺序依次是：梨、苹果、桃。

9.2.2 表的创建与数据维护

1. 在数据库中创建表——CREATE TABLE 语句

在数据库中创建表，可以利用 CREATE TABLE 语句实现。在建表语句需要定义表的名字、各列的列名及数据类型。除定义表的结构外，建表语句还应该定义表的主码。

下面是建立 dept 表的 SQL 语句：

```
CREATE TABLE dept
( dno CHAR(3) PRIMARY KEY,          //部门号，字符型，且定义为表的主码
  dname VARCHAR(20),                //部门名，字符型
```

```
  phone CHAR(4)                    //电话,字符型
)
```

在上述建表语句中,CHAR 为定长字符型,括号中的数字为字符串的长度(即字符数),当输入数据不足规定长度时,系统会自动补空格。VARCHAR 为变长字符型,括号中的数字为最大字符数。系统对变长字符型字段只保存实际输入的字符而不会补空格。

在部门表中,部门号(dno)被定义为表的主码。

下面是建立职工表的 SQL 语句:

```
CREATE TABLE emp                   //emp 为表的名字
(   eno CHAR(3) PRIMARY KEY,       //职工号,字符型,且定义为表的主码
    ename VARCHAR(10),             //姓名,字符型
    sex CHAR(2),                   //性别,字符型
    birthday DATE,                 //出生年月,日期型
    sal INTEGER,                   //工资,数值型(整数)
    dno CHAR(3)                    //所在部门,字符型
);
```

在职工表中,职工号 eno 被定义为主码。在列的类型说明中,DATE 为日期型,INTEGER 为整型。

删除表的 SQL 语句示例如下:

```
DROP TABLE emp;                    //该 SQL 语句是删除 emp 表
```

表删除以后,表中数据也就不复存在。

2. 数据维护

数据维护是指对表中数据进行插入、修改和删除等操作。下面以 emp 和 dept 表为例,说明用于数据维护的 SQL 语句。

(1) 插入语句

插入语句用于向指定的表中插入记录。例如:

```
INSERT INTO dept
VALUES ('d01', '人事处', '2255');
```

该语句是向 dept 表插入一条部门记录。其中 INSERT INTO 是插入语句的主关键字,后面指定要输入数据的表名;VALUES 子句指定插入的数据。

注意:插入的数据要与 dept 表的结构(包括列的顺序及类型)相对应。

如果在插入数据时某列的值暂未确定,可插入一个空值。例如,在插入 d02 部门时电话未定,插入语句可写成:

```
INSERT INTO dept
VALUES ('d02', '财务处', NULL);
```

其中,NULL 是系统保留字,代表空值。空值在数据库中应用很多。

下面的 SQL 语句是向 emp 表插入一条职工记录:

```
INSERT INTO emp
VALUES ('e01', '张小红', '女', '1975—3—12', 3400, 'd01');
```

在 SQL 语句中，数据常量的表示形式为：字符型数据用双引号括起来，数值型数据可直接书写。而对于日期型数据常量，在 Access 中的格式为 #1975-3-12#。在插入语句中，日期型数据也可以写成'1975-3-12'。

(2) 修改语句

修改语句是对数据库某个表中已有的数据进行修改。例如，修改 d02 部门的电话，将其改为 3395，具体语句为：

```
UPDATE dept
SET phone = '3395'
WHERE dno='d02';
```

在该语句中，UPDATE 是修改语句的主关键字，后面指定要修改的表名；SET 子句指定要修改的列和修改后的列值；而 WHERE 子句指定修改的记录，它包含一个逻辑表达式，凡符合该条件的记录将被修改。

又如，下面的 SQL 语句是将 d01 部门的所有职工的工资增加 200 元。

```
UPDATE emp
SET sal = sal + 200
WHERE dno='d01';
```

一条 UPDATE 语句到底修改了多少条记录，这要取决于 WHERE 子句中的条件，即有多少条记录符合这个条件。如果 UPDATE 语句中不包含 WHERE 子句，那么就修改表中所有记录。

(3) 删除语句

删除语句是从指定的表中删除若干条记录。例如：

```
DELETE FROM emp
WHERE eno = 'e01';
```

该语句是从 emp 表中删除职工号为 e01 的职工记录。在该语句中，DELETE FROM 为主关键字，后面指定要操作的表名。

如果一条 DELETE 语句中不包含 WHERE 子句，将会删除表中所有的记录(将表清空)。

9.2.3 数据查询

查询语句的功能是按照用户的指定，从数据库中查找符合条件的数据，并对数据进行一些常规处理(如排序、统计等)。

查询语句是 SQL 语言中唯一的读语句，它的执行不会改变数据库中的数据。SELECT 语句功能丰富，但子句相对较多，是学习 SQL 语言的重点和难点。

下面对查询语句做一简单介绍。

1. 查询语句中的投影操作

投影操作是从表中选择部分列,并作为查询的结果。

例如:查询职工信息,输出职工号、职工名及出生年月,实现该要求的查询语句如下:

```
SELECT eno , ename , birthday
FROM emp
```

在上例中,SELECT 是查询语句的主关键字,其本身又是查询语句的一个子句,用于指定输出项,各输出项用逗号分开。每个输出项可以是一个列名,也可以是一个表达式。

FROM 子句指定要查询的表,如果表不止一个,各表名之间用逗号分开。

如果要选择表中所有的列,可用“ * ”号表示表的所有列。例如:

```
SELECT *
FROM emp ;
```

该语句将检索出 emp 表中所有的内容。

SELECT 语句除可以从表中查询数据之外,还可以通过表达式对检索出的数据做一些简单加工处理。例如,查询职工的年工资(表中是月工资),语句如下:

```
SELECT ename as 姓名 , sal * 12 as 年工资
FROM emp ;
```

在第 2 个输出项中,我们对 sal 列的值进行了计算。

在该例中,我们还为每个输出项指定一个列标题。如果没有指定,输出结果的标题就采用列名。

2. 查询语句中的选择操作

选择操作是从表中查询满足条件的行。正确编写 WHERE 子句中的逻辑表达式,是实现条件查询的一个关键。下面通过几个例子,说明条件语句中的主要知识点。

(1) 逻辑表达式

逻辑表达式一般含有关系运算(值比较)和逻辑运算(与、或、非)。例如,查询 1970 年以前出生的女职工:

```
SELECT eno , ename , birthday
FROM emp
WHERE sex='女' AND birthday < #1970-1-1#;
```

在上述 WHERE 子句中,包含两个关系运算,关系运算的结果是逻辑值(真/假),然后对两个关系运算的结果进行逻辑与运算。凡是满足该条件的记录(即该表达式为真)才出现在结果中。

如果 SELECT 语句中没有 WHERE 子句,则是无条件查询,即表中所有的记录都被选出。

(2) 空值处理

空值是一种特殊的“值”,它不是 0,也不是空格,它有特殊的表示方法,它表示数据待定。空值在数据库中应用很多,下面的例子给出在关系表达式中判断空值的语法。

例如，查询电话号码为空的部门，语句如下：

```
SELECT dno , dname
FROM dept
WHERE phone IS NULL;
```

如果判断不空，可以使用 IS NOT NULL。

(3) 范围判断——BETWEEN…AND…

例如，查询1980、1982两年出生的职工名单（输出姓名和出生年月）：

```
SELECT ename , birthday
FROM emp
WHERE birthday BETWEEN #1980-1-1# AND #1982-12-31# ;
```

上述WHERE子句的逻辑表达式等同于：

```
birthday >= #1980—1—1# AND birthday <= #1982-12-31#
```

但在表示一个范围的条件时，BETWEEN…AND…运算符显得更为简洁。

(4) 字符串的模糊匹配

在字符串的比较中，SQL语言支持简单的模糊匹配。字符串中可以包含的匹配符有两个："?"表示任意一个字符，"*"表示任意多个字符（包括0个）。

例如，查询姓王的职工信息，语句如下；

```
SELECT *
FROM emp
WHERE ename LIKE '王*' ;
```

当字符串比较中使用匹配符时，必须使用LIKE运算符，而不能用等号。

又如，查询职工姓名中第2个字是"小"的职工，输出职工名，该语句如下：

```
SELECT ename
FROM emp
WHERE ename LIKE '?小*' ;
```

3. 查询排序输出——ORDER BY子句

SELECT语句提供了排序输出功能，这是通过ORDER BY子句实现的。

例如，查询职工的姓名及工资，并按工资由高到低排序输出，该语句如下：

```
SELECT ename , sal
FROM emp
ORDER BY sal DESC ;
```

从该语句可以看出，ORDER BY子句后面要指定排序列，排序就是按照排序列的值由小到大（或由大到小）输出结果。DESC是指定降序排序，隐含是升序（ASC）。

4. 多表查询——连接操作

在很多查询问题中，往往单凭一个表的数据是不够的。如前所述，关系数据库中的表不是孤立的,而是存在着联系,对数据库的查询操作往往是建立在这些相互关联的表上。也就是说,一个查询语句可能会涉及到多个表。

当一条查询语句涉及到几个表时,除需要在 FROM 子句中指定有关的表名外,还要给出表的连接条件,这样才能将两个表的相关记录联系起来。在一般问题中,连接条件通常是“外来码－主码”的等值连接。

例如,我们要查询职工信息,输出职工的姓名、部门名称和单位电话。

通过对题目的分析可以看出,要查询的信息来自于两个表(emp 和 dept),是个多表查询的问题。实现上述查询的语句如下:

```
SELECT ename , dname , phone
FROM emp INNER JOIN dept ON emp. dno = dept. dno ;
```

在 FROM 子句中,emp INNER JOIN dept 表示 emp 表和 dept 表进行内连接(一般用到的连接都是内连接,由于篇幅所限,外连接就不介绍了);而 emp. dno = dept. dno 就是两个表的连接条件,即职工表的外来码与部门表的主码做等值连接。连接的结果是将职工表和部门表的相关记录连接起来,即将职工记录与所在部门的记录连接在一起,形成了一个跨表的大记录:

```
eno, ename, sex, birthday, sal , dno, dno, dname, phone
```

在这个大记录中,投影输出 ename、dname 和 phone 。

由于在示例数据库中,两个表设计的部门号都采用 dno 作为列名(同名),所以在连接条件中不能写 dno=dno(语义不清),而要采用“表名. 列名”的格式加以区分。在多表查询中,遇到不同表中有列名重复的情况时,就必须在列名前写上表名,以区分不同的列。

另外,连接条件也可以写在 WHERE 子句中,FROM 子句只列出表名。上述语句可改写如下:

```
SELECT ename , dname , phone
FROM emp , dept
WHERE emp. dno=dept. dno ;
```

例如,查询设备处女职工信息,输出职工号、姓名、出生年月及工资。

仔细分析一下题目,我们看到,虽然查询结果数据都在 emp 表中,但查询条件中涉及到部门名称(设备处),它仅存于 dept 表中,emp 表中没有部门名,只有部门号,所以该查询也需要用到 emp 和 dept 两个表。实现上述查询的语句如下:

```
SELECT emp. dno, ename , birthday , sal
FROM emp , dept
WHERE dname= '设备处' AND sex='女' AND emp. dno=dept. dno ;
```

在 WHERE 子句中,既包含了选择条件,又包含了连接条件。

系统在执行该语句时,首先依据选择条件分别在 emp 表和 dept 表中选出满足条件的记录,然后再进行连接,而不是先连接完再选择,以提高查询效率。

5. 查询语句中的统计功能

查询语句的统计功能是通过一组统计函数实现的。含有统计函数的查询语句,其返回的查询结果不再是表中的数据,而是对表中数据的统计结果。

SQL 语言中常用的统计函数有:

- SUM(列名):求该列值的总和(空值除外,下略)。
- AVG(列名):求该列值的平均值。
- MIN(列名):求该列值的最小值。
- MAX(列名):求该列值的最大值。
- COUNT(列名):求该列中非空值的个数(包括重复的值)。
- COUNT(*):统计行数。

例如,统计职工总数。

```
SELECT COUNT( * ) AS 职工总数
FROM emp ;
```

该语句是对查询结果统计行数,并返回统计值。由于一行代表一名职工,所以统计的结果就是全体职工数。

如果是统计某个部门(如 d01)的职工数,语句可编写如下:

```
SELECT COUNT( * ) AS 职工总数
FROM emp
WHERE dno='d01' ;
```

在一个查询语句中,还可以一次完成多项统计。例如,查询职工的最高工资、平均工资和工资总和,实现该功能的语句如下:

```
SELECT MAX(sal) , AVG(sal), SUM(sal)
FROM emp ;
```

如果统计函数是针对某列,列的数据类型决定了哪些统计函数可用,哪些不可用。例如出生年月可以求最大、最小值,但求平均值或总和就不合适。同样,对工资可以求总和(SUM),但对职工姓名就不能求总和。

图 9-4 描绘了查询语句中统计函数对表的作用。

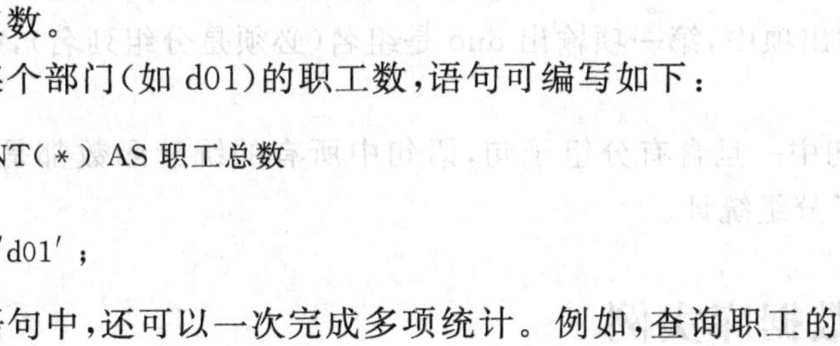

MAX(birthday)　　SUM(sal)

eno	ename	sex	birthday	sal	dno
e01	张小红	女	1975-3-12	3400	d01
e02	何东名	男	1966-12-8	4000	d01
e03	李群生	男	1980-4-23	2100	d02
…	…	…	…		…

COUNT(*)

图 9-4 查询语句中的统计功能

在进行统计时,我们有时需要先将数据分组,然后以组为单位分别进行统计。例如,我们要统计每个部门的职工数而不是职工总数,并希望得到下面的输出(示例)。

部门号	职工数
d01	12
d02	8
…	…

为了实现分组统计,SELECT 语句提供了 GROUP BY 分组子句。我们在分组子句中指定用于分组的列,系统会根据该列的值进行分组,列值相同的记录被分为一组,然后统计函数对每一组进行统计,并返回各组统计的结果。

例如,统计各部门的职工数,并输出部门号及职工数,语句如下:

```
SELECT dno , COUNT( * )
FROM emp
GROUP BY dno ;
```

在该语句中,GROUP BY 子句指定的分组列是 dno(部门号),即 emp 表中同一部门号的职工分为一组。然后,COUNT 函数对每组进行计数统计,得到每组(即每个部门)的人数。注意:在输出项中,第一项输出 dno 是组名(必须是分组列名),第二项输出是组的统计结果。

SELECT 语句中一旦含有分组子句,语句中所有的统计函数都是针对各组进行,分组的目的就是为了分组统计。

9.3 Access 数据库实例

本节将简单介绍在 Access 环境中如何创建表,以及如何进行表的数据维护工作。在后面 Java 编程中,将访问 Access 数据库。

由于 Access 是 Office 的一员,提供了友好的图形用户界面,下面的介绍就以图形界面为例。

9.3.1 Access 操作界面简介

启动并进入 Access 后,系统会首先打开 Access 主窗口,并询问是新建一个数据库,还是打开一个已有数据库。对于 Access 来说,一个数据库是由若干关系表及其他对象所组成;而从数据库的外部来看,即在 Windows 系统中,一个 Access 数据库的实体是一个后缀为. mdb 的文件。

当打开一个数据库后,一个数据库窗口便会出现在 Access 主窗口中,如图 9-5 所示。

在图 9-5 中,我们打开了名为“职工数据库”的数据库。在 Windows 的文件管理器中,我们可以看到“职工数据库. mdb”这个文件,这就是 Access 的数据库文件,但在操作系统中我们不能访问这个特殊类型的文件。在 Access 环境中,当打开一个数据库文件时,我们就完全按照数据库的观点看待并操作里面的对象了。

在数据库窗口中,左侧栏目显示了数据库的 7 种对象类型。当选中一个对象类型后,

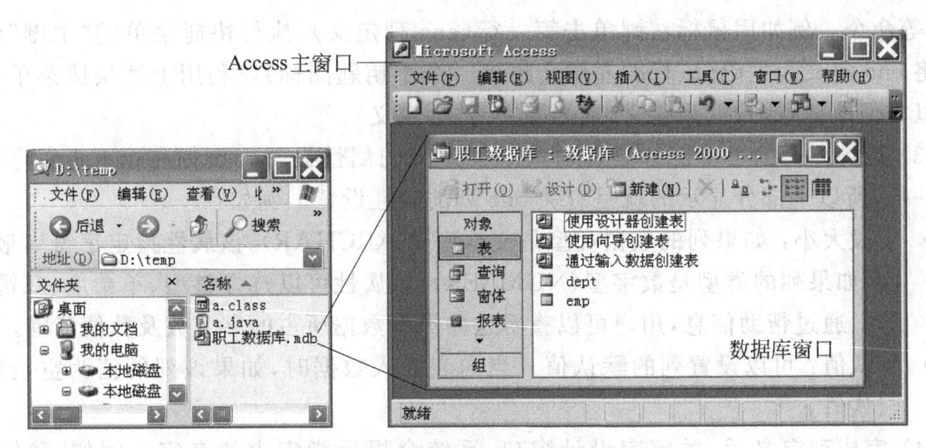

图 9-5　Access 主窗口和数据库窗口

右窗口就显示数据库中已建立的该类对象。例如我们选中了“表”对象类型，数据库表对象窗口就显示出目前已经建立的表，如 dept 表和 emp 表，这也就是我们用做实例的两个表。

9.3.2　在 Access 中创建表

前面讲过，SQL 语言中的建表语句是 CREATE TABLE 语句。在 Access 数据库中，利用系统提供的用户界面创建表将更加直观与便捷。下面是建表的操作过程。

(1) 在数据库窗口中选择“表”对象类型，单击“新建”按钮，系统会弹出“新建表”对话框，询问建表方式；选择“设计视图”，并进入表的设计界面，如图 9-6 所示。

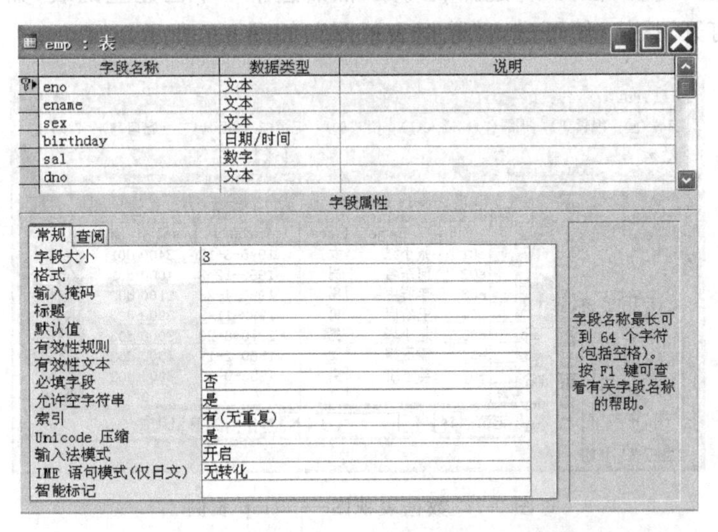

图 9-6　表的设计窗口(创建或修改表的结构)

(2) 表设计界面分上下两个部分。设计界面的上半部分用来定义表的列，包括列名及列的数据类型，每行定义一列。列的数据类型可从下拉菜单中选择输入。

用鼠标指向某一行，单击鼠标右键，会弹出快捷菜单，其中包括“主键”、“插入行”、“删除行”等命令。例如用鼠标右键单击第一行(eno 列定义),执行快捷菜单的“主键”命令,即可将 eno 定义为主码(该行的左侧会出现一个小钥匙图标)。利用上述快捷菜单命令,还可以方便地插入一行(列定义)或删除一行(列定义)。

(3) 设计界面的下半部分是针对某一列定义的属性设置。例如在图 9-6 中,当前行是第一行,所以下部分显示的就是有关 eno 列的属性设置。例如:

- 字段大小:如果列的数据类型是文本型(VARCHAR),该属性指定字符串最大长度;如果列的类型是数字型(NUMBER),该属性可以选择整型、单精度、双精度型等。通过帮助信息,用户可以查看这些类型数据所占的字节数及数值范围。
- 默认值:可以设置列的默认值。当向表插入数据时,如果该列的值为空,就采用默认值。

(4) 完成列定义后,关闭表设计窗口,系统会提示指定表的名字。例如,我们指定 emp,这样便完成一个表的创建,并返回到数据库窗口。

读者可利用上述方法,依次建立 dept 表和 emp 表(图 9-6 是 emp 表的设计结果)。

(5) 在数据库的表对象窗口中,我们可以查看已经建立的表,利用工具栏上的“设计”按钮,还可以对已建表的结构进行修改。

9.3.3　表中数据的维护与浏览

数据维护是数据库应用中的一项基本任务。数据维护是指数据的插入、修改和删除工作。前面讲过,实现这些操作的 SQL 语句就是 INSERT、UPDATE 和 DELETE 语句。在 Access 数据库中,我们可以直接利用系统提供的“数据表视图”维护数据。

在数据库窗口左面栏目中,选择表对象,然后选中一个已建立的表(如 emp 表),单击工具栏上的“打开”按钮,便可进入“数据表视图”,如图 9-7 所示。

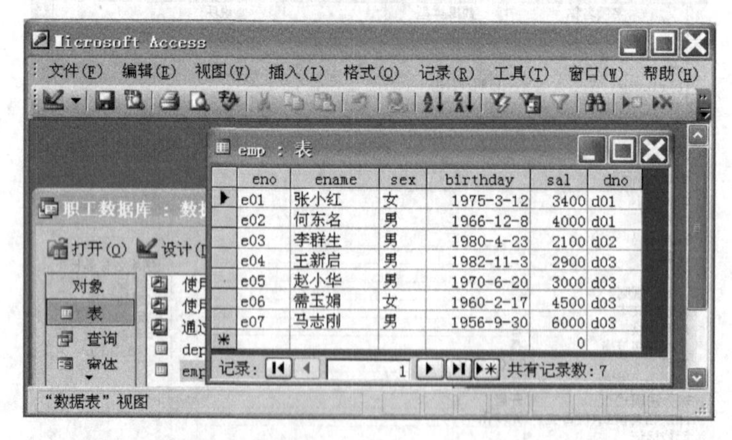

图 9-7　数据表视图——emp 表例

数据表视图是数据库中表的可视窗口,它就是以二维表的形式显示数据库表的数据。在数据表视图中,你不但可以浏览数据,还可以直接在表中修改数据。数据表的最左侧是指示栏,栏中的小三角用于标识当前记录。鼠标右键单击指示栏,在弹出的快捷菜单中包含有“新记录”、“删除记录”等命令,利用它们可以实现记录的插入和删除操作。在输入和修改数据时，不能违反有关的完整性约束，数据表将对输入的数据进行合法性检查。

在数据表视图的下端，有一排导航按钮，利用它们并结合窗口的滚动条，可以方便地浏览表中的记录。在导航按钮中还夹有一个文本框，用来显示当前记录的行号。你可以在文本框中输入指定行号并回车，数据表立即定位并显示该行数据。

9.3.4 创建指向 Access 数据库的数据源

为了实现在 Java 程序中访问 Access 数据库，我们利用 Windows 提供的工具创建指向“职工数据库”的数据源。数据源的使用将在后面的 Java 程序中得到体现。

选择“控制面板”→“管理工具”→“数据源(ODBC)”，在“ODBC 数据源管理器”中，单击“添加”按钮，并选择“Microsoft Access Driver(*. mdb)”驱动程序，便进入图 9-8 所示的数据源安装界面。

在“数据源名”中填入 employee(注意：该名字会在程序中被引用)，然后单击“选择”按钮，选择我们创建的“职工数据库. mdb”，并保存退出，即可完成数据源的创建。

这样，我们在程序中通过数据源名 employee 即可访问 Access 中的“职工数据库”。

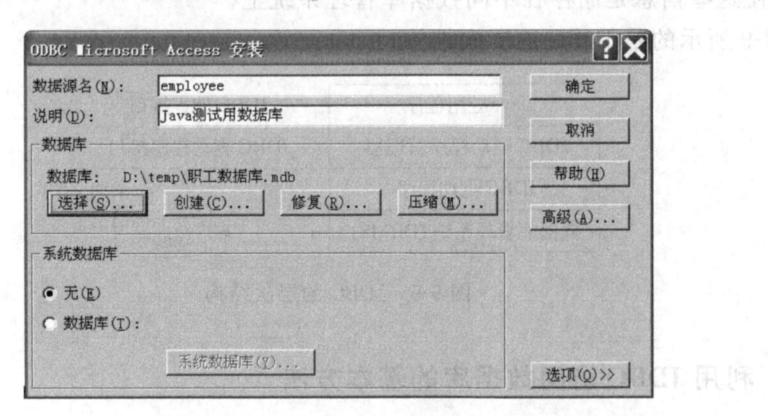

图 9-8 数据源安装界面

9.4 JDBC 与数据库访问

9.4.1 JDBC 概述

JDBC(Java Data Base Connectivity，Java 数据库连接)是一种用于访问数据库和执行 SQL 语句的 Java 编程接口，由一组用 Java 语言编写的类和接口组成。JDBC 为 Java 程序访问关系数据库提供了一个标准的界面。表 9-1 中列出了本章重点介绍的 JDBC 类与接口。

JDBC 使得 Java 程序员能够以统一的方式访问各种关系数据库。例如有了 JDBC API，就不必为访问 Oracle 数据库专门写一个程序，而再为访问 Sybase 数据库编写同一个程序。程序员只需用 JDBC 编写一个程序就够了，它可向不同的数据库发送同样的 SQL 调用。

表 9-1　JDBC 常用类与接口

类与接口	功　能
java. sql. DriveManager	驱动程序管理器,负责注册数据库驱动程序,并可创建与数据库的连接
java. sql. Connection	代表一个数据库连接,可以创建语句对象(用于向数据库发送 SQL 语句)
java. sql. Statement	用于执行一个静态 SQL 语句,并返回语句的执行结果
java. sql. PreparedStatement	用于执行预编译的 SQL 语句,可为 SQL 语句参数赋值
java. sql. ResultSet	用于保存查询语句的返回结果(多行多列)

JDBC 是用于 Java 应用程序连接数据库的标准方法。JDBC 对 Java 程序员而言是 API,对实现与数据库连接的服务提供商而言是接口模型。JDBC 使用已有的 SQL 标准并支持其他数据库连接标准,如与 ODBC 之间的桥接。JDBC 实现了所有这些面向标准的、简单且高性能的接口。

JDBC 扩展了 Java 的功能。在当前各单位信息系统的开发中,Java 和 JDBC 的结合,使信息传播变得容易和经济。企业可继续使用它们安装好的数据库,并能便捷地存取信息,即使这些信息是储存在不同数据库管理系统上。

图 9-9 所示的是 JDBC 的层次结构。

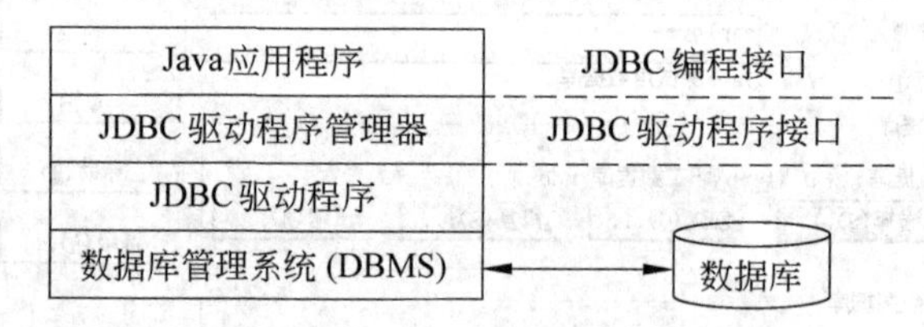

图 9-9　JDBC 的层次结构

9.4.2　利用 JDBC 访问数据库的基本方法

利用 JDBC 访问数据库大致包含以下三个步骤：

- 建立与数据库的连接。
- 通过发送 SQL 语句对数据库进行读写。
- 处理语句的执行结果,特别是查询语句的返回数据。

下面通过一个简单例子说明 JDBC 的基本使用。

例 9-1　AccEmp1. java

```
1: import java. sql. * ;
2: public class AccEmp1
3: {
4:     public static void main(String[] args) throws Exception    //主程序开始
5:     {
6:         Connection con  ;  //数据库连接对象(代表与某数据库的一个连接)
7:         Statement  stmt ;  //语句对象(可接收和执行一条 SQL 语句)
8:         ResultSet  rs ;    //结果集对象(保存查询返回的结果)
9:
```

```
10：//加载数据库驱动程序
11：        DriverManager.registerDriver(new sun.jdbc.odbc.JdbcOdbcDriver());
12：        //建立一个数据库连接(连到某一具体数据库)
13：        con = DriverManager.getConnection("jdbc:odbc:employee");
14：
15：        stmt = con.createStatement();          //创建 Statement 对象
16：        rs = stmt.executeQuery("SELECT ename,birthday,sal FROM emp"); //执行查询
17：        while(rs.next())                       //显示查询结果
18：        {
19：            System.out.print(rs.getString("ename") + " ");
20：            System.out.print(rs.getDate("birthday") + "    ");
21：            System.out.println(rs.getInt("sal"));
22：        };
23：    }
24：}
```

从程序中可以看出，java.sql 库提供了 JDBC 的类与接口。

程序的第 11 句是调用 DriverManager 类的静态方法 registerDriver 注册一个数据库的驱动程序；第 13 句是调用 DriverManager 类的静态方法 getConnection 建立一个数据库连接，该方法返回一个 Connection 对象；第 15 句是利用 Connection 对象的 createStatement 创建一个 Statement 对象，该对象可以向数据库发送一条要执行的 SQL 语句；第 16 句就是利用 Statement 对象的方法执行一条查询语句，并返回一个包含查询结果的 ResultSet 对象；第 17～21 句是利用 ResultSet 对象的有关方法取出结果集中的数据并在终端输出。

图 9-10 是例 9-1 的运行结果。

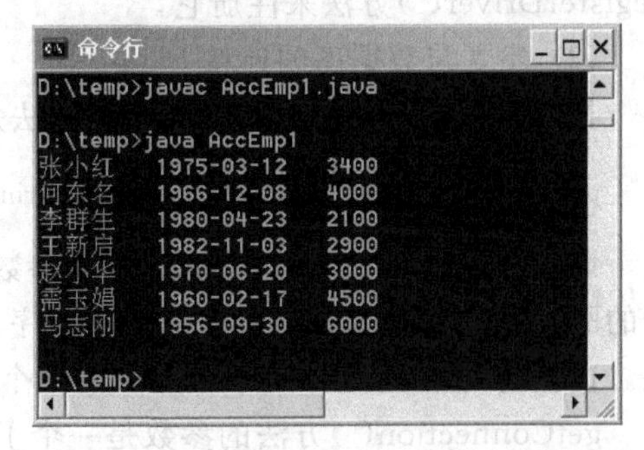

图 9-10　例 9-1 运行结果(访问 Access 数据库)

9.4.3　JDBC 的常用类与接口

1. 建立数据库的连接

在对数据库进行操作之前，首先要建立程序与一个具体数据库的连接，而在连接数据库之前，必须注册该数据库的驱动程序。

完成此项工作的是 DriverManager 类，它被称之为驱动程序管理器，其基本功能是管理 JDBC 驱动程序，例如加载、卸载驱动程序，以及利用某一驱动程序建立与数据库的连接等。

(1) 注册数据库驱动程序

与之有关的 DriverManager 类的方法是：

```
public static void registerDriver(Driver driver)
```

这是一个静态方法，用于注册一个 JDBC 驱动程序。参数 Driver 类的对象是数据库

厂商提供的数据库驱动程序。Driver 是 Java 定义的一个接口,每一个驱动程序类都必须实现这个接口。

注册驱动程序只需要非常简单的一行代码,但这一步与所使用的数据库产品有关。例如想要使用 JDBC-ODBC 桥驱动程序访问 Access 数据库，可以用下列代码装载它。

```
DriverManager.registerDriver(new sun.jdbc.odbc.JdbcOdbcDriver());
```

这里 sun.jdbc.odbc.JdbcOdbcDriver 是驱动程序类的名字,可以从驱动程序的说明文档中得到。

如果要想访问 Oracle 数据库,可以用下列方法装载 Oracle 的驱动程序。

```
DriverManager.registerDriver(new oracle.jdbc.OracleDriver());
```

此外,装载数据库驱动程序还可以采用 Class 类的 forName( )方法,例如:

```
Class.forName("sun.jdbc.odbc.JdbcOdbcDriver");
```

Class 类的 forName( )方法以完整的 Java 类名字符串为参数,装载此类,并返回一个 Class 对象描述此类,当然此处我们要装载的是一个驱动程序类。执行上述代码时将自动创建一个驱动器类的实例,并会自动调用驱动程序管理器 DriverManager 类中的 RegisterDriver( )方法来注册它。

(2) 建立与数据库的连接

与之有关的 DriverManager 类的方法是:

```
public static Connection getConnection(String url)
```

该方法是建立一个指向某数据库(参数 URL 标识)的连接,DriverManager 将从已注册的驱动程序中选择一个合适的驱动程序。该方法将返回建立的连接,即 Connection 对象。这里的 Connection 是系统定义的一个接口。

getConnection( )方法的参数是一个 JDBC 的 URL,其格式如下:

```
jdbc:子协议:子名称
```

其中 jdbc 表示协议,JDBC URL 中的协议总是 jdbc;子协议是驱动器名称;子名称是数据库的名称,如果是位于远程服务器上的数据库,则还应该包括主机名或主机地址,以及端口号和数据库实例名。

JDBC URL 提供了一种标识数据库的方法,可以使相应的驱动程序能识别该数据库并与之建立连接。实际上,驱动程序提供者决定了用什么样的 JDBC URL,用户只要遵循驱动程序提供的说明书即可。

例如,我们要访问在 Access 中建立的“职工数据库”,为之建立的连接语句如下:

```
Connection con = DriverManager.getConnection("jdbc:odbc:employee");
```

其中 employee 就是我们在前面建立的指向“职工数据库”的数据源名称。

在建立连接时,还可以指定登录数据库的账号和密码。该种格式的方法是:

```
public static Connection getConnection( String url, String user, String password)
```

与上一方法相比，该方法多了两个参数，分别用于指定用户名和密码。

例如，要建立与 Oracle 数据库的连接，相关语句示例如下：

```
Connection con = DriverManager.getConnection
                    ("jdbc:oracle:thin:@myhost:1521:oral", "scott", "tiger");
```

当一个数据库连接创建后，表示开始了一个数据库的会话周期，在该会话周期中，可以通过执行 SQL 语句访问数据库，并处理查询返回的结果。

隐含情况下，Connection 会自动提交每一条 SQL 语句对数据库的修改，但如果自动提交功能被禁止，就需要调用 Connection 的 commit 方法显式提交对数据库的修改。

当对数据库的操作告一段落时，可通过调用 Connection 的 close( )方法结束会话，释放连接的数据库及 JDBC 资源。

2. 创建语句对象

创建语句对象的目的是为了向数据库发送并执行 SQL 语句。这一步要用到 Connection 对象的 createStatement( )方法，该方法定义如下：

```
public Statement createStatement( ) throws SQLException
```

该方法返回建立的 Statement 对象。由于该方法要访问数据库，如果出现问题，会抛出 SQLException 异常。

例如：

```
Connection con = DriverManager.getConnection("jdbc:odbc:employee"); //建立数据库连接
Statement stmt = con.createStatement( ) ; //利用连接对象创建语句对象
```

在后续的程序代码中，就可以利用所得到的 stmt 对象向数据库发送要执行的 SQL 语句了。

3. 向数据库发送 SQL 语句——查询

向数据库发送 SQL 语句要用到 Statement 对象的相关方法。当要执行的语句是 SELECT 语句时，可使用 executeQuery( )方法，该方法定义如下：

```
public ResultSet executeQuery(String sql) throws SQLException
```

方法的参数是一个用字符串表示的 SELECT 语句。该方法将返回一个 ResultSet 对象，用于保存查询返回的结果(多行多列)。当 SQL 语句执行有错时，该方法会抛出 SQLException 例外。

ResultSet 是一个接口，它定义了处理查询结果集的若干方法。ResultSet 有一个指针，指向结果集的当前行，指针的初始位置在第一行之前。

ResultSet 定义的方法列举如下：

① public boolean next( )方法

执行该方法将 ResultSet 指针下移一行。当第 1 次调用该方法后，指针移到第 1 行，当第 2 次调用该方法后，指针指向第 2 行，依此类推。

该方法的返回值为逻辑值，如果返回为真，表示指针指向新的当前行，如果返回为假，表示 ResultSet 中已无数据。

② getXXX 方法

这是一组方法,用于从 ResultSet 当前行中读取某列的数据。由于查询结果集中各列的数据类型不同,所以要用不同的 getXXX 方法读取。例如:

```
public int getInt(String columnName)
```

该方法是读整型列值,并返回读到的整数。方法的参数是指定要读的列名。

• public Date getDate(String columnName):读日期型列值。

• public String getString(String columnName):读字符串型列值。

类似的方法还有很多,不同之处在于读取不同类型的列。

上述方法的参数都是指定的列名(由查询语句所定)。其实还有一组重载方法的参数可以指定列的顺序号(结果集中的列自左至右依次编号)。

下面是执行 SELECT 语句的程序片断:

```
Connection con = DriverManager.getConnection("jdbc:odbc:employee");
Statement stmt = con.createStatement( );              //创建 Statement 对象
ResultSet rs = stmt.executeQuery(" SELECT ename, birthday, sal FROM emp ");
while(rs.next( ))                                     //移动指针,依次访问结果集中的每一行
{
    System.out.print(rs.getString("ename") + " ");    //或用 getString(1)方法
    System.out.print(rs.getDate("birthday") + " ");   //或用 getDate(2)方法
    System.out.println(rs.getInt("sal") );            //或用 getInt(3)方法
};
```

4. 向数据库发送 SQL 语句——插入、修改和删除

当要执行的 SQL 语句是写语句(即 INSERT、UPDATE 和 DELETE)时,要用到 Statement 对象的 executeUpdate( )方法,该方法定义如下:

public int executeUpdate(String sql) throws SQLException

方法的参数是一个用字符串表示的 SQL 写语句。方法的返回值是一个整数,表示本次执行实际插入、修改和删除的行数。

例如:

```
String sql = " INSERT INTO emp VALUES('e01','张小红', '女','1975-3-12',3400,'d01') ";
stmt.executeUpdate(sql);
  ...
```

此外,executeUpdate( )方法还可以发送一条 DDL 语句(如 CREATE TABLE 语句)。

5. 执行带参数的 SQL 语句

如果一条 SQL 语句要执行多次(通常是带参数的 SQL 语句),可以使用 Connection 的 prepareStatement( )方法获得一个 PreparedStatement 语句对象,将来用它执行 SQL 语句会更有效。

Connection 的 prepareStatement 方法定义如下：

```
public PreparedStatement prepareStatement(String sql) throws SQLException
```

方法的参数是一个用字符串表示的 SQL 语句(读写语句皆可)。该方法会对传入的 SQL 进行预编译,然后存入 PreparedStatement 对象中(方法的返回值)。

例如：

```
Connection con = DriverManager.getConnection("jdbc:odbc:employee"); //建立连接
PreparedStatement ps = con.prepareStatement(
                    "UPDATE emp SET sal=sal + ? WHERE eno=?");
```

在方法的参数中,我们指定了一条 UPDATE 语句,其中定义了两个参数(? 号表示参数),第 1 个参数指定要增加的工资,第 2 个参数指定要加工资的职工(职工号)。

PreparedStatement 是一个接口,它定义了以下几个方法：

(1) setXXX 方法：这是一组方法,用于向 SQL 语句中的参数赋值。不同的数据类型的参数需要不同的方法赋值。例如：

```
public void setInt(int parameterIndex, int x)
```

为整型参数赋值。方法的第 1 个参数是指定 SQL 语句参数的序号,SQL 语句中第 1 个参数为 1,第 2 个参数为 2……方法的第 2 个参数是为 SQL 语句提供的参数值。

- public void setString(int parameterIndex, String x)：为字符串型参数赋值。
- public void setDate(int parameterIndex, Date x)：为日期型参数赋值。

(2) executeQuery 方法：执行 PreparedStatement 中的查询语句。

(3) executeUpdate 方法：执行 PreparedStatement 中的写语句(以及其他无返回结果的语句)。

例如：

```
PreparedStatement ps = con.prepareStatement(
                    "UPDATE emp SET sal=sal + ? WHERE eno=?");
ps.setInt(1, 200);              //为 SQL 语句中第 1 个参数赋值(加的工资)
ps.setString(2, 'e10');         //为 SQL 语句中第 2 个参数赋值(职工号)
ps.executeUpdate();             //执行 UPDATE 语句
```

例 9-2 是概括上面内容的一个完整例子。

例 9-2 AccEmp2.java

```
import java.sql.*;
public class AccEmp2
{
  public static void main(String[] args) throws Exception
  {
    // 对象变量说明
    Connection con  ;         //数据库连接对象
    Statement  stmt  ;        //语句对象
```

```
ResultSet  rs ;              //结果集对象
String  ssql  ;              //字符串变量,存放 SQL 语句

DriverManager.registerDriver(new sun.jdbc.odbc.JdbcOdbcDriver( ));
con = DriverManager.getConnection("jdbc:odbc:employee"); //建立数据库连接
stmt = con.createStatement( );                           //创建 Statement 对象

System.out.println("------------查询所有职工,并按出生年月排序--------------");
rs = stmt.executeQuery("SELECT  *  FROM emp  ORDER BY birthday");
while(rs.next( ))   //显示查询结果,每行显示一名职工信息
{
    System.out.print(rs.getString("eno") + "  ");
    System.out.print(rs.getString("ename") + " ");
    System.out.print(rs.getString("sex") + " ");
    System.out.print(rs.getDate("birthday") + " ");
    System.out.print(rs.getInt("sal") + "   ");
    System.out.println(rs.getString("dno") );
};
System.out.println("------------统计并显示各部门职工数-----------------");
ssql = "SELECT  dno, count( * )  FROM emp  GROUP BY dno " ;
rs=stmt.executeQuery( ssql);
while(rs.next( ))            //显示统计结果
{
     System.out.print(rs.getString(1) + " ");
     System.out.println(rs.getInt(2) );
};
System.out.println("--------------插入一个职工记录------------------");
ssql = " INSERT INTO emp VALUES('e10','林时','男','1985-5-1',1000,'d02') " ;
stmt.executeUpdate(ssql);
System.out.println("--------------修改职工的工资-------------------");
ssql = "UPDATE emp  SET sal=sal+?  WHERE eno=? " ;
PreparedStatement ps = con.prepareStatement(ssql) ;
ps.setInt(1, 200) ;          //为 SQL 语句中第 1 个参数赋值(加的工资)
ps.setString(2, "e10") ;     //为 SQL 语句中第 2 个参数赋值(职工号)
ps.executeUpdate( ) ;        //执行 UPDATE 语句
System.out.println("------查询 d02 部门的职工,并确认修改结果----------");
rs=stmt.executeQuery("SELECT eno,ename,sal FROM emp WHERE dno='d02'");
while(rs.next( ))            //显示 d02 部门的职工
{
    System.out.print(rs.getString("eno") + "  ");
    System.out.print(rs.getString("ename") + "  ");
    System.out.println(rs.getInt("sal"));
};
con.commit( );               //提交修改
```

```
        con.close( );                    //关闭连接,结束会话
    }
}
```

图 9-11 是例 9-2 的运行结果。

```
命令行
D:\temp>java AccEmp2
------------查询所有职工，并按出生年月排序----------
e07   马志刚   男   1956-09-30   6000   d03
e06   焉玉娟   女   1960-02-17   4500   d03
e02   何东名   男   1966-12-08   4000   d01
e05   赵小华   男   1970-06-20   3000   d03
e01   张小红   女   1975-03-12   3400   d01
e03   李群生   男   1980-04-23   2100   d02
e04   王新启   男   1982-11-03   2900   d03
------------统计并显示各部门职工数------------------
d01     2
d02     1
d03     4
----------------插入一个职工记录--------------------
----------------修改职工的工资----------------------
-----------查询d02部门的职工，确认修改结果----------
e03   李群生   2100
e10   林时   1200

D:\temp>
```

图 9-11　例 9-2 的运行结果(访问 Access 数据库)

9.5　Java 数据库应用实例

本节给出一个图形用户界面的数据库应用程序实例,该程序是提供一个 emp 表的录入界面。

例 9-3　AccEmp3.java

```
import java.awt.*;
import java.awt.event.*;
import java.sql.*;

public class AccEmp3
{
    public static void main(String[] args)
    {
        new Emp( );
    }
}
class Emp extends Frame
{
    Panel  p1,p2,p3 ;
    Label e1,e2,e3,e4,e5,e6, msg ;
    TextField text1,text2,text4,text5,text6 ;
    CheckboxGroup sex;
```

```
Checkbox m,w ;   //分别代表"男"、"女"
Button b1 ;
Connection cn ;
PreparedStatement ps ;
String ssql, ssex ;
Emp( )
{
    try {
        DriverManager.registerDriver(new sun.jdbc.odbc.JdbcOdbcDriver( ));
        cn = DriverManager.getConnection("jdbc:odbc:employee");
        ssql = "INSERT INTO emp VALUES(?,?,?,?,?,?)" ;
        ps = cn.prepareStatement(ssql) ;
    } catch(SQLException e1)  {
          msg.setText("数据库连接有误!");
     } ;
    e1 = new Label("职工号");
    e2 = new Label("姓名");
    e3 = new Label("性别");
    e4 = new Label("出生年月");
    e5 = new Label("工资");
    e6 = new Label("部门号");
    msg = new Label("                              ");
    text1 = new TextField(10);
    text2 = new TextField(10);
    text4 = new TextField(10);
    text5 = new TextField(10);
    text6 = new TextField(10);
    sex = new CheckboxGroup( );
    m = new Checkbox("男",true,sex);
    w = new Checkbox("女",false,sex);
    b1 = new Button("插入职工记录");
    p1 = new Panel( );   p2 = new Panel( ); p3 = new Panel( );
    p1.add(e1); p1.add(text1);
    p1.add(e2); p1.add(text2);
    p1.add(e3); p1.add(m); p1.add(w);
    p2.add(e4); p2.add(text4);
    p2.add(e5); p2.add(text5);
    p2.add(e6); p2.add(text6);
    p3.add(msg); p3.add(b1);
    setLayout(new FlowLayout( ));
    add(p1); add(p2); add(p3);
    b1.addActionListener(new B1( ));
    addWindowListener(new WinClose( ));
    setSize(500,200);
```

```
        setTitle("职工信息维护");
        setVisible(true);
    }
    class B1 implements ActionListener                //"插入职工记录"按钮
    {
        public void actionPerformed(ActionEvent e)
        {
            try {
                ps.setString(1, text1.getText( ));     //为 SQL 语句中参数赋值
                ps.setString(2, text2.getText( ));
                if (m.getState( ))
                    ssex = "男";
                else
                    ssex = "女";
                ps.setString(3, ssex);
                ps.setString(4, text4.getText( ));
                ps.setInt(5, Integer.parseInt( text5.getText( ) ) );
                ps.setString(6, text6.getText( ));
                ps.executeUpdate( );                   //执行 INSERT 语句
                msg.setText("记录插入成功!");
                text2.setText("");                     //清空各输入框
                text4.setText("");
                text5.setText("");
                text6.setText("");
                text1.setText("");
                text1.requestFocus( );                 //焦点移到第一个输入框
            } catch(Exception e2) {
                msg.setText("输入数据有误!");
                text1.requestFocus( );
            }
        }
    }
    class WinClose extends WindowAdapter              //关闭窗口
    {
        public void windowClosing(WindowEvent e)       //关闭窗口事件处理
        {
            try {
                cn.commit( );
                cn.close( );
            } catch(SQLException e3) { };
            (e.getWindow( )).dispose( );
            System.exit(0);
        }
    }
}
```

图 9-12 是例 9-3 的用户界面。

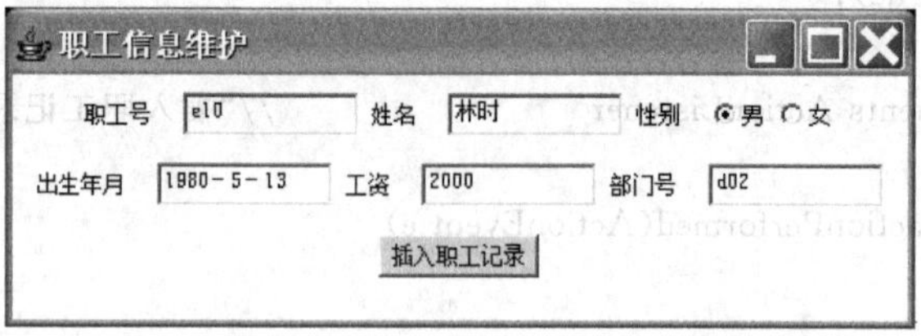

图 9-12　例 9-3 用户界面(向 emp 表插入数据)

9.6　小结

本章简要介绍了 Java 程序的数据库编程接口——JDBC。

JDBC 为程序员编写数据库应用程序提供了统一的接口,提供了易用的编程方式。

编写数据库应用程序,读者首先要理解 java.sql 中的类与接口的基本功能,理解访问数据库的主要步骤。在掌握程序框架的基础上,编写数据库应用程序的核心工作就是设计 SQL 语句,而这就需要读者进一步学习和掌握数据库的相关知识了。

习　　题

9-1　JDBC 为我们编写数据库应用程序提供了什么好处?

9-2　在 Java 程序中,要实现对数据库的访问,需要引入哪个类库?

9-3　如何建立与某个数据库的一个连接,这一步工作的目的是什么?

9-4　如何创建 Statement 语句对象,创建该对象的目的是什么?

9-5　如何执行带有参数的 SQL 语句? 如何为 SQL 语句中的参数赋值?

9-6　当查询返回多行结果时,程序如何处理查询返回的多行结果?

9-7　编写一个图形界面程序,当用户在输入框输入一个部门号后,单击“确定”按钮,在两个输出框分别显示该部门职工的人数和工资总和。

9-8　编写一个 Application 程序,当运行该程序时,通过命令行参数读一个入部门号,程序显示该部门的职工信息,输出职工姓名、性别、出生年月及工资。

9-9　编写一个 Application 程序,当程序运行后,从终端读入一个职工号,程序从 emp 表中删除该职工记录,并显示删除后的职工信息。该程序可反复执行,直到输入的职工号为 end 时,程序结束。

9-10　编写一个 Applet 程序,用户在界面上输入一个职工号和调整后的工资,然后单击“确定”按钮。程序进行如下判断:如果调整后的工资比原有工资低或相同,则在状态栏给出提示信息,且不予修改;如果调整后的工资高于原有工资,则修改职工工资,并在状态栏给出修改成功的信息。

第 10 章

Java 开发环境与工具

10.1 JDK 开发工具

JDK 是 Java Development Kit 的缩写，它是构建 Java 程序(包括 Application、Applet 和 Component)的基础开发环境。JDK 开发工具主要位于 Java 的 bin 子目录下。它由一组命令和实用程序组成，其目的是为了帮助用户完成基本的 Java 编程、运行及调试等任务。

10.1.1 JDK 基本命令

JDK 命令大都采用命令行方式，不提供图形界面，只有是 appletviewer 命令除外。

下面简介 Java 的几个常用命令。

1. javac——Java 编译器

命令格式：

```
Javac [选项] 源文件名
```

该命令对 java 源程序进行编译，并生成字节码文件，即将 .java 文件翻译成 .class 类文件，每个类都将产生一个类文件。

如果仅输入 javac 而没有其他内容，系统会给出命令提示，并列出命令选项列表，如图 10-1 所示。利用该方法可以查看命令格式及选项，其他命令也是如此。

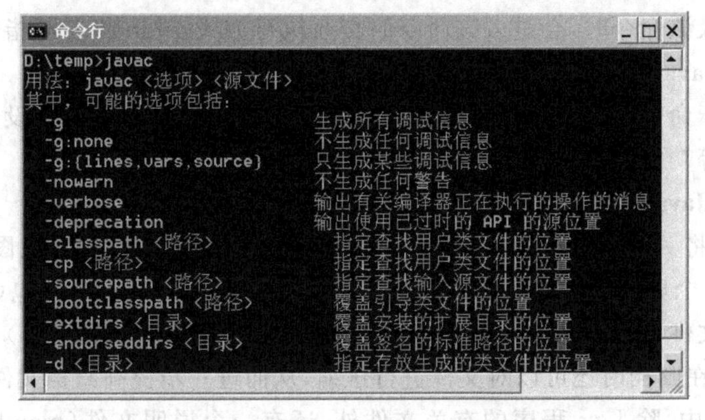

图 10-1 查看 Java 命令格式及命令选项

从图 10-1 中可以看出 javac 的几个命令选项，例如下列两个命令选项。

- -cp：指定查找用户类文件的位置(路径)。
- -d：指定存放生成的类文件的位置。

2. java——Java 解释器

(1) 命令格式 1

```
java [选项]  类文件  命令行参数
```

该命令用于解释执行 Java 字节码，即接受. class 文件，然后启动 Java 虚拟机解释并执行。其中，类文件名的后缀是. class(命令中指定类文件时不用输入文件后缀)。类文件可能有很多，但在 java 命令中指定的类文件必须是包含 main 方法的主类。

调用 Java 解释器时，只需要指定一个类文件，解释器将自动装载程序中需要用到的其他类文件。除 Java 系统类之外，这些类文件一般应放在当前目录中，或通过命令选项 -cp 指定类文件的查找路径。

(2) 命令格式 2

```
java [选项] -jar jar 文件 命令行参数
```

该命令是执行 jar 文件(其中包含了一组类文件及其他相关文件)。有关 jar 文件后面还将介绍。

3. appletviewer——Java 小程序观察器

命令格式：

```
appletviewer [选项] urls
```

该命令的作用是下载并执行 HTML 文档中包含的 Applet 程序。该命令可使 Applet 小程序脱离 Web 浏览器环境，便于调试和试运行。

4. jdb——Java 调试器

命令格式：

```
jdb [选项] 类文件
```

当执行输入该命令时，会进入该命令的交互执行方式。jdb 将装载指定的类，启动自己内嵌的一个 Java 解释器，然后暂停等待用户发出的 jdb 调试命令。

该工具基于命令行方式，提供了用于调试程序的一组子命令，包括设置断点、单步执行和查看变量等功能。

5. jar——Java 归档命令

jar 工具可将 Applet 或 Application 程序的所有文件(包括类文件、图像文件和声音文件等)存入一个归档文件中，其目的是将 Applet 和 Application 打包(成单个归档文件)，其好处是文件管理方便。例如，当需要下载 Java 程序时(如浏览器)，就只需要下载一个文件。jar 在归档时还可以对文件进行压缩，从而进一步提高归档文件下载速度。

在 jar 文件中，除 Java 程序的有关文件外，还有一个说明文件(manifest)，该文件由 jar 命令自动生成。

jar 命令一般格式如下：

```
jar (ctux) [fm] jar 文件 manifest 文件 被归档文件(如类文件等)
```

其中圆括号中的 4 个选项含义是：c 表示创建归档文件，t 表示列出归档文件内容，u 表示修改归档文件，x 表示展开归档文件中的文件(类似解压缩)。在执行 jar 命令时，这 4 个选项至少要选择一个。另外两个重要的选项是：选项 f 是指定 jar 文件，选项 m 是指定 manifest 文件。

下面介绍 jar 命令的几种典型应用。为了便于说明，我们使用了第 6 章中的 UseQueue. java 程序作为例子。该程序编译后会生成 4 个类文件(UseQueue. class、Queue. class、Node. class 和 LinkList. class)。

(1) 制作新的归档文件

```
jar cf queue.jar *.class
```

将当前目录下所有类文件存入 queue. jar 归档文件中。选项 c 用于创建归档文件，选项 f 用于指定新创建的归档文件名 queue. jar(后缀名可省)。

(2) 列表归档文件内容

```
jar tf queue.jar
```

该命令列表显示归档文件 queue. jar 中包含的文件名。选项 t 用于查看归档文件。

上述两个命令的执行过程如图 10-2 所示，其中 MANIFEST. MF 是归档文件中的说明文件，它由 jar 文件自动生成。

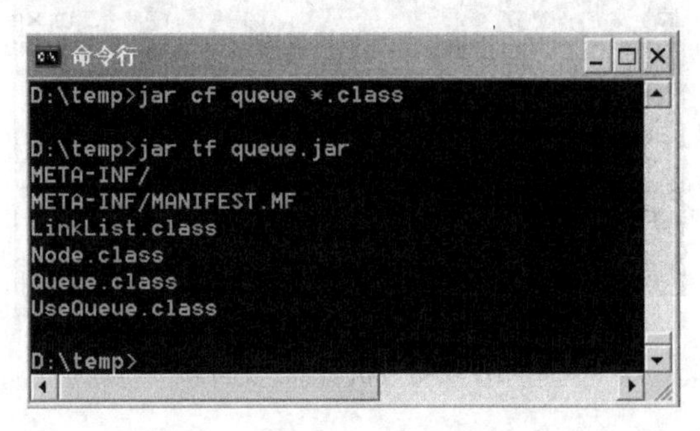

图 10-2　创建和显示归档文件

(3) 更新归档文件

```
jar uf queue.jar Node.class
```

该命令将 Node. class 文件加入到 jar 文件 queue. jar 中。如果 jar 文件中已包含了要加入的文件，则用新的文件替代 jar 中的老文件。

(4) 展开归档文件(类似解压缩)

```
jar xf queue.jar
```

该命令将归档文件 queue. jar 中的内容(所有文件)取出来，放在当前目录下。选项 x

用于展开归档文件(类似于解压缩)。

(5) 向归档文件中的 manifest 文件插入记录

就我们的例子来说,如果要执行类文件,可采用如下命令:

```
java UseQueue      (UseQueue 是主类)
```

但如果要执行 jar 文件,命令如下:

```
java-jar queue.jar
```

但为了能执行 jar 文件,必须在 jar 文件的说明文件(manifest)中加入一行,说明 jar 文件中的哪个类是主类。具体操作方法如下。

先建立一个文本文件(如取名为 m.txt),其中包含如下一行内容(输入后要回车换行)。

```
Main-Class: UseQueue      (说明 UseQueue 是主类)
```

然后执行如下命令:

```
jar cfm queue.jar m.txt *.class      (在创建 jar 文件时加入说明)
```

如果在创建 jar 文件时没有说明主类,可用下面的命令补充说明主类。

```
jar ufm queue.jar m.txt
```

向 jar 文件加入说明,以及执行归档文件的情况如图 10-3 所示。

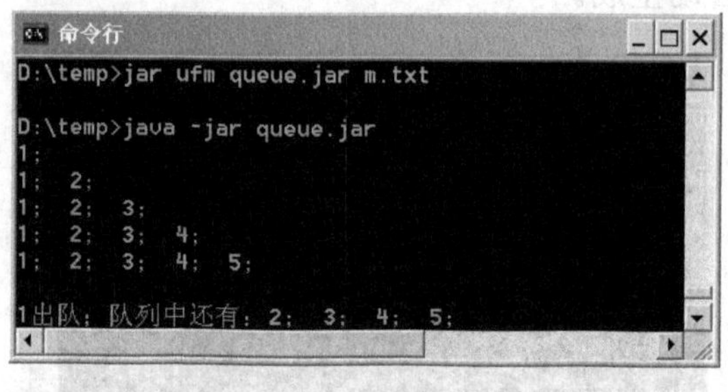

图 10-3 执行 jar 文件

6. javap——Java 类文件解析器

命令格式:

```
javap 类文件
```

该命令解析一个类文件,解析结果包括:该类是由哪个源程序编译后产生,类中有哪些 public 域和方法等。该命令的执行情况如图 10-4 所示。

10.1.2 JDK 基本组成

除上面介绍的 JDK 命令外,JDK 还包括下述一些内容。

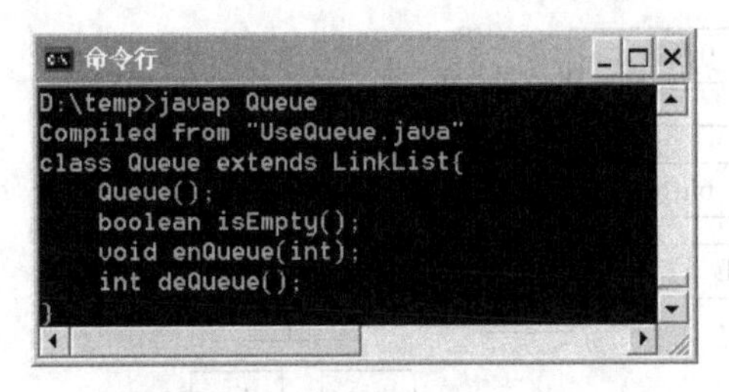

图 10-4　Java 解析器工具

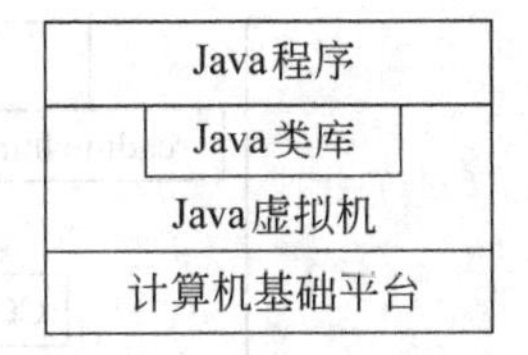

图 10-5　Java 运行环境

1. Java 运行环境

JDK 所使用的 Java 运行环境包含 Java 虚拟机、类库和其他支持文件。这些内容都在 Java 的 jre 子目录中。

JDK 运行环境如图 10-5 所示。

在完整的 JDK 安装后，就包含 JRE 的内容。但 JRE 也可以独立下载并安装，但它只提供运行环境，而不提供 JDK 的一些工具(如编译等)。

后面介绍的 Eclipse 就是基于 JRE 运行环境的。

2. 附加类库

位于 Java 的 lib 子目录中，包含了开发工具所需要的附加的系统类和支持文件。

3. 源代码文件

位于 Java 根目录下的 src. zip 文件中，其中的源文件包括了所有 Java 核心类的定义。JDK 提供这些源代码的目的主要是帮助开发人员学习和使用 Java 程序。

可以使用如下的 jar 命令展开这些文件(当然也可以使用其他解压缩工具)。

```
jar xvf src. zip
```

4. 演示文件(demo)

位于 Java 的 demo 子目录中，包含了若干很有意思的 Java 程序，系统提供了程序的源代码、类文件和 jar 文件等。读者可从中学习一些 Java 的编程知识。

从上述内容的相关目录中可以看到，系统提供的资源大都采用 jar 文件形式。

10.1.3　JDK 的下载与安装

当前 JDK 的最新版本是 JDK 6。下载及安装步骤如下：

(1) 首先进入 http://java. sun. com 主页，再进入 Downloads 主页，下载自安装可执行文件：jdk-1_6_0_01-windows-i586. exe(以 JDK 6 01 版为例)。

(2) 检查下载文件的大小是否正确(在下载网页上有文件大小说明)。

(3) 运行 JDK 安装程序，并按其提示进行操作(包括安装完后重启系统)。作为 JDK 的组成部分，该安装包括一个选项：是否安装公用 JRE。JDK 还包含一个私用的 JRE，但只为它自己的工具所使用。

安装后的目录树如图 10-6 所示。

(4) 更新 PATH 环境变量。这一步的目的是让用户在任何目录下都能执行 JDK 命令。也就是说，系统能够根据 PATH 设置的路径找到的 JDK 命令。

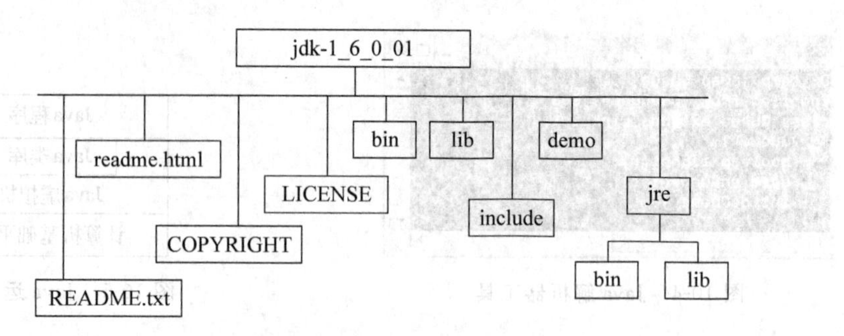

图 10-6　JDK 目录结构

按照默认安装目录,JDK 命令位于:

C:\Program Files\Java\jdk-1_6_0_01\bin

在 Windows XP 环境中,首先进入"控制面板"窗口,选择"系统"→"高级"→"环境变量",然后将上述目录加入到 PATH 中。

在第一次安装 JDK 时,安装程序会自动完 PATH 设置。但如果更新 JDK,或安装了其他含有 Java 内容的软件,就需要检查或重新设置 PATH 变量。

(5) 到此已完成 JDK 的安装。你可以尝试一下 JDK 的命令,检查系统安装的正确性。

10.2　Eclipse 集成开发环境

2001 年 11 月,IBM 与另外 7 家公司一同启动了一个名为 Eclipse 的开源项目。自该项目启动之后,Eclipse 成了所有软件技术中最热门的技术,成为人们争相下载的软件工具。Eclipse 从起初作为服务于软件开发的集成平台,逐步演变为可以宿主任何以桌面为中心的应用程序平台。

尽管 Eclipse 功能很多,但基于本书的主题,我们侧重介绍 Eclipse 提供的 Java 集成开发环境。

10.2.1　Eclipse 安装

由于 Eclipse 是免费的,读者很容易从各种网站上下载并安装它。Eclipse 主社区的网址是:http://www.eclipse.org。

(1) 首先下载 Eclipse 软件,这是一个压缩文件,文件名为:

eclipse-SDK-3.2.2-win32.zip

(2) Eclipse 的安装非常简单,也比较"特殊"。首先创建一个文件夹,然后将上述压缩文件解压缩到这个文件夹中即可。注意该文件夹中的结构及内容不要随意改动。

(3) Eclipse 要求你的计算机上必须预先安装好 1.4.1 或更高版本的 JRE(Java 运行环境),否则 Eclipse 不能工作。

（4）在 Eclipse 根目录下，有一个名为 eclipse.exe 的可执行文件，这就是 Eclipse 主程序。运行它即可启动 Eclipse 并进入集成开发环境的图形界面。为了方便使用，可以为 eclipse.exe 文件创建一个快捷方式，并将它放到桌面或开始菜单。

10.2.2 Eclipse 界面组成

Eclipse 界面如图 10-7 所示。

图 10-7　Eclipse 集成开发环境（主界面）

1. Eclipse 的主窗口与子窗口

从图 10-7 中可以看出，Eclipse 界面的主窗口是由很多子窗口组成的。这些子窗口显示出当前工作内容（项目、文件和程序等）的多种视图。在图 10-7 中，位于中央部分的是代码编辑器视图（编写 Java 代码的窗口），而在它周围是几个用于显示和操作特定内容的视图，其中每个视图的名字都写在视图标签上。

Eclipse 的主窗口含有主菜单和工具栏，而各视图也有自己专用的工具栏。各视图的样式基本相同。

每个视图的右上角都有最大化和最小化按钮。由于视图较多，每个视图的尺寸受限，有时不便于观察和操作（尤其是编辑器窗口）。所以，当使用某一视图时，可单击当前视图的最大化按钮，使该视图扩展而占据整个主窗口，待操作完后再单击视图右上角的恢复按钮（restore）还原大小。图 10-8 显示了将 Eclipse 界面中的编辑器窗口最大化的情况。

所以，要掌握 Eclipse 的基本使用，首先要弄清 Eclipse 的界面组成，特别是各视图的显示内容及操作方法。

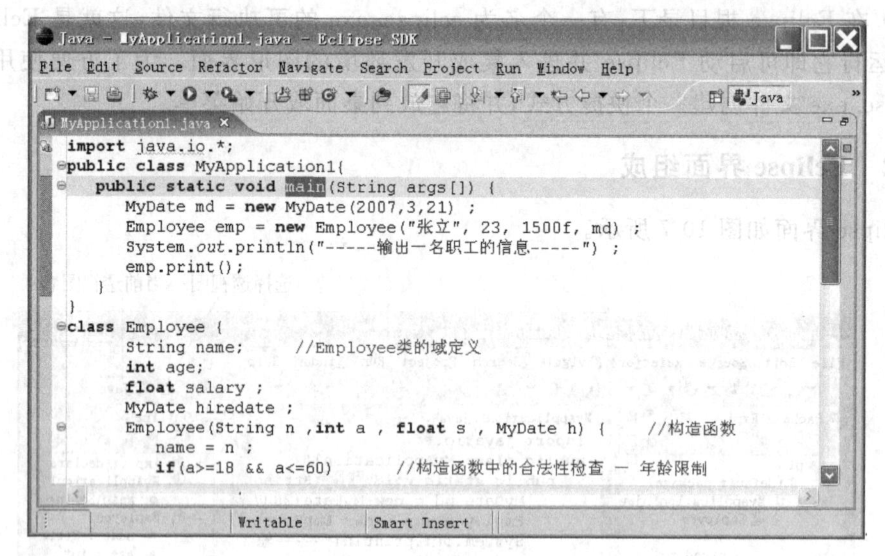

图 10-8　编辑器视图最大化

2. 透视图(perspective)

由于 Eclipse 应用广泛,不同开发项目需要使用的工具会有所不同,例如需要不同的视图搭配、工具栏、界面布局等。为此,Eclipse 利用"透视图"为开发者提供了定制不同开发环境与界面布局的功能。

Eclipse 的透视图所定义的是一组按初始布局排列的,满足特定开发任务需求的视图组合。系统预定义了若干常用的透视图,例如与 Java 有关的透视图包括如下几种。

- Java 透视图:用于 Java 程序的开发。
- Debug 透视图:用于 Java 程序的调试。
- Java Browsing 透视图:用于 Java 资源的浏览,如包、项目、类及方法等。

在图 10-7 中显示的就是 Java 透视图,也是我们使用和重点介绍的透视图。图 10-9 是 Debug 透视图的界面组成。

透视图的布局并不是固定不变的,例如你可以通过下述操作改透视图布局。

- 利用鼠标拖动某个视图的边框改变其大小,但一个视图大小改变也会影响其他视图的大小。
- 利用鼠标拖动视图标签来移动并改变视图的相对位置。
- 利用视图的最大化和最小化按钮,使视图扩充到整个主窗口或缩为最小尺寸。
- 当透视图中某个视图不太需要时,可利用视图的关闭按钮(在视图标签上)关闭它,以精简操作界面。如果要重新打开已关闭的视图,可执行主菜单命令 Window|Show View,然后选择要打开的视图。

Eclipse 会记住你对透视图布局的修改。当然,你也可随时恢复透视图的默认布局,方法是:鼠标右键单击主窗口工具栏右边的当前透视图名,然后在弹出的快捷菜单中选择 Reset 命令即可。在该弹出菜单中,还有保存透视图(Save as)和关闭透视图(Close)等命令。

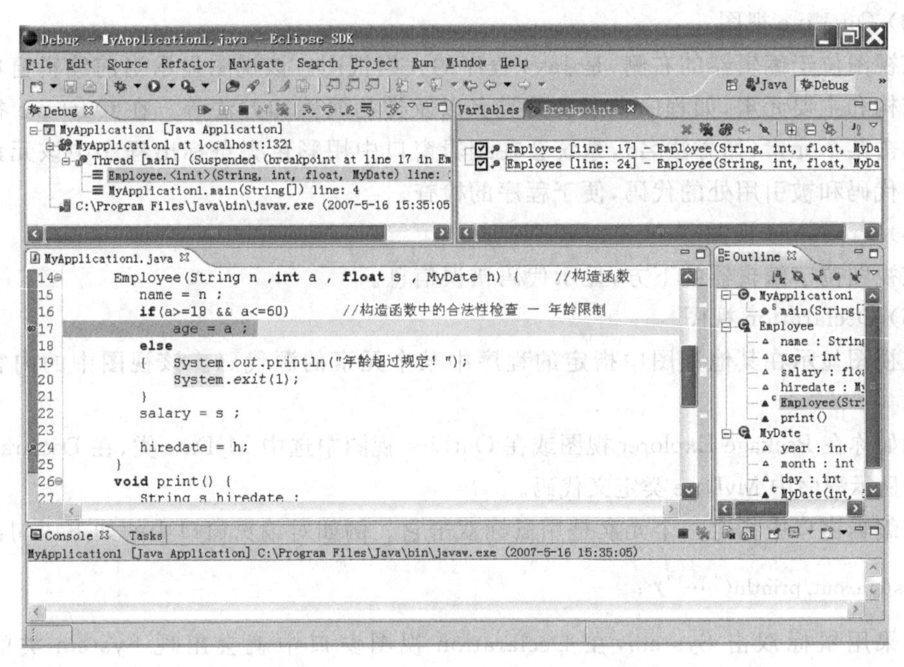

图 10-9 Eclipse 界面——Debug 透视图

在 Eclipse 中,你可以同时打开几个透视图,并在它们之间进行切换,但同一时刻只能在一个透视图中操作。

Eclipse 透视图的定制与个性化功能为开发者提供了很大的灵活性。

3. 视图(view)

每一个透视图都是由若干视图组成的。每种视图都服务于某项任务。但核心视图还是代码编辑器,而其他视图都是“围着代码转”,为代码的管理、运行、调试、查看等工作服务。这些视图中的内容是互相关联的,例如在编辑器中修改了 Java 代码,其他视图会随着你的操作同步发生修订。

下面简述一下 Java 透视图中的几个视图的功能,后面还会有进一步的介绍。

(1) 代码编辑器视图

它是编写 Java 代码的唯一场所。编辑器视图标签上显示出当前编辑的源程序的文件名。在编辑器视图中可以同时打开几个编辑窗口(同时编辑几个源程序),类似一个多页面的界面。

在 Eclipse 中可以使用的代码编辑器有几种,而编辑 Java 代码应该使用 Java Editor。

Java 透视图中隐含的编辑器就是 Java Editor,该编辑器在 Java 代码的开发中为程序员提供了多方面的支持,使编写代码工作变得更加容易。

(2) Package Explorer 视图

该视图位于编辑器的左侧,是 Java 的资源管理器。与 Windows 的资源管理器类似,它也是采用文件夹式的层次结构组织和管理 Java 的各种资源,包括项目、包、源程序文件,以及文件中的类,类中的属性及方法等。

(3) OutLine 视图

该视图位于编辑器的右侧,是Java程序的大纲视图。该视图显示当前编辑窗口中的程序结构和主要元素,如程序中定义的类名以及类的属性和方法等。在 OutLine 视图中鼠标单击某个元素(如方法名),系统会在编辑窗口中用彩色亮条标出程序中该元素的定义处的代码和被引用处的代码,便于程序的检查。

(4) Problems 视图

该视图位于编辑器的下方,显示代码错误信息。

(5) Declaration 视图

该视图显示在其他视图中指定的程序中某个元素的源代码。该视图中的内容是只读的。

例如你在 Package Explorer 视图或在 OutLine 视图中选中 MyDate 类,在 Declaration 视图中就显示程序中 MyDate 类定义代码。

在编辑窗口中指定一个元素是用鼠标双击它。例如对编辑窗口中的如下语句:

```
System.out.println(" … ");
```

如果用鼠标双击 System,在 Declaration 视图窗口中就会出现 System 类的定义代码。

(6) Console 视图

控制台视图,用于标准输入、标准输出和错误信息输出。当 Java 程序运行时,Console 视图扮演命令行的终端界面。

10.2.3 Eclipse 的项目与工作空间

1. 项目(Project)

一般来说,Eclipse 下的所有资源都必须包含在项目中,项目是一组相关文件的集合。例如,在一个 Java 项目中,包含有 Java 的各种文件,而.java 和.class 文件就是其中的主要成员。所有 Java 元素都必须存于 Java 项目中,只有这样,Eclipse 才能正确地将它们识别为 Java 元素。

在一个项目里,程序资源被存储在不同的文件夹中,而且文件夹还可以嵌套。实际上,在创建一个项目时,(默认情况下)项目名称就是项目的最顶层文件夹名称。

Eclipse 的项目具有特定的组织结构。一个项目不但包含文件资源,而且还保存资源描述信息、项目构建信息等。也就是说,每个项目都有自己的“元数据”(元数据是描述其他数据的数据),这是 Eclipse 操作项目的依据。

2. 工作空间(Workspace)

每次进入 Eclipse 时,系统都会弹出一个对话框,提示你指定当前的工作空间(类似于当前目录),如图 10-10 所示。另外,在进入 Eclipse 后,通过执行主菜单的“File|Switch Workspace”命令,也会弹出该对话框,用于工作空间的切换。一旦发生了工作空间的切换,Eclipse 都会重新启动并进行必要的项目加载工作。

Eclipse 的项目都是保存在工作空间中的,所以你对项目的操作(如创建、打开、保存

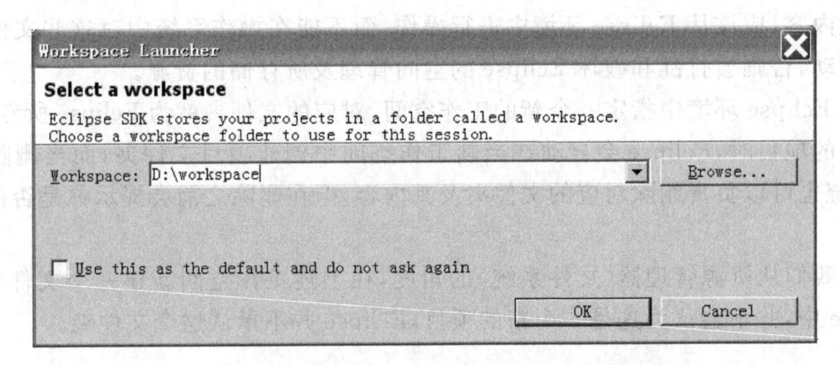

图 10-10　指定 Eclipse 工作空间的对话框

和删除等)，都是针对当前工作空间中的项目而言。

但工作空间除了保存项目本身，还保存了很多工作空间的描述信息及专用信息。也就是说，工作空间也有属于自己的"元数据"。Eclipse 将其资源的本地变化记录都保存在工作空间中。每次修改项目时，Eclipse 都会对项目的变化情况做记录。

Eclipse 的工作空间也是基于文件系统的，每一个工作空间对应一个文件夹(可以是本地，也可以是远程)。当为 Eclipse 的工作空间首次选择一个文件夹时，该文件夹就是一个普通的文件夹。可是，一旦该文件夹被确定为 Eclipse 的一个工作空间后，Eclipse 将按照工作空间的管理方法管理该文件夹，并向该文件夹中添加必要的元数据。

图 10-11 就是从资源管理器窗口中看到的一个工作空间(D:\workspace)的内容。在我们的示例中，假定在此工作空间中已创建了两个 Java 项目，项目名称分别为 p1 和 p2。所以在工作空间文件夹中，包含有项目文件夹 p1 和 p2。但除此之外，Eclipse 还在工作空间创建了系统文件夹 . metadata(意为元数据)。

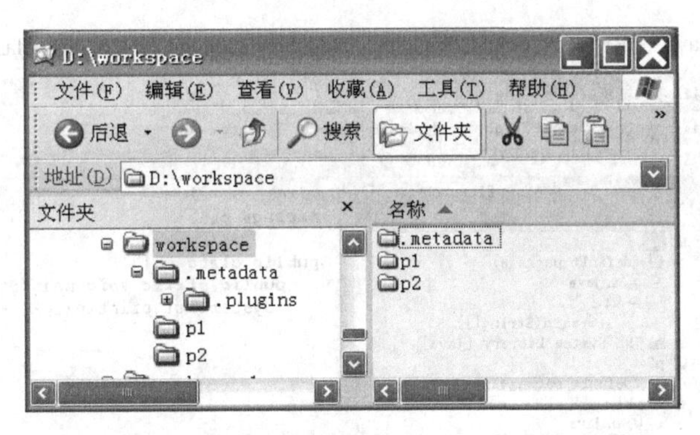

图 10-11　资源管理器中的 Eclipse 工作空间和项目

3. Eclipse 工作空间与 Window 文件系统

Eclipse 的资源管理是基于文件系统的。从 Eclipse 的角度看，其资源管理的机制是"工作空间-项目-有名包(或无名包)-类文件"，而从 Window 的文件系统看，就是"工作空间文件夹-项目文件夹-有名包文件夹-文件"。所以 Eclipse 工作空间可以非常容易地与文件系统以及与其他工具和众多源代码库集成。

但需要注意的是，对于作为 Eclipse 工作空间的文件夹，以及工作空间中的项目文件夹和其他内容,应该从 Eclipse 环境中进行操作,而不能在操作系统中对这些文件夹及文件随意变动,否则会打乱和破坏 Eclipse 的空间管理及所存储的资源。

当在 Eclipse 环境中指定一个新的工作空间,对应的文件夹就为 Eclipse 所专用;当创建一个新的项目时,Eclipse 会自动在当前工作空间中创建项目文件夹;而当删除一个项目时,系统也可以负责删除对应的文件夹及其内容,但在删除之前会提示你是否保留文件夹内容。

如果我们从资源管理器(文件系统)的角度,在上述工作空间新建一个文件夹 p3,而在 Eclipse 中,并不会认为这是一个新的项目,Eclipse 并不承认这个文件夹。

10.2.4 开发一个 Java 项目的基本过程

本节通过一个样例介绍,说明开发一个 Java 项目的基本过程。

1. 启动 Eclipse

在进入系统之前,系统可能会提示你选择一个工作空间,我们选择 D:\workspace,或者在进入系统之后,利用主菜单 File|Switch Workspace 命令,确认或重新选择当前要使用的工作空间。

为了便于创建 Java 项目,应确认当前打开的透视图为 Java 透视图。

利用工具栏右侧的透视图按钮,可以在下拉菜单中选择并打开一个透视图,或在已打开的透视图中选择并切换到一个需要的透视图。

2. 创建 Java 项目

进入 Eclipse 环境后,在 Package Explorer 视图中会显示出当前工作空间中已有的项目。如图 10-12 中显示,当前工作空间中已创建了两个项目(p1 和 p2)。

图 10-12 中还标注了主窗口工具栏上常用的几个按钮。

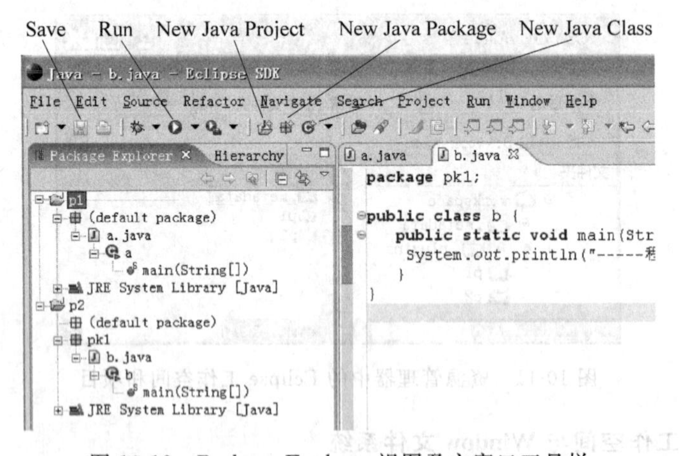

图 10-12 Package Explorer 视图及主窗口工具栏

创建一个新的 Java 项目的方法如下:

单击工具栏上的 New Java Package 按钮,Eclipse 会弹出如图 10-13 所示的对话框。在该对话框中,首先要输入项目名称(Project name),例如输入 p3,至于对话框中的几个选项,我们都可采用图中所示的默认选项。

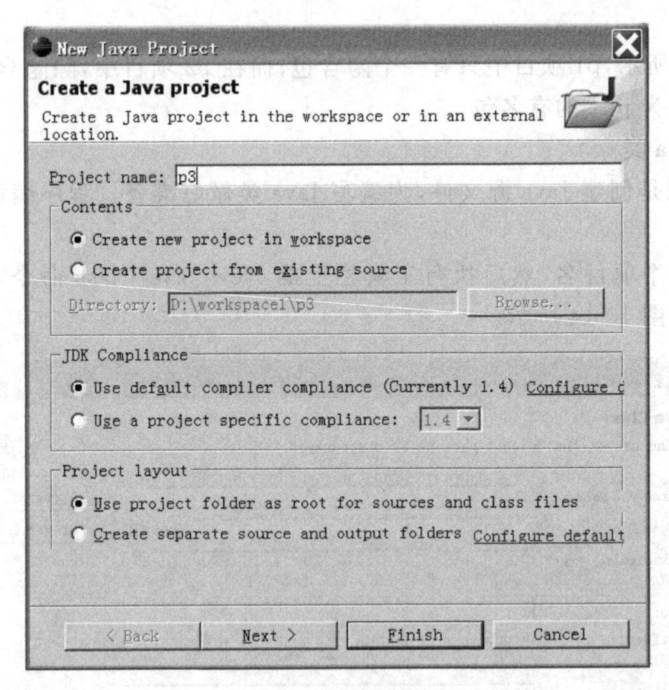

图 10-13 创建 Java 项目的选项对话框

在对话框的 Project layout 选项中，如果选择“Create separate…”选项，在项目文件夹中就会建立两个子文件夹(src 和 bin)，分别存放.java 文件和.class 文件。如果采用图中的默认项，项目中的文件都存放在项目文件夹中。

项目创建后，在 Package Explorer 视图中就会看到 p3 项目，并含有内置的内容(JRE 系统库)。在文件管理器中，也可以看到 p3 文件夹已经建立，且包含了两个项目专用文件(.classpath 和.project)。

在图 10-13 所示的对话框中，如果选择 Create project from existing source，意为利用已有的源程序文件创建项目。如果选择此方式创建项目，就需要指定一个文件夹(里面应含有 Java 源程序)。这样，Eclipse 就不再创建新的项目文件夹，而是把一个已存在的普通文件夹转变为项目文件夹，并纳入自己的管理范围。

3. 在项目中创建 Java 包

在第 5 章中曾讲到，Java 的类与接口的定义必须存在于包中。如果没有创建包，就采用隐含的无名包。在 Eclipse 中也是一样，当创建新的 Java 项目后，你可以在项目中创建有名包，然后在包中创建类。

在一个项目中创建包的方法是：选中一个项目名(如 p2)，然后单击工具栏上的 New Java Package 命令，在随后出现的 New Java Package 对话框中输入包名(如 pk1)即可。

当有名包创建后，在文件系统的资源管理器中，可以看到项目文件夹中又建立了一个与包名同名的子文件夹。

如果你在项目中没有创建包，当在项目中创建新的 Java 类时，Eclipse 会自动创建一个隐含的无名包(Default package)。在文件系统中，隐含包的位置就设在项目文件夹(不再另建文件夹)。

如图 10-12 所示,p1 项目中只有一个隐含包;而在 p2 项目中,除隐含的无名包之外,还建立了一个名为 pk1 的有名包。

4. 创建 Java 类

该步骤首先是创建 Java 源文件,为编写 Java 类做好准备。程序编译后才会产生类文件。

首先选中一个项目名,然后执行工具栏上的 New Java Class 命令,弹出 New Java Class 对话框,如图 10-14 所示。

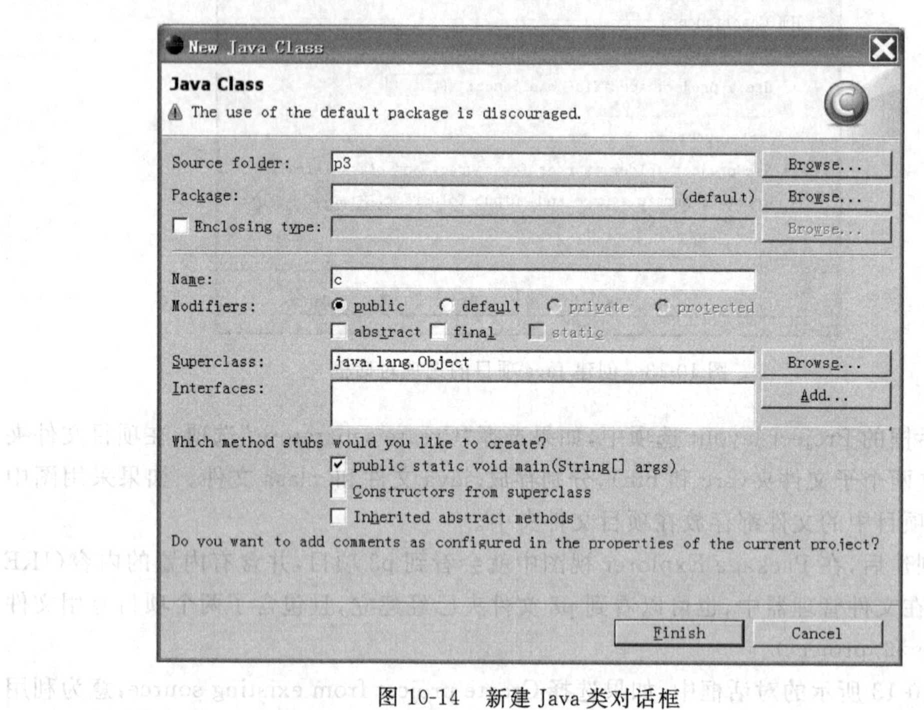

图 10-14　新建 Java 类对话框

在该对话框中,有如下几项内容。

- Source folder:指定 Java 源文件存放的文件夹。一般情况下就是项目文件夹。
- Package:如不填,即是在隐含包中(项目文件夹)创建类文件;若通过选择指定项目中的一个包,则 Java 文件会存放在包文件夹中。
- Name:填写类的名字。系统会采用类名作为.java 文件名。
- Superclass:指定父类,隐含是继承 Object 类。

除类名必填外,其他选项也可在具体编写代码时再考虑。

当一个类创建后,在 Package Explorer 视图的项目里,就会看到所定义的类。例如在图 10-12 中,项目 p1 中因建立了类 a,所以产生了 a.java 文件。该文件中目前定义了一个类(a)。当然在该文件中还可继续定义其他类。

在前面章节中曾讲过,public 类必须保存在以自己的名字命名的.java 文件中。如果修改了 public 类名,java 文件名也要修改。

修改源文件名的方法是：在Package Explorer视图中，鼠标右键单击一个文件名(如a.java)，在弹出的快捷菜单中选择Refactor|Rename命令，就可修改文件名。

5. 编写Java代码

要打开一个Java源文件进行编辑，可在Package Explorer视图中，鼠标双击一个源文件名(例如a.java)，或下属的类名、方法名和属性名等，都会将源文件内容调入编辑窗口中，并定位在所要编辑的代码部分。当然首次编辑文件时，文件内容基本为空。

6. 编译Java代码

该步相当于执行javac命令。在Eclipse环境中，一般采用自动编译方式。该方式的设置方法是：在主菜单Project的菜单项中，选中Build Automatically即可。

在自动编译方式下，每当我们保存一个源程序文件时，系统都会在保存之前先对代码进行编译。如出现编译错误，错误信息就会显示在Problems视图中。

所以，当我们编写或修改代码后，只要单击Save按钮保存文件，系统就会保存并编译代码，非常方便。

7. 执行Java程序

(1) 执行Application程序

在Package Explorer视图中，展开一个项目的内容，选中一个含有main()方法的类名(如图10-15中的类名a)，然后单击工具栏上Run按钮右侧的小三角按钮，在弹出的下拉菜单中选择Run As|Java Application选项，即可执行Application类型的Java程序。如果再次运行刚刚执行过的Java程序，只需单击工具栏上的Run按钮即可。

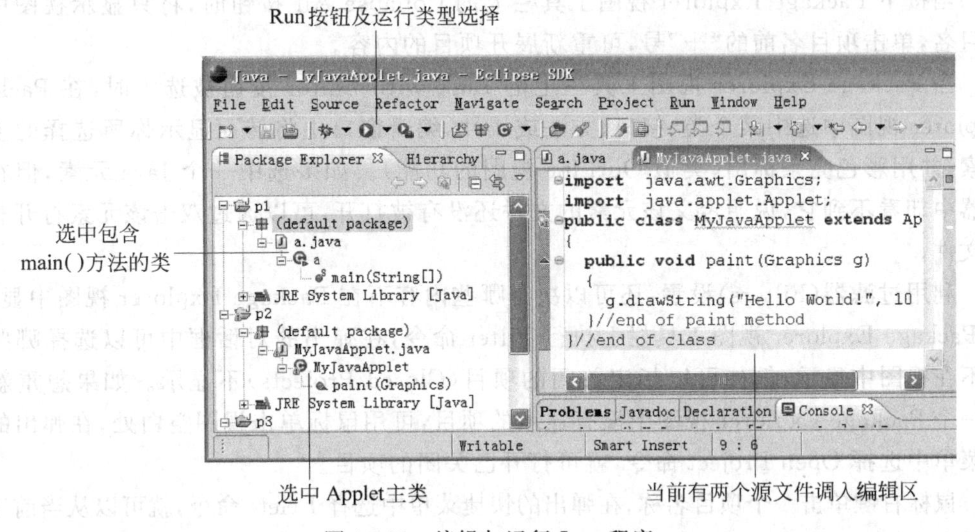

图10-15 编辑与运行Java程序

如果程序是字符界面，程序的输入输出就会在Console视图中进行；如果程序是图形界面，程序的图形用户界面就会直接出现在屏幕上。

(2) 执行Applet程序

在Package Explorer视图中，展开一个项目的内容，选中一个Applet小程序的主类

类名(该类继承了 Applet 类或 JApplet 类,如图 10-15 中的类名 MyJavaApplet),然后单击工具栏上 Run 按钮右侧的小三角按钮,在弹出的下拉菜单中选择 Run As|Java Applet 选项,即可执行 Applet 类型的 Java 小程序。系统会打开小程序浏览器,显示程序的用户界面。

当执行一个程序时,如果之前代码有所修改但还未保存,系统会首先弹出 Save Sources 对话框,提示你保存一下代码,然后编译代码,之后再执行代码。如果编译有错,错误信息会出现在 Problems 视图中,且程序不会执行。

8. 程序的保存与退出

在编辑程序的过程中,应注意及时保存代码以防丢失。单击工具栏上的 Save 按钮,可保存当前编辑中的.java 文件;执行主菜单 File|Save All 命令可保存所有已调入编辑器的文件。

执行主菜单 File|Exit 命令,可退出 Eclipse,系统在必要时也会提示你保存文件。

9. Package Explorer 视图的使用

在 Java 项目开发过程中,Package Explorer 视图用于显示和管理当前工作空间中的 Java 资源。如果项目较多,可以通过项目的打开、关闭和隐藏等操作,调整视图中的内容。

鼠标右键单击一个项目名,在弹出的快捷菜单中选择 Close Project 命令可以关闭一个项目。项目关闭后会释放所占的资源,在 Package Explorer 视图中仅留一个名称。

鼠标右键单击一个已经关闭的项目名称,在弹出的快捷菜单中选择 Open Project 命令,就可打开该项目。项目打开后,可展开项目内容,进而编辑、执行 Java 程序。

当按下 Package Explorer 视图工具栏上的 Collapse All 按钮时,将只显示视图中的项目名,单击项目名前的"+"号,可重新展开项目的内容。

当 Package Explorer 视图工具栏上的 Link with Editor 按钮被选中时,在 Package Explorer 视图中选中某个类、接口、方法或属性,编辑窗口中将转而显示你所选择的 Java 元素,并用彩色亮条标出(类似 OutLine 视图的功能)。如果选中一个 Java 元素,但在编辑器中却看不到它,说明定义该元素的文件还没有被打开,可以通过双击该元素打开相关的文件。

利用过滤器(Filters)设置,还可以决定哪些内容不在 Package Explorer 视图中显示。在 Package Explorer 视图工具栏上执行 Filter 命令,在弹出的对话框中可以选择哪些内容不在视图中显示,例如可以指定关闭的项目(Closed Projects)不显示。如果想重新打开一个 Package Explorer 视图中没有显示的项目,可用鼠标单击视图空白处,在弹出的快捷菜单中选择 Open Project 命令,就可打开已关闭的项目。

鼠标右键单击一个项目名称,在弹出的快捷菜单中选择 Delete 命令,就可以从当前工作空间中删除一个项目。在删除项目时,系统会提示你是否同时删除项目文件夹及其内容,如果只删除项目而不删除项目文件夹,该文件夹将脱离 Eclipse 的管理,变为普通文件夹。

10.2.5 Java 编辑器使用

编写 Java 代码是 Java 开发中基本而又繁琐的工作。而 Java 编辑器的丰富功能为我们开发 Java 程序带来很大便利。本节重点介绍 Java 编辑器的几个颇具特色的功能。

在Eclipse主菜单中，进入Windows|Preferences|Java|Editor可以对Java编辑器的功能进行设置。本节的讲述都是基于系统的隐含设置。

1. 代码查看功能

(1) 查看标识符

当主窗口工具栏上的Toggle Mark Occurrences状态按钮处于选中状态时，编辑器提供如下功能：单击一个标识名(类名、方法名、属性名等)，该标识名在程序中出现的所有地方系统都用同种颜色标出，便于程序员查看该标识名的定义及被引用情况，例如一个方法、一个变量在哪个地方定义，又在哪些地方被调用等。

(2) 查看括号内容

类定义和方法的定义都是在一对花括号中。只要将插入光标移到某个花括号的右边(左花括号或右花括号)，与该花括号配对的另一个花括号就会用长方形符号标记出来。

另外，只要用鼠标双击花括号右侧的插入位置，系统会将一对花括弧中的内容全部选中，便于用户查看一个单元内的内容。

实际上，上述功能对于代码中的圆括号、方括号等也都是适用的。

(3) 代码隐藏功能

当主窗口工具栏上的Show Source of Selected Element Only状态按钮处于选中状态时，编辑器提供如下功能：当你在Package Explorer视图或OutLine视图中选择程序代码中的一个元素(如类名、方法名和属性名等)，编辑窗口中就只显示与之有关的内容，代码的其他部分不再显示。例如你选择了一个方法名，编辑窗口中就只显示该方法的代码。

另外，你也可以这样使用该功能：在编辑窗口中，将光标移到程序的某个部分，按下Show Source of Selected Element Only状态按钮，编辑窗口仅显示光标所在的单元代码(如一个类定义或一个方法的定义)，而当前编辑区中的其他代码都被隐藏。当再次单击Show Source of Selected Element Only状态按钮使它变为未选中时，代码又全部重现。

如果一个Java文件中包含的类与方法定义较多，该功能可以隐藏部分代码，便于用户集中于某段代码的查看和编写。

(4) 展开、收缩代码段

在Windows的资源管理器中，文件夹前有一个加号或减号图标，通过鼠标单击该图标，可以展开或收缩文件夹中的内容。在Package Explorer视图或OutLine视图中，也有类似的功能。

而现在我们要说的是编辑窗口中的类似功能。在Java编辑窗口左侧，对应类定义、方法定义的首行代码位置，也有一个加号或减号图标。通过单击该图标，可以打开或收缩类和方法的定义体代码。当一个类(或方法)的定义体处于收缩状态时，编辑窗口就只显示类名(或方法名)以及定义体的左花括号，而在左花括号后跟一个小方块图标，代表未展开的代码。该项功能可以凸显代码结构。

注意：当Show Source of Selected Element Only状态按钮按下时，没有该项功能。

(5) 充分利用OutLine大纲视图

利用OutLine视图，可以浏览当前编辑区中程序的主要元素及隶属关系，在视图中单击一个元素，在编辑区中就能定位到该元素代码部分。

2. 代码完成功能

(1) 配对输入功能

在输入代码时,Java 编辑器会自动完成某些配对符号的输入。

例如:当用户输入了左括号(指圆括号和方括号)后,系统会自动添加对应的右括号。又如,当用户输入一个上引号(包括单引号和双引号)后,系统会自动添加与之配对的后一个引号。

(2) 单词完成功能(Word Completion)

在输入代码过程中,当某个词汇输入到一半时,如果按组合键 Ctrl+Alt+/,系统会根据上下文自动完成该词汇的输入,而且准确率非常高。

(3) 内容辅助功能(Content Assist)

所谓内容辅助功能,是指用户在代码输入过程中,Java 编辑器会根据用户已输入的内容,提示随后可以输入的内容。

在输入 Java 代码时,用户可以通过快捷键 Alt+/来查看当前尚未输入完的词汇(如语言中的保留字、各种标识名等)的完整内容。

例如,用户准备输入如下代码:

```
System.out.println("Hello world!");
```

当用户输入 Sys 后,如忘记后面字母拼写,或想通过代码辅助快速输入余下的内容,可按快捷键 Alt+/,系统会立即弹出一个列表框,列出可选的输入,其中包括 System、SystemColor 等类标识名及其他可选的输入。如果菜单中有合适的输入选项(如 System),鼠标双击该项即可完成指定的输入(即 System)。

在弹出的列表框中,有时还有可选的语句,如:

```
sysout-print to standard out
syserr-print to standard error
```

如果双击 sysout-print to standard out 选项,可完成如下语句的自动输入:

```
System.out.println( ) ;
```

(4) 参数提示功能(Parameter Hints)

在输入带参数的方法时,只要将插入点移到括号内,按组合键 Alt+/,系统就会弹出一个列表框,列出方法的所有参数格式。

图 10-16 是参数提示的一个例子。

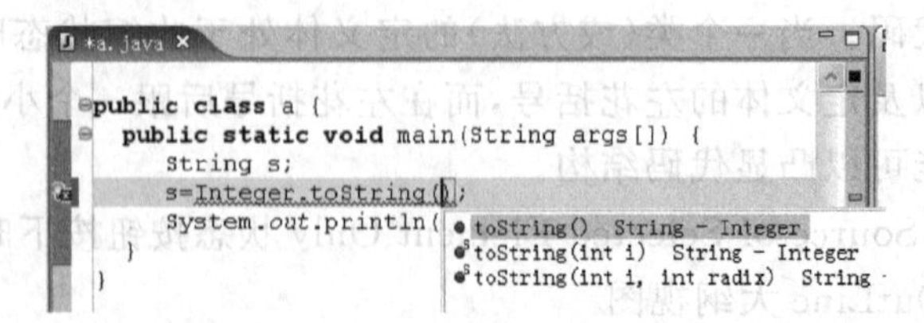

图 10-16 方法参数提示例

在图 10-16 中，当插入点在括号内时，按组合键 Alt+/，就弹出了如图所示的列表框，其中列出了一个对象方法（没有参数）、一个静态方法（1 个参数）和另一个静态方法（2 个参数）。

请读者注意列表框中的小图标样式，静态方法的图标上有一个字母 s。

(5) 代码辅助功能

在代码编写中，我们经常需要输入：

类名.方法名　类名.域名　对象名.方法名　对象名.域名

系统在这方面为编程人员提供了有力的支持。当用户输入一个类名（或对象名）及小数点后稍停片刻，系统就会弹出一个列表框，列出可能的方法或属性供用户选择输入。

例如在图 10-17 中，当我们输入了“System .”后稍停片刻，系统就弹出如图所示的列表框，只要双击要输入的项即可（如双击 out）。

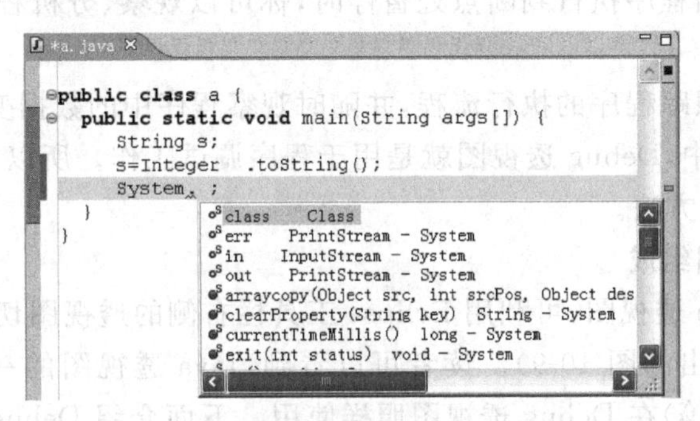

图 10-17　提示类或对象的属性与方法

下面是一个连续使用语句完成功能的例子。

仍以 System.out.println("Hello world!")语句为例。当用户输入了“System.”后，系统就会弹出列表框，其中显示出 System 类的属性及方法，用户从列表框中选择了 out，然后再输入 out 后面的“.”，系统又会弹出列表框，列出 out（PrintStream 类）的属性及方法，如 append、print、println 等。用户从中选择 println 方法，并完成语句的输入。

当然，如果用户对代码很熟悉，可自行输入而不必理会系统的提示。

(6) 语法模板功能

在输入条件语句、循环语句、switch 语句、catch 等语句时，在输入语句的关键字后，按组合键 Alt+/，系统会给出语句的结构供你选择。当用户选择一种语句结构后，语句的框架马上插入到代码中，用户就可以在框架中添加相应的代码了。这对于复杂结构的语句输入是非常方便的。

例如，当用户输入了 if 关键字后，按组合键 Alt+/，系统会弹出列表框，给出 if 语句的几种结构，如图 10-18 左图所示；当选择 ifelse 结构后，语句结构就出现在代码中，如图 10-18 右图所示。

10.2.6　Java 程序调试

对于程序的编译错误，可根据 Problems 视图中的提示信息（错误类型、错误语句位置

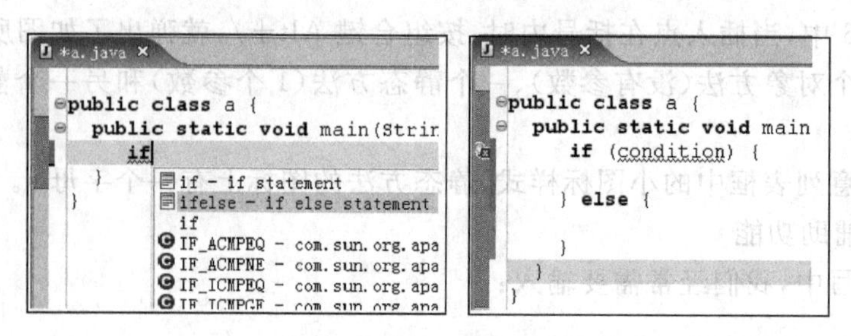

图 10-18　语句模板功能

等),对程序进行修改;而对于程序执行中出现的错误,特别是逻辑错误,就需要对程序进行调试。

程序调试的基本方法如下。

- 设置断点:当程序执行到断点处暂停时,你可以观察、分析程序中的数据变化(变量的值)。
- 单步执行:跟踪程序的执行流程,并随时观察程序中的数据变化。

在 Eclipse 环境中,Debug 透视图就是用于程序调试工作。所以本节重点介绍 Debug 透视图的构成与使用方法。

1. Debug 透视图组成

如果当前是 Java 透视图,可利用 Eclipse 工具栏右侧的透视图切换按钮,调出 Debug 透视图(见前面已给出的图 10-9)。读者可以看到,Java 透视图的一些视图(如编辑器、Console 和 OutLine 等)在 Debug 透视图照样使用。下面介绍 Debug 透视图中专用的两个视图。

(1) Debug 视图

该视图负责管理程序的运行和调试工作。该视图的功能主要体现在工具栏的几个重要按钮上,如图 10-19 所示。

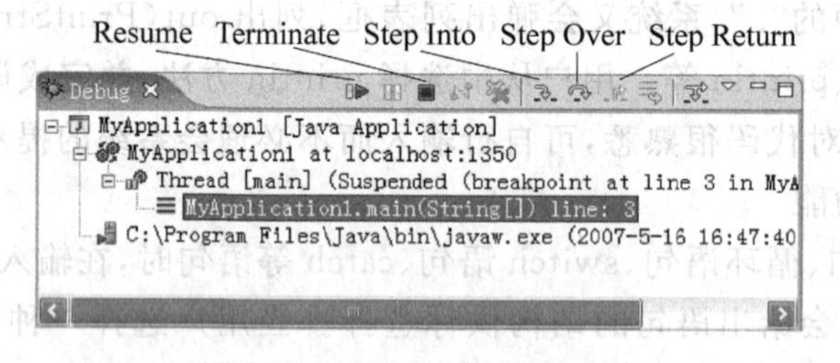

图 10-19　Debug 视图工具栏

- Resume:从暂停位置恢复执行,直至程序结束,或停在下一个断点处。
- Terminate:立即中止程序的执行。
- Step Over:单步执行程序,即执行一条语句后,程序停在下一条要执行的语句处。
- Step Into:对于一般语句(如赋值语句、控制语句等)同 Step Over。如果是调用方法的语句,会进入方法而停在方法的第一条语句处。使用 Step Into 可跟踪到方法里面去单步执行语句,而 Step Over 只把调用方法的语句作为一条普通语句,不进入方法执行。

- Step Return：连续执行完当前方法中的剩余代码并返回，或停在方法中设置的断点处。

(2) Breakpoints 视图

Breakpoints 视图主要负责程序中的断点管理，如显示程序中所设置的断点及其位置，通过复选框选择使用哪些断点以及删除断点等，见图 10-20。

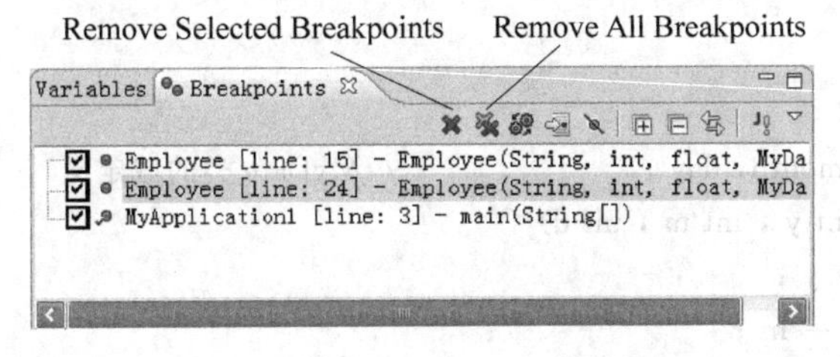

图 10-20 Breakpoints 视图

在代码中设置断点最简单的方法是：在 Java 编辑器中，在想要设置断点的语句左侧的标记栏上双击鼠标，标记栏上会出现断点设置标记；再双击断点标记就可以取消该断点。在程序中可根据需要设置多个断点。

2. 程序调试

下面通过一个示例说明程序调试的基本流程。被调试的程序代码如下：

```
1: public class MyApplication1{
2:     public static void main(String args[ ]) {
3:         MyDate md = new MyDate(2007,3,21) ;
4:         Employee emp = new Employee("张立", 23, 1500f, md) ;
5:         System.out.println("-----输出一名职工的信息-----") ;
6:         emp.print( );
7:     }
8: }
9: class Employee {
10:        String name;                        //Employee类的域定义
11:        int age;
12:        float salary ;
13:        MyDate hiredate ;
14:        Employee(String n ,int a , float s , MyDate h) {  //构造函数
15:          name = n ;
16:          if(a>=18 && a<=60)             //构造函数中的合法性检查——年龄限制
17:            age = a ;
18:          else {
19:            System.out.println("年龄超过规定!");
20:            System.exit(1);
21:          }
22:          salary = s ;
```

```
23:         hiredate = h;
24:     }
25:     void print( ) {
26:         String s_hiredate ;
27:         s_hiredate = hiredate.year +  "年" + hiredate.month + "月"  ;
28:         System.out.println("姓名:" + name  + "年龄:" + age +
29:                            "工资:" + salary + "雇用年月:" + s_hiredate);
30:     }
31: }
32: class MyDate {
33:     int year, month, day ;              //MyDate类的域定义
34:     MyDate(int y , int m , int d) {
35:         year = y ;
36:         month = m ;
37:         day = d ;
38:     }
39: }
```

如前所述,要运行一个程序,可以使用主窗口工具栏上的 Run 按钮。但要使程序进入调试状态,必须使用工具栏上的 Debug 按钮运行程序,否则断点设置、单步执行等调试手段都将不起作用。

首先,我们在第 16 句设置一个断点,然后单击工具栏上的 Debug 按钮启动程序。如果是第一次调试运行,应该执行 Debug As|Eclipse Application 命令。程序执行到断点处停下。注意,此时第 16 条语句还没有执行。

程序暂停后,观察变量内容最简单的方法是用鼠标指向一个变量名,系统会弹出一个信息框,显示该变量的内容。如图 10-21 所示,我们用鼠标指向变量 name,系统显示 name 的值为“张立”。如果用鼠标指向变量 salary,系统会显示其值为 0,这是因为程序还没有执行到第 22 句,构造函数参数 s 的值还没有赋给变量 salary。

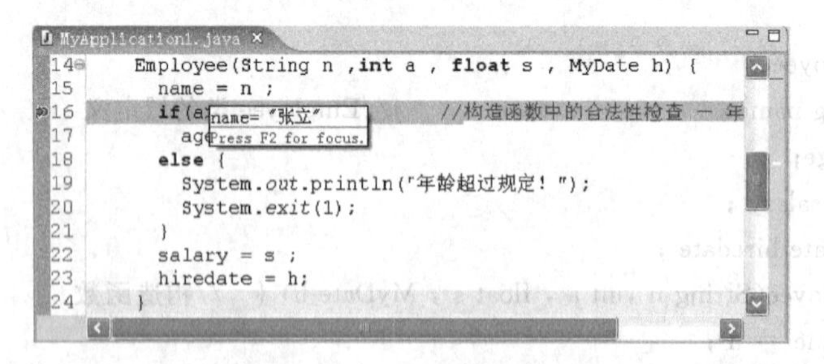

图 10-21 程序调试—设置断点及观察变量的值

接下来我们利用 Debug 视图工具栏上的 Step Over 按钮单步执行程序,每按一次该按钮,程序执行一条语句。因此,我们可以很清楚地看到 if 语句的执行流程(通过哪个分支)。

单步执行到第 24 句后,假如我们不需要再单步执行,可以按 Resume 按钮恢复程序

连续执行，直至程序结束；也可以按 Terminate 按钮结束这次调试。

如果我们想让程序一开始就采取单步执行方式，可在第 3 句设置一个断点，然后按 Debug 按钮。程序开始执行后就会碰到断点，停在 main( )方法的第一条语句。

10.2.7　帮助信息

1. 即时帮助

在 Java 代码编辑器中，当光标移到代码中的某个系统元素（如类、方法和属性等）上时，系统会即时弹出有关的解释信息框。例如有如下代码：

```
System.out.println("Hello world!");
```

当光标移到 out 上时，系统会弹出有关该标准输出流类的解释；而当光标移到 println 上时，系统会弹出该方法的解释说明。

系统弹出的信息框是浮动的，当光标移开目标后就会消失。为便于阅读帮助信息，用户可按 F2 键锁定信息框。

2. F1 键

如果想查看有关某个视图的使用方法，只要在该视图处于激活状态时按 F1 键，系统就会打开帮助窗口（Help 视图），列出有关的帮助主题。

3. 帮助手册

执行主菜单 Help|Help Contents 命令，就可以打开一个帮助手册，其中包含有 Java 开发用户手册。

4. 欢迎主页

执行主菜单 Help|Welcome 命令，会进入 Eclipse 欢迎主页，其中包括如下几个内容：

- Overview：Eclipse 概述。
- Tutorials：学习指南。
- Sample：示例程序。

参考文献

1. Java Programming Language Sun Microsystems Inc.
2. (美)Anjou J D等著. Eclipse权威开发指南(第2版). 莱克等译. 北京：清华大学出版社，2006

读者意见反馈

亲爱的读者：

感谢您一直以来对清华版计算机教材的支持和爱护。为了今后为您提供更优秀的教材，请您抽出宝贵的时间来填写下面的意见反馈表，以便我们更好地对本教材做进一步改进。同时如果您在使用本教材的过程中遇到了什么问题，或者有什么好的建议，也请您来信告诉我们。

地址：北京市海淀区双清路学研大厦A座602室　计算机与信息分社营销室 收
邮编：100084　电子信箱：jsjjc@tup.tsinghua.edu.cn
电话：010-62770175-4608/4409　邮购电话：010-62786544

教材名称：Java语言与面向对象程序设计（第2版）

ISBN：978-7-302-15836-3

个人资料

姓名：________ 年龄：______ 所在院校/专业：__________

文化程度：________ 通信地址：____________________

联系电话：________ 电子信箱：____________________

您使用本书是作为：□指定教材 □选用教材 □辅导教材 □自学教材

您对本书封面设计的满意度：

□很满意 □满意 □一般 □不满意　改进建议__________

您对本书印刷质量的满意度：

□很满意 □满意 □一般 □不满意　改进建议__________

您对本书的总体满意度：

从语言质量角度看 □很满意 □满意 □一般 □不满意

从科技含量角度看 □很满意 □满意 □一般 □不满意

本书最令您满意的是：

□指导明确 □内容充实 □讲解详尽 □实例丰富

您认为本书在哪些地方应进行修改？（可附页）

____

____

您希望本书在哪些方面进行改进？（可附页）

____

____

电子教案支持

敬爱的教师：

为了配合本课程的教学需要，本教材配有配套的电子教案（素材），有需求的教师可以与我们联系，我们将向使用本教材进行教学的教师免费赠送电子教案（素材），希望有助于教学活动的开展。相关信息请拨打电话 010-62776969 或发送电子邮件至 jsjjc@tup.tsinghua.edu.cn 咨询，也可以到清华大学出版社主页（http://www.tup.com.cn 或 http://www.tup.tsinghua.edu.cn）上查询。